基于 MATLAB/Simulink 的系统仿真技术与应用

（第 2 版）

薛定宇　陈阳泉　著

清华大学出版社

北京

内 容 简 介

本书首先介绍了 MATLAB 语言程序设计的基本内容,在此基础上系统地介绍了系统仿真所必要的数值计算方法及 MATLAB 实现,并以 Simulink 为主要工具介绍了系统仿真方法与技巧,包括连续系统、离散系统、随机输入系统和复数系统的仿真,由浅入深地介绍了模块封装技术、复杂模型的线性化、多领域物理建模思想及工程系统仿真、非工程系统建模与仿真、Stateflow 有限状态机及离散事件系统建模与仿真等中高级使用方法,最后还介绍了半实物仿真技术与实时控制技术。

本书可作为一般读者学习和掌握 MATLAB/Simulink 语言的教科书,也可作为高等院校理工科各类专业的本科生和研究生仿真类课程的教材和教学参考书,还可供科技工作者、教师作为学习和应用系统仿真分析技术解决实际问题的参考资料。

MATLAB, Simulink, Stateflow, xPC Target, RealtimeWorkshop, Power Systems Toolbox, Optimization Toolbox, Symbolic Toolbox, Virtual Reality Toolbox 为 MathWorks 公司的注册商标

图书在版编目(CIP)数据

基于 MATLAB/Simulink 的系统仿真技术与应用/薛定宇,陈阳泉著. —2 版. —北京:清华大学出版社,2011.2(2024.8重印)

ISBN 978-7-302-23880-5

I. ①基⋯ II. ①薛⋯ ②陈⋯ III. ①算法语言-应用-自动控制系统-系统仿真 IV. ①TP273 ②TP312

中国版本图书馆 CIP 数据核字(2010)第 183858 号

责任编辑:朱 俊
封面设计:张 岩
责任校对:王 云
责任印制:丛怀宇

出版发行:清华大学出版社
   网 址:https://www.tup.com.cn, https://www.wqxuetang.com
   地 址:北京清华大学学研大厦 A 座   邮 编:100084
   社 总 机:010-83470000   邮 购:010-62786544
   投稿与读者服务:010-62776969,c-service@tup.tsinghua.edu.cn
   质量反馈:010-62772015,zhiliang@tup.tsinghua.edu.cn
印 装 者:三河市龙大印装有限公司
经 销:全国新华书店
开 本:185mm×260mm   印 张:26.5   字 数:612 千字
版 次:2011 年 2 月第 2 版   印 次:2024 年 8 月第 24 次印刷
定 价:79.80 元

产品编号:038737-02

前　言

子曰:"工欲善其事,必先利其器"(《论语·卫灵公篇》)。如果有一种十分有效的工具能容易地解决在系统仿真领域的教学与研究中遇到的问题,它可以将使用者从繁琐、无谓的底层编程中解放出来,把有限的宝贵时间更多地花在解决科学问题中,这样无疑会提高工作效率。本书介绍的 MATLAB®/Simulink® 语言正是这样的一种工具。在系统仿真、自动控制等领域,国外很多高校在教学与研究中都将 MATLAB/Simulink 语言作为首选的计算机工具。我国的科学工作者和教育工作者也逐渐认识到 MATLAB 语言的重要性,对 MATLAB 语言在理工科教学与科研中的地位也达成了共识。

MATLAB 语言虽然是计算数学专家倡导并开发的,但其普及和发展离不开自动控制领域学者的贡献。甚至可以说,MATLAB 语言是自动控制领域学者和工程技术人员捧红的,因为在 MATLAB 语言的发展进程中,许多有代表性的成就和控制界的要求与贡献是分不开的。迄今为止,大多数工具箱也都是控制方面的。MATLAB 具有强大的数学运算能力、方便实用的绘图功能及语言的高度集成性,它在其他科学与工程领域的应用也越来越广,并且有着更广阔的应用前景和无穷无尽的潜能。

作者从 1988 年开始系统地使用 MATLAB 语言进行程序设计与科学研究,积累了丰富的第一手经验;用 MATLAB 语言编写的程序曾作为英国 Rapid Data 软件公司的商品在国际范围内发行;编写的几个通用程序在 MathWorks 公司(MATLAB 语言的开发者)的网页上可以下载,得到了国际上很多用户的关注。

二十余年来,作者一直倡导在教学中引入 MATLAB,将其作为主要工具解决科学、工程仿真教学中的问题,1996 年,在清华大学出版社出版的《控制系统计算机辅助设计 —— MATLAB 语言与应用》一书被公认为国内关于 MATLAB 语言方面的书籍中出版最早、影响最广的著作,以 MATLAB 语言为主线的教学理念已经被广泛接受并成功地用于相关课程的教学,教材入选国家级精品教材,作者主讲的《控制系统仿真与 CAD》课程已列选为国家级精品课程。作者十余年来出版多部著作,并在美国出版社出版了两部英文著作,在 MATLAB 语言教学中的应用上有一定的造诣。

本书的合作者陈阳泉教授长期在美国 Utah 州立大学任教,在系统仿真和 MATLAB/Simulink 语言应用领域有很深的造诣和独到见解,在控制系统的理论研究和工业过程的半实物仿真与实时控制上都颇有建树。

本书第一版出版于 2002 年,出版以来,被很多学校选为教材和主要参考书,直到今年年初仍重印了一次,这在日新月异的计算机类书籍中是不多见的。多年来,随着 MATLAB/Simulink 版本的更新,出现了很多新内容,也出现了很多新的系统仿真方法和新的模块集,在一部教材中详细介绍所有的内容是不可能的,这使得本书新版的写作取舍困难,部分新内容最终成型于作者在上海宝山钢铁集团、美国 Utah 州立大学、东北大学和哈尔滨工业大学等单位的讲座和报告(按报告顺序排序)。本书新版依旧从使用者的角度出发,并结合笔者二十余年的实际编程经验和体会,系统地介绍 MATLAB 语言的编程技术及其在科学运算中的应用,书中融合了作者的许多编程经验和第一手材料,内容精心剪裁,相信仍会受到广大读者的欢迎。

本书由东北大学信息学院徐心和教授主审。本书从酝酿到最终完稿整个写作过程始终得到了徐老师的鼓励和支持。作者的导师,东北大学任兴权教授和英国 Sussex 大学的 Derek Atherton 教授也对本书的最终成型提供了很多的帮助,是他们将作者引入系统仿真和 MATLAB/Simulink 语言编程的乐园,并在这个领域开始了充满趣味的教学与研究工作。

一些同行和朋友也先后给予作者许多建议和支持,包括北京交通大学的朱衡君教授、中科院系统科学研究所的韩京清研究员、哈尔滨工业大学的张晓华教授等,还有在互联网上交流的众多知名的和不知名的同行,在此对他们表示深深的谢意。在本书部分内容的写作过程中,作者与同事魏颖博士、高道祥博士、王良勇博士、方正博士等深入的交流为本书提供了许多新的观念和内容,在此一并表示感谢。潘峰博士、陈大力博士、崔建江博士还参与编写了本书若干内容。

本书及第一版的出版得到了清华大学出版社蔡鸿程总编的关怀和帮助,还得到了欧振旭、朱英彪编辑细心的文字加工,作者对他们的辛勤工作深表谢意。

本书的出版还得到了美国 MathWorks 公司图书计划的支持,在此表示谢意。

由于作者水平有限,书中的缺点和错误在所难免,欢迎读者批评指正。作者电子邮箱为:
xuedingyu@mail.neu.edu.cn 和 yqchen@ieee.org。

多年来,我的妻子杨军和女儿薛杨在生活和事业上给予了我莫大的帮助与鼓励,没有她们的鼓励和一如既往的支持,本书和前几部著作均不能顺利面世,谨以此书献给她们。

薛定宇

2010 年 8 月 1 日于沈阳东北大学

目 录

第1章 系统仿真技术与应用

1.1 系统仿真技术概述

系统是由客观世界中实体与实体间的相互作用和相互依赖关系构成的具有某种特定功能的有机整体。系统的分类方法是多种多样的,习惯上依照其应用范围可以分为工程系统和非工程系统。工程系统是指由相互关联的部件组成一个整体,实现特定的目标,例如,电机驱动自动控制系统是由执行部件、功率转换部件和检测部件所组成,用来完成电机的转速、位置和其他参数控制的某个特定目标。

非工程系统涵盖的范围更加广泛,大至宇宙,小至微观世界都存在着相互关联、相互制约的关系,形成一个整体,实现某种目的,所以均可以认为是系统。

如果想定量地研究系统的行为,可以将其本身的特性及内部的相互关系抽象出来,构造出系统的模型。系统的模型分为物理模型和数学模型。由于计算机技术的迅速发展和广泛应用,数学模型的应用越来越普遍。

系统的数学模型是描述系统动态特性的数学表达式,用来表示系统运动过程中各个量的关系,是分析、设计系统的依据。根据数学模型所描述的系统的运动性质和数学工具来划分,又可以分为连续系统、离散时间系统、离散事件系统和混杂系统等;还可以细分为线性、非线性、定常、时变、集中参数、分布参数、确定性和随机等子类。

系统仿真是根据被研究的真实系统的数学模型研究系统性能的一门学科,现在尤指利用计算机去研究数学模型行为的方法。计算机仿真的基本内容包括系统、模型、算法、计算机程序设计与仿真结果显示、分析与验证等环节。

在系统仿真技术的诸多环节中,算法和计算机程序设计是很重要的一个环节,它直接决定原来的问题是否能够正确地求解。基于国际上仿真领域最权威、最实用的计算机工具——MATLAB®语言介绍仿真问题的编程与求解方法将是本书最显著的特点。在第1.2节中将介绍数学软件、仿真软件的仿真概况和现状;第1.3节着重介绍 MATLAB/Simulink 语言的发展状况、语言特色和在系统仿真领域的应用举例,通过学习可以初步领略 MATLAB 的强大功能;第1.4节中将介绍本书的结构和有关内容。

1.2 仿真软件的发展概况

早期的计算机仿真技术大致经历了几个阶段:20世纪40年代模拟计算机仿真;50年代初数字仿真;60年代早期仿真语言的出现等。20世纪80年代出现的面向对象仿真技术为系统仿真方法注入了活力。我国早在20世纪50年代就开始研究仿真技术了,当时主要用于国防领域,以模拟计算机的仿真为主。20世纪70年代初开始应用数字计算机进行仿真[1]。随着数字计算机的普及,近20年以来,国际、国内出现了许多专门用于计算机数字仿真的仿真语言与工具,如 CSMP、ACSL、SIMNON、MATLAB/Simulink、MatrixX/System Build 和 CSMP-C 等,随着 MATLAB/Simulink 等仿真工具的日益强大,前面列出的很多仿真语言已经退出了历史舞台,而 MATLAB/Simulink 已经成为仿真领域事实上的首选计算机语言和工具。

1.2.1　早期数学软件包的发展概况

数字计算机的出现给数值计算技术的研究注入了新的活力。在现代计算技术的早期发展中,出现了一些著名的数学软件包,如美国的基于特征值的软件包 EISPACK[2,3] 和线性代数软件包 LINPACK[4]、英国牛津数值算法研究组(Numerical Algorithm Group)开发的 NAG 软件包[5] 及参考文献 [6] 中给出的 Numerical Recipes 程序集等,都是在国际上广泛流行的、有着较高声望的软件包。

美国的 EISPACK 和 LINPACK 都是基于矩阵特征值和奇异值解决线性代数问题的专用软件包。限于当时的计算机发展状况,这些软件包大都是由 Fortran 语言编写的源程序组成的。

例如,若想求出 N 阶实矩阵 $\boldsymbol{A}$ 的全部特征值(用 $\boldsymbol{W}_R$、$\boldsymbol{W}_I$ 数组分别表示其实虚部)和对应的特征向量矩阵 $\boldsymbol{Z}$,则 EISPACK 软件包给出的子程序建议调用路径为:

```
CALL BALANC(NM,N,A,IS1,IS2,FV1)
CALL ELMHES(NM,N,IS1,IS2,A,IV1)
CALL ELTRAN(NM,N,IS1,IS2,A,IV1,Z)
CALL HQR2(NM,N,IS1,IS2,A,WR,WI,Z,IERR)
IF (IERR.EQ.0) GOTO 99999
CALL BALBAK(NM,N,IS1,IS2,FV1,N,Z)
```

由上面的叙述可以看出,要求取矩阵的特征值和特征向量,首先要给一些数组和变量,然后依据 EISPACK 的格式做出定义和赋值,并编写出主程序,再经过编译和连接过程,形成可执行文件,最后才能得出所需的结果。

英国的 NAG 和美国学者的 Numerical Recipes 工具包则包括了各种各样数学问题的数值解法,两者中 NAG 的功能尤其强大。NAG 的子程序都是以字母加数字编号的形式命名的,非专业人员很难找到适合自己问题的子程序,更不用说能保证以正确的格式去调用这些子程序了。这些程序包使用起来极其复杂,谁也不能保证不发生错误,NAG 数百页的使用手册就十几本!

Numerical Recipes 一书[6] 中给出的一系列算法语言源程序也是一个在国际上广泛应用的软件包。该书中的子程序有 C、Fortran 和 Pascal 等版本,适合于科学研究者和工程技术人员直接应用。该书的程序包由 200 多个高效、实用的子程序构成,这些子程序一般有较好的数值特性,比较可靠,被各国的研究者所信赖。

具有 Fortran 和 C 等高级计算机语言知识的读者可能已经注意到,如果用它们去进行程序设计,尤其当涉及矩阵运算或画图时,则编程会很麻烦。例如,若想求解一个线性代数方程,用户需要首先编写一个主程序,然后编写一个子程序去读入各个矩阵的元素,之后再编写一个子程序,求解相应的方程(如使用 Gauss 消去法),最后输出计算结果。如果选择的计算子程序不是很可靠,则所得的计算结果往往可能会出现问题。如果没有标准的子程序可以调用,则用户往往要将自己编好的子程序逐条地输入计算机,然后进行调试,最后进行计算。这样一个简单的问题往往需要用户编写 100 条左右的源程序,输入与调试程序也是很麻烦的,并无法保证所输入的程序 100% 可靠。求解线性方程组这样一个简单的功能需要 100 条源程序,其他复杂的功能往往要求有更多条语句,如采用双步 QR 法求取矩阵特征值的子程序则需要 500 多条源程序,其中任何一条语句有毛病,甚至调用不当(如数组维数不匹配),都可能导致错误结果的出现。

用软件包的形式编写程序有如下的缺点:

- **使用不方便**。对不是很熟悉所使用软件包的用户来说,直接利用软件包编写程序是相当困难的,也容易出错。如果其中一个子程序调用发生微小的错误,则可能导致最终得出错误的结果。

- **调用过程繁琐**。首先需要编写主程序,确定对软件包的调用过程,再经过必要的编译和连接过程,有时还要花大量的时间去调试程序以保证其正确性,而不是想得出什么马上就可以得出的。

- **执行程序过多**。想求解一个特定的问题就需要编写一个专门的程序,并形成一个可执行文件,如果需要求解的问题很多,那么就需要在计算机硬盘上同时保留很多这样的可执行文件,这样,计算机磁盘空间的利用不是很经济,管理起来也将十分困难。

- **不利于传递数据**。通过软件包调用方式会针对每个具体问题形成一个孤立的可执行文件,因而在一个程序中产生的数据无法传入另一个程序,更无法使几个程序同时执行以解决所关心的问题。

- **维数指定困难**。在很多数学问题中最重要的变量是矩阵,如果要求解的问题维数较低,则形成的程序就不能用于求解高阶问题,如参考文献 [7] 中的程序维数均定为 10 阶。所以,有时为使程序通用,往往将维数设置得很大,这样在解小规模问题时会出现空间的浪费,而更大规模的问题仍然求解不了。在优秀的软件中往往需要动态地定维矩阵。

此外,这里介绍的大多数早期软件包都是由 Fortran 语言编写的,由于众所周知的原因,以前使用 Fortran 语言绘图并不是轻而易举的事情,它需要调用相应的软件包做进一步处理,在绘图方面比较实用和流行的软件包是 GINO-F[8],但这种软件包只给出绘图的基本子程序,如果要绘制较满意的图形则需要用户自己用这些低级命令编写出合适的绘图子程序。

除了上面指出的缺点以外,用 Fortran 和 C 等程序设计语言编程还有一个致命的弱点,那就是因为 C 语言本身的原因,致使在不同的机器平台上,扩展的 C 源程序代码是不兼容的,尤其在绘图及界面设计方面更是如此。例如,在 PC 机的 Microsoft Windows 操作系统下编写的 C 语言程序不能立即在 Linux 操作系统上直接运行,而需要在该操作系统上对源程序进行修改、重新编译后才可以执行。

尽管如此,数学软件包仍在继续发展,其发展方向是采用国际上最先进的数值算法,提供更高效的、更稳定的、更快速、更可靠的数学软件包。例如,在线性代数计算领域,全新的 LAPACK 已经成为当前最有影响的软件包[9],但它们的目的似乎已经不再是为一般用户提供解决问题的方法,而是为数学软件提供底层的支持。在新版的 MATLAB 中已经抛弃了一直使用的 LINPACK 和 EISPACK,采用 LAPACK 为其底层支持软件包。

1.2.2 仿真软件的发展概况

从前面提及的软件包的局限性看,直接调用它们进行系统仿真将有较大的困难,因为要掌握这些函数的接口是一件相当复杂的事,准确调用它们将更难;此外,软件包函数调用直接得出的结果可信度也不是很高,因为软件包的质量参差不齐。

抛弃成型的软件包,另起炉灶自己编写程序也不是很现实的事,毕竟在成型软件包中包含有很多同行专家的心血,有时自己从头编写程序很难达到这样的效果,所以必须采用经验证的信誉好的高水平软件包或计算机语言来进行仿真研究。

仿真技术引起该领域各国学者、专家们的重视,建立起国际的仿真委员会(Simulation Councils Inc, SCi),该公司于 1967 年通过了仿真语言规范。仿真语言 CSMP(Computer Simulation Modelling Language)应该属于建立在该标准上的最早的专用仿真语言。中科院沈阳自动化研究所在 1988 年推出了该语言的推广版本 CSMP-C。

20 世纪 80 年代初期,美国 Mitchell and Gauthier Associate 公司推出了依照该标准的著名仿真语言 ACSL(Advanced Continuous Simulation Language)[10]。该语言出现后,由于其功能较强大,并有一些系统分析的功能,很快就在仿真领域占据了主导地位。

ACSL 首先要求用户依照其语言规则建立一个模型文件,然后可以通过 ACSL 本身提供的命令对其进行仿真及辅助分析。ACSL 与 Fortran 语言的主要区别在于:ACSL 的语句更简练,内容更丰富,可以直接调用由 Fortran 编写的子程序;ACSL 编程的结构比相应的 Fortran 语言更严格,程序的基本结构必须严格按照规定的格式来编写,否则所得出的仿真结果可能出现意想不到的错误。ACSL 提供了几十个系统子模块(macros),其中包括很常用的线性和非线性子模块,如传递函数模块 TRAN、积分器模块 INTEG、超前滞后环节 LEDLAG、延迟模块 DELAY、死区非线性模块 DEAD、磁滞回环 BAKLSH 和限幅积分器 LIMINT 等,用户可以利用这些子模块简单地编写出描述给定系统的仿真模型,然后采用 ACSL 提供的功能来对系统进行仿真分析,并绘制出结果的曲线表示。

编写完 ACSL 源程序后,可以采用 ACSL 的编译命令来编译并将此模型和 ACSL 库连接起来,形成一个可执行文件,这一过程完成之后,ACSL 将自动给出提示符 ACSL>,在这个提示符下用户可以输入相应命令。

例 1-1 著名的 Van der Pol 方程由下式给出,$\ddot{y} + \mu(y^2-1)\dot{y} + y = 0$,若取 $\mu = 1$,并取状态变量为 $y_1 = y, y_2 = \dot{y}$,则 Van der Pol 方程可以写成 $\dot{y}_1 = y_1(1-y_2^2) - y_2, \dot{y}_2 = y_1$,这时可以由 ACSL 所定义的语言写出此系统的模型如下:

```
PROGRAM VAN DER POL EQUATION
CINTERVAL CINT=0.01
CONSTANT  Y1C=3.0, Y2C=2.5, TSTP=15.0
    Y1=INTEG(Y1*(1-Y2**2)-Y2, Y1C)
    Y2=INTEG(Y1, Y2C)
```

```
TERMT (T.GE.TSTP)
END
```

在此程序中把显示步长 CINT 设置为 0.01, 状态变量的初值由 Y1C 和 Y2C 表示, 而终止仿真时间 TSTP 设置为 15, 该程序中变量 T 为实际仿真时间。编写了 ACSL 源程序后, 可以用 ACSL 编译器对其编译、连接, 生成可执行文件。运行该文件可以得出提示符 ACSL>, 在提示符下可以输入如下的语句:

```
ACSL> PREPAR T, Y1, Y2
ACSL> START
ACSL> PLOT Y1, Y2
```

用来通知 ACSL 模型在仿真时需要保留 T、Y1、Y2 三个参数, 开始数字仿真, 并绘制出系统的相平面图 (Y1 和 Y2 之间的关系曲线)。还可以用下面的命令修改系统内部的参数:

```
ACSL> SET Y1C=-1, Y2C=-3
```

和 ACSL 大致同时出现的还有瑞典 Lund 工学院 Karl Åström 教授主持开发的 SIMNON[11]、英国 Salford 大学的 ESL[12] 等, 这些语言的编程语句结构也很类似, 因为它们所依据的标准都是相同的。

MATLAB 语言的出现及普及将数值计算技术与应用带入了一个新的阶段, 与之配套的 Simulink 仿真环境又为系统仿真技术提供了新的解决方案。MATLAB 语言发行后, 国际上又出现了很多仿照其思想的软件, 如稍后出现的美国的商品软件 Ctrl-C、Matrix-X、O-Matrix 和韩国汉城国立大学权旭铉教授主持开发的 CemTool, 以及现在仍作为免费软件的 Octave[13]、Scilab[14,15] 等。本书将以当前最新的 MATLAB 版本为主要对象, 系统地介绍 MATLAB 语言的编程技术及其在系统仿真领域的应用。

计算机代数系统或符号运算是本领域中又一个吸引人的主题, 而解决数学问题解析计算又是 C 这样的计算机语言直接应用的难点。于是国际上很多学者在研究、开发高质量的计算机代数系统。早期 IBM 公司开发的 mumath 和 Reduce 等软件为解决这样的问题提出了新的思路。后来出现的 Maple[16] 和 Mathematica[17] 逐渐占领了计算机代数系统的市场, 成为比较成功的实用工具。

早期的 Mathematica 可以和 MATLAB 语言交互信息, 例如, 通过一个称为 MathLink 的软件接口就可以很容易地完成这样的任务。为了解决计算机代数问题, MATLAB 语言的开发者 —— 美国 MathWorks 公司也研制开发了符号运算工具箱(Symbolic Toolbox®), 该工具箱将 Maple 及现在的 muPad 语言的内核作为 MATLAB 符号运算的引擎, 使得两者能更好地结合起来。

这些软件和语言还是很昂贵的, 所以有人更倾向于采用免费的、但编程结构类似于 MATLAB 的计算机语言, 如 Octave 和 Scilab, 这些软件的全部源程序也是公开的, 有较高的透明度, 但目前它们的功能已经无法与越来越强大的 MATLAB 语言相比。

系统仿真领域有很多自己的特性, 如果能选择一种能反映当今系统仿真领域最高水平、也是最实用的软件或语言介绍仿真技术, 使读者能直接采用该语言解决自己的问题, 将是很有意义的。实践证明, MATLAB 语言和 Simulink 程序就是这样的仿真软件, 由于它本身卓越的功能,已经使得它成为自动控制、航空航天、汽车工程等诸多领域仿真的首选语言,并在其他科学与工程的研究中起着重要的作用,并且将在长时间内保持其独一无二的地位。所以在本书中将介绍基于 MATLAB/Simulink 的系统仿真理论与应用。

1.3　MATLAB 语言简介

1.3.1　MATLAB 语言发展简史

MATLAB 语言的首创者 Cleve Moler 教授在数值分析,特别是在数值线性代数领域中很有影响[2~4, 18~20],他曾在密西根大学、斯坦福大学和新墨西哥大学任数学与计算机科学教授。1980 年前后,时任新墨西哥大学计算机系主任的 Moler 教授在讲授线性代数课程时,发现了用其他高级语言编程极为不便,便构思并开发了 MATLAB(MATrix LABoratory,即矩阵实验室),这一软件利用了他参与研制的、在国际上颇有影响的、基于特征值计算的软件包 EISPACK[2]和线性代数软件包 LINPACK[4]两大软件包中可靠的子程序,用 Fortran 语言编写了集命令翻译、科学计算于一身的一套交互式软件系统。所谓交互式语言,是指用户给出一条命令,立即就可以得出该命令的结果。该语言无须像 C 和 Fortran 语言那样,首先要求使用者去编写源程序,然后对其进行编译、连接,最终形成可执行文件。这无疑会给使用者带来极大的方便。在 MATLAB 下,矩阵的运算变得异常容易,所以它一出现就广受欢迎。

早期的 MATLAB 只能做矩阵运算,绘图也只能用极其原始的方法,即用星号描点的形式画图,内部函数也只提供了几十个。但即使其当时的功能十分简单,但当它作为免费软件出现时还是吸引了大批的使用者。

Cleve Moler 和 Jack Little 等人成立了一个名叫 The MathWorks 的公司,Cleve Moler 一直任该公司的首席科学家。该公司于 1984 年推出了第一个 MATLAB 的商品版本。当时的 MATLAB 版本已经用 C 语言做了完全的改写,其后又增添了丰富多彩的图形图像处理、多媒体功能、符号运算和它与其他流行软件的接口功能,使得 MATLAB 的功能越来越强大。最早的 PC 机版又称为 PC-MATLAB,其工作站版本又称为 Pro MATLAB。1990 年推出的 MATLAB 3.5i 版是第一个可以运行于 Microsoft Windows 下的版本,它可以在两个窗口上分别显示命令行计算结果和图形结果。稍后推出的 SimuLAB 环境首次引入了基于框图的仿真功能,其模型输入的方式令人耳目一新,该环境就是人们现在熟知的 Simulink。

MathWorks 公司于 1992 年推出了具有划时代意义的 MATLAB 4.0 版本,并于 1993 年推出了其微机版,充分支持在 Microsoft Windows 下进行界面编程。1994 年推出的 4.2 版本扩充了 4.0 版本的功能,尤其在图形界面设计方面更提供了新的方法。

1997 年推出的 MATLAB 5.0 版本支持了更多的数据结构,如单元数组、数据结构体、多维数组、对象与类等,使其成为一种更方便、完美的编程语言。2000 年 10 月,MATLAB 6.0 问世,其在操作界面上有了很大改观,同时还给出了程序发布窗口、历史信息窗口和变量管理窗口等,为用户的使用提供了很大的方便;在计算内核上抛弃了其一直使用的 LINPACK 和 EISPACK,而采用了更具优势的 LAPACK 软件包[9]和 FFTW 系统[21],速度变得更快,数值性能也更好;在用户图形界面设计上也更趋合理;与 C 语言接口及转换的兼容性也更强;与之配套的 Simulink 4.0 版本的新功能也特别引人注目。2004 年 9 月推出了 MATLAB 7.0 版本,陆续提出了物理建模与仿真的理念与新方法。

MathWorks 公司目前正在致力于新版本的开发、测试,现在每年推出两个新版本,已于 2010 年 9 月正式推出 MATLAB R2010b 版。本书以 MATLAB R2010b 版本为主介绍 MATLAB/Simulink 及其应用。

目前,MATLAB 已经成为国际上最流行的科学与工程计算的软件工具,现在的 MATLAB 已经不仅仅是一个"矩阵实验室"了,它已经成为一种具有广泛应用前景的、全新的计算机高级编程语言,有人称它为"第四代"计算机语言,它在国内外高校和研究部门正扮演着重要的角色。MATLAB 语言的功能也越来越强大,不断适应新的要求提出新的解决方法,越来越多的计算机语言都将提供和 MATLAB/Simulink 的直接接口。所以可以预见,在科学运算与系统仿真领域,MATLAB 语言将长期保持其独一无二的地位。

1.3.2 MATLAB 语言的特色

除了 MATLAB 语言的强大数值计算和图形功能外,它还有其他语言难以比拟的功能,此外,它和其他语言的接口能够保证它可以和各种各样的强大计算机软件相结合,发挥更大的作用。

MATLAB 目前可以在各种类型的常用操作系统和计算机上运行,如在 Windows 系统、Linux 系统、Mac OS X 系统和其他一些机器上完全兼容。如果单纯地使用 MATLAB 语言进行编程而不采用其他外部语言,则用 MATLAB 语言编写出来的程序不做丝毫的修改便可以直接移植到其他机型上使用,所以说与其他语言不同,MATLAB 与机器类型和操作系统基本上无关。

依作者的观点,MATLAB 和其他高级语言之间的关系就像该高级语言和汇编语言的关系一样,因为虽然高级语言的执行效率要低于汇编语言,但其编程效率与可读性、可移植性要远远高于汇编语言。同样,MATLAB 比一般高级语言的执行效率要低,而其编程效率与可读性、可移植性要远远高于其他高级语言,所以,在科学运算中较适合于从像 MATLAB 这样的专用高级语言入手,这不但可以大大地提高编程的效率,而且可以大大地提高编程的质量与可靠性。对于专门从事科学运算与系统仿真研究的人员来说,因为 MATLAB 语言可以轻易地再现 C 或 Fortran 语言几乎全部的功能,所以,即使用户不懂 C 或 Fortran 这样的程序设计语言,也照样可以设计出功能强大、界面优美、稳定可靠的高质量程序,且开发周期会大大地缩短,可靠性与可信度也会大大提高。

MATLAB 语言具有较高的运算精度。由于采用了双精度数据结构,一般情况下在矩阵类运算中往往可达到 10^{-15} 数量级的精度,这当然符合一般科学与工程运算的要求。此外,MATLAB 的符号运算还提供了强大的公式推导能力。

MATLAB 是以复数矩阵作为基本编程单元的一种高级程序设计语言,它提供了各种矩阵的运算与操作,并有较强的绘图功能,所以得到广泛流传,成为当今国际科学与工程领域中应用最广、最受人们喜爱的一种软件环境。MATLAB 是一个高度集成的软件系统,它集科学与工程计算、计算机仿真、图形可视化、图像处理和多媒体处理于一身,并提供了实用的 Windows 图形界面设计方法,使用户能设计出友好的图形界面。

Simulink 是 MATLAB 语言应用的另一个亮点,它倡导基于框图的可视化建模与仿真方法,当今,其领先于其他软件的多领域物理建模方法,更为复杂工程系统的建模与仿真提供了崭新的思路和方法。Stateflow 支持的有限自动机也为离散事件系统和混杂系统的建模与仿真提供了实用工具,而 Simulink 和外界硬件环境的直接接口更搭建起纯数字仿真与半实物仿真及实时控制的桥梁,使 MATLAB/Simulink 的工程应用上了一个新的台阶。

MATLAB/Simulink 在自动控制、航天工业、汽车工业、生物医学工程、语音处理、图像信号处理、雷达工程、信号分析和计算机技术等各行各业中都有极广泛的应用,在很多领域中,MATLAB/Simulink 已经成为事实上的首选计算机语言。

1.3.3　MATLAB 版本选择和建议

最新的 MATLAB 的符号运算工具箱放弃了 Maple 内核的支持,改用功能差很多的 MuPAD,使得其符号运算能力大大降低,所以从符号运算和公式推导角度看,建议使用 MATLAB R2008a（7.6 版）或以前的版本,而不是最新的版本。另外,很多功能不能在 64 位 MATLAB 下运行,所以即使读者安装了 64 位操作系统,也建议安装 32 位的 MATLAB。从仿真角度看,尤其是从后面介绍的多领域物理建模与仿真的研究看,建议安装最新的版本,如 R2010b（7.11）版。如果想兼顾这两类要求,则建议同时安装这两个版本。

类似地,如果使用 Linux 系统或 Mac OS X 操作系统,也可以参考上述的版本建议。

如果想在 R2008b 及以后版本下使用符号运算工具箱,则应该注意以下几点:

（1）本书可能有若干符号运算命令不能正常执行,例如,MuPad 的微积分推导功能被弱化了很多,求 100 阶导数的演示语句不能执行。

（2）早期版本的 `maple()` 函数不再支持,不能再直接调用 Maple 函数。

（3）本书编写了一些关于符号变量的重载函数,如 `lyap()` 函数等,早期版本下这些文件置于 @sym 路径下即可,但新版本不允许这样做,所以只能将这些文件复制到 MATLAB 根目录的 `toolbox/symbolic/symbolic` 下,然后运行命令 `rehash toolboxcache`。

1.4　本书的结构和代码

1.4.1　本书的结构

学好 MATLAB 语言,可以将 30 字的学习准则作为座右铭,即"**带着问题学,活学活用,学用结合,急用先学,立竿见影,在用字上狠下工夫**"。和学习其他计算机语言一样,要很好地掌握 MATLAB 语言和 Simulink 工具一定要多实践,通过实践提高真正的运用水平。对本书的学生读者来说,至少在学习本书理论的同时要亲自将程序、模型在自己的计算机上实践一番,得出第一手经验。

本书第 1 章（本章）中将首先介绍系统仿真的概念,并介绍数学软件包、仿真语言的发展概况。第 2 章将介绍 MATLAB 语言程序设计的基础知识,包括一般的数据结构、语句结构、函数编写、图形绘制和用户图形界面的设计,并介绍提高 MATLAB 程序执行效率的技巧,旨在为读者提供关于 MATLAB 语言编程的必备知识;第 3 章将系统介绍 MATLAB 语言在现代科学运算中的应用,包括数值线性代数问题及求解、微积分问题的 MATLAB 求解、常微分方程的数值解法、非线性方程与最优化问题的求解、动态规划及其在路径规划中的应用、数据插值与统计分析等内容,为后面主要介绍的系统仿真技术与方法奠定数学理论基础;第 4 章将初步介绍各种 Simulink 模块组,并介绍 Simulink 环境的基本使用方法,然后举例演示 Simulink 在数学建模中的应用,该章还将简要介绍线性系统的建模、仿真与分析,最后还将介绍随机激励下连续系统的仿真方法等;第 5 章将深入介绍 Simulink 仿真知识,如常用的模块应用技巧、非线性模块的搭建、代数环及避免、过零点检测、各类微分方程的 Simulink 框图求解、各种模块输出方法、仿真结果的三维动画显示、子系统和模块的封装技术,并将介绍开发自己的模块库的方法,并通过复杂系统的例子演示 Simulink 的建模与仿真方法;第 6 章将介绍 Simulink 仿真的高级技术,如利用 MATLAB 语句的 Simulink 建模与仿真方法、非线性模型的线性化技术、S-函数的编写及应用,最后将介绍基于 MATLAB/Simulink 和最优化问题求解方法的伺服系统最优控制器的设计方法;第 7 章侧重于介绍基于 Simulink 及下属模块集的工程系统建模与仿真方法,首先介绍多领域物理建模方法和必要性,然后介绍 Simscape 模块集的基础模块库及 SimPowerSystems、SimElectronics 和 SimMechanics 等实用模块集,分别介绍它们在电气系统、电子系统、电机拖动系统和机械系统中的建模与仿真实例;第 8 章将介绍非工程系统的建模与仿真方法,首先介绍药物动力学系统建模、仿真与控制问题的求解,然后介绍图像与影像处理问题的 MATLAB/Simulink 求解方法,最后介绍离散事件系统的仿真方法,包括 Stateflow 和 SimEvents 模块集的使用方法;第 9 章将介绍半实物仿真与实时控制技术。

1.4.2　代码下载和网上资源

本书中给出了大量作者编写的 MATLAB 程序和 Simulink 框图,读者可以从

http://mechatronics.ece.usu.edu/simubook2ed/index.html

直接下载。不过,还是建议读者将学习到的程序和框图亲自输入到计算机中,因为这也是一个有意义的学习和实践环节。如果读者得到的结果和书中给出的有差异,或遇到因为书中篇幅限制没有充分介绍的内容,再使用下载的程序。

MATLAB 的全套 PDF 版手册可以从 MathWorks 网站上直接下载,此外,互联网有大量的资源可以利用,也有大量的论坛和活跃在各个论坛的热心人士为使用者解决所遇到的各种各样的问题,其中,比较有影响的网站如下。

- MathWorks 官方网站:http://www.mathworks.com、http://www.mathworks.cn。
- 用户讨论区:http://www.mathworks.com/matlabcentral/newsreader/。
- MATLAB 中文论坛:http://www.ilovematlab.cn。
- 研学论坛:http://bbs.matwav.com/。

此外,众多高校 BBS 中有 MATLAB 专版,可以直接访问。作者有两个关于论坛利用的观点:第一,遇到问题时应该自己主动思考,不要直接发问,如果能自己找出答案将对提高水平大有裨益,过分依赖论坛并不是好的学习方式;第二,尽量积极回答论坛中你了解的问题,或积极参与探讨,共同提高水平。

1.4.3　书中英文字体说明

在这里我们对书中所用的字体作整体的说明,相信这些字体的使用对读者正确理解本书的内容有所帮助。

- 英文文体与公式中常量采用正体 Times-Roman 字体,如 MATLAB、e、x 轴。
- 公式中变量字体采用 Times-Roman 斜体字,如 x、t 等;矩阵、向量名用黑斜体,如 A、x、$f(t,x)$ 等。
- 程序清单、函数、命令语句及函数中变量名等采用打字机字体,如 eig()、tic、tspan、stateflow 等。
- 界面中的文字标识、Simulink 模块的名称等采用 Sans Serif 正体,如 File 菜单,OK 按钮、Step 模块等。

1.5　习　题

(1) MATLAB 提供了较好的演示程序,在 MATLAB 的命令窗口中输入 demo 命令,则可以直接运行演示程序。试运行 MATLAB 的演示程序,初步领略 MATLAB 的强大功能。

(2) 本书中给出了大量作者编写的程序和模型,在深入学习本书的内容前应该从互联网上下载这些文件,本书介绍的全部程序都是可重复的,一般程序都是几个语句,所以建议用户执行输入程序。边学习边阅读与运行这些程序将有助于更好地理解本书介绍的内容。

(3) MATLAB 提供了丰富的联机帮助系统,可以用 lookfor 命令查询关键词,用 help 或 doc 可以查询某个具体函数的调用格式,已知某 Riccati 矩阵方程如下:

$$PA + A^TP - PBR^{-1}B^TP + Q = 0$$

且已知

$$A = \begin{bmatrix} -27 & 6 & -3 & 9 \\ 2 & -6 & -2 & -6 \\ -5 & 0 & -5 & -2 \\ 10 & 3 & 4 & -11 \end{bmatrix}, B = \begin{bmatrix} 0 & 3 \\ 16 & 4 \\ -7 & 4 \\ 9 & 6 \end{bmatrix}, Q = \begin{bmatrix} 6 & 5 & 3 & 4 \\ 5 & 6 & 3 & 4 \\ 3 & 3 & 6 & 2 \\ 4 & 4 & 2 & 6 \end{bmatrix}, R = \begin{bmatrix} 4 & 1 \\ 1 & 5 \end{bmatrix}$$

试用 lookfor riccati 找出求解函数,再用 help 命令查询出该函数的具体调用格式,最后得出该方程的解。

第2章 MATLAB语言程序设计基础

第1章中概述了用于计算机仿真的各种计算机语言,本章将开始系统介绍当前国际上科学运算与计算机仿真领域首选的计算机语言和工具 MATLAB/Simulink,并对 MATLAB 语言的编程方法与技巧做一个全面的介绍。第2.1节将介绍 MATLAB 语言环境操作界面与使用的有关内容。第2.2节将介绍 MATLAB 的变量命名方法、数据结构和语句结构等基础内容,首先介绍复数矩阵的输入方法,然后将介绍更复杂的数据结构。第2.3节将介绍矩阵的代数运算、逻辑运算、比较关系和矩阵元素的数据变换。第2.4节将介绍各种语句流程结构,如循环语句结构、条件转移语句结构、开关语句结构和 MATLAB 特有的试探式语句结构。第2.5节将较深入地介绍 MATLAB 编程的关键技术,即 MATLAB 函数的编写及技巧,并介绍 M-函数的跟踪调试技术和伪代码处理。第2.6节和2.7节将介绍 MATLAB 的绘图方法,包括二维图、三维图和图像绘制技术,并将介绍图形的各种修饰方法。第2.8节将介绍 MATLAB 图形用户界面设计技术,使用户掌握新的方法,以方便地给自己的程序设计出优美、友好的图形界面。第2.9节将介绍提高 MATLAB 程序执行效率的技巧,包括"向量化"编程思路、大型矩阵预定义方法及 Mex 函数的程序设计技术。

2.1　MATLAB语言的基本使用环境

2.1.1　MATLAB语言环境操作界面

当前最新的 MATLAB 版本是 R2010b 版(或7.11版),该版是 MathWorks 公司于2010年9月推出的,该公司现在每年3月和9月各发布一个新版本,分别命名为 a 和 b 版。MATLAB 的程序界面如图2-1所示,除了其右侧的命令子窗口之外,还有在前台的 Current Directory(当前目录)、Command History(命令的历史记录)和 Workspace(工作空间)3个子窗口,用户还可以通过 Desktop | Desktop Layout 命令选择窗口的布局。

2.1.2　MATLAB的联机帮助与电子版手册

从 MathWorks 网站(http://www.mathworks.com)上可以下载 MATLAB 及全套工具箱使用手册的 PDF 版本文件,其中 PDF 文件可以由免费的 Acrobat Reader 程序阅读,该软件可以从很多软件下载网站下载。该阅读软件提供的强大功能,可以方便地阅读有关手册,有时阅读这样的手册比一些印刷的手册更方便,因为它支持超文本链接等功能。

在 MATLAB 界面中选择 Help | MATLAB Help 命令,可打开如图2-2所示的联机帮助窗口界面,用户可以在该窗口中查看有关的帮助信息,也可以选中功能后按 F1 键启动即可。还可以在该帮助界面中浏览和按关键词查询。

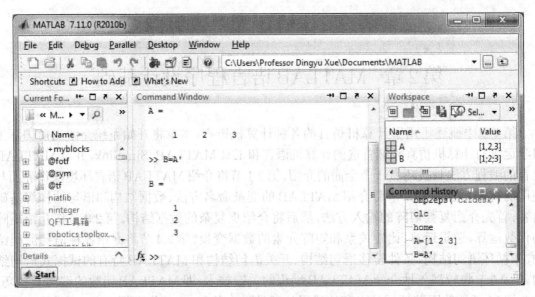

图 2-1　MATLAB R2010b 程序界面

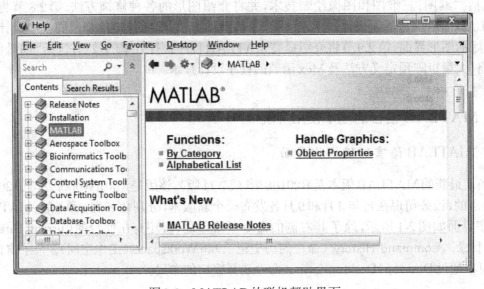

图 2-2　MATLAB 的联机帮助界面

2.2　MATLAB 语言的数据结构

　　强大方便的数值运算功能是 MATLAB 语言的最显著特色之一。从计算精度要求出发,MATLAB 下最常用的数值量为双精度浮点数,占 8 个字节(64 位),遵从 IEEE 记数法,有 11 个指数位、53 位尾数及一个符号位,值域的近似范围为 $-1.7 \times 10^{308} \sim 1.7 \times 10^{308}$,其 MATLAB 表示为 double()。MATLAB 最基本的数据结构为复数双精度浮点矩阵。考虑到一些特殊的应用,如图像处理,MATLAB 语言还引入了无符号的 8 位整形数据类型,其 MATLAB 表示为 uint8(),其值域为 $0 \sim 255$,这样可以大大节省 MATLAB 的存储空间,提高处理速度。此外,在 MATLAB 中还可以使用其他的数据类型,如 int8()、int16()、int32()、uint16() 和 uint32() 等,每个类型后面的数字表示其位数,其含义不难理解。

除了数值运算外,MATLAB 及其符号运算工具箱还可以进行公式推导和解析解求解,这时需要使用符号型变量。符号型变量可以由 syms 命令来声明。

为方便编程,MATLAB 还允许其他更高级的数据类型,如字符串、多维数组、数据结构体、单元数组、类和对象等。本节首先介绍 MATLAB 下的常量、变量与赋值语句,然后介绍最常用的矩阵表示,最后介绍其他的数据结构内容及其应用。

2.2.1 常量与变量

MATLAB 语言变量名应该由一个字母引导,后面可以跟字母、数字和下划线等。例如,MYvar12、MY_Var12 和 MyVar12 均为有效的变量名,而 12MyVar 和 _MyVar12 为无效的变量名。在 MATLAB 中,变量名是区分大小写的,就是说,Abc 和 ABc 两个变量名表达的是不同的变量,所以在使用 MATLAB 语言编程时一定要注意。

在 MATLAB 语言中还为特定常数保留了一些名称,虽然这些常量都可以重新赋值,但建议您在编程时应尽量避免对这些量重新赋值。

- eps:机器的浮点运算误差限。PC 机上 eps 的默认值为 2.2204×10^{-16},若某个量的绝对值小于 eps,则从数值运算的角度可以认为这个量为 0。
- i 和 j:若 i 或 j 量不被改写,则它们表示纯虚数量 i。但在 MATLAB 程序编写过程中经常事先改写这两个变量的值,如在循环过程中常用这两个变量来表示循环变量,所以应该确认使用这两个变量时没有被改写。如果想恢复该变量,则可以用下面的形式设置:$i = \text{sqrt}(-1)$,即对 -1 求平方根。
- Inf:无穷大量 $+\infty$ 的 MATLAB 表示,也可以写成 inf。同样地,$-\infty$ 可以表示为 -Inf。在 MATLAB 程序执行时,即使遇到了以 0 为除数的运算,也不会终止程序的运行,而只给出一个"除 0"警告,并将结果赋成 Inf,这样的定义方式符合 IEEE 的标准。从数值运算编程角度看,这样的实现形式明显优于 C 这样的非专用语言。
- NaN:不定式(Not a Number),通常由 0/0 运算、Inf/Inf 及其他可能的运算得出。NaN 是一个很奇特的量,如 NaN 与 Inf 的乘积仍为 NaN。
- pi:圆周率 π 的双精度浮点表示。

2.2.2 赋值语句

MATLAB 的赋值语句有下面两种结构:

(1)**直接赋值语句**。其基本结构为 赋值变量 = 赋值表达式 ,这一过程把等号右边的表达式直接赋给左边的赋值变量,并返回到 MATLAB 的工作空间。如果赋值表达式后面没有分号,则将在 MATLAB 命令窗口中显示表达式的运算结果。若不想显示运算结果,则应在赋值语句末尾加一个分号。如果省略了赋值变量和等号,则表达式运算的结果将赋给保留变量 ans。所以说,保留变量 ans 将永远存放最近一次无赋值变量语句的运算结果。

（2）**函数调用语句**。其基本结构为 [返回变量列表] = 函数名(输入变量列表)，其中，函数名的要求和变量名的要求是一致的，一般函数名应该对应在 MATLAB 路径下的一个文件，例如，函数名 my_fun 一般对应于 my_fun.m 文件。当然，还有一些函数名需对应于 MATLAB 内核中的内核（built-in）函数，如 inv() 函数等。

返回变量列表和输入变量列表均可以由若干个变量名组成，它们之间应该用逗号，返回变量还允许用空格分隔，如 $[U, S, V]$=svd(X)，该函数对给定的 X 矩阵进行奇异值分解，所得的结果由 U、S、V 三个变量返回。如果不想显示函数调用的最终结果，在函数调用语句后仍应该加个分号，如 $[U, S, V]$=svd(X);。

2.2.3　矩阵的 MATLAB 表示

前面介绍过，复数矩阵为 MATLAB 的基本变量单元。在 MATLAB 语言中表示一个矩阵是很容易的事，例如，矩阵 $A = \begin{bmatrix} 1 & 2 & 3 \\ 4 & 5 & 6 \\ 7 & 8 & 0 \end{bmatrix}$ 可以由下面的语句直接输入到 MATLAB 的工作空间中：

```
>> A=[1,2,3; 4 5,6; 7,8 0]
```

其中的 >> 为 MATLAB 的提示符，由机器自动给出，在提示符下可以输入各种各样的 MATLAB 命令。在该语句中，空格和逗号都可以用来分隔同一行的元素，而分号用来表示换行。给出了上面的命令，就可以在 MATLAB 的工作空间中建立一个 A 变量了。同时，该语句将得出如下显示的结果：

```
A =
    1    2    3
    4    5    6
    7    8    0
```

本书以后再显示矩阵和其他数学表达式时，将不采用 MATLAB 的实际显示格式，而将采用更易读的数学形式直接显示。

在 MATLAB 编程中有一个约定：如果在一个赋值语句后面没有分号，则等号左边的变量将在 MATLAB 命令窗口中显示出来，显示的格式如前面所示。如果不想显示中间结果，则应该在语句末尾加一个分号，如：

```
>> A=[1,2,3; 4 5,6; 7,8 0]; % 不显示结果，但进行赋值
```

在 MATLAB 下也可以容易地输入向量和标量。例如，行向量和列向量可以分别由下面两条命令直接输入：

```
>> V1=[1 2 3,4], V2=[1; 2; 3; 4] % 行向量和列向量输入
```

除了表示向量和矩阵之外，利用 MATLAB 还可以容易地表示标量。学会了矩阵的基本表示方法之后，就可以容易地理解下面赋值表达式的方式和结果了。

```
>> A=[[A; [1 3 5]] [1;2;3;4]]   % 在矩阵下面先补一行，再补一列
```

这样，新的 A 矩阵就变成 4×4 矩阵。可见，利用 MATLAB 环境可以随意修改矩阵的维数，这用其他语言很难实现。

MATLAB 语言定义了独特的冒号表达式来给行向量赋值，其基本格式 $a = s_1 : s_2 : s_3$，其中，s_1 为起始值，s_2 为步距，s_3 为终止值。如果 s_2 的值为负值，则要求 s_1 的值大于 s_3 的值，否则结果为一个空向量 a。如果省略了 s_2 的值，则步距取默认值 1。例如，前面的 V_1 行向量可以由 $V_1 = 1:4$ 语句赋值。

可以通过下面的语句定义一个行向量：

```
>> a=0:0.1:1.16
```

该语句可以建立起 a 向量 $a = [0, 0.1, 0.2, 0.3, 0.4, 0.5, 0.6, 0.7, 0.8, 0.9, 1, 1.1]^{\mathrm{T}}$。

复数矩阵的输入同样也是很简单的，在 MATLAB 环境中定义了两个记号 i 和 j，可以用来直接输入复数矩阵。例如，如果想在 MATLAB 环境中输入如下复数矩阵：

$$B = \begin{bmatrix} 1+9j & 2+8j & 3+7j \\ 4+6j & 5+5j & 6+4j \\ 7+3j & 8+2j & 0+j \end{bmatrix}$$

则可以通过下面的 MATLAB 语句直接进行赋值：

```
>> B=[1+9i,2+8i,3+7j; 4+6j 5+5i,6+4i; 7+3i,8+2j 1i]
```

可以用 $B = \mathrm{sym}(A)$ 将已知的双精度变量 A 转换成符号型变量。如 1/3 数值，在双精度数据结构下存储为 0.333333333333333，由于只能用 64 位二进制数表示，所以该存储方式只保留 15 位十进制有效数字，而符号型数据结构存储的就是精确的 1/3，所以更适合于解析解的推导。从符号型到双精度型的变量转换可以由 double() 函数实现。另外，还有其他类型转换函数，如 num2str()、int2str() 和 single() 等。

2.2.4 多维数组的定义

除了标准的二维矩阵之外，MATLAB 还定义了三维或多维数组。三维数组很好理解，假设有若干个维数相同的矩阵 $A_1, A_2, \cdots, A_m$，那么把这若干个矩阵一页一页地叠起来，就可以构成一个三维数组，如图 2-3 所示。三维数组在 RGB 式彩色图像描述中十分有用，因为，这样的三维数组可以将图像的红色、绿色和蓝色分量分别用像素矩阵表示，然后把这 3 个矩阵整合成一个三维数组。

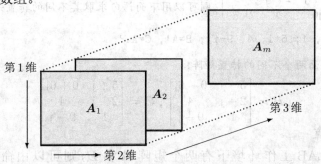

图 2-3　三维数组的示意图

假设可以定义如下 A_1、A_2、A_3 矩阵：

```
>> A1=[1,2,3; 4 5 6; 7 8,9]; A2=A1'; A3=A1-A2;
```

则通过下面最原始的方法就可以定义出一个三维数组 A_4：

```
>> A4(:,:,1)=A1; A4(:,:,2)=A2; A4(:,:,3)=A3
```

这样可以得出如下的三维数组表示：

$$A_4(:,:,1) = \begin{bmatrix} 1 & 2 & 3 \\ 4 & 5 & 6 \\ 7 & 8 & 9 \end{bmatrix}, A_4(:,:,2) = \begin{bmatrix} 1 & 4 & 7 \\ 2 & 5 & 8 \\ 3 & 6 & 9 \end{bmatrix}, A_4(:,:,3) = \begin{bmatrix} 0 & -2 & -4 \\ 2 & 0 & -2 \\ 4 & 2 & 0 \end{bmatrix}$$

MATLAB 语言提供了一个 cat() 函数来构造多维数组，该函数的调用格式为：

$$A = \text{cat}(n, A_1, A_2, \cdots, A_m)$$

其中，$n = 1$ 和 2 时分别构造 $[A_1; A_2; \cdots; A_m]$ 和 $[A_1, A_2, \cdots, A_m]$，结果是二维数组，而 $n = 3$ 可以构造出三维数组。例如，前面原始的命令可以由下面的简单函数调用语句取代，这样得出的赋值效果和 A_4 完全一致：

```
>> A5=cat(3,A1,A2,A3)
```

2.3 MATLAB 下矩阵的运算

2.3.1 矩阵的代数运算

如果一个矩阵 A 有 n 行、m 列元素，则称 A 矩阵为 $n \times m$ 矩阵；若 $n = m$，则矩阵 A 又称为方阵。MATLAB 语言中定义了下面各种矩阵的基本代数运算。

（1）矩阵转置

在数学公式中，一般把矩阵 A 的转置记作 A^T，假设 A 矩阵为 $n \times m$ 矩阵，则其转置矩阵 B 的元素定义为 $b_{ji} = a_{ij}$, $i = 1, \cdots, n$, $j = 1, \cdots, m$, 故 B 为 $m \times n$ 矩阵。如果 A 矩阵含有复数元素，其 Hermit 转置矩阵 B 的元素定义为 $b_{ji} = a_{ij}^*$, $i = 1, \cdots, n$, $j = 1, \cdots, m$, 亦即首先对各个元素进行转置，然后再逐项求取其共轭复数值，记作 A^*。在 MATLAB 下，矩阵 A 的 Hermit 转置可以简单地由 A' 求出，而直接转置矩阵可以由 $A.'$ 求出。矩阵转置和共轭转置还可由函数 transpose() 和 ctranspose() 获得。

例 2-1　假设 $A = \begin{bmatrix} 5+j & 2-j & 1 \\ j6 & 4 & 9-j \end{bmatrix}$，则可以用下面语句求取其不同的转置矩阵：

```
>> A=[5+i, 2-i, 1; 6*i, 4, 9-i]; B=A'; C=A.'
```

由上面语句可得出下面两个不同的转置矩阵：

$$B = \begin{bmatrix} 5-j & 0-6j \\ 2+j & 4 \\ 1 & 9+j \end{bmatrix}, C = \begin{bmatrix} 5+j & 0+6j \\ 2-j & 4 \\ 1 & 9-j \end{bmatrix}$$

（2）加减法运算

假设在 MATLAB 工作环境下有两个矩阵 A 和 B，则可以由命令 $C = A + B$ 和 $C = A - B$ 执行矩阵加减法。若 A 和 B 矩阵的维数相同，它会自动地将 A 和 B 矩阵的相应元素相加减,从而得出正确的结果,并赋给 C 变量。若两者之一为标量,则可以将其遍加(减)于另一个矩阵,在其他情况下,则 MATLAB 将自动地给出错误信息,提示用户两个矩阵的维数不匹配。除了直接使用 + 和 − 号进行运算之外,矩阵加减法运算还可以通过函数 plus(A,B) 和 minus(A,B) 来实现。

（3）矩阵乘法

假设有两个矩阵 A 和 B,其中 A 的列数与 B 矩阵的行数相等,或其一为标量,则称 A、B 矩阵是可乘的,或称 A 和 B 矩阵的维数是相容的。假设 A 为 $n \times m$ 矩阵,而 B 为 $m \times r$ 矩阵,则 $C = AB$ 为 $n \times r$ 矩阵,其各个元素为:

$$c_{ij} = \sum_{k=1}^{m} a_{ik} b_{kj}, \text{ 其中 } i = 1, 2, \cdots, n, j = 1, 2, \cdots, r \tag{2-3-1}$$

在 MATLAB 下,矩阵 A 和 B 的乘积可以简单地由运算式 $C = A*B$ 求出,并不需要指定 A 和 B 矩阵的维数。如果 A 和 B 矩阵的维数相容,则可以准确无误地获得乘积矩阵 C,如果两者的维数不相容,则将给出错误信息,通知用户两个矩阵是不可乘的。矩阵 A 和 B 的乘法还可以由 mtimes(A,B) 来实现。

（4）矩阵除法

MATLAB 定义了除法运算,它涉及矩阵的求逆运算,还定义了矩阵的左除及右除。两个矩阵的左除 $A\backslash B$ 相当于求矩阵方程 $AX = B$ 的解 X。对矛盾方程来说,该解是方程的最小二乘解。MATLAB 下矩阵的左除运算还可以由函数 mldivide(A,B) 得出。两个矩阵的右除 B/A 相当于求方程 $XA = B$ 的解 X。MATLAB 下矩阵的右除运算还可以由函数 mrdivide(A,B) 得出。

（5）矩阵翻转

MATLAB 提供了一些矩阵翻转处理的特殊命令,如 B＝fliplr(A) 命令将矩阵 A 进行左右翻转再赋给 B,亦即 $b_{ij} = a_{i,n+1-j}$,而 C＝flipud(A) 命令将 A 矩阵进行上下翻转并将结果赋给 C,亦即 $c_{ij} = a_{m+1-i,j}$。D＝rot90(A) 将 A 矩阵逆时针旋转 $90°$ 后赋给 D,亦即 $d_{ij} = a_{j,n+1-i}$。若想将 A 矩阵逆时针旋转 $180°$,则 E＝rot90(rot90(A))。用户可以通过下面的例子来体会各个函数的翻转效果。

例 2-2 假设 A 矩阵为 $A = [1,2,3; 4,5,6; 7,8,0]$,调用上述 3 个函数分别得出如下的结果:

```
>> A=[1,2,3; 4,5,6; 7,8,0]; B=fliplr(A), C=flipud(A),
   D=rot90(A), E=rot90(rot90(A))
```

这样得出的各个矩阵为:

$$B = \begin{bmatrix} 3 & 2 & 1 \\ 6 & 5 & 4 \\ 0 & 8 & 7 \end{bmatrix}, C = \begin{bmatrix} 7 & 8 & 0 \\ 4 & 5 & 6 \\ 1 & 2 & 3 \end{bmatrix}, D = \begin{bmatrix} 3 & 6 & 0 \\ 2 & 5 & 8 \\ 1 & 4 & 7 \end{bmatrix}, E = \begin{bmatrix} 0 & 8 & 7 \\ 6 & 5 & 4 \\ 3 & 2 & 1 \end{bmatrix}$$

（6）矩阵乘方运算

一个矩阵的乘方运算可以在数学上表述成 A^x,而其前提条件是 A 矩阵为方阵。如果 x 为正整数,则乘方表达式 A^x 的结果可以将 A 矩阵自乘 x 次得出。如果 x 为负整数,则可以将

A 矩阵自乘 $-x$ 次,然后对结果进行求逆运算,就可以得出该乘方结果。如果 x 是一个分数,如 $x=n/m$,其中 n 和 m 均为整数,则首先应该将 A 矩阵自乘 n 次,然后对结果再开 m 次方。

矩阵的开方运算是相当困难的,但有了数字计算机,这种运算就不再显得那么麻烦了,用户可以利用计算机方便地求出一个矩阵的方根。在 MATLAB 环境下,如果给定了一个方阵 A,则其乘方矩阵和开方矩阵可以容易地由 $A \hat{} x$ 求出,其中 x 为一个常数。矩阵的乘方运算还可以写成 mpower(A,x)。

例 2-3 仍考虑前面给出的矩阵 $A = \begin{bmatrix} 1 & 2 & 3 \\ 4 & 5 & 6 \\ 7 & 8 & 0 \end{bmatrix}$,该矩阵的立方和立方根可以由 $A \hat{} 3$ 和 $A \hat{} (1/3)$ 两条命令容易地求得:

```
>> A=[1,2,3; 4,5,6; 7,8,0]; B=A^3, C=A^(1/3), norm(A-C^3)
```

则可以直接得出 A 矩阵的立方和立方根矩阵为:

$$B = \begin{bmatrix} 279 & 360 & 306 \\ 684 & 873 & 684 \\ 738 & 900 & 441 \end{bmatrix}, C = \begin{bmatrix} 0.7718+0.6538j & 0.4869-0.0159j & 0.1764-0.2887j \\ 0.8885-0.0726j & 1.4473+0.4794j & 0.5233-0.4959j \\ 0.4685-0.6465j & 0.6693-0.6748j & 1.3379+1.0488j \end{bmatrix}$$

且误差为 1.0682×10^{-14}。事实上,A 矩阵开 3 次方应该有 3 个解,用 MATLAB 的乘方运算只能得出其中一个根,其他的根可以由下面的语句直接求出:

```
>> r=exp(sqrt(-1)*pi/3); A1=C*2, A2=C*r^2,
   e1=norm(A1^3-A), e2=norm(A2^3-A)
```

由旋转法求出的结果如下,经检验,A_1^3 和 A_2^3 均等于 A。

$$A_1 = \begin{bmatrix} -0.1803+0.9953j & 0.2572+0.4137j & 0.3382+0.0084j \\ 0.5071+0.7332j & 0.3085+1.4931j & 0.6911+0.2052j \\ 0.7941+0.08246j & 0.9190+0.2422j & -0.2393+1.6831j \end{bmatrix}$$

$$A_2 = \begin{bmatrix} -0.9521+0.3415j & -0.2297+0.4296j & 0.1618+0.2971j \\ -0.3814+0.8058j & -1.1388+1.0137j & 0.1678+0.7011j \\ 0.3256+0.7289j & 0.2497+0.9170j & -1.5772+0.6342j \end{bmatrix}$$

(7) 点运算

MATLAB 中定义了一种特殊的运算,即所谓的点运算。两个矩阵之间的点运算是它们对应元素的直接运算。例如,$C = A.*B$ 表示 A 和 B 矩阵的相应元素之间直接进行乘法运算,然后将结果赋给 C 矩阵,即 $c_{ij} = a_{ij} b_{ij}$。这种点乘积运算又称为 Hadamard 乘积。注意,点乘积运算要求 A 和 B 矩阵的维数相同。可以看出,这种运算和普通乘法运算是不同的。

例 2-4 给定两个简单矩阵 $A = \begin{bmatrix} 1 & 2 & 3 \\ 4 & 5 & 6 \\ 7 & 8 & 0 \end{bmatrix}$,$B = \begin{bmatrix} 2 & 3 & 4 \\ 5 & 6 & 7 \\ 8 & 9 & 0 \end{bmatrix}$,由下面的 MATLAB 语句:

```
>> A=[1 2 3; 4 5 6; 7 8 0]; B=[2 3 4; 5 6 7; 8 9 0]; C=A*B, D=A.*B
```

得出的两种乘积分别如下:

$$C = \begin{bmatrix} 36 & 42 & 18 \\ 81 & 96 & 51 \\ 54 & 69 & 84 \end{bmatrix}, D = \begin{bmatrix} 2 & 6 & 12 \\ 20 & 30 & 42 \\ 56 & 72 & 0 \end{bmatrix}$$

可以看出，这两种乘积结果是不同的，前者是普通矩阵乘积，而后者是两个矩阵对应元素之间的乘积，所以采用点运算时要注意其含义。

点运算在 MATLAB 中起着很重要的作用，例如，当 x 是一个向量时，则求取数值 x^5 时不能直接写成 $x^{\wedge}5$，而必须写成 $x.^{\wedge}5$。在进行矩阵的点运算时，同样要求运算的两个矩阵的维数一致，或其中一个变量为标量。其实一些特殊的函数，如 sin() 也是由点运算的形式进行的，因为它要对矩阵的每个元素求取正弦值。矩阵 A 和 B 的点乘积运算可以由 $\mathrm{times}(A,B)$ 来实现。

矩阵点运算不只可以用于点乘积运算，还可以用于其他运算。如对前面给出的 A 矩阵做 $A.^{\wedge}A$ 运算，则将得出下面的结果：

$$A.^{\wedge}A = \begin{bmatrix} 1 & 4 & 27 \\ 256 & 3125 & 46656 \\ 823543 & 16777216 & 1 \end{bmatrix}, \text{亦即} \begin{bmatrix} 1^1 & 2^2 & 3^3 \\ 4^4 & 5^5 & 6^6 \\ 7^7 & 8^8 & 0^0 \end{bmatrix}$$

（8）Kronecker 乘积

若存在两个矩阵 A 和 B，其中 A 为 $n \times m$ 阶矩阵，B 为 $p \times q$ 阶矩阵，则 A 与 B 矩阵的 Kronecker 乘积运算可以定义为：

$$C = A \otimes B = \begin{bmatrix} a_{11}B & a_{12}B & \cdots & a_{1m}B \\ a_{21}B & a_{22}B & \cdots & a_{2m}B \\ \vdots & \vdots & \ddots & \vdots \\ a_{n1}B & a_{n2}B & \cdots & a_{nm}B \end{bmatrix} \tag{2-3-2}$$

由上面的式子可以看出，Kronecker 乘积 $A \otimes B$ 与 $B \otimes A$ 均为 $np \times mq$ 阶矩阵，但一般情况下 $A \otimes B \neq B \otimes A$。和普通矩阵乘积不同，Kronecker 乘积并不要求两个被乘的矩阵满足任何意义下的维数匹配。Kronecker 积的 MATLAB 命令为 $C = \mathrm{kron}(A,B)$。

例 2-5 给定两个矩阵 $A = \begin{bmatrix} 1 & 2 \\ 3 & 4 \end{bmatrix}$，$B = \begin{bmatrix} 1 & 3 & 2 \\ 2 & 4 & 6 \end{bmatrix}$，则 A 与 B 的 Kronecker 积可以由下面的 MATLAB 命令求出：

```
>> A=[1 2; 3 4]; B=[1 3 2; 2 4 6]; C=kron(A,B), D=kron(B,A)
```

得出的两个 Kronecker 乘积矩阵分别为：

$$C = \begin{bmatrix} 1 & 3 & 2 & 2 & 6 & 4 \\ 2 & 4 & 6 & 4 & 8 & 12 \\ 3 & 9 & 6 & 4 & 12 & 8 \\ 6 & 12 & 18 & 8 & 16 & 24 \end{bmatrix}, D = \begin{bmatrix} 1 & 2 & 3 & 6 & 2 & 4 \\ 3 & 4 & 9 & 12 & 6 & 8 \\ 2 & 4 & 4 & 8 & 6 & 12 \\ 6 & 8 & 12 & 16 & 18 & 24 \end{bmatrix}$$

2.3.2 矩阵的逻辑运算

早期的 MATLAB 语言并没有定义专门的逻辑变量，在 MATLAB 语言中，如果一个数的值为 0，则可以认为它为逻辑 0，否则为逻辑 1。在较新的版本中，上面的定义仍然成立，此外可以使用 logical 数据类型来定义逻辑运算。

假设矩阵 A 和 B 均为同维数的数组，则在 MATLAB 下定义了逻辑运算 $A\&B$、$A\,|\,B$、$\sim A$ 和 $\mathrm{xor}(A,B)$，分别求取矩阵的与、或、非和异或运算，这些运算是矩阵对应元素的运

算。若 A 和 B 其中一个为标量时,可以将其值和另一个数组每个元素进行相应的逻辑元素。否则,维数不匹配的数组不能进行逻辑运算。

例 2-6 假设两个矩阵分别为 $A = \begin{bmatrix} 0 & 2 & 3 & 4 \\ 1 & 3 & 5 & 0 \end{bmatrix}$, $B = \begin{bmatrix} 1 & 0 & 5 & 3 \\ 1 & 5 & 0 & 5 \end{bmatrix}$,可以由下面的 MATLAB 语句对它们进行各种逻辑运算:

```
>> A=[0 2 3 4;1 3 5 0]; B=[1 0 5 3;1 5 0 5]; A1=A&B, A2=A|B, A3=~A, A4=xor(A,B)
```

这 4 个逻辑型矩阵分别为:

$$A_1 = \begin{bmatrix} 0 & 0 & 1 & 1 \\ 1 & 1 & 0 & 0 \end{bmatrix}, \quad A_2 = \begin{bmatrix} 1 & 1 & 1 & 1 \\ 1 & 1 & 1 & 1 \end{bmatrix}, \quad A_3 = \begin{bmatrix} 1 & 0 & 0 & 0 \\ 0 & 0 & 0 & 1 \end{bmatrix}, \quad A_4 = \begin{bmatrix} 1 & 1 & 0 & 0 \\ 0 & 0 & 1 & 1 \end{bmatrix}$$

2.3.3　矩阵的比较关系

MATLAB 语言定义了各种比较关系,例如,$>$ 和 $<$ 表示小于关系和大于关系,$==$ 和 $\sim=$ 表示等于关系和不等于关系,此外还可以定义 $>=$ 和 $<=$ 等逻辑关系。这些关系运算都是针对两个矩阵对应元素的,所以在使用关系运算时,首先应该保证两个矩阵的维数是一致的或其一为标量。关系运算对两个矩阵的对应运算进行比较,若关系满足,则将结果矩阵中该位置的元素置为 1,不满足则置 0。

例 2-7 对例 2-6 中的两个矩阵进行关系运算,则可以得出如下结果:

```
>> A=[0 2 3 4;1 3 5 0]; B=[1 0 5 3;1 5 0 5]; A1=A==B, A2=A>=B, A3=B~=A
```

这样得出的矩阵分别为:

$$A_1 = \begin{bmatrix} 0 & 0 & 0 & 0 \\ 1 & 0 & 0 & 0 \end{bmatrix}, \quad A_2 = \begin{bmatrix} 0 & 1 & 0 & 1 \\ 1 & 0 & 1 & 0 \end{bmatrix}, \quad A_3 = \begin{bmatrix} 1 & 1 & 1 & 1 \\ 0 & 1 & 1 & 1 \end{bmatrix}$$

MATLAB 还提供了一些特殊的函数,在编程中也是很实用的,其中 find() 函数可以查询出满足某关系的数组下标,例如,若想查出矩阵 C 中数值等于 1 的元素下标,则可以给出 find($A_2==1$) 命令,则将得出下标向量 $[2, 3, 6, 7]^\mathrm{T}$。可以看出,该函数相当于先将 A_2 矩阵先按列构成列向量,然后再判断哪些元素为 1,返回其下标。还可以用下面的格式同时返回行和列坐标,得出的向量为 $i = [2, 1, 2, 1]^\mathrm{T}$, $j = [1, 2, 3, 4]^\mathrm{T}$:

```
>> [i,j]=find(A2==1); [i,j]
```

2.3.4　矩阵元素的数据变换

对由小数构成的矩阵 A 来说,如果想对它取整数,则有如下几种方案。

- floor(A):将 A 中元素按 $-\infty$ 方向取整,即取不足整数。
- ceil(A):将 A 中元素按 $+\infty$ 方向取整,即取过剩整数。
- round(A):将 A 中元素按最近的整数取整,亦即四舍五入。
- fix(A):将 A 中元素按离 0 近的方向取整。

此外,一些小数还可以用两个整数的除式形式表示成有理数形式,MATLAB 中提供了 rat() 函数,用它可以获得矩阵的有理数近似。该函数的调用格式为 $[N, D] = \mathrm{rat}(A)$,其中,A 中的每个元素均可以表示成为两个整数的有理除式,即 $A = N./D$。

例 2-8 考虑 4 阶 Hilbert 矩阵,可以用 rat() 函数求出各个元素的有理表示。

```
>> A=hilb(4); [n,d]=rat(A)
```

该语句分别提取出 A 矩阵有利化后的分子和分母矩阵为:

$$n = \begin{bmatrix} 1 & 1 & 1 & 1 \\ 1 & 1 & 1 & 1 \\ 1 & 1 & 1 & 1 \\ 1 & 1 & 1 & 1 \end{bmatrix}, d = \begin{bmatrix} 1 & 2 & 3 & 4 \\ 2 & 3 & 4 & 5 \\ 3 & 4 & 5 & 6 \\ 4 & 5 & 6 & 7 \end{bmatrix}$$

2.4　流程控制结构

作为一种程序设计语言,MATLAB 提供了循环语句结构、条件转移语句结构、开关语句结构以及新的试探语句,本节将介绍各种语句结构。

2.4.1　循环语句结构

循环语句有两种结构:for ⋯ end 结构和 while ⋯ end 结构。这两种语句结构不完全相同,各有各的特色。for ⋯ end 语句通常的调用格式为:

　　for $i=v$, 循环体语句组, end

其中,v 为任意给定的向量,该语句的作用即循环变量从 v 向量中的第 1 个数值一直循环到最后一个数值,和前面的 for 格式不同,在这种调用格式下并不要求循环变量作等距选择,也不要求它是单调的,所以在一些特殊的情况下,这种调用格式是很实用的。

注意,这里的循环语句是以 end 结尾的,这和 C 语言的结构不完全一致。在 C 语言循环中,循环体的内容是以大括号 { } 括起来的,而在 MATLAB 语言中,循环体的内容是以循环语句和 end 语句括起来的,所以在使用 MATLAB 时应注意这一点。

通常使用的循环格式为 for $i=s_1:s_3:s_2$,其循环体结构的程序框图表示如图 2-4(a)所示,如果 $s_3 > 0$,其效果和 C 语言中的 for $(i=s_1; i<=s_2; i+=s_3)$ 是一致的,而在 $s_3 < 0$ 时,它和 for $(i=s_1; i>=s_2; i+=s_3)$ 是一致的。

例 2-9 如果用户想由 MATLAB 求出 $\sum_{i=1}^{100} i$ 的值,可以用循环结构解决此问题,下面的程序段得出正确的结果 $s = 5050$。

```
>> s=0; for i=1:1:100, s=s+i; end; s
```

在上面的式子中,可以看到 for 循环语句中 s_3 的值为 1。在 MATLAB 实际编程中,如果 s_3 的值为 1,则可以在该语句中省略,故该语句可以简化成 for $i=1:100$。

在实际编程中,在 MATLAB 下采用循环语句会降低其执行速度,所以前面的程序可以由 sum(1:100) 直接实现。MATLAB 语言对向量的求和运算效率远比循环结构高得多。

MATLAB 语言提供了另一种循环语句结构 —— while ⋯ end 语句,其基本格式为:

　　while 逻辑变量, 循环体语句组, end

该循环结构的执行方式为:若逻辑变量为真(或 1,其实在 MATLAB 语言中更确切地说是"非0"),则执行循环体的内容,执行后再返回while引导的语句处,判断该逻辑变量是否仍然为真,如果为0则跳出循环,向下继续执行,否则继续执行循环体语句组。while循环结构的框图表示如图2-4(b)所示。

重新考虑例2-9,如果改用while循环结构,则可以写出下面的程序:

```
>> s=0; i=0; while (i<=100), i=i+1; s=s+i; end, s
```

当然,MATLAB提供的循环结构for和while是允许多级嵌套的,而且它们之间也允许相互嵌套,这和C语言等高级程序设计语言是一致的。

例2-10 如果将例2-9中给出的问题变成求出满足$\sum_{i=1}^{m} i > 10000$的最小m值,这样就不能直接调用sum()函数了。用户可以针对这一问题编写如下的程序段,得出$m = 141, s = 10011$:

```
>> s=0; m=0; while s<=10000, m=m+1; s=s+m; end, m, s
```

与循环语句相关的还有一个重要的break语句,当在循环体内执行到该语句时,则程序将无条件地跳出本层循环。该语句的使用将结合后面的条件转移语句来介绍。

2.4.2 条件转移语句结构

除了前面介绍的循环语句结构之外,MATLAB还提供了各种条件转移语句的结构,使得MATLAB语言更易于使用。MATLAB提供的条件语句最简单的格式是由关键词if引导的,其格式为:

    if 逻辑变量,条件块语句组,end

其结构的框图如图2-4(c)所示,当给出的逻辑变量为非0时,则执行该条件块结构中的语句组内容,执行完之后继续向下执行;若该逻辑变量为0,则跳过条件块语句组直接向下执行。

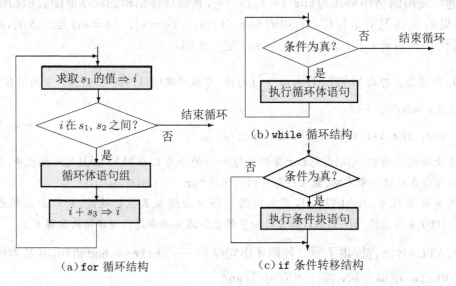

(a)for 循环结构　　　　(b)while 循环结构　　　　(c)if 条件转移结构

图2-4　MATLAB下各种程序结构框图

例 2-11 再考虑例 2-10 中给出的问题,用户可以针对这一问题编写如下的程序段:

```
>> s=0; for m=1:1000, s=s+m; if (s>10000), break; end, end
```

这时得出的结果和前面完全一致。注意,这里使用了 break 命令,其作用就是中止上一级的 for 或 while 语句引导的循环过程。

当然,前面介绍的 if 条件结构只能处理较简单的条件,所以其功能不是很全面。MATLAB 还提供了其他两种条件结构 —— if···else 格式和 if···elseif···else 格式,这两种格式的调用方法分别为:

```
if  条件式              if  条件式1,    条件块语句组1
    条件块语句组1        elseif  条件式2,条件块语句组2
else                         ⋮
    条件块语句组2        else,条件块语句组 n+1
end                     end
```

其框图如图 2-5 所示。这些语句的结构和功能与其他的程序设计语言(如 C 和 Fortran)是基本一致的。后面将通过例子来说明这样的条件结构的使用方法。

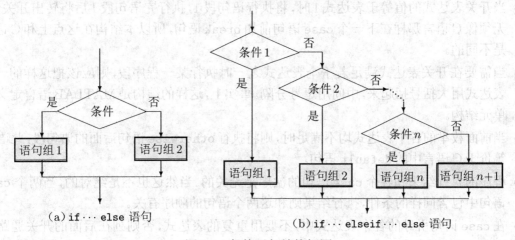

(a) if···else 语句　　　　　　　　　　(b) if···elseif···else 语句

图 2-5　条件语句结构框图

2.4.3　开关语句结构

MATLAB 提供了开关语句结构,其基本语句结构为:

```
switch 开关表达式
case 表达式1,语句段1
case{表达式2,表达式3,⋯,表达式 m}, 语句段2
    ⋮
otherwise, 语句段 n
end
```

开关语句的基本结构如图2-6所示。开关语句的关键是对开关表达式值的判断,当开关表达式的值等于某个case语句后面的条件时,程序将转移到该组语句中执行,执行完成后程序转出开关体继续向下执行。在使用开关语句结构时应该注意下面几点:

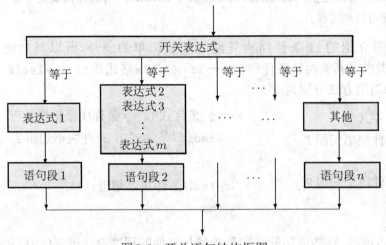

图2-6　开关语句结构框图

- 当开关表达式的值等于表达式1时,将执行语句段1,执行完语句段1后将转出开关体,无须像C语言那样在下一个case语句前加break语句,所以本结构在这点上和C语言是不同的。
- 当需要在开关表达式满足若干个表达式之一时执行某一程序段,则应该把这样的一些表达式用大括号括起来,中间用逗号分隔。事实上,这样的结构是MATLAB语言定义的单元结构。
- 当前面枚举的各个表达式均不满足时,则将执行otherwise语句后面的语句段,此语句等价于C语言中的default语句。
- 程序的执行结果和各个case语句的次序是无关的。当然这也不是绝对的,当两个case语句中包含同样的条件,执行结果则和这两个语句的顺序有关。
- 在case语句引导的各个表达式中,不要用重复的表达式,否则列在后面的开关通路将永远也不能执行。

2.4.4　试探式语句结构

MATLAB提供了一种新的试探式语句结构,其一般的形式为:

```
try, 语句段 1, catch, 语句段 2, end
```

本语句结构首先试探性地执行语句段1,如果在此段语句执行过程中出现错误,则将错误信息赋给保留的lasterr变量,并放弃这段语句,转而执行语句段2中的语句。这种新的语句结构是C等语言中所没有的。

试探性结构在实际编程中还是很实用的,例如,可以将一段不保险但速度快的算法放到

try 段落中,而将一个保险但速度极慢的程序放到 catch 段落中,这样就能保证原始问题的求解更加可靠,且可能使程序高速执行。

2.5   MATLAB 函数编写与技巧

MATLAB 提供了两种源程序文件格式,其中一种是普通的 ASCII 码构成的文件,在这样的文件中包含一组由 MATLAB 语言所支持的语句,它类似于 DOS 下的批处理文件,这种文件称为 M 脚本文件(M-script,本书中将其简称为 M 文件),它的执行方式很简单,用户只需在 MATLAB 的提示符 >> 下输入该 M 文件的文件名,这样 MATLAB 就会自动执行该 M 文件中的各条语句。M 文件只能对 MATLAB 工作空间中的数据进行处理,文件中所有语句的执行结果也完全返回到工作空间中。M 文件格式适用于用户需要立即得到结果的小规模运算。

另一种源程序格式是 M-函数格式,它是 MATLAB 程序设计的主流,一般情况下,不建议使用 M 脚本文件格式编程。本节将着重介绍 MATLAB 函数的编写方法与技巧。

2.5.1   MATLAB 语言的函数的基本结构

MATLAB 的 M-函数是由 function 语句引导的,其基本结构如下:

> function [返回变量列表] = 函数名(输入变量列表)
> 注释说明语句段,由 % 引导
> 输入、返回变量格式的检测
> 函数体语句

这里输入和返回变量的实际个数分别由 nargin 和 nargout 两个 MATLAB 保留变量来给出,只要进入该函数,MATLAB 就将自动生成这两个变量。

返回变量如果多于 1 个,则应该用方括号将它们括起来,否则可以省去方括号。输入变量和返回变量之间用逗号来分隔。注释语句段的每行语句都应该由百分号(%)引导,百分号后面的内容不执行,只起注释作用。用户采用 help 命令则可以显示出注释语句段的内容。此外,正规的变量个数检测也是必要的。如果输入或返回变量格式不正确,则应该给出相应的提示。这里将通过下面的例子来演示函数编程的格式与方法。

例 2-12   假设想生成一个 $n \times m$ 阶的 Hilbert 矩阵,它的第 i 行第 j 列的元素值为 $1/(i+j-1)$。此外还想在编写的函数中实现下面两点:

(1)如果只给出一个输入参数 n,则会自动生成一个方阵,即令 $m=n$。

(2)在函数中给出合适的帮助信息,包括基本功能、调用方式和参数说明。

其实在编写程序时养成一个好的习惯,无论对程序设计者还是对程序的维护者、使用者都是大有裨益的。

根据上面的要求,可以编写一个如下的 MATLAB 函数 myhilb(),文件名为 myhilb.m,并放到 MATLAB 的路径下:

```
function A=myhilb(n, m)
```

```
%MYHILB   本函数用来演示 MATLAB 语言的函数编写方法
%    A=MYHILB(N, M) 将产生一个 N 行 M 列的 Hilbert 矩阵 A
%    A=MYHILB(N) 将产生一个 NxN 的方 Hilbert 阵 A
%    MYHILB(N,M) 调用格式只显示 NxM 的 Hilbert 矩阵,但不返回任何矩阵
%See also: HILB.

% Designed by Professor Dingyu XUE, Northeastern University, PRC
% 5 April, 1995, Last modified by DYX at 23 March, 2010
if nargin==1, m=n; end
for i=1:n, for j=1:m, A(i,j)=1/(i+j-1); end, end
```

在这段程序中,由%引导的部分是注释语句,通常用来给出一段说明性的文字以解释程序段落的功能和变量含义等。由前面的第(1)点要求,首先测试输入的参数个数,如果个数为 1 (即 nargin 的值为 1),则将矩阵的列数 m 赋成 n 的值,从而产生一个方阵。如果输入或返回变量个数不正确,则函数前面的语句将自动检测,并显示出错误信息。后面的双重 for 循环语句依据前面给出算法生成一个 Hilbert 矩阵。

此函数的联机帮助信息可以由下面的命令获得:

```
>> help myhilb
   MYHILB   本函数用来演示 MATLAB 语言的函数编写方法
      A=MYHILB(N, M) 将产生一个 N 行 M 列的 Hilbert 矩阵 A
      A=MYHILB(N) 将产生一个 NxN 的方 Hilbert 阵 A
      MYHILB(N,M) 调用格式只显示 NxM 的 Hilbert 矩阵,但不返回任何矩阵
   See also: HILB.
```

注意,这里只显示了程序及调用方法,而没有把该函数中有关作者的信息显示出来。对照前面的函数可以立即发现,因为在作者信息的前面给出了一个空行,所以可以容易地得出结论:如果想使一段信息可以用 help 命令显示出来,则在它前面不应该加空行,即使想在 help 中显示一个空行,这个空行也应该由%来引导。

有了函数之后,可以采用下面的各种方法来调用它,并产生出所需的结果:

```
>> A1=myhilb(4,3), A2=myhilb(4)
```

则可以分别得出如下的矩阵:

$$\boldsymbol{A}_1 = \begin{bmatrix} 1 & 0.5 & 0.33333 \\ 0.5 & 0.33333 & 0.25 \\ 0.33333 & 0.25 & 0.2 \\ 0.25 & 0.2 & 0.16667 \end{bmatrix}, \boldsymbol{A}_2 = \begin{bmatrix} 1 & 0.5 & 0.33333 & 0.25 \\ 0.5 & 0.33333 & 0.25 & 0.2 \\ 0.33333 & 0.25 & 0.2 & 0.16667 \\ 0.25 & 0.2 & 0.16667 & 0.14286 \end{bmatrix}$$

例 2-13 MATLAB 函数是可以递归调用的,亦即在函数的内部可以调用函数自身。考虑求阶乘 $n!$ 的例子:由阶乘定义可知,$n! = n(n-1)!$,这样,n 的阶乘可以由 $n-1$ 的阶乘求出,而 $n-1$ 的阶乘可以由 $n-2$ 的阶乘求出,依此类推,直到计算到已知的 $1! = 0! = 1$,从而能建立起递归调用的关系(为了节省篇幅,这里略去了注释行段落):

```
function k=my_fact(n)
if nargin~=1, error('输入变量个数错误,只能有一个输入变量'); end
if nargout>1, error('输出变量个数过多'); end
if abs(n-floor(n))>eps | n<0 % 判定 n 是否为非负整数
    error('n 应该为非负整数');
end
if n>1, k=n*my_fact(n-1);        % 如果 n>1, 进行递归调用
elseif any([0 1]==n), k=1; % 0!=1!=1 为已知,该部分是此函数的出口
end
```

可以看出,该函数首先判定 n 是否为非负整数,如果不是则给出错误信息;如果是,则在 $n > 1$ 时递归调用该程序自身;若 $n = 1$ 或 0 时则直接返回 1。由语句 my_fact(11) 可以立即得出 11 的阶乘为 39916800。其实,MATLAB 提供了求取阶乘的函数 factorial(),其核心算法为 prod(1:n),从结构上更简单、直观。如果 n 过大(如 $n > 20$),用双精度数据结构不能准确地求出 $n!$,应该采用符号运算的方法来求阶乘,即 prod(sym(1):n)。

2.5.2　可变输入、输出个数的处理

下面将介绍单元变量的一个重要应用 —— 如何建立起无限个输入或返回变量的函数调用格式。调用函数之后,实际调用该函数时所用的所有变元自动存储在单元数组 varargin 中。每个实际变元可以由 varargin{1}, $\cdots$, varargin{n} 直接提取,这样就可以充分利用 varargin 来编写带有可变变元个数的函数。

例 2-14　MATLAB 提供的 conv() 函数可以用来求两个多项式的乘积。对于多个多项式的连乘,则不能直接使用此函数,而需要嵌套使用该函数,这样在表示很多多项式连乘时相当麻烦。在这里可以用单元数组的形式来编写一个函数 convs(),专门解决多个多项式连乘的问题。

```
function a=convs(varargin)
a=1; for i=1:length(varargin), a=conv(a,varargin{i}); end
```

如果输入变量中某个变量为单元数组,则认为它是前一个多项式的指数。这时,所有的输入变量列表由单元变量 varargin 表示。相应地,如有需要,也可以将返回变量列表用一个单元变量 varargout 表示。在这样的表示下,理论上就可以处理任意多个多项式的连乘问题了。例如,可以用下面的格式调用该函数:

```
>> P=[1 2 4 0 5]; Q=[1 2]; F=[1 2 3]; D=convs(P,Q,F),
   G=convs(P,Q,F,[1,1],[1,3],[1,1])
```

可以得出向量 $D = [1, 6, 19, 36, 45, 44, 35, 30]$, $G = [1, 11, 56, 176, 376, 578, 678, 648, 527, 315, 90]$。

2.5.3　MATLAB 函数的跟踪调试

MATLAB 提供了很好的跟踪调试的程序界面,函数内部的局部变量值可以由跟踪调试程序测出。下面将通过一个简单的例子来演示跟踪调试程序在 MATLAB 函数调试中的

使用。考虑前面编写的 `myhilb.m` 函数,用 `edit myhilb` 命令可以打开该程序,并将打开相应的编辑窗口。在断点状态栏目内单击想设置断点的位置,或在编辑窗口内将想设置断点的行设置为当前行,再单击 按钮,则将自动地在断点状态栏目内出现红色圆点,表示断点。运行该函数到断点处,将自动中断,用户可以将鼠标指针移动到想查询的变量上,这时将显示该变量的内容。同时,命令窗口中的提示符将变为 `K>>`,用户可以在该提示符下输入函数内部变量名或表达式,这样将在命令窗口内显示其内容,并可以进行一般运算。所以在这样的运行方式下,用户可以对函数内部的局部变量进行直接操作。

如果程序调试需要,在一个程序内可以设置多个断点。若想取消某个断点,则单击该断点对应的红点即可,如果想取消全部断点,则单击 按钮即可。

MATLAB 的跟踪调试界面还支持单步执行等功能,单击 按钮则向下执行一步;若单击 按钮,则在进入子函数后仍单步执行,否则一次性执行子函数,而不进入子程序内部;若单击 按钮则向下执行一步;若单击 按钮则不再进入子函数;单击 按钮允许用户继续执行程序,如果后面有断点则执行到断点为止,没有断点则执行到程序结束,并退出跟踪调试的状态;单击 按钮将退出跟踪调试模式,直接将程序执行到结束,命令窗口的提示符也恢复成 `>>`。

2.5.4　伪代码与代码保密处理

MATLAB 的伪代码(pseudo code)技术的目的有两个:一是能提高程序的执行速度,因为采用了伪代码技术,MATLAB 将 .m 文件转换成能立即执行的代码,所以在程序实际执行时,省去了再转换的过程,从而能使得程序的速度加快。由于 MATLAB 本身的转换过程也很快,所以在一般程序执行时速度加快的效果并不是很明显的。然而当执行较复杂的图形界面程序时,伪代码技术的应用便能很明显地加快程序执行的速度。二是伪代码技术能把可读的 ASCII 码构成的 .m 文件转换成一种二进制代码,从而使得其他用户无法读取其中的语句,从而对源代码起到某种保密作用。

MATLAB 语言环境提供了一个 `pcode` 命令来将 .m 文件转换成伪代码文件,伪代码文件的后缀名为 .p。如果想把某文件 `mytest.m` 转换成伪代码文件,则可以使用 `pcode mytest`命令格式;若想让生成的 .p 文件也位于和原 .m 文件相同的目录下,则可以使用 `pcode mytest -inplace` 命令格式。如果想把整个目录下的 .m 文件全转换为 .p 文件,则首先用 `cd`命令进入该目录,然后输入 `pcode *.m`,若原文件无语法错误,就可以在本目录下将 .m 文件全部转换为 .p 文件;若存在语法错误,则将中止转换,并给出错误信息。用户可以通过这样的方法发现自己程序中存在的所有语法错误。如果同时存在同名的 .m 文件和 .p 文件,则 .p 文件的执行优先。

用户一定要在安全的位置保留 .m 源文件,不能轻易删除,因为 .p 文件是不可逆的。

2.6　MATLAB 语言下图形的绘制与技巧

除了 MATLAB 的强大数值分析功能外,其受到工程技术人员广泛接受与使用的另一个重要原因是它提供了较方便的绘图功能。在 MATLAB 等软件出现之前,如果想在自己的程序中生成一个图形（即使是二维图形）是相当困难的。例如，若用户想在自己的 Fortran 语言程序中绘制一个图形，则首先需要对绘图的数据进行预处理，找出这些数据的最大值和最小值；然后根据它们自动地计算出坐标轴的范围；再调用一些绘图命令库函数（如著名的 GINO-F[8]）把图形在屏幕上显示出来，这样做将耗费程序设计者大量的时间和精力，而且绘制的图形效果往往还取决于设计者的经验，可能不一定令人满意。

此外，若设计者想把这样的程序移植到其他的语言下实现，如转移成 C 语言程序，则所有的图形功能部分就必须完全地改写，这可能还要求设计者调用其他的绘图库函数，这样做对用户来讲可以说是相当苛刻的，也是一个相当沉重的负担。即使不改用其他的高级语言，若想将此程序转移到其他机器上，如从 PC 兼容机转移 Sun 工作站上，则原来的语句有许多（尤其是绘图部分）都需要用户重新改写，这样将给使用者带来很多不利的因素。

MATLAB 语言提供了强大的图形绘制功能，用户只需指定绘图方式，并提供充足的绘图数据，即可以得出所需的图形。MATLAB 还对绘出的图形提供了各种修饰方法，使绘出的图形更美观。

MATLAB 提出了句柄图形学（handle graphics）的概念[22]，为面向对象的图形处理提供了十分有用的工具。和早期版本的 MATLAB 相比较，其最大区别在于，在图形绘制时，其中每个图形元素（如其坐标轴或图形上的曲线、文字等）都是一个独立的对象。用户可以对其中任何一个图形元素进行单独修改，而不影响图形的其他部分，具有这样特点的绘图称为向量化的绘图。这种向量化的绘图要求给每个图形元素分配一个句柄（handle），以后再对该图形元素做进一步操作时，则只需对该句柄进行操作即可。

2.6.1 基本二维图形绘制语句

MATLAB 等新一代软件和语言使图形绘制和处理的繁杂工作变得简单得令人难以置信。假设用户已经获得了一些实验数据。例如，已知各个时刻 $t = t_1, t_2, \cdots, t_n$ 和在这些时刻处的函数值 $y = y_1, y_2, \cdots, y_n$，则可以将这些数据输入到 MATLAB 环境中，构成向量 $t = [t_1, t_2, \cdots, t_n]$ 和 $y = [y_1, y_2, \cdots, y_n]$，如果用户想用图形的方式表示两者之间的关系，则给出 plot(t,y)，即可绘制二维图形。可以看出，该函数的调用是相当直观的。这样绘制出的"曲线"实际上是给出各个数值点间的折线，如果这些点足够密，则看起来就是曲线了，故以后将其称为曲线。在实际应用中，plot() 函数的调用格式还可以进一步扩展。

（1）t 仍为向量，而 y 为矩阵，亦即：

$$y = \begin{bmatrix} y_{11} & y_{12} & \cdots & y_{1n} \\ y_{21} & y_{22} & \cdots & y_{2n} \\ \vdots & \vdots & \ddots & \vdots \\ y_{m1} & y_{m2} & \cdots & y_{mn} \end{bmatrix}$$

则将在同一坐标系下绘制 m 条曲线，每一行和 t 之间的关系将绘制出一条曲线。注意，这时要求 y 矩阵的列数应该等于 t 的长度。

（2）t 和 y 均为矩阵，且假设 t 和 y 矩阵的行和列数均相同，则将绘制出 t 矩阵每行和 y 矩阵对应行之间关系的曲线。

（3）假设有多对这样的向量或矩阵，$(\boldsymbol{t}_1, \boldsymbol{y}_1)$，$(\boldsymbol{t}_2, \boldsymbol{y}_2)$，$\cdots$，$(\boldsymbol{t}_m, \boldsymbol{y}_m)$，则可以用语句 $\text{plot}(\boldsymbol{t}_1, \boldsymbol{y}_1, \boldsymbol{t}_2, \boldsymbol{y}_2, \cdots, \boldsymbol{t}_m, \boldsymbol{y}_m)$ 直接绘制出各自对应的曲线。

例 2-15 如果用户想绘制出一个周期内的正弦曲线，则首先应该先产生自变量 t 向量，然后由给出的自变量向量求取其正弦函数，最后调用 plot() 函数把曲线绘制出来。这个过程的 MATLAB 语言命令如下，绘制的曲线如图 2-7(a)所示：

```
>> t=0:.1:2*pi; y=sin(t); plot(t,y)
```

在 MATLAB 下还允许在一个绘图窗口上同时绘制多条曲线，例如下面的命令：

```
>> t=0:.1:2*pi; y=[sin(t); cos(t)]; plot(t,y)
```

可以产生一组如图 2-7(b)所示的曲线。这一段语句还是很好理解的，首先产生一个行向量 t，然后分别求取行向量 $\sin(t)$ 和 $\cos(t)$，并将它们构成矩阵 y 的两行，最后将两条曲线在一个坐标系下绘制出来。从图 2-7(b)可以容易地看出，这两条曲线都是以实线表示的，颜色深浅从黑白图上也基本分辨不出来。事实上，在彩色显示器上，MATLAB 会自动地用不同的颜色将图形显示出来。而用单色打印机打印时，也可以用不同的灰度来表示，只是有时区别不是很明显，所以出现难以辨认的情况。同理，利用这样的命令可以在图形窗口上同时绘制出多条曲线，绘制曲线的条数越多，从单色打印机输出的图上辨认图形的困难也越大，所以曲线可以在后处理中用不同的线型表示，本书也采用线型来区分不同的曲线。

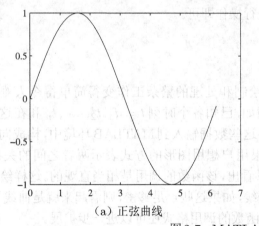 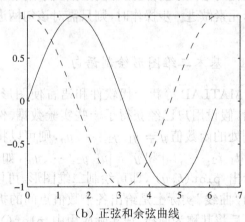

(a) 正弦曲线　　　　　　　　　　　　　　(b) 正弦和余弦曲线

图 2-7　MATLAB 图形绘制举例

此外，MATLAB 还提供了 plotyy() 函数来绘制曲线。所不同的是，该函数绘制出来的曲线坐标轴两边均有标注。该函数的调用格式为 $\text{plotyy}(\boldsymbol{t}_1, \boldsymbol{y}_1, \boldsymbol{t}_2, \boldsymbol{y}_2)$。例如，$\sin t$ 和 $0.01\cos t$ 两条曲线用此函数绘制出来的效果如图 2-8 所示。可见，此函数允许两条幅值相差悬殊的曲线在同一幅图上绘制出来，而不影响观察效果。

```
>> t=0:.1:2*pi; plotyy(t,sin(t),t,0.01*cos(t))
```

2.6.2　带有其他选项的绘图函数

曲线的性质，如线型、粗细、颜色等，还可以使用下面的命令进行指定：

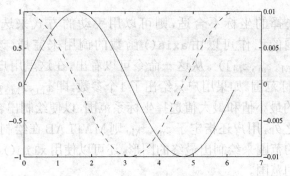

图 2-8   plotyy() 函数绘制的双坐标轴曲线结果

$$\text{plot}(t_1, y_1, \text{选项} 1, t_2, y_2, \text{选项} 2, \cdots, t_m, y_m, \text{选项} m)$$

其中,"选项"可以按表 2-1 中的形式给出,其中的选项可以进行组合。例如,若想绘制红色的点划线,且每个转折点上用五角星表示,则选项可以使用组合 'r-.pentagram'。

表 2-1   MATLAB 绘图命令的各种选项

曲线线型		曲线颜色				标记符号			
选项	意义	选项	意义	选项	意义	选项	意义	选项	意义
'-'	实线	'b'	蓝色	'c'	蓝绿色	'*'	星号	'pentagram'	五角星
'--'	虚线	'g'	绿色	'k'	黑色	'.'	点号	'o'	圆圈
':'	点线	'm'	红紫色	'r'	红色	'x'	叉号	'square'	□
'-.'	点划线	'w'	白色	'y'	黄色	'v'	▽	'diamond'	◇
'none'	无线					'^'	△	'hexagram'	六角星
						'>'	▷	'<'	◁

2.6.3   二维曲线的标注方法

绘制完曲线后,MATLAB 还允许用户使用它提供的一些图形修饰函数进一步修饰画出的图形,例如,若用户在绘制完上述的图形后又给出了下面的命令:

```
>> grid,                          % 给图形加网格
   xlabel('This is my X axis'),   % 给 x 轴加标题
   ylabel('My Y axis'),           % 给 y 轴加标题
   title('My Own Plot')           % 给图形加标题
```

其中,grid 命令会自动地在各个坐标轴上加上虚线型的网格线。而 xlabel() 和 ylabel() 函数会自动地将字符串分别写到图形的 x 轴和 y 轴附近,其中 ylabel() 函数会自动地将字符串旋转 90° 来显示。title() 函数则会将其括号中的字符串表示为该图形的标题。

MATLAB 可以自动根据要绘制曲线数据的范围选择合适的坐标系,使得曲线能够尽可能清晰地显示出来。所以,在一般情况下用户不必担心绘图坐标范围的选择。但是

如果用户觉得自动选择的坐标不合适,则可以用手动的方式来选择新的坐标系范围。手动变换坐标系范围的工作可以由 axis() 函数的调用来完成,该函数的调用格式为 $\mathrm{axis}([x_m, x_M, y_m, y_M, z_m, z_M])$。从这一命令可以看出,在这里用户可以自由地指定x、y轴,甚至x、y、z轴的坐标范围。如果用户只给出了4个参数,即 x_m、x_M、y_m、y_M,则系统将分别按照用户给出x、y轴的最小值和最大值选择坐标系范围,以便绘制出合适的二维曲线。如果除了前面的4个参数之外,用户还指定了 z_m、z_M,则MATLAB在绘制三维曲线时会参照用户指定的3个坐标轴的范围来绘制出最终的图形,还可以使用xlim()、ylim()和zlim()函数单独设定x、y、z轴的范围。

2.6.4　在 MATLAB 图形上添加文字标注

MATLAB 的图形窗口中提供了编辑图形的工具栏,允许用户在图形上添加各种修饰,如箭头、线段和文字等。其中,可以添加 LaTeX 形式的数学公式,在这个方法下,允许用户用 LaTeX[23]的格式去描述所需的文字显示。在 LaTeX 兼容的字符串格式中,用户可以用 \bf、\it、\rm命令分别定义黑体、斜体和正体字符,而其中一个段落可以用一对大括号 {} 括起来。例如,The {\bf word is bold} 将给出 The **word is bold** 的效果。注意,The 与 word 之前多了一个附加空格,若不想要这个空格,则应将命令改成 The {\bfword is bold},这与标准的 TeX 命令是不完全一致的。用户还可以通过标准的 LaTeX 命令格式来定义上下标,这样就可以使图形窗口中的字符串修饰变得更丰富多彩。如果想在某个字符后面加一个上标,则可以在该字符串后面跟一个 ^ 引导的字符串;若想把多个字符作为指数,则应该使用大括号。例如,y = x^{abc} 对应的显示效果为 $y = x^{abc}$,如果错误地写成 y = x^abc,则对应的排版效果为 $y = x^a bc$。类似地,下标应该由下划线引导。

遗憾的是,这样生成的图形效果离高质量排版的要求相差很远,所以若需要将生成的图形嵌入到 LaTeX 排版文档,最好采用 overpic 宏包叠印文字。

2.6.5　特殊图形绘制函数及举例

除了标准的二维曲线绘制之外,MATLAB还提供了具有各种特殊意义的图形绘制函数,其常用调用格式如表2-2所示,其中,参数 x、y 分别表示横纵坐标绘图数据,c表示颜色选项,u、l 表示误差图的上下限向量。当然随着输入参数个数及类型的不同,各个函数的绘图形式也有所区别。下面将通过一个例子来演示各个绘图函数的效果。

例 2-16 可以用subplot()函数将整个图形窗口分割成 2×2 子图形部分,然后在每个部分用不同的语句绘制出不同曲线。如果给出下面的命令,则可以得出如图2-9所示的曲线。

```
>> t=-pi:0.3:pi; y=1./(1+exp(-t));
   subplot(221), plot(t,y); title('plot(t,y)')
   subplot(222), stem(t,y); title('stem(t,y)')
   subplot(223), semilogy(t,y); title('semilogy(t,y)')
   subplot(224), stairs(t,y); title('stairs(t,y)')
```

表2-2 MATLAB提供的特殊二维曲线绘制函数

函 数 名	意 义	常用调用格式
bar()	二维条形图	$\mathtt{bar}(x,y)$
comet()	彗星状轨迹图	$\mathtt{comet}(x,y)$
compass()	罗盘图	$\mathtt{compass}(x,y)$
errorbar()	误差限图形	$\mathtt{errorbar}(x,y,l,u)$
feather()	羽毛状图	$\mathtt{feather}(x,y)$
fill()	二维填充函数	$\mathtt{fill}(x,y,c)$
hist()	直方图	$\mathtt{hist}(y,n)$
loglog()	对数图	$\mathtt{loglog}(x,y)$
polar()	极坐标图	$\mathtt{polar}(x,y)$
quiver()	磁力线图	$\mathtt{quiver}(x,y)$
stairs()	阶梯图形	$\mathtt{stairs}(x,y)$
stem()	火柴杆图	$\mathtt{stem}(x,y)$
semilogx()	半对数图	$\mathtt{semilogx}(x,y),\ \mathtt{semilogy}(x,y)$

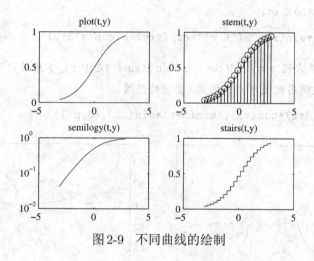

图2-9 不同曲线的绘制

2.6.6 隐函数的曲线绘制

如果给定了函数的显式表达式,可以先设置自变量向量,然后根据表达式计算出函数向量,从而用plot()等函数绘制出来。如果函数由隐函数形式给出,如$x^2+3y^2=5$,则很难用上述方式绘制出图形。MATLAB中提供了ezplot(),用于绘制隐函数,这里将通过几个例子来演示该函数的调用方法与用途。

例 2-17 隐函数$x^2+3y^2=5$可以由如下命令直接绘制出来,得出如图2-10(a)所示的椭圆。

```
>> ezplot('x^2+3*y^2=5'), axis([-4,4,-4,4])
```

如果只想绘制出$x\in(-\pi/4,\pi)$, $y\in(-1,3)$之间的部分,则可以由下面的命令得出如图2-10(b)所示的结果。

```
>> ezplot('x^2+3*y^2-5',[-pi/4,pi,-1,3]), axis([-4,4,-4,4])
```

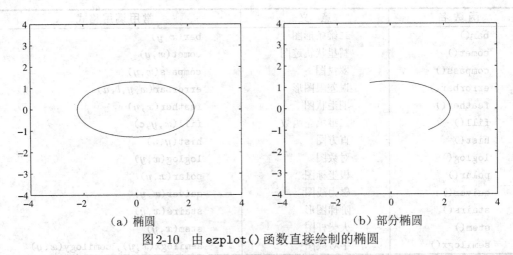

(a) 椭圆   (b) 部分椭圆

图2-10 由ezplot()函数直接绘制的椭圆

例 2-18 考虑更复杂的函数 $x^2\sin(x+y^2)+y^2e^{x+y}+5\cos(x^2+y)=0$, 可以用 ezplot() 函数直接绘制其曲线, 如图2-11(a)所示。

```
>> ezplot('x^2 *sin(x+y^2) + y^2*exp(x+y)+5*cos(x^2+y)')
```

例 2-19 假设已知参数方程 $x=\sin 3t\cos t$, $y=\sin 3t\sin t$, $t\in(0,\pi)$, 下面语句可以得出如图2-11(b)所示的曲线, 在该函数调用时还可以不给出 t 变量的范围。

```
>> ezplot('sin(3*t)*cos(t)','sin(3*t)*sin(t)',[0,pi])
```

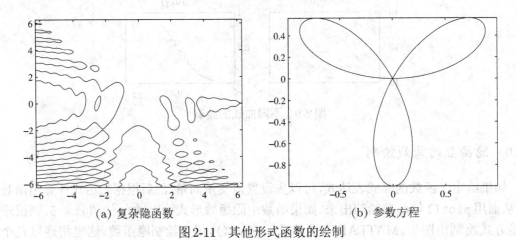

(a) 复杂隐函数   (b) 参数方程

图2-11 其他形式函数的绘制

2.7   三维图形的绘制方法

2.7.1   三维曲线的绘制方法

首先, 和原来的二维图形相对应, MATLAB提供了 plot3() 函数, 它允许用户在一个三维空间内绘制出三维的曲线, 该函数的调用格式为 plot3(x,y,z,选项), 其中, x、y、z 分别为维数相同的向量,分别存储曲线的 3 个坐标的值;而这里所使用的选项和 plot() 函数是一致的,具体的内容仍可以参见表 2-1。

例 2-20 假设有一个时间向量 t,对该向量进行下列运算则可以构成 3 个坐标的值向量 $x = \sin t$, $y = \cos t$, $z = t$,而如果想用绿色的粗实线绘制此图形,就应该输入下面的程序段:

```
>> t=0: pi/50: 2*pi; x=sin(t); y=cos(t); z=t; h=plot3(x,y,z,'g-');
   set(h,'LineWidth',4*get(h,'LineWidth'))
```

由上面程序段绘制出来的三维曲线如图 2-12(a) 所示,该三维曲线还可以由下面的语句直接绘制出来,如图 2-12(b) 所示,可见两者绘制的结果完全一致。

```
>> ezplot3('sin(t)','cos(t)','t',[0,2*pi])
```

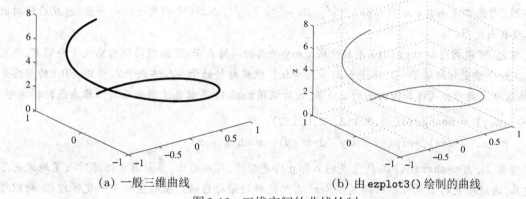

(a) 一般三维曲线   (b) 由 ezplot3() 绘制的曲线

图 2-12 三维空间的曲线绘制

可以仿照二维 stem() 函数的形式绘制三维火柴杆图,并在坐标轴上加网格,得出的图形如图 2-13(a) 所示。

```
>> t=0: pi/50: 2*pi; x=sin(t); y=cos(t); z=t; stem3(x,y,z), grid on
```

还可以使用下面的命令:

```
>> fill3(x,y,z,'g'), grid off
```

来绘制填充的三维曲线,并除去网格显示,如图 2-13(b) 所示。

2.7.2 三维曲面的绘制方法

任意给定的数据均可以由三维曲面的方式显示,在 MATLAB 下允许使用 mesh() 函数来绘制三维表面网格图。函数的调用格式可以写成 $\mathrm{mesh}(\boldsymbol{x}, \boldsymbol{y}, \boldsymbol{z}, \boldsymbol{c})$,其中 $\boldsymbol{x}$ 和 $\boldsymbol{y}$ 分别为 x-y 平面网格坐标的向量或矩阵;$\boldsymbol{z}$ 为高度矩阵;$\boldsymbol{c}$ 为颜色矩阵,表示在不同的高度下的颜色范围。如果省略 $\boldsymbol{c}$ 选项,则 MATLAB 会自动地假定 $\boldsymbol{c} = \boldsymbol{z}$,亦即颜色的设定是正比于图形的高度的,这样就可以得出层次分明的三维图形。

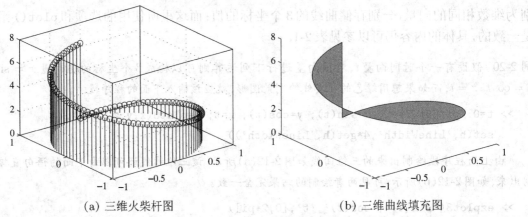

(a) 三维火柴杆图　　　　　　　　　(b) 三维曲线填充图

图 2-13　不同三维曲线绘制函数

例 2-21　考虑二元函数 $z = f(x,y) = (x^2 - 2x)\mathrm{e}^{-x^2-y^2-xy}$,在 x-y 平面内选择一个区域,然后绘制出其三维表面图形。

首先,可以调用 meshgrid() 函数生成 x 和 y 平面的网格表示。该函数的调用意义十分明显,即可以产生一个横坐标起始于 -3、终止于 3、步距为 0.1、纵坐标起始于 -2、终止于 2、步距为 0.1 的网格分割。然后由上面的公式计算出曲面的 z 矩阵。最后调用 mesh() 函数来绘制曲面的三维表面网格图形。

```
>> [x,y] = meshgrid(-3:0.1:3,-2:0.1:2);
   z=(x.^2-2*x).*exp(-x.^2-y.^2-x.*y); mesh(x,y,z)
```

事实上,由 meshgrid() 函数生成的 **x** 和 **y** 均是矩阵。可以看出,在计算 z 矩阵时大量地采用了点运算,通过给定的函数计算出高度矩阵 z。当然这样的语句自动产生的坐标不一定很理想,所以可以调用 axis() 函数来重新设定坐标系范围,最后得出的曲线如图 2-14(a) 所示。

```
>> axis([-3,3,-2,2,-0.7,1.5])
```

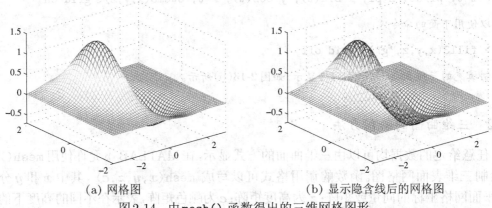

(a) 网格图　　　　　　　　　(b) 显示隐含线后的网格图

图 2-14　由 mesh() 函数得出的三维网格图形

由图 2-14(a) 可以看出,在这种默认的状态下隐含的部分都没有绘制出来,这是合乎正常视觉的绘制方法。如果用户实在想绘制出隐含的部分,则可以调用 hidden off 命令来进行处理,这时得出的图形如图 2-14(b)所示,从图中可以看出,所有的隐含网格也都同时绘制出来了。如果用户还想恢复到默认的状态,则可以调用 hidden on 命令来进行设置。

　　如果将前面的 mesh() 函数用 surf(x,y,z) 函数取代,则绘制出来的表面图形如图 2-15(a)所示。MATLAB 中提供了一个 colorbar 命令,可以在显示的三维图旁边显示出指示高度的彩色条,使得三维表面图更具可读性。本例中的表面图使用了该命令之后,则得出如图 2-15(b)所示的显示。

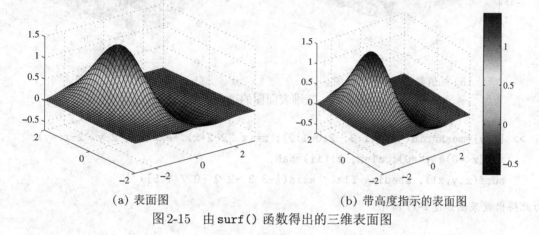

(a) 表面图   (b) 带高度指示的表面图

图 2-15　由 surf() 函数得出的三维表面图

　　使用 MATLAB 中提供的 ezmesh() 和 ezsurf() 函数也能得出同样的图形。

```
>> ezmesh('(x^2-2*x)*exp(-x^2-y^2-x*y)')
   figure; ezsurf('(x^2-2*x)*exp(-x^2-y^2-x*y)')
```

　　注意,在这里描述表达式时不再采用点运算的符号了。另外,这里的表达式应该是 z 的显式表达式,亦即 $z = f(x, y)$,否则不能绘制出三维曲面。

　　MATLAB 提供的 shading 命令可以设置表面图的各种着色方案,例如,该命令加 interp 选项,即使用 shading interp 命令,则将使表面用插值的方式进行着色,使图像表面用光滑的形式显示,如图 2-16(a)所示。

　　除了该选项外,还可以使用 flat 选项(其表面上每个网格中用相同的颜色着色,并将网格线隐含起来)、faceted 选项(采用默认的方式着色)等。

　　可以使用 MATLAB 工具栏中提供的 🔄 按钮来任意旋转三维图形,单击该按钮,就可以自如地旋转得出的三维图形。例如,可以得出如图 2-16(b)所示的旋转结果。单击 ⭕ 图标还允许用鼠标读取曲面上任意点的坐标。

2.7.3　局部图形的剪切处理

　　不定式常数 NaN 在图形处理中是一个很有意思的数值。如果不想要图形中的某个部分,只需把该部分的函数值设置成 NaN 即可。这样在绘制三维图形时,值为 NaN 的部分将不显示出来。在二维图形绘制中也可以采用这样的技术剪切掉不需要的部分。

例 2-22　假设想剪裁掉例 2-21 的三维图中 $x \leqslant 0$ 和 $y \leqslant 0$ 的部分,则可以使用如下命令:

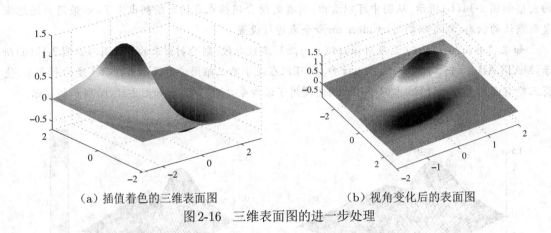

（a）插值着色的三维表面图　　　　　　　　（b）视角变化后的表面图

图 2-16　三维表面图的进一步处理

```
>> [x,y]=meshgrid(-3:0.1:3,-2:0.1:2); z=(x.^2-2*x).*exp(-x.^2-y.^2-x.*y);
   ii=(x<=0)&(y<=0); z1=z; z1(ii)=NaN;
   surf(x,y,z1), shading flat; axis([-3 3 -2 2 -0.7 1.5])
```

由此得出效果图如图 2-17 所示。

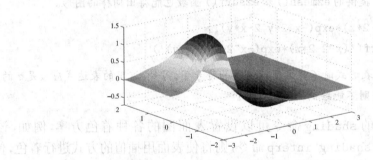

图 2-17　三维表面图的剪切与效果

2.8　MATLAB 图形用户界面设计技术

对于一个成功的软件来说，其内容和基本功能当然应是第一位的。但除此之外，图形界面的优劣往往也决定着该软件的档次，因为用户界面会对软件本身起到包装作用，而这又像产品的包装一样，所以能掌握 MATLAB 的图形用户界面（Graphical User Interface，GUI）设计技术对设计出良好的通用软件来说是十分重要的。

MATLAB 提供了可以实现界面编程的强大工具 Guide，完全支持可视化界面编程，将它提供的方法和用户的 MATLAB 编程经验结合起来，可以很容易地写出高水平的用户界面程序。本节将先介绍 Guide 的使用方法，然后将举例说明用 MATLAB 语言如何轻松地实现图形用户界面的设计及其应用。

2.8.1 图形界面设计工具Guide

在MATLAB命令窗口中输入 guide 命令,则将打开如图2-18所示的窗口,提示用户选择合适的用户界面形式,从列出的GUI模板可见,用户可以建立一个默认的空白界面(Blank GUI)、带有一些控件的界面(GUI with Uicontrols)、带有坐标轴和菜单的界面(GUI with Axes and Menu)和基本模态对话框(Modal Question Dialog),还允许用户打开现有的GUI(Open Existing GUI)。

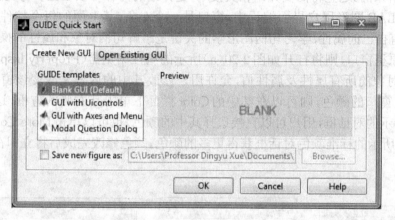

图2-18 Guide程序主界面

这里我们只探讨建立空白图形用户界面的方法。选择Blank GUI模板,再单击OK按钮,则可以打开如图2-19(a)所示的设计窗口,其中右侧的区域就是要设计窗口的原型(prototype)。

在该界面的左侧控件栏中,提供了各种各样的控件,如图2-19(b)所示,用户可以通过左击的方式选中其中一个控件,这样就可以在右侧的原型窗口中绘制出这个控件。可以通

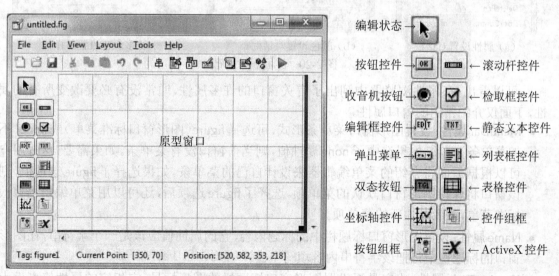

(a) GUI编辑界面   (b) 控件栏

图2-19 Guide程序界面及说明

过这样的方法在原型窗口上绘制出各种控件,实现所需图形用户界面的设计。下面首先介绍句柄图形学的基本知识,然后通过简单例子来演示图形用户界面的设计方法。

2.8.2　句柄图形学及句柄对象属性

图形用户界面编程主要是对各个对象属性读取和修改的技术,各个对象的操作主要靠对象的句柄实现,在MATLAB下这样的技术称为句柄图形学,该技术是MathWorks公司于1990年前后引入的。这里将简要介绍相关技术,更详细的内容可以参见参考文献[22]。

在MATLAB图形用户界面编程中,窗口是一个对象,其上面的每个控件也都是对象,每个对象都有自己的属性,学习句柄图形学的关键是了解句柄对象和属性的操作。

双击该原型窗口,则将打开如图2-20(a)所示的属性浏览器(Property Inspector),其中,列出了窗口对象的所有属性及属性值,允许用户修改其中的内容来改变该窗口的属性。例如,若想修改窗口的颜色,则可以在其中的Color栏目下单击其右侧的方框,这样将打开如图2-20(b)所示的对话框,用户可以直接选择其中的颜色,也可以单击More Colors按钮启动如图2-20(c)所示的标准颜色对话框获得更多的颜色。颜色修改完成后将立即在原型窗口中显示出来。

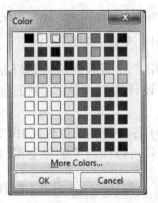
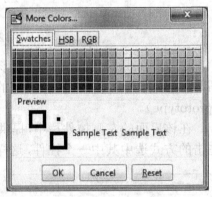

（a）属性设置对话框　　　　（b）颜色设置对话框　　　　（c）更多颜色设置选择

图2-20　界面属性修改

可以看出,在属性浏览器中列出了有关窗口的许多属性,通常没有必要改变所有的属性,下面仅介绍常用的窗口属性。

- **MenuBar 属性**: 设置图形窗口菜单条形式,可选择figure(图形窗口标准菜单)或none(不加菜单条)选项。如果选中了none属性值,则当前窗口没有菜单条。如果需要,这时用户可以根据后面将介绍的菜单编辑器来设计自己的菜单条。如果选择了figure选项值,则该窗口将保持图形窗口默认的菜单项。选择了figure选项后,还可以用菜单编辑器修改标准菜单,或者添加新的菜单项。

- **Name 属性**: 设置图形窗口标题栏中的标题内容,它的属性值应该是一个字符串,在图形窗口的标题栏中将把该字符串内容填写上去。

- **NumberTitle 属性**: 决定是否设置图形窗口标题栏的图形标号,它相应的属性值可设为on(加图形标号)或off(不加标号)。若选择了on选项,则会自动地给每一个图形窗口标题栏内加一个"Figure No *:"字样的编号,即使该图形窗口有自己的标题,也同样要在前面冠一个编号,这是 MATLAB 的默认选项;若选择 off 选项,则不再给窗口标题进行编号显示。

- Units 属性:除了默认的像素点单位 pixels 之外,还允许用户使用一些其他的单位,如 inches(英寸)、centimeters(厘米)、normalized(归一值,即 0 和 1 之间的小数)等,这种设定将影响到一切定义大小的属性项(如后面将介绍的 Position 属性)。Units 属性也可以通过属性编辑程序界面来设定,例如,选择 Units 属性时,在属性值处将出现一个列表框,如图 2-21(a)所示,用户可以从中选择想要的属性值。

- Position 属性:该属性的内容如图 2-21(b)所示,用来设定该图形窗口的位置和大小。其属性值是由 4 个元素构成的 1×4 向量,其中前面两个值分别为窗口左下角的横纵坐标值,后面两个值分别为窗口的宽度和高度,其单位由 Units 属性设定。设置 Position 属性值的最好方法是直接用鼠标拖动的方法对该窗口进行放大或缩小,这样在 Position 一栏中就自动地填写上用户设置的值。

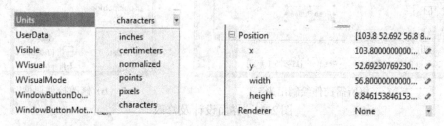

（a）单位制设置　　　　　　　　　（b）窗口位置设置

图 2-21　窗口的位置和单位制设置

- Resize 属性:用来确定是否可以改变图形窗口的大小。它有两个参数可以使用,即 on(可以调整)和 off(不能调整),其中,on 选项为默认的选项。

- Toolbar 属性:表示是否给图形窗口添加可视编辑工具条,其选项为 none(无工具条)、figure(标准图形窗口编辑工具条)和 auto(自动)。

- Visible 属性:用来决定建立的窗口是否处于可见的状态,对应的属性值为 on 和 off,其中 on 为默认属性值。

- Pointer 属性:用来设置在该窗口下指示鼠标位置的光标的显示形式,用户还可以用 PointerShapeCData 属性自定义光标的形状。

句柄图形学对象属性的读取与修改主要由两个函数完成,即 set() 函数和 get() 函数,它们的调用方式分别为:

```
v=get(h,属性名)   %如 v=get(gcf,'Color')
set(h,属性名1,属性值1,属性名2,属性值2,…)
```

其中,h 为对象的句柄,gcf 为获取当前窗口句柄的命令,gco 可以获得当前对象的句柄。

下面用简单例子来演示图形用户界面的设计方法。

例 2-23　考虑在一个空白窗口上添加一个按钮控件和一个用于字符显示的文本控件,并在按下该按钮时,在文本控件上显示"Hello World!"字样。具体的设计步骤如下。

(1) **绘制原型窗口**。打开空白原型窗口并在该窗口中绘制出这两个控件,如图2-22(a)所示。

(2) **控件属性修改**。因为需要修改文本控件的属性,所以双击其图标打开其属性对话框,将String属性设置为空字符串,表示在按下按钮前不显示任何信息。另外,应该给该控件设置一个标签,即设置其Tag属性,以便在后面编程时能容易地找到其句柄,在这里可以将其设置为txtHello,如图2-22(b)所示。注意,在设置标签时应该将其设置为独一无二的字符串,以使程序能容易地找到它,而不是同时找到其他控件。同时为方便起见,可以将按钮控件的标签设置为btnOK。

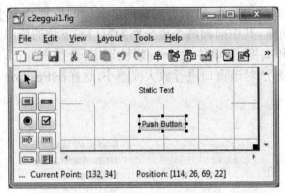
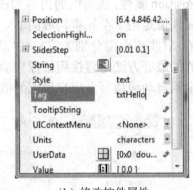

(a) 将所需控件绘制出来　　　　　　　　　(b) 修改控件属性

图2-22　界面设计及修改

(3) **自动生成框架文件**。建立了窗口之后,可以将其存成.fig文件,如将其存为c2eggui1.fig,这时还将自动生成一个c2eggui1.m文件,其主要部分内容如下:

```
function varargout = c2eggui1(varargin)
gui_Singleton = 1;
gui_State = struct('gui_Name',    mfilename, ...
                   'gui_Singleton', gui_Singleton, ...
                   'gui_OpeningFcn', @c2eggui1_OpeningFcn, ...
                   'gui_OutputFcn',  @c2eggui1_OutputFcn, ...
                   'gui_LayoutFcn',  [] , ...
                   'gui_Callback',   []);
if nargin && ischar(varargin{1})
    gui_State.gui_Callback = str2func(varargin{1});
end
if nargout
    [varargout{1:nargout}] = gui_mainfcn(gui_State, varargin{:});
else
    gui_mainfcn(gui_State, varargin{:});
end
```

```
% --- 到此语句为止,用户尽量不要修改前面的框架语句。后面为其他函数框架
function c2eggui1_OpeningFcn(hObject, eventdata, handles, varargin)
handles.output = hObject; guidata(hObject, handles);
function varargout = c2eggui1_OutputFcn(hObject, eventdata, handles)
varargout{1} = handles.output;  % 此函数为程序启动时自动执行的函数
% --- 这里给出了按钮控件回调函数的空白框架:btnOK
function btnOK_Callback(hObject, eventdata, handles)
```

(4) **编写回调函数**。分析原来的要求,可以看出,实际上需要编写的响应函数是在按钮按下时,将文本控件的 String 属性值设置成所需的值,即"Hello World!"字符串,这就需要给按钮编写一个回调函数(callback function)。由于文本框的标签为 txtHello,所以其句柄为 handles.txtHello,用户可以编写出如下的回调函数,完成整个程序的编写:

```
function varargout = btnOK_Callback(hObject, eventdata, handles)
set(handles.txtHello,'String','Hello World!');
```

MATLAB 图形用户界面设计的另一个值得注意的问题是它所支持的各种回调函数,前面已经演示过,所谓的回调函数就是,在对象的某一个事件发生时,MATLAB 内部机制允许自动调用的函数,常用的回调函数如下。

- CloseRequestFcn:关闭窗口时响应函数。
- KeyPressFcn:键盘键按下时响应函数。
- WindowButtonDownFcn:鼠标键按下时响应函数。
- WindowButtonMotionFcn:鼠标移动时响应函数。
- WindowButtonUpFcn:鼠标键释放时响应函数。
- CreateFcn 和 DeleteFcn:建立和删除对象时响应函数。
- CallBack:对象被选中时自动执行的回调函数。

这些回调函数有的是针对窗口而言的,还有的是针对具体控件而言的,学会了回调函数的编写将有助于提高编写 MATLAB 图形用户界面程序的效率。

前面给出了窗口的常用属性,其实每个控件也有各种各样的属性,下面介绍各个控件通用的常用属性。

- Units 与 Position 属性:其定义与窗口定义是一致的,这里不再赘述,但应该注意一点,这里的位置是针对该窗口左下角的,而不是针对屏幕的。
- String 属性:用来标注在该控件上的字符串,一般起说明或提示作用。
- CallBack 属性:此属性是图形界面设计中最重要的属性,它是连接程序界面整个程序系统的实质性功能的纽带。该属性值应该为一个可以直接求值的字符串,在该对象被选中和改变时,系统将自动地对字符串进行求值。一般地,在该对象被处理时,经常调用一个函数,即回调函数。
- Enable 属性:表示此控件的使能状态,如果设置为 on,则表示此控件可以选择,为 off 则表示不可选,与此类似的还有 Visible 属性。

- **CData 属性:** 真色彩位图,为三维数组型,用于将真色彩图形标注到控件上,使得界面看起来更加形象和丰富多彩。
- **TooltipString 属性:** 提示信息显示,为字符串型。当鼠标指针位于此控件上时,不管是否按下鼠标键,都将显示提示信息。
- **UserData 属性:** 用于界面及不同控件之间数据交换与暂存的重要属性。
- **Interruptable 属性:** 可选择的值为 on 和 off,表示当前的回调函数在执行时是否允许中断,去执行其他的回调函数。
- **有关字体的属性:** 如 FontAngle、FontName 等。

函数 gco 和 gcbo 可以获得当前对象的句柄,该对象所有的属性可以由 `set(gco)` 命令列出,由 Guide 主窗口的 View|Object Browser(对象浏览器)命令也可以显示出全部对象及属性,用户可以交互地编辑这些属性。

2.8.3 菜单系统设计

利用 Guide 提供的强大功能,不但能设计一般的对话框界面,还可以设计更复杂的带有菜单的窗口,菜单系统的设置可以由 Guide 的菜单编辑器来完成。Guide 程序的 **Tools** 菜单如图 2-23(a)所示,该菜单允许用 Align Objects 命令对齐对象控件、用 Grid and Ruler 命令设置界面编辑标尺、用 Menu Editor 命令编辑菜单系统,还可以实现其他设置内容,如设置工具栏等。

选择 Tools|Menu Editor 命令,将打开如图 2-23(b)所示的菜单编辑器。使用菜单编辑器可以很容易地按图 2-24(a)所示的格式编辑菜单,从而得出如图 2-24(b)所示的结果。该程序可以存为 c2eggui2.m。

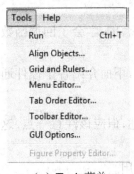
（a）Tools 菜单

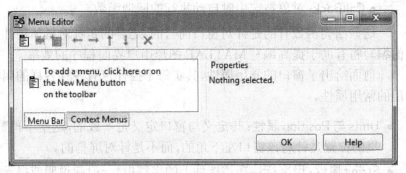
（b）菜单编辑器

图 2-23 工具菜单和菜单编辑器

2.8.4 界面设计举例与技巧

本节将通过例子来演示 MATLAB 下图形用户界面设计的方法与思想,并介绍一些有关的编程技巧。

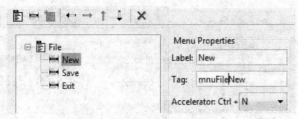 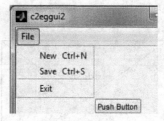

（a）菜单编辑器编辑结果 （b）程序菜单

图2-24 界面设计及修改

例 2-24 MATLAB 的图形界面设计实际上是一种面向对象的设计方法。假设想建立一个图形界面来显示和处理三维图形，最终图形界面的设想如图 2-25 所示。要求其基本功能是：

(1) 建立一个主坐标系，以备后来绘制三维图形。

(2) 建立一个函数编辑框，接受用户输入的绘图数据。

(3) 建立两个按钮，一个用于启动绘图功能，另一个用于启动演示功能。

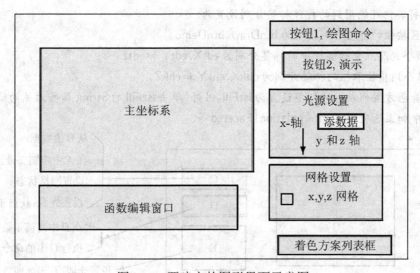

图2-25 要建立的图形界面示意图

(4) 建立一组3个编辑框，用来设置光源在3个坐标轴的坐标值。

(5) 建立一组3个复选框，决定各个轴上是否需要网格。

(6) 建立一个列表框，允许用户选择不同的着色方法。

可以根据上面的设想，用 Guide 工具绘制出程序窗口的原型，如图 2-26(a) 所示。其中，一些编辑框和检取框还可以利用串工具进一步对齐处理，得出如图 2-26(b) 所示的对话框。

根据上面的设想，可以把任务分配给各个控件对象，这就是面向对象的程序设计特点。其任务分配示意图如图 2-27 所示。从示意图中可以看出，A 和 B 两个部分并不承担任何的实际工作，它们只是给最终的绘图与数据编辑提供场所，所以它们的句柄是很有用的量。为了方便获得它们的句柄，分别将它们的标签(Tag属性) 设置为 axMain 和 edtCode，同时为了使 edtCode 能接受多行的字符串输入，需要将其 Max 属性设置为大于1的数值，如取100。

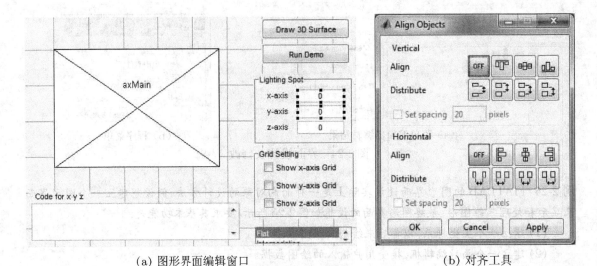

(a) 图形界面编辑窗口　　　　　　　　　(b) 对齐工具

图 2-26　用 Guide 绘制出的图形界面

还可以将其他可能用到的控件标签分别设置为:
- C、D 区按钮的标签分别设置为 btnDraw、btnDemo。
- E 区 3 个光照点坐标编辑框的标签分别为 edtX、edtY 和 edtZ。
- F 区 3 个网格检取框的标签分别为 chkX、chkY 和 chkZ。
- G 区着色方案列表框的标签设置为 lstFill。另外,单击 lstFill 的 String 属性右端的编辑按钮▦,

则可以在其中加上选项 Flat | Interpolation | Faceted 等。

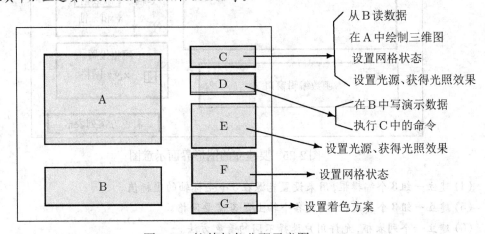

图 2-27　控件任务分配示意图

根据这里给出的任务分配图,可以创建出主程序界面,对应的函数名为 c2fgui3(),该函数的清单如下:

```
function varargout = c2eggui3(varargin)
gui_Singleton = 1;
gui_State = struct('gui_Name',        mfilename, ...
                   'gui_Singleton',  gui_Singleton, ...
```

```
                   'gui_OpeningFcn', @c2eggui3_OpeningFcn, ...
                   'gui_OutputFcn',  @c2eggui3_OutputFcn, ...
                   'gui_LayoutFcn',  [] , ...
                   'gui_Callback',   []);
if nargin && ischar(varargin{1})
    gui_State.gui_Callback = str2func(varargin{1});
end
if nargout
    [varargout{1:nargout}] = gui_mainfcn(gui_State, varargin{:});
else
    gui_mainfcn(gui_State, varargin{:});
end
```

可见,这样生成的主程序和前面生成的完全一致。那么对于两个不同的问题,界面描述上的差异在哪里呢? MATLAB 中描述界面的部分在 .fig 文件中完全表示出来了,主程序框架应该没有区别。另外,由于控件动作响应的不同,所以在编写事件响应子函数时也是不同的。

根据任务分配中 C 区的要求,可以编写该按钮的回调函数,该函数从 edtCode 中读取字符串,然后在 axMain 坐标系下将三维表面图绘制出来。这样就可以写出该按钮的回调函数为:

```
function btnDraw_Callback(hObject, eventdata, handles)
try
    str=get(handles.edtCode,'String'); str0=[];
    for i=1:size(str,1) % 将所有输入的字符串串接起来
        str0=[str0, deblank(str(i,:))];
    end
    eval(str0); axes(handles.axMain); surf(x,y,z);
catch
    errordlg('Error in code');
end
```

注意,在该子函数中,使用了 try⋯catch 试探式结构,这是为了防止在函数编辑框中输入错误数据,如果有不可识别的数据或字符,将弹出一个错误信息对话框。

现在再编写 D 区的回调函数,从其分配的任务来看,需要在 edtCode 编辑框中设置演示程序的数据赋值语句,然后再调用 btnDraw 的回调函数,所以可以写出如下的回调函数:

```
function btnDemo_Callback(hObject, eventdata, handles)
str1='[x,y]=meshgrid(-3:0.1:3, -2:0.1:2);';
str2='z=(x.^2-2*x).*exp(-x.^2-y.^2-x.*y);';           % 写字符串的两行
set(handles.edtCode,'String',str2mat(str1,str2)); % 赋值
btnDraw_Callback(hObject, eventdata, handles)        % 调用btnDraw的回调函数
```

下面看 E 区控件的回调函数如何编写,E 区有 3 个编辑框,分别放置光源点坐标的 3 个坐标轴

位置,可以统一考虑这3个回调函数,分别从edtX、edtY和edtZ这3个编辑框中读取数值,然后将axMain坐标系下的图形进行光源设定,所以可以写出下面的回调函数:

```
function edtX_Callback(hObject, eventdata, handles)
try
    xx=str2num(get(handles.edtX,'String'));          % 读取光源位置
    yy=str2num(get(handles.edtY,'String'));
    zz=str2num(get(handles.edtZ,'String'));
    axes(handles.axMain); light('Position',[xx,yy,zz]); % 设置光源
catch
    errordlg('Wrong data in Lighting Spot Positions');
end
```

为简单起见,没有必要同时编写3个回调函数,只需将原来edtX的回调函数改写成如下形式,即直接调用edtX的回调函数即可,同理需要修改edtZ的回调函数:

```
function edtY_Callback(hObject, eventdata, handles)
edtX_Callback(hObject, eventdata, handles)
```

类似地,可以编写F区的回调函数如下:

```
function chkX_Callback(hObject, eventdata, handles)
xx=get(handles.chkX,'Value'); yy=get(handles.chkY,'Value');
zz=get(handles.chkZ,'Value'); % 读取三个检取框,设置网格状态
set(handles.axMain,'XGrid',onoff(xx),'YGrid',onoff(yy),'ZGrid',onoff(zz))
% --- 下面是自定义的子函数
function out=onoff(in) % 将 0、1 转换成 'off'、'on'
out='off'; if in==1, out='on'; end
```

该函数读取chkX等复选框的状态,并根据其结果设置网格的情况。因为这里不存在用户的字符串输入错误,故没有使用try…catch结构。在这里还编写了一个将0、1转换成字符串的'off'和'on'的子函数onoff()。要想正确执行这个程序,还需要用上面的chkY_Callback()回调函数,让其直接调用chkX_Callback。

最后应该编写G区的程序,该区要求从lstFill列表框中取出适当的选项,然后根据要求处理图形的着色。这样就能编写出如下的回调函数:

```
function lstFill_Callback(hObject, eventdata, handles)
v=get(handles.lstFill,'Value'); axes(handles.axMain);
switch v
    case 1, shading flat;     % 每块用同样颜色表示,无边界线
    case 2, shading interp;   % 插值平滑着色,无边界线
    case 3, shading faceted;  % 带有黑色边界线
end
```

运行这样编写的程序 c2eggui3.m, 可以得出如图 2-28 所示的界面。

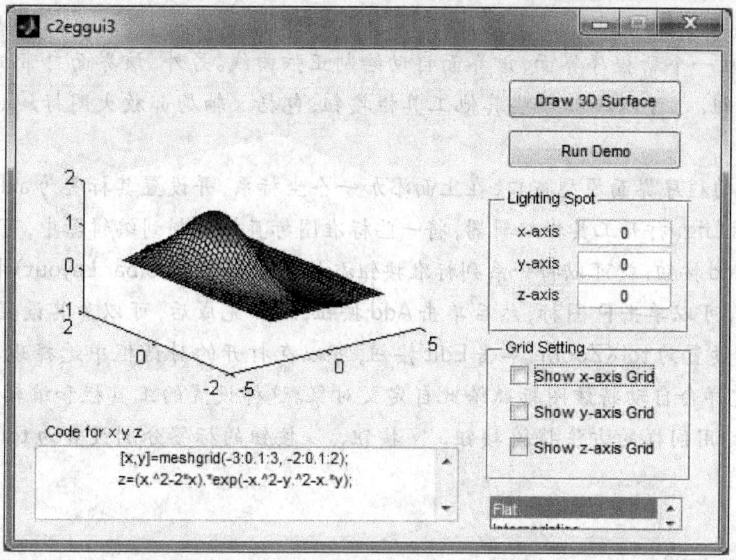

图 2-28 单击 Run Demo 按钮的效果

2.8.5 工具栏设计

MATLAB 还可以给程序设置工具栏,用户可以选择 Guide 主窗口的 **Tools | Toolbar Editor**(工具栏编辑器)命令打开工具栏编辑器,如图 2-29 所示。工具栏上的图标可以采用标准图标,也可以采用自定义的图标。

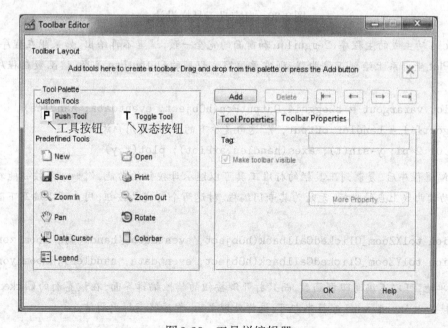

图 2-29 工具栏编辑器

　　在工具栏编辑器中，**P** 按钮允许用户自定义工具栏按钮，**T** 按钮允许用户自定义双态按钮。自定义的图标应该由其 CData 数据描述或由现成图标表示。

例 2-25　考虑建立一个新程序界面，该界面自动绘制正弦曲线。另外，该界面自带工具栏，上面可以放置若干标准按钮，也可以添加一些其他工具栏按钮，包括 x 轴局部放大图标、y 轴局部放大图标等。

　　建立一个新的程序界面原型窗口，在上面添加一个坐标系，并设置其标签为 axPlot，将该程序框架设置为 c2eggui4.fig。打开工具栏编辑器，将一些标准图标直接复制到编辑器中，可以首先选择标准图标，然后单击 Add 按钮，就可以将一系列标准按钮添加到工具栏(Toolbar Layout)中。如果想将 按钮添加到工具栏，可以单击 **P** 图标，然后单击 Add 按钮，添加完成后，可以为其设置 Tag 属性，例如，将此按钮的标签设置为 tolXZoom。单击 Edit 按钮，可以在打开的对话框中选择现有的位图文件或 CData 型数据，这样会自动将该图标赋给此自定义对象。这样设置的工具栏和编辑对话框的相关部分如图 2-30 所示。用同样的方法将 按钮、 按钮、 按钮的标签分别设置为 tolYZoom、tolZoom 和 tolZOff。

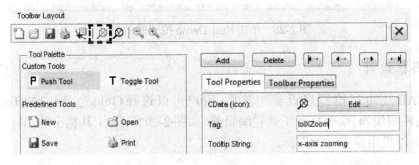

图 2-30　自定义工具栏设计

　　Guide 自动生成的主程序 c2eggui4.m 和前面的完全一致，这里不再给出。如果想在程序启动时，自动在 axPlot 坐标系上绘制正弦曲线，则需要编写主程序的 OutputFcn 函数，该函数在程序启动时自动执行：

```
function varargout = c2eggui4_OutputFcn(hObject, eventdata, handles)
varargout{1} = handles.output; % 这句是原有的,下句是用户添加的
t=0:0.01:2*pi; y=sin(t); axes(handles.axPlot); plot(t,y)
```

　　这样编辑程序后，复制到工具栏的标准工具可以继承母按钮的功能，例如， 按钮能在绘制的曲线上自动读曲线上点的坐标，无须为其专门编程。对这两个自定义按钮，用户可以编写下面的两个回调函数：

```
function tolXZoom_ClickedCallback(hObject, eventdata, handles), zoom xon
function tolYZoom_ClickedCallback(hObject, eventdata, handles), zoom yon
```

　　更简单地，可以不编写回调函数，而只打开 按钮的属性编辑界面，在该界面的 ClickedCallback 栏目下直接输入 'zoom xon' 字符串即可。这样处理之后，程序将变得更简洁。

2.9 提高MATLAB程序执行效率的技巧

2.9.1 测定程序执行时间和时间分配

程序的运行时间可以由两组MATLAB命令来测取。tic和toc是启动秒表和停止秒表的命令,通过它们可以得出某程序运行的时间,而cputime是获取CPU时间的命令,是利用程序执行前后的时间差计算程序的执行时间。

例 2-26 假设要建立一个1000×1000的Hilbert矩阵,并对其进行奇异值分解,那么可以通过下面两对命令来测试所需要的时间为14~15 s:

```
>> tic, t=cputime;              % 开始启动秒表,并记下当前的CPU时间
   A=hilb(1000); [a b c]=svd(A); % 运行程序
   toc, cputime-t               % 显示所需的时间
```

可以看出,这两对命令测定的时间比较接近,故在实际应用中用哪对命令都不会产生太大的误差,而tic和toc命令因为不产生附加变量,所以在实际编程中更常用。

M-函数耗时剖析命令 profile 是 MATLAB 提供的一个实用功能。然而,不同版本 MATLAB 下的 profile 命令格式稍有不同,profile 命令的基本格式为:

```
profile on                    %启动耗时剖析功能
待测函数名                     %实际运行要测试的函数
profile report, profile off   %产生耗时分析报告并结束剖析
```

测试完成后,将启动剖析结果浏览器(Profiler),将自动生成的剖析结果显示出来。用户可以从该浏览器中观察哪些语句耗时多,从而为改进程序提供某些依据。下面的语句可以剖析作者编写反馈系统分析与设计工具CtrlLAB[24]的耗时状况:

```
>> profile on;  ctrllab;  profile report
```

得出的耗时剖析结果在一个浏览器窗口中给出,如图2-31所示。每条语句的耗时都显示出来了,这样就可以从该窗口中发现哪些命令耗时多,从而对之进行有效修改,最终提高MATLAB程序的执行效率。

2.9.2 加快MATLAB程序执行速度的建议

因为MATLAB语言是一种解释性语言,所以有时MATLAB程序的执行速度和效率不是很理想。下面给出加快MATLAB程序执行速度的一些建议。

(1)**尽量避免使用循环**。循环语句及循环体历来被认为是MATLAB编程的瓶颈问题,改进这样的状况有两种方法:

① 尽量用向量化的运算来代替循环操作。下面将通过如下例子来演示如何将一般的循环结构转换成向量化的语句。

例 2-27 考虑无穷级数求和问题 $I = \sum_{n=1}^{\infty} \left(\frac{1}{2^n} + \frac{1}{3^n} \right)$,如果只求出其中前100000项之和(在实际应

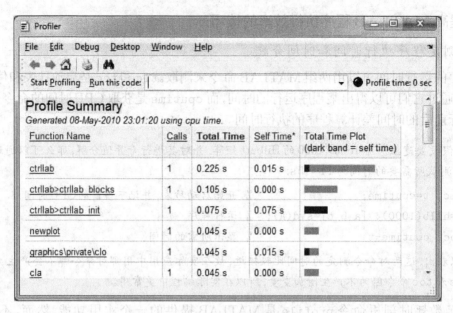

图 2-31 应用程序耗时剖析结果

用中,要精确地求出级数的和无须求100000项,几十项往往就能得出满意的精度。这里主要是为了
演示循环运算向量化的优越性),则可以采用下面的常规循环语句进行计算:

```
>> tic, s=0; for i=1:100000, s=s+(1/2^i+1/3^i); end, s, toc
```

得出的和为 $s = 1.5000$,所需时间为 $0.075\,\mathrm{s}$。如果采用下面的向量化的方法,则可以得出完全一致的
结果,所需的时间为 $0.051\,\mathrm{s}$。可以看出,采取向量化的方法比常规循环运算效率要高。值得指出的是,
在新版MATLAB中,循环结构的效率已经得到极大提高,普通循环运算和向量化运算的效率已经相
差无几。

```
>> tic, i=1:100000; s=sum(1./2.^i+1./3.^i), toc
```

　　② 在必须使用多重循环的情况下,如果两个循环执行的次数不同,则建议在循环的外
环执行循环次数少的,内环执行循环次数多的,这样也可以显著提高速度。

例 2-28 考虑生成一个 10000×5 的 Hilbert 长方矩阵,其通项为 $h_{i,j} = 1/(i+j-1)$。可以由下面语句
比较先进行j=1:5的循环和后进行该循环的耗时区别,两个循环分别耗时 $0.45\,\mathrm{s}$ 和 $0.09\,\mathrm{s}$。可见,大循
环在内层时效率较高,其效果和前面的分析是完全一致的。

```
>> tic, for i=1:10000, for j=1:5, H(i,j)=1/(i+j-1); end, end, toc
   tic, for j=1:5, for i=1:10000, L(i,j)=1/(i+j-1); end, end, toc
```

　　(2) **大型矩阵的预先定维**。给大型矩阵动态地定维是很费时间的事情。建议在定义大矩
阵时,首先用 MATLAB 的内核函数,如 zeros() 或 ones() 对其先进行定维,然后再进行赋
值处理,这样会显著减少所需的时间。

例 2-29 再考虑例2-28中的问题,如果输入下面的命令:

```
>> tic, H=zeros(10000,5);
   for j=1:5, for i=1:10000, H(i,j)=1/(i+j-1); end, end, toc
```

则耗时为 $0.0029\,\mathrm{s}$。采用预先定维的方法,再结合向量化的方法,可以给出下面的 MATLAB 语句,这时耗时减少为 $0.0007\,\mathrm{s}$:

```
>> tic, H=zeros(10000,5); for i=1:5, H(:,i)=1./[i:i+9999]'; end, toc
```

可见,预先定维后,所需要的时间显著地减少了。可以看出,同样一个问题,由于采用了有效的措施,所需的时间就可以从 $0.45\,\mathrm{s}$ 减少到 $0.0007\,\mathrm{s}$,即效率提高了数百倍。

(3) **优先考虑内核函数**。矩阵运算应该尽量采用 MATLAB 的内核函数,因为内核函数是由更底层的编程语言 C 优化构造,并置于 MATLAB 内核中的,其执行速度显然快于使用循环的矩阵运算。

(4) **采用有效的算法**。在实际应用中,解决同样的数学问题经常有各种各样的算法。例如,求解定积分的数值解法在 MATLAB 中就提供了两个函数 —— quad() 和 quadl(),其中后一个算法在精度、速度上都明显高于前一种算法[25]。所以说,在科学计算领域是存在"多快好省"的途径的。如果一个算法不能满足要求,可以尝试其他的算法。

(5) **应用 Mex 技术**。虽然采用了很多措施,但执行速度仍然很慢,如耗时的循环是不可避免的,这样就应该考虑用其他语言,如 C 或 Fortran 语言。另外,如果解决某专业问题已经存在由其他语言编写的源代码,则没有必要全盘用 MATLAB 改写现有程序,而需要有一种技术将该代码嵌入整个 MATLAB 程序,Mex 技术正好可以解决这样的问题。按照 Mex 技术要求的格式编写相应部分的程序,然后通过编译连接,形成在 MATLAB 中可以直接调用的动态链接库文件,这样可以显著地加快运算速度或增加现有代码的可重用度。下面将介绍 Mex 格式程序的编写方法。

2.9.3 Mex 程序设计技术

为简便起见,MATLAB 中定义的数据结构在 C 语言中统一成一个类型 —— MATLAB 阵列型。这个阵列又不失其一般性,既可以表示标量、向量和矩阵,又可以表示数据结构体与单元变量这样的新数据结构。在 C 语言中,可以用 `mxArray *A` 声明一个变量 A。字符串型变量还可以由 mxChar 定义。和数据类型有关的信息可以由下面的 C 语言函数直接测定。

● **检测一个输入变量的类型**。一个变量的类型可以调用下面的函数测出:

```
mxClassID k=mxGetClassID(mxArray *ptr)
```

此函数将检测指针 ptr 所指向的 mxArray 型变量的类型,返回的变量 k 为所测变量的类型,它是 Mex 下定义的 mxClassID 变量,C 语言中定义的变量类型常数在表 2-3 中给出。

● **获得输入变量的元素总数**。指针 ptr 所指向变量中元素的总数可由下面函数测出:

```
int n=mxGetNumberOfElements(mxArray *ptr);
```

其中,n 即为该变量的元素总数,它的值相当于在 MATLAB 下对一个变量 A 使用函数 $\mathrm{prod}(\mathrm{size}(A))$ 得出的结果。

表2-3　MATLAB支持的各种类标识表

类标识名	数据类型	类名	类标识名	数据类型	类名
mxDOUBLE_CLASS	双精度浮点	'double'	mxSINGLE_CLASS	单精度浮点	'single'
mxINT8_CLASS	8位整型	'int8'	mxUINT8_CLASS	8位无符号整型	'uint8'
mxINT16_CLASS	16位整型	'int16'	mxUINT16_CLASS	16位无符号整型	'uint16'
mxINT32_CLASS	32位整型	'int32'	mxUINT32_CLASS	32位无符号整型	'uint32'
mxCHAR_CLASS	字符型	'char'	mxSTRUCT_CLASS	数据结构体	'struct'
mxCELL_CLASS	单元数组	'cell'	mxUNKNOWN_CLASS	未知类	

- **测出输入变量的维数**。指针 ptr 所指向变量的维数可以由下面的函数测出:

```
int m=mxGetNumberOfDimensions(mxArray *ptr);
```

其中,m 实际上是该多维数组的维数。该变量每一维的大小值可以由下面的函数测出:

```
int *ndims=mxGetDimensions(mxArray *ptr)
```

该函数返回的 ndims 是一个整型的数组,其中,ndims$[i]$ 为第 $i+1$ 维的大小,这样该变量实际上是一个 ndims$[0] \times$ ndims$[1] \times \cdots \times$ ndims$[m-1]$ 维的多维数组。

- **判定是否为某类变量**。例如,可以由下面的函数测出:

```
bool k=mxIsChar(mxArray *ptr)
```

指针 ptr 所指向的变量是否为字符串,如果是则返回1,否则返回0,该返回变量为逻辑变量。同类的函数还有 mxIsCell()、mxIsClass() 和 mxIsNaN() 等,其含义是很明显的,所以这里就不详细介绍了。

　　在构造的C语言文件的前面应当包含头文件 mex.h,因为上面的数据结构和各种函数都是在头文件中定义的。有了这样的定义,就可以在C下访问 MATLAB 的数据结构并执行相应的函数。

　　可以使用支持32位编程的C编译程序,包括 Microsoft Visual C++、Watcom C++ 及 MATLAB 自带的免费 LCC-win32 进行 Mex 编译。可以由 mex -setup 命令指定编译程序。Mex 编译命令的结构为 mex 选项 源文件名 ,这里的源文件名应该包含后缀名 .c。该命令既可以在 DOS 下使用,也可以在 MATLAB 命令窗口中使用。所有的选项均可以由 mex -h 命令列出,例如,选项 -c 表示只编译,不形成可执行文件。如果不带有任何选项,则将自动生成同名的可执行文件。若想指定一个不同的可执行文件名,则可以使用 -output new_file 选项,这时将生成一个名为 new_file.mexw32 的文件,在 MATLAB 下可以直接调用该文件。一般在编译 Mex 函数之前,应该将该 *.c 文件复制到 MATLAB 当前的工作目录。

　　Mex C 文件结构如图 2-32 所示。在此结构下,首先要调用一个 Mex C 入口函数,然后获得输入变量的指针和变量内容,再执行 C 语言程序的主体部分,最后将结果写回到 MATLAB 环境下。Mex C 文件的主函数入口语句应该由 mexFunction() 引导,该函数的调用格式是固定的:

```
void mexFunction( int nlhs, mxArray *plhs[],
    int nrhs, const mxArray *prhs[])
```

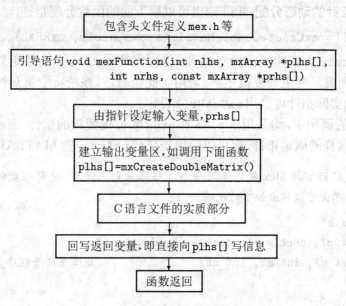

图 2-32 Mex 文件的基本结构

其中,nlhs 和 nrhs 两个变量分别为该函数在 MATLAB 调用中的返回参数和输入参数的个数,分别相当于 MATLAB 中的 nargout 和 nargin。变量 *plhs[] 和 *prhs[] 分别为返回参数和输入参数的指针。例如,*prhs[0] 为输入的第一个变量的指针,*prhs[1] 为输入的第二个变量的指针等。注意,因为 C 语言数组下标计数从 0 开始,而 MATLAB 的数组下标从 1 开始,所以它们之间的值差 1。在函数调用时,nlhs、nrhs 和 *prhs[] 这 3 个变量的指针均自动地确定,而 *plhs[] 需要动态地分配新的指针。这里 lhs 实际上是英文 left hand side 的缩写,由此可见,这些参数是有关函数调用格式中左边变量情况的信息,即返回信息;前面冠以 n 和 p 很显然是指变量个数和变量指针。同样地,rhs 是 right hand side,即指输入变量的情况。下面的一些 Mex 格式下的 C 语言函数是在接口程序中经常使用的。

• **获得矩阵的行数和列数**。这两个功能可以分别由函数 mxGetM() 和 mxGetN() 来实现,例如,第 k 个输入变量的维数可以由 mxGetM(prhs[$k-1$]) 和 mxGetN(prhs[$k-1$]) 两个表达式求出。此函数实际上是 mxGetDimensions() 在矩阵问题上的简单表示形式。

• **获得矩阵变量的指针**。变量的指针可以由 mxGetPr() 函数得出,例如,第 k 个输入变量的指针可以由 mxGetPr(prhs[$k-1$]) 获得。如果已经对第 k 个返回变量进行正确的定维,则可以使用 mxGetPr(plhs[$k-1$]) 来设定该返回变量的指针。

如果第 k 个变量为标量,则可以省去 mxGetM() 和 mxGetN() 函数的调用,而将 mxGetPr() 函数改为 mxGetScalar(prhs[$k-1$])。

值得指出的是,即使输入的变量是矩阵,在 C 下也应该由向量的形式来表示,而实际向量中的元素是将原矩阵中元素按列转化成向量形式表示的结果。

- **判定一个矩阵是否为复数矩阵**。函数 mxIsComplex(prhs$[k-1]$) 可以判定第 k 个输入变量是否含有虚部,如果含有虚部,则此函数返回的结果为 1,否则为 0。复数矩阵的虚部矩阵指针可以由 mxGetPi(prhs$[k-1]$) 函数获得。
- **输出变量指针的动态分配**。矩阵输出可以用下面的函数分配指针:

plhs$[k-1]$ = mxCreateDoubleMatrix(mrows,ncols, mxREAL);

其中,mrows 和 ncols 为新建矩阵的行数和列数;常数 mxREAL 为实数矩阵的类型,若使用 mxCOMPLEX 常数则表示要生成复数矩阵。调用了此函数后,系统将给第 k 个返回变量分配一个空间,该变量的实际指针可以用 mxGetPr() 设定。

在上面函数的调用中,均采用了 plhs 和 prhs 来设置变量的指针,而实际上,这些函数的调用并不限于这样的固定指针,而可以适用于任何 mxArray 型 MATLAB 数组。

例 2-30 假设想用 C 语言按 Mex 规则编写一个求矩阵乘积的函数,使得函数的调用格式为 $C=$ c2exmex2(A,B),那么可以写出如下的代码:

```
#include "mex.h"
void mat_multiply(double *A, double *B, double *C,
    int mA, int nA, int mB, int nB)            /* 矩阵乘法子程序 */
{
    int i,j,k,m=0;
    for (i=0; i<mA; i++){ for (j=0; j<nB; j++){ C[j*mA+i]=0;
    for (k=0; k<mB; k++) C[j*mA+i]+=A[k*mA+i]*B[j*mB+k];}}}
/* 下面是和MATLAB的主接口函数,格式是固定的 */
void mexFunction(int nlhs,mxArray *plhs[],int nrhs,const mxArray *prhs[])
{
    double *Ap, *Bp, *Cp; int mA,nA,mB,nB,mC,nC;
    Ap=mxGetPr(prhs[0]); Bp=mxGetPr(prhs[1]);
    mA=mxGetM(prhs[0]); nA=mxGetN(prhs[0]);
    mB=mxGetM(prhs[1]); nB=mxGetN(prhs[1]);
    plhs[0]=mxCreateDoubleMatrix(mA,nB,mxREAL);
    Cp=mxGetPr(plhs[0]); mat_multiply(Ap, Bp, Cp, mA, nA, mB, nB);
}
```

其中,入口函数仍为 mexFunction(),在该函数中,首先从其输入的变量中获得 A 和 B 矩阵的指针和维数,然后根据这两个矩阵的维数计算出结果矩阵的维数,并建立能存储这样一组数据空间的指针。然后可以调用 mat_multiply 函数进行矩阵乘法运算,得出的结果将自动写到 MATLAB 返回变量所在的指针处,从而完成整个调用过程。

可以在 MATLAB 提示符下输入 mex c2exmex2.c 命令,编译、连接此程序,形成可执行文件 c2exmex2.mexw32。编译完成之后,可以用下面的 MATLAB 命令求解两个矩阵的乘积:

```
>> A=[1 2 3; 4 5 6]; B=[1 2; 3 4]; C=c2exmex2(A',B), D=A'*B, E=c2exmex2(A,B)
```

则可以分别得出如下结果:

$$C = \begin{bmatrix} 13 & 18 \\ 17 & 24 \\ 21 & 30 \end{bmatrix}, D = \begin{bmatrix} 13 & 18 \\ 17 & 24 \\ 21 & 30 \end{bmatrix}, E = \begin{bmatrix} 7 & 10 \\ 19 & 28 \end{bmatrix}$$

其中，C 和 D 的结果是一致的，但奇怪的是，E 也是有结果的，而 A 和 B 两个矩阵是不可乘的，故所得出的结果没有意义。C 语言程序和 MATLAB 不同，在 C 下它只管设定指针，而不关心该指针所指数据是不是有物理意义。所以在用 C 语言实现某些功能时，还应该测试一下所采用的变量是否正确。如果给定的数据没有意义，那么还应该显示出报警信息。

MATLAB 下 Mex 程序生成的报警信息可以由 mexErrMsgTxt() 函数给出，该函数类似于 MATLAB 中的 error() 函数，不但能发出错误信息，还能终止程序的运行。加入输入、输出变量检测和兼容性检测，则可以写出下面的程序：

```
#include "mex.h"
void mat_multiply(double *A, double *B, double *C,
                  int mA, int nA, int mB, int nB)
{int i,j,k,m=0;
   for (i=0; i<mA; i++){ for (j=0; j<nB; j++){ C[j*mA+i]=0;
     for (k=0; k<mB; k++) C[j*mA+i]+=A[k*mA+i]*B[j*mB+k];}}}
void mexFunction(int nlhs,mxArray *plhs[],int nrhs,const mxArray *prhs[])
{double *Ap, *Bp, *Cp; int mA,nA,mB,nB,mC,nC;
   Ap=mxGetPr(prhs[0]); Bp=mxGetPr(prhs[1]);
   mA=mxGetM(prhs[0]);  nA=mxGetN(prhs[0]);
   mB=mxGetM(prhs[1]);  nB=mxGetN(prhs[1]);
   if (nA!=mB) mexErrMsgTxt("Matrix dimensions not competible!");
   plhs[0]=mxCreateDoubleMatrix(mA,nB,mxREAL);
   Cp=mxGetPr(plhs[0]); mat_multiply(Ap, Bp, Cp, mA, nA, mB, nB);
}
```

该函数进行编译连接后形成的可执行程序对前面的问题能得出正确结果。亦即，若给出的两个矩阵的维数不相容，则能给出提示，并终止函数的运行。

其实，仔细研究此函数会发现还是存在问题的：如果 A 和 B 两个矩阵有一个是标量，则程序仍然可能出现错误；另外，如果涉及复数矩阵的运算，则此函数仍然是无能为力的，除非改变原来的程序。由此可以得出结论：用 C 语言相对于 MATLAB 编程需要考虑的繁琐事情要多得多，有一点小地方考虑不到，就可能出现不可预见的错误。这也从另一个角度说明了 MATLAB 语言的优越性，因为程序设计者可以将精力集中在解决数学问题的算法上，而无须把时间花在这些无谓的繁琐小事上。

在正规编程中，除需建立一个可执行文件外，还应该在该目录下同时建立一个同名的M-函数，存放有关该函数的在线帮助信息。例如，本例中可以建立一个帮助文件为：

```
function c2exmex2a()
%C2EXMEX2A is a help file for the executable function C2EXMEX2A.mexw32.
```

这时，在该目录下将存在两个可以在 MATLAB 下执行的函数。在函数调用时，可执行文件因其优先级别高而自动地执行,而在用help命令调用联机帮助时,系统将读出文件c2exmex2a.m中的帮助信息,所以这两个文件互不冲突。

从上面的叙述中,读者基本可以了解Mex技术下程序编写的大致内容。可以通过下面的步骤来编写Mex规则下的C程序:

（1）mexFunction()函数是整个MATLAB环境和Mex程序的接口,由该函数将输入列表中各个变量的指针传递到C程序中。

（2）C程序可以通过Mex提供的头文件定义,用mxGetPr()函数读取各个输入变量的指针,并由mxGetM()和mxGetN()两个函数读取输入变量的大小,这样就可以从内存中取出MATLAB的工作空间变量。

（3）还可以通过mxCreateDoubleMatrix()函数给返回的变量开创内存空间,并用mxGetPr()函数设定指针,这样C语言程序的返回结果将能写到MATLAB环境可以读到的位置。

（4）程序编写完成后,执行mex命令将其转换成可执行文件。

（5）编写一个可用于联机帮助的同名.m文件。

这样就可以用像其他MATLAB本身的M-函数那样的调用格式对其进行调用。

2.10　习　题

（1）启动MATLAB环境,并给出如下语句:

```
tic, A=rand(500); B=inv(A); norm(A*B-eye(500)), toc
```

试运行该语句,观察得出的结果,并利用help命令对你不熟悉的语句进行帮助信息查询,逐条给出上述程序段与结果的解释。

（2）用MATLAB可以识别的格式输入下面两个矩阵:

$$
A = \begin{bmatrix} 1 & 2 & 3 & 3 \\ 2 & 3 & 5 & 7 \\ 1 & 3 & 5 & 7 \\ 3 & 2 & 3 & 9 \\ 1 & 8 & 9 & 4 \end{bmatrix}, \quad B = \begin{bmatrix} 1+4i & 4 & 3 & 6 & 7 & 8 \\ 2 & 3 & 3 & 5 & 5 & 4+2i \\ 2 & 6+7i & 5 & 3 & 4 & 2 \\ 1 & 8 & 9 & 5 & 4 & 3 \end{bmatrix}
$$

再求出它们的乘积矩阵C,并将C矩阵的右下角2×3子矩阵赋给D矩阵。赋值完成之后,调用相应的命令查看MATLAB工作空间的占用情况。

（3）试写出$0 \sim 1000$范围内所有除13余2的整数。

（4）解线性方程$\begin{bmatrix} 5 & 7 & 6 & 5 & 1 \\ 7 & 10 & 8 & 7 & 2 \\ 6 & 8 & 10 & 9 & 3 \\ 5 & 7 & 9 & 10 & 4 \\ 1 & 2 & 3 & 4 & 5 \end{bmatrix} X = \begin{bmatrix} 24 & 96 \\ 34 & 136 \\ 36 & 144 \\ 35 & 140 \\ 15 & 60 \end{bmatrix}$。

（5）考虑第(2)题中的A矩阵,如果再给出A(5,6)=3命令将得出什么结果,试理解该赋值方式。

(6) 试用简单的语句输入 Jordan 矩阵 $\boldsymbol{A} = \begin{bmatrix} \boldsymbol{A}_{11} & 0 & 0 \\ 0 & \boldsymbol{A}_{22} & 0 \\ 0 & 0 & \boldsymbol{A}_{33} \end{bmatrix}$,其中

$$\boldsymbol{A}_{11} = \begin{bmatrix} -2 & 1 & 0 \\ 0 & -2 & 1 \\ 0 & 0 & -2 \end{bmatrix}, \boldsymbol{A}_{22} = \begin{bmatrix} -3 & 1 & 0 \\ 0 & -3 & 1 \\ 0 & 0 & -3 \end{bmatrix}, \boldsymbol{A}_{33} = \begin{bmatrix} -4 & 1 & 0 \\ 0 & -4 & 1 \\ 0 & 0 & -4 \end{bmatrix}$$

(7) 用 MATLAB 语言实现分段函数 $y = f(x) = \begin{cases} h, & x > D \\ h/Dx, & |x| \leqslant D \\ -h, & x < -D \end{cases}$ 。

(8) 测试一下:若 A=[1 2 NaN Inf -Inf 5 NaN],则运行后面各函数将返回什么结果,并解释各个结果的原因:isnan($\boldsymbol{A}$), isfinite($\boldsymbol{A}$), isinf($\boldsymbol{A}$), any($\boldsymbol{A}$) 或 all($\boldsymbol{A}$)?

(9) 分别用 for 和 while 循环结构编写程序,求出 $K = \sum_{i=0}^{63} 2^i = 1 + 2 + 2^2 + 2^3 + \cdots + 2^{62} + 2^{63}$,考虑一种避免循环的简洁方法来进行求和,并比较各种算法的运行时间。如果所采用的方法并不能准确计算出该结果的所有位,应该如何进一步处理?

(10) 用循环语句形成一个有 20 个分量的数组,使其元素满足 Fibonacci 规则,即令数组的第 $k+2$ 个元素满足 $a_{k+2} = a_k + a_{k+1}$, $k = 1, 2, \cdots$,且 $a_1 = 1$, $a_2 = 1$。试利用递归方式编写出生成 Fibonacci 数列的函数。

(11) 用 MATLAB 语言编写一个函数来实现一元方程求解算法 —— 二分法。假设有一个一元方程为 $f(x) = 0$,那么我们的最终目的是求取它在 $[a, b]$ 区间内的实数解。前提条件是 $f(a)f(b) < 0$。这样就保证了方程在这个区间内至少有一个实数根。

(12) 试用不同的方法展开多项式 $P(s) = (s^2 + 1)^3 (s + 5)^2 (s^4 + 4s^2 + 7)$,并比较其结果。

(13) 选择合适的步距绘制出下面的图形,并验证绘制曲线的正确性:

① $\sin(1/t)$,其中,$t \in (-1, 1)$, ② $\sin(\tan t) - \tan(\sin t)$,其中,$t \in (-\pi, \pi)$。

(14) 试同时绘制出正弦曲线,用 MATLAB 中提供的图形编辑工具将其变成绿色的实线,设置其线宽为 7,并试着将纵轴的正方向反向(即从上到下)。

(15) 选取合适的 θ 范围,分别绘制出下列极坐标图形:

① $\rho = \cos(7\theta/2)$, ② $\rho = 1 - \cos^3(7\theta)$

(16) 用图解的方式找到联立方程 $\begin{cases} x^2 + y^2 = 3xy^2 \\ x^3 - x^2 = y^2 - y \end{cases}$ 的近似解。

(17) 已知迭代模型 $\begin{cases} x_{k+1} = 1 + y_k - 1.4x_k^2 \\ y_{k+1} = 0.3x_k \end{cases}$,试写出求解该模型的 M-函数。如果取迭代初值为 $x_0 = 0$, $y_0 = 0$,那么请进行 30000 次迭代,求出一组 $\boldsymbol{x}$ 和 $\boldsymbol{y}$ 向量,然后在所有的 x_k 和 y_k 坐标处点亮一个点(注意不要连线),最后绘制出所需的图形。

(18) 试绘制出 $z = f(x, y) = \dfrac{1}{\sqrt{(1-x)^2 + y^2}} + \dfrac{1}{\sqrt{(1+x)^2 + y^2}}$ 的三维图。

(19) 请分别绘制出 xy 和 $\sin xy$ 的三维图和等高线。

(20) 三维图形还可以用伪色彩(pseudo colour)图形的形式表现出来,所使用的函数为 pcolor(),试用伪色彩的形式绘制出第(18)题中的图形。

(21) 在三维图形中,如果 Z 变量中的某个数值为 NaN,则在绘图中将忽略该点,所以在绘图时经常有意地将某个区域的 Z 值设置为 NaN,以便能剪下相应的部分,试利用此技术将第(19)题绘制的三维图中心部分 $x^2 + y^2 < 0.5$ 的圆剪去。

(22) 创建一个图形窗口,使之背景颜色为绿色,并在窗口上保留原有的菜单项。假设想在鼠标的左键按下之后在命令窗口上显示出“Left Mouse Button Pressed”,试用 M-函数实现这样的功能。

(23) 试用 ActiveX 控件设计一个数字电子表型的图形界面,并使其能自动地实时显示时间。

(24) 试用 Mex 格式编写一个 C 语言程序,使其能生成 10000×5 的 Hilbert 矩阵,并与前面介绍的纯 MATLAB 比较程序执行的速度。

第3章 MATLAB语言在现代科学运算中的应用

系统仿真技术本身涉及了大量的数学运算,计算机有巨大的求解数学运算的潜力,其求解问题的能力主要取决于算法与算法的代码实现。MATLAB是一种高效的、高精度的科学运算语言,用它可以轻松地求解看似很复杂的数学问题,且较容易上手。

在本章中,将用较大的篇幅全面介绍数值计算技术及MATLAB求解方法,并探讨在若干问题中的解析解方法。第3.1节主要探讨数学问题数值解法的意义和必要性,第3.2节侧重讨论线性代数问题的数值解法,包括特殊矩阵输入、矩阵的参数求解、矩阵的相似变换与分解、矩阵的特征值问题矩阵求逆及矩阵的非线性运算等,用MATLAB求解的方法将是很直观、方便且可靠的。还将介绍依赖MATLAB的符号运算工具箱在求解线性代数问题解析解中的应用。第3.3节将介绍微积分问题的求解方法,包括数值差分和微分算法、一般的数值积分算法和多重积分问题的计算机求解,还将给出微积分及相关问题的解析解法。第3.4节将讨论动态系统仿真领域的数学基础 —— 常微分方程的数值解法,将首先介绍常用的数值算法,然后通过例子演示一般微分方程、隐式微分方程、刚性微分方程和微分代数方程等问题的求解,最后还将探讨微分方程组的变换方法、微分方程解析解法问题和二阶系统的两点边值问题的求解方法与实例。第3.5节将着重讨论最优化问题的数值解法,首先介绍基于最优化技术的非线性方程组的求解方法,然后分别介绍无约束最优化问题、线性规划问题、二次型规划问题及一般非线性规划问题的数值解法。动态规划及相应的最优路径求解问题中的应用将在第3.6节进行探讨,还将介绍基于MATLAB的求解方法。第3.7节将介绍数据处理的一般方法,如一维与二维插值问题、数据的最小二乘拟合技术、简单的数据排序方法、伪随机数生成方法、数据分析与统计处理以及快速Fourier变换技术及其应用,还将介绍信号的相关函数计算和功率谱密度计算。更全面的基于MATLAB的数学问题求解方法请参见参考文献[25]。

3.1 解析解与数值解

现代科学与工程的进展离不开数学。数学家们感兴趣的问题和其他科学家、工程技术人员所关注的问题是不同的。数学家往往对数学问题的解析解或称闭式解(closed-form solution)和解的存在性严格证明感兴趣,而工程技术人员一般对如何求出数学问题的解更关心,换句话说,能用某种方法获得问题的解则是工程技术人员更关心的问题。而获得这样解的最直接方法就是通过数值解法技术。在实际应用中至少有两种情况需要数值解法。

(1) 解析解不存在时

解析解不存在的情况在数学上并不罕见,甚至可以说,这样的现象是常见的。例如,定积分 $\int_a^b e^{-x^2/2}dx$ 在上下限均为有穷时就没有解析解,虽然数学家用其他的符号去定义这样的解,但解的值到底多大却不是一目了然的。所以,在这样的情况下,要想获得积分的值,就必须采用数值解技术。

再例如,圆周率 π 的值本身就没有解析解,中国古代的数学家、天文学家祖冲之早在公元480年就得出了该值在3.1415926和3.1415927之间的结论,但直到现在仍有"数学家"在试图计算出更多的有效位,甚至1995年10月,有人算出6442450938位来,但可以说,即使是这样的值也不是解析解!实际上,在一般科学与工程应用中,没有必要取那么多位的解,取60多亿位本身要占用巨大的计算机存储空间!在一般应用中取到祖冲之得到的近似值就足够了,再精确的运算也至多取20多位就足够了。对计算机来说,取再多的位非但不会改进结果的精度,反而会加大计算机的负担,造成不必要的损失和浪费。其实,对问题的估算来说,使用公元前250年(?)阿基米德的3.1418也未尝不可,没有必要非去追求不存在的解析解不可。所以在这样的问题上,数值解法的优势就显示出来了。

(2)**解析解存在但不实用时**

例如,考虑 n 元一次代数方程组的求解问题,由代数余子式法则,可以把该问题化简为 n 个 $n-1$ 元一次方程组的求解,而每个 $n-1$ 元方程组的解又可以简化为 $n-1$ 个 $n-2$ 元一次方程组进行求解。从理论上讲,总可以把多元一次的方程组简化成解析可解的形式,从而可以得出结论:n 元一次方程组的解析解是可以求出来的。

不幸的是,n 元一次方程组的求解需要进行 $(n-1)(n+1)!+n$ 次基本运算。如果想求解不是很大规模的20元方程问题,需要进行 9.7073×10^{20} 次基本运算,即使用当今世界上速度最快的每秒100万亿次的巨型计算机去求解这样的问题,也需要解上3000年!而在某些科学工程计算中,又常常需要求解成百上千个变元的问题,用传统的解析解的方法求解也就成了天方夜谭。

如果不去追求解析解,而想得到数值解,则可以通过计算数学的成果将原方程进行变换,如用Gauss消元法等数值方法,这样550个变元的方程在一般个人计算机上用MATLAB在1s内就可以解决问题,而求解上千个变元的问题也用不了多长时间。

数学问题的数值解法已经成功地应用于各个领域。例如,在力学领域,常用有限元法求解偏微分方程;在航空、航天与自动控制领域,经常用数值线性代数与常微分方程的数值解法等解决实际问题;在工程与非工程系统的计算机仿真中,核心问题的求解也需要用到各种差分方程、常微分方程的数值解法;在高科技的数字信号处理领域,离散的快速Fourier变换(FFT)已经成为其不可或缺的工具。在科学工程研究中能掌握一个或多个实用的计算工具,无疑会为研究者提供解决实际问题的强有力的手段。

虽然MATLAB语言可以求解几乎所有的数值问题,但本章只着重介绍在系统仿真领域常见的问题,如数值线性代数问题、数值微分与数值积分问题、常微分方程的数值解法、非线性方程求解与最优化问题、数据插值与统计分析问题等。更详细的基于MATLAB的数学问题求解方法请参见参考文献[25]。

3.2 数值线性代数问题及求解

3.2.1 特殊矩阵的 MATLAB 输入

在开始介绍矩阵运算之前,有必要先介绍一些特殊矩阵的定义及其 MATLAB 实现,这里要遇到的很多运算可以由 MATLAB 直接完成。

(1) 零矩阵、幺矩阵和单位矩阵

在一般的矩阵理论中,把所有元素都为 0 的矩阵定义成零矩阵,把元素全为 1 的矩阵称为幺矩阵,把主对角线元素均为 1,而其他元素全部为 0 的方阵称为单位矩阵。这里进一步扩展单位阵的定义,使其为 $m \times n$ 的矩阵。零矩阵、幺矩阵和扩展单位阵的 MATLAB 生成函数分别为:

$$A = \text{zeros}(m,n), \quad A = \text{ones}(m,n), \quad A = \text{eye}(m,n), \qquad \%n \times m \text{ 阶矩阵}$$
$$A = \text{zeros}(n), \quad\; A = \text{ones}(n), \quad\; A = \text{eye}(n), \qquad\quad\; \%n \times n \text{ 阶方阵}$$

其中,m 和 n 分别为矩阵 A 的行数和列数。如果 B 是一个给定的矩阵,则在 MATLAB 中可以用 $A = \text{zeros}(\text{size}(B))$ 来定义一个和 B 阵同样大小的零矩阵。

函数 zeros() 和 ones() 还可用于多维数组的生成,例如,zeros(3,4,5) 将生成一个 $3 \times 4 \times 5$ 的三维数组,其元素全部为 0。

(2) 随机元素矩阵

顾名思义,随机元素矩阵的各个元素是随机产生的。常用随机数矩阵生成的函数及调用格式为:

$$A = \text{rand}(n,m), \qquad\qquad\qquad \%[0,1] \text{ 区间上的均匀分布}$$
$$A = a + (b - a)*\text{rand}(n,m), \qquad \%[a,b] \text{ 区间上的均匀分布}$$
$$A = \text{randn}(n,m), \qquad\qquad\qquad\; \%N(0,1) \text{ 标准正态分布随机数矩阵}$$
$$A = \mu + \sigma*\text{randn}(n,m), \qquad\;\; \%N(\mu,\sigma) \text{ 正态分布}$$

这里的随机数实际上是"伪随机数",所谓伪随机数,就是通过某种数学公式生成的、满足某些随机指标的数据。这样的随机数是可以重复的,与某些用电子方法获得的不可重复的随机数是不同的。后面将更详细地介绍有关伪随机数生成与性质等知识。

(3) 对角矩阵

对角矩阵是一种特殊的矩阵,这种矩阵的主对角线元素可以为 0 或非零元素,而非对角线元素的值均为 0。对角矩阵的数学描述方法为 $\text{diag}(\alpha_1, \alpha_2, \cdots, \alpha_n)$。

如果用 MATLAB 提供的方法建立一个向量 $v = [\alpha_1, \alpha_2, \cdots, \alpha_n]$,则对角矩阵可以用 MATLAB 的 diag() 函数构造对角矩阵,该函数还有下面的调用格式:

$$V = \text{diag}(v), \qquad \%\text{若 } v \text{ 为向量则构造对角矩阵,若 } v \text{ 为矩阵则提取对角向量}$$
$$V = \text{diag}(v,k), \qquad \%\text{生成第 } k \text{ 条对角线为 } v \text{ 的矩阵 } V$$

(4) Hilbert 及逆 Hilbert 矩阵

Hilbert 矩阵是一类特殊矩阵,它的第 (i,j) 元素的值满足 $h_{i,j} = 1/(i+j-1)$,这时一个 $n \times n$ 阶的 Hilbert 矩阵可以写成:

$$H = \begin{bmatrix} 1 & 1/2 & 1/3 & \cdots & 1/n \\ 1/2 & 1/3 & 1/4 & \cdots & 1/(n+1) \\ \vdots & \vdots & \vdots & \ddots & \vdots \\ 1/n & 1/(n+1) & 1/(n+2) & \cdots & 1/(2n-1) \end{bmatrix} \tag{3-2-1}$$

产生 Hilbert 矩阵的 MATLAB 函数 $A = \text{hilb}(n)$，其中 n 为要产生的矩阵阶次。

高阶 Hilbert 矩阵一般为坏条件的矩阵，所以直接对其求逆往往会引出浮点溢出的现象。MATLAB 提供了直接求取逆 Hilbert 矩阵的算法及函数 $B = \text{invhilb}(n)$。

（5）伴随矩阵

假设有一个首一化的多项式：

$$P(s) = s^n + a_1 s^{n-1} + a_2 s^{n-2} + \cdots + a_{n-1} s + a_n \tag{3-2-2}$$

则可以写出一个伴随矩阵：

$$A_c = \begin{bmatrix} -a_1 & -a_2 & \cdots & -a_{n-1} & -a_n \\ 1 & 0 & \cdots & 0 & 0 \\ 0 & 1 & \cdots & 0 & 0 \\ \vdots & \vdots & \ddots & \vdots & \vdots \\ 0 & 0 & \cdots & 1 & 0 \end{bmatrix} \tag{3-2-3}$$

生成伴随矩阵的 MATLAB 函数调用格式为 $B = \text{compan}(p)$，其中，p 为一个多项式系数向量，该函数将自动对多项式进行首一化处理。

（6）Hankel 矩阵

假设有一个序列 c，其各个元素为 $\{c_1, c_2, \cdots, c_n, \cdots\}$，则可以写出一个矩阵，其第 (i,j) 元素满足 $h_{i,j} = c_{i+j-1}$, $i, j = 1, 2, \cdots, n$，这样可以构造一个矩阵：

$$H = \begin{bmatrix} c_1 & c_2 & \cdots & c_n \\ c_2 & c_3 & \cdots & c_{n+1} \\ \vdots & \vdots & \ddots & \vdots \\ c_n & c_{n+1} & \cdots & c_{2n-1} \end{bmatrix} \tag{3-2-4}$$

这样的矩阵称为 Hankel 矩阵。如果 $n \to \infty$，则可以构造无穷型 Hankel 矩阵。Hankel 矩阵是对称矩阵，且其反对角线上所有的元素都相同。Hilbert 矩阵是一种特殊的 Hankel 矩阵。

在 MATLAB 语言中，如果已知一个向量 c，则可以由 $\text{hankel}(c)$ 函数来构造出一个 Hankel 矩阵，这样会自动地将该向量的各个元素填写到矩阵的第一列中去，然后利用其反对角线元素的值相等这一特点写出其他的元素，而主反对角线下的各个元素均设置为 0。MATLAB 还提供了该函数的另外一种调用方法：给定两个向量 c 和 r，如果用 $H = \text{hankel}(c,r)$ 来生成 H，则首先将 H 矩阵的第一列的各个元素定义为 c 向量，将最后一行各个元素定义为 r，这样就可以依照 Hankel 矩阵反对角线上元素相等这一特性来写出相应的 Hankel 矩阵。例如，取 $c=[1,2,3]$，则可以构造一个 3 阶的 Hankel 矩阵。若 $c=[1,2,3]$，$r=[3,9,10,11,12,13]$，也可以构造相应的 Hankel 矩阵。

```
>> C=[1,2,3]; H1=hankel(C),
   C=[1,2,3]; R=[3,9,10,11,12,13]; H2=hankel(C,R)
```

这样可以构造出如下两个 Hankel 矩阵:

$$H_1 = \begin{bmatrix} 1 & 2 & 3 \\ 2 & 3 & 0 \\ 3 & 0 & 0 \end{bmatrix}, H_2 = \begin{bmatrix} 1 & 2 & 3 & 9 & 10 & 11 \\ 2 & 3 & 9 & 10 & 11 & 12 \\ 3 & 9 & 10 & 11 & 12 & 13 \end{bmatrix}$$

（7）Vandermonde 矩阵

假设有一个向量 $c = [c_1, c_2, \cdots, c_n]^{\mathrm{T}}$，则可以写出一个矩阵,其第 (i,j) 元素满足 $v_{i,j} = c_i^{n-j}$, $i,j = 1, 2, \cdots, n$,这样可以构成一个矩阵:

$$V = \begin{bmatrix} c_1^{n-1} & c_1^{n-2} & \cdots & c_1 & 1 \\ c_2^{n-1} & c_2^{n-2} & \cdots & c_2 & 1 \\ \vdots & \vdots & \ddots & \vdots & \vdots \\ c_n^{n-1} & c_n^{n-2} & \cdots & c_n & 1 \end{bmatrix} \tag{3-2-5}$$

该矩阵称作 Vandermonde 矩阵。若已知向量 c,则可以由 MATLAB 提供的 $V = \mathtt{vander}(c)$ 函数来构造一个 Vandermonde 矩阵。

（8）符号矩阵及矩阵转换

符号型矩阵可以用于线性代数问题的解析计算。如果已经建立起了数值矩阵 A,则可以由 $B = \mathtt{sym}(A)$ 语句将其转换成符号矩阵。这样,所有数值矩阵均可以通过这样的形式转换成符号矩阵,可以利用符号运算工具箱获得更高精度的解,若 A 为只含有数值的符号型变量,则可以由 $\mathtt{double}(A)$ 提取其数值。

3.2.2 矩阵基本分析与运算

MATLAB 提供了大量的矩阵分析与运算函数,在这里首先介绍各个矩阵基本分析问题的求解方法,并给出 MATLAB 矩阵分析方法。除非特别指出,这里涉及的 MATLAB 函数不但适合于数值求解,也适合于解析求解。

（1）矩阵的行列式（determinant）

矩阵 $A = \{a_{ij}\}$ 的行列式定义为:

$$D = |A| = \det(A) = \sum (-1)^k a_{1k_1} a_{2k_2} \cdots a_{nk_n} \tag{3-2-6}$$

式中,$k_1, k_2, \cdots, k_n$ 是将序列 $1, 2, \cdots, n$ 的元素交换 k 次所得出的一个序列,这样的序列称为一个置换（permutation）;而 Σ 表示对 $k_1, k_2, \cdots, k_n$ 取遍 $1, 2, \cdots, n$ 的所有排列的和。

计算矩阵的行列式有多种算法,在 MATLAB 中采用的方法是对原矩阵 A 进行三角分解（又称为 LU 分解,后面将介绍）,将其分解成一个上三角矩阵 U 和一个下三角矩阵 L 的积,即 $A = LU$,这样可以先求出 L 矩阵的行列式。注意,在这一矩阵中只有一种非 0 的排列方式,且其行列式的值 s 为 1 或 −1。同样,因为 U 为上三角矩阵,所以其行列式的值为该矩阵主对角线元素之积,即 A 矩阵行列式为 U 矩阵的对角元素之积。MATLAB 提供了内核函数 $d = \det(A)$,利用它可以直接求取矩阵 A 的行列式 d。

例 3-1 假设给出矩阵 $A = \begin{bmatrix} 1 & 2 & 3 \\ 4 & 5 & 6 \\ 7 & 8 & 0 \end{bmatrix}$，则由下面MATLAB语句可以很容易地求出该矩阵的行列式的值为27：

```
>> A=[1,2,3; 4 5 6; 7 8 0]; det(A)
```

（2）**矩阵的迹**（trace）

假设一个方阵为 $A = \{a_{ij}\}$，$i,j = 1, 2, \cdots, n$，则矩阵 A 的迹记作 $\text{tr}(A)$，其定义为：

$$\text{tr}(A) = \sum_{i=1}^{n} a_{ii} \tag{3-2-7}$$

亦即矩阵的迹为该矩阵对角线上各个元素之和。由代数理论可知，矩阵的迹和该矩阵的特征值之和是相同的，矩阵 A 的迹可以由MATLAB函数 `trace(A)` 求出。

（3）**矩阵的秩**（rank）

若矩阵所有的列向量中共有 r_c 个线性无关，则称矩阵的列秩为 r_c，如果 $r_c = m$，则称 A 为列满秩矩阵。相应地，若矩阵 A 的行向量中有 r_r 个是线性无关的，则称矩阵 A 的行秩为 r_r。如果 $r_r = n$，则称 A 为行满秩矩阵。可以证明，矩阵的行秩和列秩是相等的，故称之为矩阵的秩，记作 $\text{rank}(A) = r_c = r_r$。矩阵的秩也表示该矩阵中行列式不等于0的子式的最大阶次，这里子式指从原矩阵中任取 k 行及 k 列所构成的子矩阵。

矩阵求秩的算法也是多种多样的，其区别是有的算法是稳定的，而有的算法可能因矩阵的条件数变化不是很稳定。MATLAB中采用的算法是基于矩阵的奇异值分解的算法[4]：首先对矩阵作奇异值分解，得出矩阵 A 的 n 个奇异值 σ_i，$i = 1, 2, \cdots, n$，在这 n 个奇异值中找出大于给定误差限 ε 的个数 r，这时 r 就可以认为是 A 矩阵的秩。

MATLAB提供了一个内核函数 `rank(A,ε)`，用数值方法求取一个已知矩阵 A 的数值秩，其中 ε 为机器精度。如果没用特殊说明，可以由 `rank(A)` 求出 A 矩阵的秩。例3-1中矩阵 A 的秩可以由 `rank(A)` 语句直接求出，其秩为3。

（4）**矩阵的范数**（norm）

矩阵的范数是对矩阵的一种测度，在介绍矩阵的范数之前，首先要介绍向量范数的基本概念。

如果线性空间中的一个向量 x 存在一个函数 $\rho(x)$ 满足下面3个条件：

① $\rho(x) \geqslant 0$ 且 $\rho(x) = 0$ 的充要条件是 $x = 0$。

② $\rho(ax) = |a|\rho(x)$，a 为任意标量。

③ 对向量 x 和 y 有 $\rho(x+y) \leqslant \rho(x) + \rho(y)$。

则称 $\rho(x)$ 为 x 向量的范数。范数的形式是多种多样的，可以证明，下面给出的一组式子都满足上述的3个条件：

$$\|x\|_p = \left(\sum_{i=1}^{n} |x_i|^p \right)^{1/p}, \ p = 1, 2, \cdots, \ 且 \ \|x\|_\infty = \max_{1 \leqslant i \leqslant n} |x_i| \tag{3-2-8}$$

这里用到了向量范数的记号 $\|x\|_p$。

矩阵的范数定义比向量的稍复杂一些,对于任意的非零向量 $\boldsymbol{x}$,矩阵 $\boldsymbol{A}$ 的范数为:

$$||\boldsymbol{A}|| = \sup_{\boldsymbol{x} \neq 0} \frac{||\boldsymbol{A}\boldsymbol{x}||}{||\boldsymbol{x}||} \tag{3-2-9}$$

和向量的范数一样,对矩阵来说也有常用的范数定义方法:

$$||\boldsymbol{A}||_1 = \max_{1 \leqslant j \leqslant n} \sum_{i=1}^{n} |a_{ij}|, ||\boldsymbol{A}||_2 = \sqrt{s_{\max}(\boldsymbol{A}^{\mathrm{T}}\boldsymbol{A})}, ||\boldsymbol{A}||_{\infty} = \max_{1 \leqslant i \leqslant n} \sum_{j=1}^{n} |a_{ij}| \tag{3-2-10}$$

其中,$s(\boldsymbol{X})$ 为 $\boldsymbol{X}$ 矩阵的特征值,而 $s_{\max}(\boldsymbol{A}^{\mathrm{T}}\boldsymbol{A})$ 即为 $\boldsymbol{A}^{\mathrm{T}}\boldsymbol{A}$ 矩阵的最大特征值。事实上,$||\boldsymbol{A}||_2$ 还等于 $\boldsymbol{A}$ 矩阵的最大奇异值。

MATLAB 提供了求取矩阵范数的函数 norm(),允许求各种意义下的矩阵范数。该函数的调用格式为 $N = \mathrm{norm}(\boldsymbol{A}, \text{选项})$,允许的选项为 1、2、inf 和 'fro',分别对应于 $||\boldsymbol{A}||_1$、$||\boldsymbol{A}||_2$、$||\boldsymbol{A}||_{\infty}$ 和 Frobinius 范数,即 $||\boldsymbol{A}||_{\mathrm{F}} = \sqrt{\mathrm{tr}(\boldsymbol{A}^{\mathrm{T}}\boldsymbol{A})}$。这样例 3-1 中矩阵 $\boldsymbol{A}$ 的各种范数可以由下面的 MATLAB 函数直接求出:

```
>> [norm(A,2), norm(A,1), norm(A,Inf), norm(A,'fro')]
```

得出 $||\boldsymbol{A}||_2 = 13.2015, ||\boldsymbol{A}||_1 = 15, ||\boldsymbol{A}||_{\infty} = 15, ||\boldsymbol{A}||_{\mathrm{F}} = 14.2829$。

（5）特征多项式（characteristic polynomial）、特征方程与特征根（eigenvalues）

构造一个矩阵 $s\boldsymbol{I} - \boldsymbol{A}$,并求出该矩阵的行列式,则可以得出一个多项式 $C(s)$:

$$C(s) = \det(s\boldsymbol{I} - \boldsymbol{A}) = s^n + c_1 s^{n-1} + \cdots + c_{n-1}s + c_n \tag{3-2-11}$$

这样的多项式 $C(s)$ 称为矩阵 $\boldsymbol{A}$ 的特征多项式,其中,系数 c_i, $i = 1, 2, \cdots, n$ 称为矩阵的特征多项式系数。

MATLAB 提供了求取矩阵特征多项式系数的函数 $c = \mathrm{poly}(\boldsymbol{A})$,而返回的 c 为一个行向量,其各个分量为矩阵 $\boldsymbol{A}$ 的降幂排列的特征多项式系数。该函数的另外一种调用格式是:如果给定的 $\boldsymbol{A}$ 为向量,则假定该向量是一个矩阵的特征根,由此求出该矩阵的特征多项式系数;如果向量 $\boldsymbol{A}$ 中有无穷大或 NaN 值,则首先剔除它。

例 3-2 考虑例 3-1 中给出的矩阵 $\boldsymbol{A}$,直接调用 MATLAB 函数 poly($\boldsymbol{A}$) 则可以求出该矩阵的特征多项式系数向量为:

```
>> A=[1,2,3; 4 5 6; 7 8 0]; B=poly(A)
```

这样得出的系数向量 $\boldsymbol{B} = [1, -6, -72, -27]^{\mathrm{T}}$。由前面得出的结果可见,此矩阵的特征多项式可以写成 $P(s) = s^3 - 60s^2 - 72s - 27$。事实上,$P(s)$ 多项式即为原矩阵特征多项式的理论解。由 poly() 函数调用结果产生的相对误差为:

```
>> P=[1, -6 -72, -27]; norm((P-B)./P)
```

这样得出的相对误差为 5.6538×10^{-15}。

由上面的结果可见,MATLAB 提供的 poly() 函数在计算矩阵的特征多项式系数时会产生微小的误差。阅读 poly.m 文件可以发现该函数利用了 eig() 函数来求特征值,而 eig() 函数的计算是很复杂的迭代过程,产生些小误差在所难免,而这一误差最终又被传递到其他函数的计算中去,所以在使用时应该注意。

　　在实际应用中还有其他简单的方法可以求出矩阵的特征多项式系数,如下面给出的 Leverrier-Faddeev 递推算法也可以求出矩阵的特征多项式。

$$c_{k+1} = -\frac{1}{k}\text{tr}(\boldsymbol{AR}_k),\ \boldsymbol{R}_{k+1} = \boldsymbol{AR}_k + c_{k+1}\boldsymbol{I},\ k = 1, \cdots, n \qquad (3\text{-}2\text{-}12)$$

其中,$\boldsymbol{R}_1 = \boldsymbol{I}, c_1 = 1$。该算法首先给出一个单位阵 $\boldsymbol{I}$,并将之赋给 $\boldsymbol{R}_1$,然后对每个 k 的值分别求出特征多项式参数 c_k,并更新 $\boldsymbol{R}_k$ 矩阵,最终得出矩阵的特征多项式系数 $c_1, c_2, \cdots, c_n$。该算法可以直接由下面的 MATLAB 语句编写一个 poly1() 函数实现:

```
function c=poly1(A),
[nr,nc]=size(A);
if nc==nr, I=eye(nc);  R=I; c=[1 zeros(1,nc)];
    for k=1:nc, c(k+1)=-1/k*trace(A*R); R=A*R+c(k+1)*I; end
elseif (nr==1 | nc==1), A=A(isfinite(A)); n=length(A);
    c=[1 zeros(1,n)]; for j=1:n, c(2:(j+1))=c(2:(j+1))-A(j).*c(1:j); end
else, error('Argument must be a vector or a square matrix.');
end
```

其中,后面的语句对应于函数的另外一种调用方法。同样考虑前面的例子,如果调用上面的程序段,则可以由 poly1($\boldsymbol{A}$) 函数直接求解,这样得出的特征多项式的系数均为整数(精确解),此外,由于这里给出的算法运算起来比较简单,不需要求取矩阵的特征值,所以运算量也比 poly() 的小,且可以得出精确的解。

　　令特征多项式等于 0 所构成的方程称为该矩阵的特征方程,而特征方程的根称为该矩阵的特征根。特征根当然可以由后面将要介绍的矩阵特征值算法直接求出,如果获得了矩阵的特征方程,则矩阵的特征根还可以通过求解多项式方程求出。这可以通过调用 MATLAB 函数 $\boldsymbol{V} = \text{roots}(\boldsymbol{p})$ 而直接获得,其中,$\boldsymbol{V}$ 为特征方程式的解,即原矩阵的特征根。例 3-1 中矩阵的特征根可以由下面的 MATLAB 语句直接求出:

```
>> A=[1,2,3; 4 5 6; 7 8 0]; c=poly1(A); roots(c)
```

得出 3 个特征根分别为 12.1229, −5.7345, −0.3884。

　　(6) 多项式及多项式矩阵的求值

　　多项式的求值可以由 $\boldsymbol{C} = \text{polyval}(\boldsymbol{a}, \boldsymbol{x})$ 函数直接完成,对于多项式矩阵来说,则可以由 $\boldsymbol{B} = \text{polyvalm}(\boldsymbol{a}, \boldsymbol{A})$ 函数来完成,其中 $\boldsymbol{a}$ 为多项式系数降幂排列构成的向量,即 $\boldsymbol{a} = [a_1, a_2, \cdots, a_n, a_{n+1}]$,$\boldsymbol{x}$ 为一个标量,而 $\boldsymbol{A}$ 为一个给定矩阵,这时返回的矩阵 $\boldsymbol{B}$ 为下面的矩阵多项式的值:

$$\boldsymbol{B} = a_1\boldsymbol{A}^n + a_2\boldsymbol{A}^{n-1} + \cdots + a_n\boldsymbol{A} + a_{n+1}\boldsymbol{I} \qquad (3\text{-}2\text{-}13)$$

其中,$\boldsymbol{I}$ 为和 $\boldsymbol{A}$ 同阶次的单位矩阵,而 $\boldsymbol{C} = a_1\boldsymbol{x}.\hat{\ }n + \cdots + a_{n+1}$。

例 3-3 Hamilton-Cailey 定理是矩阵理论中的一个比较重要的定理,它的内容为:若矩阵 $\boldsymbol{A}$ 的特征多项式为

$$\lambda(s) = \det(s\boldsymbol{I} - \boldsymbol{A}) = a_1 s^n + a_2 s^{n-1} + \cdots + a_n s + a_{n+1} \qquad (3\text{-}2\text{-}14)$$

则有 $\lambda(\boldsymbol{A}) = 0$, 即

$$a_1\boldsymbol{A}^n + a_2\boldsymbol{A}^{n-1} + \cdots + a_n\boldsymbol{A} + a_{n+1}\boldsymbol{I} = 0 \tag{3-2-15}$$

假设矩阵 $\boldsymbol{A}$ 由例 3-1 给出, 则可以由下面的 MATLAB 语句来验证 Hamilton-Cailey 定理:

```
>> A=[1,2,3; 4,5,6; 7,8,0]; aa=poly(A); B=polyvalm(aa,A); norm(B)
```

这样可以得出误差矩阵的范数为 2.9932×10^{-13}。由于使用的 poly() 函数会产生一定的误差, 所以得出的 $\boldsymbol{B}$ 矩阵并不是很精确。如果将上面语句中 poly() 函数用我们编写的 poly1() 代替, 则:

```
>> aa1=poly1(A); B1=polyvalm(aa1,A); norm(B1)
```

则由此得出的多项式矩阵 $\boldsymbol{B}$ 就会完全等于 0, 这样就由该矩阵验证了 Hamilton-Cailey 定理。

3.2.3 矩阵逆与广义逆运算

对一个已知的 $n \times n$ 非奇异方阵 $\boldsymbol{A}$ 来说, 如果有一个同样大小的 $\boldsymbol{C}$ 矩阵满足:

$$\boldsymbol{AC} = \boldsymbol{CA} = \boldsymbol{I} \tag{3-2-16}$$

式中, $\boldsymbol{I}$ 为单位阵, 则称 $\boldsymbol{C}$ 矩阵为 $\boldsymbol{A}$ 矩阵的逆矩阵, 并记作 $\boldsymbol{C} = \boldsymbol{A}^{-1}$。MATLAB 提供了一个求取逆矩阵的函数 inv(), 其调用格式为 $\boldsymbol{B} = \text{inv}(\boldsymbol{A})$。

例 3-4 再考虑例 3-1 中给出的 $\boldsymbol{A}$ 矩阵, 由下面的语句求取 $\boldsymbol{A}$ 矩阵的逆矩阵数值解和解析解:

```
>> A=[1,2,3; 4,5,6; 7,8,0]; B=inv(A), C=inv(sym(A)), norm(A*B-eye(3))
```

得出的数值解和解析解如下, 其中, 数值解的误差为 1.9984×10^{-15}:

$$\boldsymbol{B} = \begin{bmatrix} -1.7778 & 0.88889 & -0.11111 \\ 1.5556 & -0.77778 & 0.22222 \\ -0.11111 & 0.22222 & -0.11111 \end{bmatrix}, \boldsymbol{C} = \begin{bmatrix} -16/9 & 8/9 & -1/9 \\ 14/9 & -7/9 & 2/9 \\ -1/9 & 2/9 & -1/9 \end{bmatrix}$$

如果用户确实需要得出原来奇异矩阵或长方形矩阵的一种"逆"阵, 那么就需要引入广义逆的概念。对要研究的矩阵 $\boldsymbol{A}$, 如果存在一个矩阵 $\boldsymbol{N}$, 它满足:

$$\boldsymbol{ANA} = \boldsymbol{A} \tag{3-2-17}$$

则 $\boldsymbol{N}$ 矩阵称为 $\boldsymbol{A}$ 的广义逆矩阵, 记作 $\boldsymbol{N} = \boldsymbol{A}^-$, 且满足这一指标的解共有无穷多个。定义下面的范数最小化指标:

$$\min_{\boldsymbol{M}} \|\boldsymbol{AMA} - \boldsymbol{A}\| \tag{3-2-18}$$

可以证明, 对一个给定的矩阵 $\boldsymbol{A}$, 存在一个唯一的矩阵 $\boldsymbol{M}$ 同时满足下面 3 个条件:

(1) $\boldsymbol{AMA} = \boldsymbol{A}$。

(2) $\boldsymbol{MAM} = \boldsymbol{M}$。

(3) $\boldsymbol{AM}$ 与 $\boldsymbol{MA}$ 均为对称矩阵。

这样的矩阵 $\boldsymbol{M}$ 称为矩阵 $\boldsymbol{A}$ 的 Moore-Penrose 广义逆矩阵, 也称为伪逆, 记作 $\boldsymbol{M} = \boldsymbol{A}^+$。从上面的 3 个条件中可以看出, 条件 (1) 和一般广义逆的定义也是一样的, 所不同的是它还要求满足条件 (2) 和 (3), 这样就会得出唯一的广义逆矩阵, 更进一步对复数矩阵 $\boldsymbol{A}$ 来说, 若

得出的广义逆矩阵的条件(3)扩展为 MA 与 AM 均为 Hermit 矩阵,则这样构造的矩阵也是唯一的。如果 A 阵是一个 $n \times m$ 的长方形矩阵,则 M 矩阵为 $m \times n$ 矩阵。

　　MATLAB 提供了求取矩阵 Moore-Penrose 广义逆的函数 pinv(),该函数的调用格式为 $B = \text{pinv}(A)$,该函数返回 A 的 Moore-Penrose 广义逆矩阵 B。如果 A 矩阵为非奇异方阵,则该函数得出的就是矩阵的逆阵。

例 3-5　考虑一个给定的长方形矩阵 $A = \begin{bmatrix} 6 & 1 & 4 & 2 & 1 \\ 3 & 0 & 1 & 4 & 2 \\ -3 & -2 & -5 & 8 & 4 \end{bmatrix}$,可以通过下面的 MATLAB 命令求出矩阵的秩、Moore-Penrose 广义逆,并分析得出的广义逆矩阵的性质。

```
>> A=[6,1,4,2,1; 3,0,1,4,2; -3,-2,-5,8,4]; rank(A)
   iA=pinv(A) % 非满秩矩阵的伪逆,下面的语句检验结果的正确性
   norm(iA-iA*A*iA), norm(A*iA*A-A), norm(iA*A-A'*iA'), norm(A*iA-iA'*A')
```

得出的 Moore-Penrose 广义逆矩阵如下,其误差均在 10^{-14} 级:

$$A^{+} = \begin{bmatrix} 0.073025 & 0.041301 & -0.022147 \\ 0.010774 & 0.0019952 & -0.015563 \\ 0.04589 & 0.017757 & -0.038508 \\ 0.032721 & 0.043097 & 0.063847 \\ 0.016361 & 0.021548 & 0.031923 \end{bmatrix}$$

　　经检验得出的广义逆矩阵确实为 Moore-Penrose 逆。下面考虑对 A^{+} 再求一次伪逆:

```
>> iiA=pinv(iA), norm(iiA-A)
```

由前面给出的结果可见,如果对一个矩阵的伪逆再求一次伪逆,则将还原成原来的矩阵,亦即 $(A^{+})^{+} = A$,这时的总体误差为 9.3256×10^{-15}。

3.2.4　矩阵的相似变换与分解

3.2.4.1　矩阵的相似变换与正交变换

　　假设有一个 $n \times n$ 的方阵 A,并存在一个和它同阶的非奇异矩阵 T,则可以对 A 矩阵进行如下的变换:

$$\hat{A} = T^{-1}AT \tag{3-2-19}$$

这种变换称为 A 的相似变换(similarity transform)。可以证明,变换后的矩阵 $\hat{A}$ 的特征值和原矩阵 A 是一致的,亦即相似变换并不改变原矩阵的特征结构。

　　对于一类特殊的相似变换矩阵 T 来说,如果它本身满足 $T^{-1} = T^{*}$,其中 T^{*} 为 T 的 Hermit 共轭转置矩阵,则称 T 为正交矩阵,并记为 $Q = T$。正交矩阵 Q 满足下面的条件:

$$Q^{*}Q = I, \ 且 \ QQ^{*} = I \tag{3-2-20}$$

其中,I 为 $n \times n$ 的单位阵。

　　正交矩阵中还有一类特殊的形式,如果 A 矩阵不是满秩矩阵,且 Z 矩阵为正交矩阵,即它满足 $Z^{*}Z = I$,如果矩阵 Z 可以使得 $AZ = 0$,则称 Z 矩阵为化零空间(null space),利用化零空间可以求出奇异矩阵齐次方程的基础解系。

MATLAB中提供了求取正交矩阵和化零矩阵的函数orth()和null(),这两个矩阵的调用方式分别为 $Q=\text{orth}(A)$ 及 $Z=\text{null}(A)$,其中,前一个函数由矩阵 A 构成一个正交基,即它的各个列可以张成与 A 矩阵的各列同样的空间,且 Q 的各列为正交的。调用MATLAB 提供的null()函数可以获得前面提及的化零空间,如果 A 为满秩矩阵,则不存在这样的矩阵 Z,这时null()函数将返回一个空的矩阵。

例3-6 重新考虑例3-1中给出的矩阵 A,可以通过下面语句求取并检验其正交基矩阵:

```
>> A=[1,2,3; 4 5 6; 7 8 0]; Q=orth(A), I=eye(3); norm(Q*Q'-I), norm(Q'*Q-I)
```

这样可以得出正交矩阵为:

$$Q=\begin{bmatrix} -0.23036 & -0.39607 & -0.88886 \\ -0.60728 & -0.65521 & 0.44934 \\ -0.76036 & 0.6433 & -0.089596 \end{bmatrix}$$

其中,$\|Q^{\mathrm{T}}Q-I\|=5.6023\times10^{-16}$,$\|QQ^{\mathrm{T}}-I\|=5.1660\times10^{-16}$,可见,得出的矩阵满足式(3-2-20)中的正交条件。

3.2.4.2 矩阵的三角分解

矩阵的三角分解又称为LU分解,它的目的是将一个矩阵分解成一个下三角矩阵 L 和一个上三角矩阵 U 的乘积,即 $A=LU$,其中,L 和 U 矩阵可以分别写成:

$$L=\begin{bmatrix} 1 & & & \\ l_{21} & 1 & & \\ \vdots & \vdots & \ddots & \\ l_{n1} & l_{n2} & \cdots & 1 \end{bmatrix}, U=\begin{bmatrix} u_{11} & u_{12} & \cdots & u_{1n} \\ & u_{22} & \cdots & u_{2n} \\ & & \ddots & \vdots \\ & & & u_{nn} \end{bmatrix} \tag{3-2-21}$$

在MATLAB下也给出了矩阵的LU分解函数lu(),该函数的调用格式为:

$[L,U]=\text{lu}(A)$, %简单调用格式
$[L,U,P]=\text{lu}(A)$, %带有置换矩阵的调用格式

其中,L、U 分别为变换后的下三角和上三角矩阵。在MATLAB 的lu()函数中考虑了主元素选取的问题,所以该函数一般会给出可靠的结果。由该函数得出的下三角矩阵 L 并不一定是一个真正的下三角矩阵,因为选取它可能进行了一些元素行的交换,这样主对角线的元素可能不是1,而在矩阵 L 内存在一个唯一的如式(3-2-6)中定义的置换,其各个元素的值均是1。如果想获得有关的换行信息,则可以由第二种格式调用,式中 P 为排列规则矩阵,而这时 L 和 U 分别为真正的下三角和上三角矩阵。但使用这一调用规则时一定要注意,若 P 不为单位阵时,得出的 L 和 U 矩阵不满足 $A=LU$,而满足 $A=P^{-1}LU$。

由于前面给出的lu()函数并不能处理符号矩阵,所以可以参照三角分解的算法[25],设计出对符号矩阵的LU分解的函数lu(),该函数应该置于@sym路径下,其内容为:

```
function [L,U]=lu(A)
n=length(A); U=sym(zeros(size(A))); L=sym(eye(size(A)));
U(1,:)=A(1,:); L(:,1)=A(:,1)/U(1,1);
for i=2:n,
```

```
      for j=2:i-1, L(i,j)=(A(i,j)-L(i,1:j-1)*U(1:j-1,j))/U(j,j); end
      for j=i:n, U(i,j)=A(i,j)-L(i,1:i-1)*U(1:i-1,j); end
   end
```

注意,在上述的算法中并未对主元素进行任何选取,因此该算法有时可能失效,因为在运算过程中0可能被用作除数。如果需要通用的分解程序,用户可以将主元素选取方法引入该函数。

例 3-7 再考虑例3-1中矩阵的LU分解问题,分别用两种方法调用MATLAB下的 lu() 函数,则可以得出不同的结果。

```
>> A=[1,2,3; 4,5,6; 7,8,0]; [L1,U1]=lu(A), [L,U,P]=lu(A)
```

两种方法得出的结果分别为:

$$L_1 = \begin{bmatrix} 0.14286 & 1 & 0 \\ 0.57143 & 0.5 & 1 \\ 1 & 0 & 0 \end{bmatrix}, U_1 = \begin{bmatrix} 7 & 8 & 0 \\ 0 & 0.85714 & 3 \\ 0 & 0 & 4.5 \end{bmatrix}$$

$$L = \begin{bmatrix} 1 & 0 & 0 \\ 0.14286 & 1 & 0 \\ 0.57143 & 0.5 & 1 \end{bmatrix}, U = \begin{bmatrix} 7 & 8 & 0 \\ 0 & 0.85714 & 3 \\ 0 & 0 & 4.5 \end{bmatrix}, P = \begin{bmatrix} 0 & 0 & 1 \\ 1 & 0 & 0 \\ 0 & 1 & 0 \end{bmatrix}$$

注意,这里得出的 P 矩阵不是一个单位矩阵,所以在进行计算时由于考虑主元素的原因对原来的排列进行了改动,这样,前一种方法得出的 L 也不是一个真正的下三角矩阵。在后一种调用方法中,注意 $LU \neq A$。

利用前面给出的符号矩阵的LU分解函数直接求解,则可以给出下面语句:

```
>> A=[1,2,3; 4,5,6; 7,8,0]; [L,U]=lu(sym(A))
```

这样可以将原矩阵分解为:

$$L = \begin{bmatrix} 1 & 0 & 0 \\ 4 & 1 & 0 \\ 7 & 2 & 1 \end{bmatrix}, U = \begin{bmatrix} 1 & 2 & 3 \\ 0 & -3 & -6 \\ 0 & 0 & -9 \end{bmatrix}$$

3.2.4.3 对称矩阵的 Cholesky 分解

如果 A 矩阵为对称矩阵,则仍然可以用LU分解的方法对其进行分解,对称矩阵LU分解有特殊的性质,即 $L = U^T$,令 $D = L$ 为一个下三角矩阵,则可以将矩阵 A 分解为:

$$A = DD^T = \begin{bmatrix} d_{11} & & & \\ d_{21} & d_{22} & & \\ \vdots & \vdots & \ddots & \\ d_{n1} & d_{n2} & \cdots & d_{nn} \end{bmatrix} \begin{bmatrix} d_{11} & d_{21} & \cdots & d_{n1} \\ & d_{22} & \cdots & d_{n2} \\ & & \ddots & \vdots \\ & & & d_{nn} \end{bmatrix} \tag{3-2-22}$$

其中,D 矩阵可以形象地理解为原 A 矩阵的平方根,这样的分解又称为Cholesky分解。

MATLAB 提供了 chol() 函数,用来求取矩阵的 Cholesky 分解矩阵 D,该函数的调用格式可以写成 $[D,P] = \text{chol}(A)$,式中返回的 D 为Cholesky分解矩阵,且 $A = DD^T$;而 $P - 1$ 为 A 矩阵中正定的子矩阵的阶次,如果 A 为正定矩阵,则返回 $P = 0$。当然也可以直

接由 $D=\text{chol}(A)$ 来调用该函数，这时要求 A 为一个正定矩阵。如果 A 不是正定矩阵，则这样调用将给出一个错误信息。参考文献 [25] 还给出了符号型对称矩阵的 Cholesky 分解的重载 MATLAB 函数 chol()。

例 3-8 考虑一个对称的 3 阶 Hilbert 矩阵 A，可以调用 MATLAB 的 chol() 函数：

```
>> A=hilb(3); [D,P]=chol(A)
```

这样可以得出 Cholesky 分解矩阵为：

$$D = \begin{bmatrix} 1 & 0.5 & 0.33333 \\ 0 & 0.28868 & 0.28868 \\ 0 & 0 & 0.074536 \end{bmatrix}$$

且 $P=0$，这表示 A 矩阵是一个正定矩阵。如果试图对一个非正定矩阵进行 Cholesky 分解，则将得出错误信息，所以，chol() 函数还可以用来判定矩阵是否为正定矩阵。

3.2.4.4 矩阵的奇异值分解

矩阵的奇异值也可以看成是矩阵的一种测度。对任意的 $n \times m$ 矩阵 A 来说，总有：

$$A^T A \geqslant 0, \ A A^T \geqslant 0 \tag{3-2-23}$$

且有 $\text{rank}(A^T A) = \text{rank}(A A^T) = \text{rank}(A)$。进一步可以证明，$A^T A$ 与 $A A^T$ 有相同的非负特征值 λ_i，在数学上，把这些非负的特征值的平方根称作矩阵 A 的奇异值，记作 $\sigma_i(A) = \sqrt{\lambda_i(A^T A)}$。

假设 A 矩阵为 $n \times m$ 矩阵，且 $\text{rank}(A) = r$，则 A 矩阵可以分解为：

$$A = L \begin{bmatrix} \Delta & 0 \\ 0 & 0 \end{bmatrix} M^T \tag{3-2-24}$$

其中，L 和 M 为正交矩阵，$\Delta = \text{diag}(\sigma_1, \cdots, \sigma_r)$，为对角矩阵，其对角元素 $\sigma_1, \sigma_2, \cdots, \sigma_r$ 满足不等式 $\sigma_1 \geqslant \sigma_2 \geqslant \cdots \geqslant \sigma_r > 0$。

MATLAB 提供了直接求取矩阵奇异值分解的函数，其调用方式为 $[L, A_1, M] = \text{svd}(A)$。其中，$A$ 为原始矩阵，返回的 A_1 为对角矩阵，而 L 和 M 均为正交变换矩阵，并满足 $A = L A_1 M^T$。

矩阵的奇异值大小通常决定矩阵的形态，如果矩阵的奇异值的差异特别大，则矩阵中某个元素有一个微小的变化将严重影响到原矩阵的参数，这样的矩阵又称为病态矩阵或坏条件矩阵，而在矩阵存在等于 0 的奇异值时称为奇异矩阵。矩阵最大奇异值 $\sigma_{\max}$ 和最小奇异值 $\sigma_{\min}$ 的比值又称为该矩阵的条件数，记作 $\text{cond}(A)$，即 $\text{cond}(A) = \sigma_{\max}/\sigma_{\min}$。矩阵的最大和最小奇异值还经常分别记作 $\bar{\sigma}(A)$ 和 $\underline{\sigma}(A)$。在 MATLAB 下也提供了函数 $\text{cond}(A)$，用来求取矩阵 A 的条件数。

例 3-9 考虑例 3-1 中给出的 A 矩阵，如果调用 MATLAB 中给出的矩阵奇异值分解函数 svd()，则可以容易地求出 L，A_1 和 M 矩阵，并可以容易地求出该矩阵的条件数。

```
>> A=[1, 2, 3; 4, 5, 6; 7, 8, 0]; [L, A1, M]=svd(A)
   B=A'*A; C=sqrt(eig(B)); [cond(A), A1(1)/A1(end) C(end)/C(1)]
```

可以得出分解矩阵为:

$$L = \begin{bmatrix} -0.23036 & -0.39607 & -0.88886 \\ -0.60728 & -0.65521 & 0.44934 \\ -0.76036 & 0.6433 & -0.089596 \end{bmatrix}, \quad A_1 = \begin{bmatrix} 13.201 & 0 & 0 \\ 0 & 5.4388 & 0 \\ 0 & 0 & 0.37605 \end{bmatrix}$$

$$M = \begin{bmatrix} -0.60463 & 0.27326 & 0.74817 \\ -0.72568 & 0.19824 & -0.65886 \\ -0.32836 & -0.94129 & 0.078432 \end{bmatrix}$$

这里用到了3种方式求取矩阵的条件数,得出的结果是完全一致的,均为35.1059。

例3-10 对于$n \neq m$的矩阵A来说,也可以对其做奇异值分解,如$A = \begin{bmatrix} 1 & 3 & 5 & 7 \\ 2 & 4 & 6 & 8 \end{bmatrix}$,使用如下命令:

```
>> A=[1, 3, 5, 7; 2, 4, 6, 8]; [L,A1,M]=svd(A)
```

得出的变换矩阵为:

$$L = \begin{bmatrix} -0.6414 & -0.7672 \\ -0.7672 & 0.6414 \end{bmatrix}, \quad A_1 = \begin{bmatrix} 14.269 & 0 & 0 & 0 \\ 0 & 0.6268 & 0 & 0 \end{bmatrix}$$

$$M = \begin{bmatrix} -0.1525 & 0.8227 & -0.3945 & -0.3800 \\ -0.3499 & 0.4214 & 0.2428 & 0.8007 \\ -0.5474 & 0.0201 & 0.6979 & -0.4614 \\ -0.7448 & -0.3812 & -0.5462 & 0.0407 \end{bmatrix}$$

对这个例子进行逆运算,即LA_1M^T,则可以还原成原来的A矩阵,由前面的分析可见,这样得出的矩阵误差是很小的。

3.2.5 矩阵的特征值与特征向量

对一个矩阵A来说,如果存在一个非零的向量x,且有一个标量λ满足如下条件:

$$Ax = \lambda x \tag{3-2-25}$$

则称λ为A矩阵的一个特征值,而x为对应于特征值λ的特征向量,严格说来,x应该称为A的右特征向量。如果矩阵A的特征值不包含重复的值,则对应的各个特征向量是线性无关的,这样由各个特征向量可以构成一个非奇异的矩阵,如果用它对原始矩阵做相似变换,则可以得出一个对角矩阵。矩阵特征值的求解算法是多种多样的,最常用的有求解实对称矩阵特征值与特征向量的Jacobi算法、原点平移QR分解法与两步QR算法,矩阵的特征值与特征向量的求解有许多标准的子程序或程序库可以直接调用,如著名的EISPACK软件包[2,3]等。

矩阵的特征值与特征向量由MATLAB提供的函数eig()可以很容易地求出,该函数的调用格式为 $[V,D] = \text{eig}(A)$,其中,A为要处理的矩阵,D为一个对角矩阵,其对角线上的元素为矩阵A的特征值,而每个特征值对应的V矩阵的列为该特征值的特征向量,该矩阵是一个满秩矩阵。MATLAB的矩阵特征值的结果满足$AV = VD$,且每个特征向量各元素的平方和(即2范数)均为1。如果调用该函数时只给出一个返回变量,则将只返回矩阵A的特征值。即使A为复数矩阵,也照样可以由eig()函数得出其特征值与特征向量矩阵。

例 3-11 考虑例3-1中给出的矩阵 A,用两种不同的格式调用eig()函数,则可以获得矩阵 A 的特征值与特征向量矩阵。

```
>> A=[1,2,3; 4,5,6; 7,8,0]; [v,d]=eig(A), d1=eig(A)
```

由上面的语句可以得出如下结果:

$$v = \begin{bmatrix} -0.2998 & -0.7471 & -0.2763 \\ -0.7075 & 0.6582 & -0.3884 \\ -0.6400 & -0.0931 & 0.8791 \end{bmatrix}, d = \begin{bmatrix} 12.123 & 0 & 0 \\ 0 & -0.3884 & 0 \\ 0 & 0 & -5.7345 \end{bmatrix}, d_1 = \begin{bmatrix} 12.123 \\ -0.3884 \\ -5.7345 \end{bmatrix}$$

可见,在该例中两次调用了 eig() 函数,但由于返回参数个数不一致,所以前面的调用返回矩阵 A 的特征值与特征向量,后面的调用只返回了矩阵 A 的特征值而不返回特征向量矩阵。另外,返回特征值的格式也因返回变量个数的不同而不同。

3.2.6 代数方程求解

本节将介绍线性代数方程、Lyapunov方程、Sylvester方程的数值解和解析解方法,并介绍二次型Riccati代数方程的数值解法。

3.2.6.1 线性方程求解

矩阵求逆运算往往和线性代数方程的求解有关,考虑下面给出的线性代数方程:

$$Ax = B \tag{3-2-26}$$

式中,A 和 B 为相容维数的矩阵:

$$A = \begin{bmatrix} a_{11} & a_{12} & \cdots & a_{1n} \\ a_{21} & a_{22} & \cdots & a_{2n} \\ \vdots & \vdots & \ddots & \vdots \\ a_{m1} & a_{m2} & \cdots & a_{mn} \end{bmatrix}, B = \begin{bmatrix} b_{11} & b_{12} & \cdots & b_{1p} \\ b_{21} & b_{22} & \cdots & b_{2p} \\ \vdots & \vdots & \ddots & \vdots \\ b_{m1} & b_{m2} & \cdots & b_{mp} \end{bmatrix} \tag{3-2-27}$$

由矩阵理论知,该方程的解存在3种可能:唯一解、无穷多解和无解,下面分别讨论该方程解的3种形式。

(1)方程有唯一解

如果 A 为非奇异的方阵,则可以立即得出方程的唯一解为:

$$x = A^{-1}B \tag{3-2-28}$$

由MATLAB提供的矩阵求逆函数可以得出方程的唯一解 $x = \text{inv}(A)*B$。

如果 A 不是非奇异方阵,则可以由给定的 A 和 B 矩阵构造出解的判定矩阵 C:

$$C = \begin{bmatrix} a_{11} & a_{12} & \cdots & a_{1n} & b_{11} & b_{12} & \cdots & b_{1p} \\ a_{21} & a_{22} & \cdots & a_{2n} & b_{21} & b_{22} & \cdots & b_{2p} \\ \vdots & \vdots & \ddots & \vdots & \vdots & \vdots & \ddots & \vdots \\ a_{m1} & a_{m2} & \cdots & a_{mn} & b_{m1} & b_{m2} & \cdots & b_{mp} \end{bmatrix} \tag{3-2-29}$$

这样可以不加证明地给出线性方程组有解的判定定理。

（2）方程有无穷多解

当 $\text{rank}(\boldsymbol{A}) = \text{rank}(\boldsymbol{C}) = r < n$ 时，方程组（3-2-26）有无穷多解，可以构造出线性方程组的 $n-r$ 个化零向量 $\boldsymbol{x}_i, i = 1, 2, \cdots, n-r$，原方程组对应的齐次方程组的解 $\hat{\boldsymbol{x}}$ 可以由 $\boldsymbol{x}_i$ 的线性组合来表示，即：

$$\hat{\boldsymbol{x}} = \alpha_1 \boldsymbol{x}_1 + \alpha_2 \boldsymbol{x}_2 + \cdots + \alpha_{n-r} \boldsymbol{x}_{n-r} \tag{3-2-30}$$

其中，系数 $\alpha_i, i = 1, 2, \cdots, n-r$ 为任意常数。在MATLAB语言中可以由 null() 直接求出，其调用格式为 $\boldsymbol{Z} = \text{null}(\boldsymbol{A})$，null() 函数也可以用于符号变量描述方程的解析解问题，其中 $\boldsymbol{Z}$ 的列数为 $n-r$，而各列构成的向量又称为矩阵 $\boldsymbol{A}$ 的基础解系。

求解式（3-2-26）中给出的非齐次方程组也是较简单的，只要能求出该方程的任意一个特解 $\boldsymbol{x}_0$，则原非齐次方程组的解为 $\boldsymbol{x} = \hat{\boldsymbol{x}} + \boldsymbol{x}_0$。其实，在MATLAB语言中求解该方程的一个特解并非难事，用 $\boldsymbol{x}_0 = \text{pinv}(\boldsymbol{A}) * \boldsymbol{B}$ 即可求出。

例 3-12 求解线性代数方程组 $\begin{bmatrix} 1 & 2 & 3 & 4 \\ 2 & 2 & 1 & 1 \\ 2 & 4 & 6 & 8 \\ 4 & 4 & 2 & 2 \end{bmatrix} \boldsymbol{X} = \begin{bmatrix} 1 \\ 3 \\ 2 \\ 6 \end{bmatrix}$。

用下面语句可以输入 $\boldsymbol{A}$ 和 $\boldsymbol{B}$ 矩阵，并构造出 $\boldsymbol{C}$ 矩阵，从而判定矩阵方程的可解性：

```
>> A=[1 2 3 4; 2 2 1 1; 2 4 6 8; 4 4 2 2]; B=[1;3;2;6];
   C=[A B]; [rank(A), rank(C)]
```

通过检验秩的方法得出矩阵 $\boldsymbol{A}$ 和 $\boldsymbol{C}$ 的秩相同，都等于2，小于矩阵的阶次4，由此可以得出结论，原线性代数方程组有无穷多组解。可以考虑利用符号运算工具箱求解方程组的解析解：

```
>> Z=null(sym(A)), x0=sym(pinv(A))*B, syms a1 a2; x=Z*[a1; a2]+x0
```

由基础解系矩阵 $\boldsymbol{Z}$ 和特解向量 $\boldsymbol{x}_0$ 构造出通解向量 $\boldsymbol{x}$：

$$\boldsymbol{Z} = \begin{bmatrix} 0 & 1 \\ 1 & 0 \\ -6 & -7 \\ 4 & 5 \end{bmatrix}, \boldsymbol{x}_0 = \frac{1}{131}\begin{bmatrix} 125 \\ 96 \\ -10 \\ -39 \end{bmatrix}, \boldsymbol{x} = a_1\begin{bmatrix} 0 \\ 1 \\ -6 \\ 4 \end{bmatrix} + a_2\begin{bmatrix} 1 \\ 0 \\ -7 \\ 5 \end{bmatrix} + \frac{1}{131}\begin{bmatrix} 125 \\ 96 \\ -10 \\ -39 \end{bmatrix} = \begin{bmatrix} a_2 + 125/131 \\ a_1 + 96/131 \\ -6a_1 - 7a_2 - 10/131 \\ 4a_1 + 5a_2 - 39/131 \end{bmatrix}$$

其中，a_1、a_2 为任意常数。

MATLAB 函数 rref() 还可以对给定矩阵 $\boldsymbol{C}$ 进行基本行变换，以此求解代数方程的解析解：

```
>> C1=rref(sym(C))
```

得出基本行变换的结果为：

$$\boldsymbol{C}_1 = \begin{bmatrix} 1 & 0 & -2 & -3 & 2 \\ 0 & 1 & 5/2 & 7/2 & -1/2 \\ 0 & 0 & 0 & 0 & 0 \\ 0 & 0 & 0 & 0 & 0 \end{bmatrix}$$

由得出的结果可见，若令 $x_3 = b_1$, $x_4 = b_2$, b_1, b_2 为任意常数，则方程的解析解可以写成：

$$x_1 = 2b_1 + 3b_2 + 2, \quad x_2 = -5b_1/2 - 7b_2/2 - 1/2$$

（3）方程无解

若 $\operatorname{rank}(\boldsymbol{A}) < \operatorname{rank}(\boldsymbol{C})$，则方程组（3-2-26）为矛盾方程，这时只能利用 Moore-Penrose 广义逆求解出方程的最小二乘解为 $\boldsymbol{x} = \mathtt{pinv}(\boldsymbol{A}) * \boldsymbol{B}$，该解不满足原方程，只能使误差的范数测度 $\|\boldsymbol{A}\boldsymbol{x} - \boldsymbol{B}\|$ 取最小值。

例 3-13 如果前面方程中 $\boldsymbol{B}$ 矩阵改成 $\boldsymbol{B} = [1, 2, 3, 4]^{\mathrm{T}}$，则通过求解可见：

```
>> B=[1:4]'; C=[A B]; [rank(A), rank(C)]
```

这样，$\operatorname{rank}(\boldsymbol{A}) = 2$，而 $\operatorname{rank}(\boldsymbol{C}) = 3$，故原始方程是矛盾方程，不存在任何解。可以使用 pinv() 函数求取 Moore-Penrose 广义逆，从而求出原始方程的最小二乘解为：

```
>> x=pinv(A)*B, A*x-B
```

方程的解和误差为：

$$\boldsymbol{x} = \begin{bmatrix} 0.5465648855 \\ 0.4549618321 \\ 0.04427480916 \\ -0.04732824427 \end{bmatrix}, \text{误差矩阵为} \begin{bmatrix} 0.4 \\ 8.8818 \times 10^{-16} \\ -0.2 \\ 1.7764 \times 10^{-15} \end{bmatrix}$$

显然，该解不满足原始代数方程组，但该解能使解的整体误差（误差向量的范数）最小。

3.2.6.2 Kronecker 积与矩阵方程求解

考虑如下一类线性代数方程：

$$\boldsymbol{A}\boldsymbol{X} = \boldsymbol{C} \tag{3-2-31}$$

其中，$\boldsymbol{A}$ 为 $n \times n$ 矩阵，且 $\boldsymbol{C}$ 为 $n \times m$ 矩阵，为方便叙述，可以将各个矩阵的参数记为：

$$\boldsymbol{X} = \begin{bmatrix} x_1 & x_2 & \cdots & x_m \\ x_{m+1} & x_{m+2} & \cdots & x_{2m} \\ \vdots & \vdots & \ddots & \vdots \\ x_{(n-1)m+1} & x_{(n-1)m+2} & \cdots & x_{nm} \end{bmatrix}, \boldsymbol{C} = \begin{bmatrix} c_1 & c_2 & \cdots & c_m \\ c_{m+1} & c_{m+2} & \cdots & c_{2m} \\ \vdots & \vdots & \ddots & \vdots \\ c_{(n-1)m+1} & c_{(n-1)m+2} & \cdots & c_{nm} \end{bmatrix} \tag{3-2-32}$$

该方程的解仍可以由 $\boldsymbol{X} = \boldsymbol{A}^{-1}\boldsymbol{C}$ 求出，同时由 MATLAB 函数可以直接求出该方程的解 $\boldsymbol{X} = \mathtt{inv}(\boldsymbol{A}) * \boldsymbol{C}$。在很多应用中，人们更希望将上面的方程转换成方程右边为一个列向量，且方程的解也由一个列向量来表示的形式，这需要进行特殊的变换。可以证明，该方程可以变换成如下形式：

$$(\boldsymbol{A} \otimes \boldsymbol{I}_m)\boldsymbol{x} = \boldsymbol{c} \tag{3-2-33}$$

式中，$\otimes$ 表示两个矩阵的 Kronecker 乘积，而 $\boldsymbol{x}$ 和 $\boldsymbol{c}$ 分别为列向量，其表示方法为：

$$\boldsymbol{x}^{\mathrm{T}} = [x_1 \ x_2 \ \cdots \ x_{nm}], \boldsymbol{c}^{\mathrm{T}} = [c_1 \ c_2 \ \cdots \ c_{nm}] \tag{3-2-34}$$

这样原方程的解 $\boldsymbol{x}$ 即可很容易地求出。

上面演示的算法并不是利用 Kronecker 乘积的主要目的，理解了上述的变换之后，还可以用 Kronecker 乘积来处理更复杂的方程，如下面给出的广义 Lyapunov 方程：

$$\boldsymbol{A}\boldsymbol{X} + \boldsymbol{X}\boldsymbol{B} = -\boldsymbol{C} \tag{3-2-35}$$

式中，A 为 $n \times n$ 矩阵，B 为 $m \times m$ 矩阵。利用 Kronecker 乘积的表示方法，上面的方程可以写成：

$$(A \otimes I_m + I_n \otimes B^{\mathrm{T}})x = -c \tag{3-2-36}$$

根据上述算法，可以编写出如下的 MATLAB 函数，用于求 Lyapunov 方程的解析解：

```
function X=lyap(A,B,C)  % 注意应该置于@sym目录下
if nargin==2, C=B; B=A'; end
[n,m]=size(C); A0=kron(A,eye(m))+kron(eye(n),B');
try, C1=C'; x0=-inv(A0)*C1(:); X=reshape(x0,m,n)';
catch, error('singular matrix found.'), end
```

该函数可以直接求取各种 Lyapunov 方程的解析解，其调用格式为：

$X = \mathrm{lyap}(\mathrm{sym}(A),C)$	%Lyapunov 方程 $AX + XA^{\mathrm{T}} = -C$
$X = \mathrm{lyap}(\mathrm{sym}(A),-\mathrm{inv}(A'),Q*\mathrm{inv}(A'))$	%离散方程 $AXA^{\mathrm{T}} - X + Q = 0$
$X = \mathrm{lyap}(\mathrm{sym}(A),B,C)$	%Sylvester 方程 $AX + XB = -C$

MATLAB 控制系统工具箱提供的 `lyap()` 函数也同样可以求解这 3 类方程，调用该函数时无须使用 $\mathrm{sym}(A)$，但该函数求解的是这些方程的数值解。

例 3-14 假设式(3-2-35)中的 A、B 和 C 矩阵分别为：

$$A = \begin{bmatrix} 1 & 2 & 3 \\ 4 & 5 & 6 \\ 7 & 8 & 0 \end{bmatrix}, B = A^{\mathrm{T}}, C = \begin{bmatrix} 1 & 5 & 4 \\ 5 & 6 & 7 \\ 4 & 7 & 9 \end{bmatrix}$$

则可以由下面的 MATLAB 语句求出该方程的解：

```
>> A=[1 2 3;4 5 6; 7 8 0]; B=A'; C=[1, 5, 4; 5, 6, 7; 4, 7, 9];
   X1=lyap(A,C), X2=lyap(sym(A),C), norm(A*X1+X1*A'-C)
```

上面的语句可以得出方程的数值解和解析解分别为：

$$X_1 = \begin{bmatrix} 1.5556 & -1.1111 & 0.38889 \\ -1.1111 & 1.2222 & 0.22222 \\ 0.38889 & 0.22222 & 0.38889 \end{bmatrix}, X_2 = \begin{bmatrix} 14/9 & -10/9 & 7/18 \\ -10/9 & 11/9 & 2/9 \\ 7/18 & 2/9 & 7/18 \end{bmatrix}$$

其数值解的误差为 1.1597×10^{-14}，满足一般的精度要求。

3.2.6.3   Riccati 方程求解

下面的方程称为 Riccati 代数方程：

$$A^{\mathrm{T}}X + XA - XBX + C = 0 \tag{3-2-37}$$

其中，A、B、C 为给定矩阵，且 B 为非负定对称矩阵，C 为对称矩阵，可以通过 MATLAB 的 `are()` 函数得出 Riccati 方程的解 $X = \mathrm{are}(A,B,C)$，且 X 为对称矩阵。

例 3-15 考虑下面给出的 Riccati 方程:

$$\begin{bmatrix} -2 & -1 & 0 \\ 1 & 0 & -1 \\ -3 & -2 & -2 \end{bmatrix} X + X \begin{bmatrix} -2 & 1 & -3 \\ -1 & 0 & -2 \\ 0 & -1 & -2 \end{bmatrix} - X \begin{bmatrix} 2 & 2 & -2 \\ -1 & 5 & -2 \\ -1 & 1 & 2 \end{bmatrix} X + \begin{bmatrix} 5 & -4 & 4 \\ 1 & 0 & 4 \\ 1 & -1 & 5 \end{bmatrix} = 0$$

对比所述方程和式(3-2-37)给出的标准型可见:

$$A = \begin{bmatrix} -2 & 1 & -3 \\ -1 & 0 & -2 \\ 0 & -1 & -2 \end{bmatrix}, B = \begin{bmatrix} 2 & 2 & -2 \\ -1 & 5 & -2 \\ -1 & 1 & 2 \end{bmatrix}, C = \begin{bmatrix} 5 & -4 & 4 \\ 1 & 0 & 4 \\ 1 & -1 & 5 \end{bmatrix}$$

可以用下面的语句直接求解该方程,经验证得出解的误差为 1.6008×10^{-14}:

```
>> A=[-2,1,-3; -1,0,-2; 0,-1,-2]; B=[2,2,-2; -1 5 -2; -1 1 2];
   C=[5 -4 4; 1 0 4; 1 -1 5]; X=are(A,B,C); norm(A'*X+X*A-X*B*X+C)
```

$$X = \begin{bmatrix} 0.98739 & -0.79833 & 0.41887 \\ 0.57741 & -0.13079 & 0.57755 \\ -0.28405 & -0.073037 & 0.69241 \end{bmatrix}$$

3.2.7 矩阵的非线性运算

3.2.7.1 面向矩阵各个元素的非线性运算

MATLAB 提供了大量函数,允许用户对矩阵进行处理,前面介绍的主要是矩阵的线性变换,本节将介绍如何对矩阵进行非线性运算。

事实上,MATLAB 提供了两类函数,其中一类是对矩阵的各个元素进行单独运算的,而后一类是对整个矩阵进行运算的。前面曾经用到了 sin() 函数,该函数属于第一类,是对矩阵的各个元素单独运算的,而不是对整个矩阵进行运算的。这类常用的 MATLAB 函数在表 3-1 中列出来,它们的调用方法是很明显的,其标准调用格式为:

$$B = \text{函数名}(A); \ \% \text{例如 } B=\sin(A);$$

表 3-1 面向矩阵元素的非线性函数表

函 数 名	意 义	函 数 名	意 义
abs()	求模(绝对值)函数	asin(), acos()	反正弦、反余弦函数
sqrt()	求平方根函数	log(), log10()	求自然和常用对数函数
exp()	指数函数	real(), imag(), conj()	求实虚部及共轭复数函数
sin(), cos()	正弦、余弦函数	round(), floor(), ceil(), fix()	取整数函数

3.2.7.2 面向整个矩阵的非线性运算

除了对矩阵的单个元素进行单独计算以外,一般还常常要求对整个矩阵做这样的非线性运算。例如,想求出一个矩阵的 e 指数,就需要特殊的算法来完成。参考文献 [26] 中叙述了求解矩阵指数的 19 种不同方法,每一种方法都有自己的特点及适用范围。MATLAB 提供的函数 expm() 可以直接求解矩阵指数,该函数还可以用于矩阵指数的符号运算。

例 3-16　考虑 Jordan 块矩阵 $\boldsymbol{A} = \begin{bmatrix} -2 & 1 & 0 & & \\ 0 & -2 & 1 & & \\ 0 & 0 & -2 & & \\ & & & -5 & 1 \\ & & & 0 & -5 \end{bmatrix}$，如果对此矩阵进行指数运算,则可以

得到以下的结果:

```
>> A=[-2 1 0; 0 -2 1; 0 0 -2]; A(4:5,4:5)=[-5 1; 0 -5]; expm(A)
```

这样可以得出矩阵指数的数值解为:

$$\mathrm{e}^{\boldsymbol{A}} = \begin{bmatrix} 0.13534 & 0.13534 & 0.067668 & 0 & 0 \\ 0 & 0.13534 & 0.13534 & 0 & 0 \\ 0 & 0 & 0.13534 & 0 & 0 \\ 0 & 0 & 0 & 0.0067379 & 0.0067379 \\ 0 & 0 & 0 & 0 & 0.0067379 \end{bmatrix}$$

该矩阵的解析解和 $\mathrm{e}^{\boldsymbol{A}t}$ 的解析解也可以由下面语句直接求出:

```
>> expm(sym(A)), syms t; expm(A*t)
```

可以得出:

$$\mathrm{e}^{\boldsymbol{A}} = \begin{bmatrix} \mathrm{e}^{-2} & \mathrm{e}^{-2} & 1/2\mathrm{e}^{-2} & 0 & 0 \\ 0 & \mathrm{e}^{-2} & \mathrm{e}^{-2} & 0 & 0 \\ 0 & 0 & \mathrm{e}^{-2} & 0 & 0 \\ 0 & 0 & 0 & \mathrm{e}^{-5} & \mathrm{e}^{-5} \\ 0 & 0 & 0 & 0 & \mathrm{e}^{-5} \end{bmatrix}, \mathrm{e}^{\boldsymbol{A}t} = \begin{bmatrix} \mathrm{e}^{-2t} & t\mathrm{e}^{-2t} & 1/2t^2\mathrm{e}^{-2t} & 0 & 0 \\ 0 & \mathrm{e}^{-2t} & t\mathrm{e}^{-2t} & 0 & 0 \\ 0 & 0 & \mathrm{e}^{-2t} & 0 & 0 \\ 0 & 0 & 0 & \mathrm{e}^{-5t} & t\mathrm{e}^{-5t} \\ 0 & 0 & 0 & 0 & \mathrm{e}^{-5t} \end{bmatrix}$$

利用矩阵指数求解函数 exmp(),还可以容易地实现矩阵正、余弦函数的求解,例如,可以利用 Euler 公式实现如下运算:

$$\sin \boldsymbol{A} = \frac{1}{\mathrm{j}2}\left(\mathrm{e}^{\mathrm{j}\boldsymbol{A}} - \mathrm{e}^{-\mathrm{j}\boldsymbol{A}}\right), \ \cos \boldsymbol{A} = \frac{1}{2}\left(\mathrm{e}^{\mathrm{j}\boldsymbol{A}} + \mathrm{e}^{-\mathrm{j}\boldsymbol{A}}\right) \quad (3\text{-}2\text{-}38)$$

例 3-17　考虑矩阵 $\boldsymbol{A} = \begin{bmatrix} -5 & 1 & 1 \\ 1 & -4 & 1 \\ -1 & -1 & -6 \end{bmatrix}$，由下面的语句可以直接求出 $\cos \boldsymbol{A}t$:

```
>> A=[-5,1,1; 1,-4,1; -1,-1,-6]; syms t; j=sqrt(-1);
   cA=(expm(j*A*t)+expm(-j*A*t))/2; simple(cA)
```

得出的结果为:

$$\cos \boldsymbol{A}t = \begin{bmatrix} \cos 5t & t\sin 5t & t\sin 5t \\ t\sin 5t & \cos 5t + t\sin 5t - t^2\cos 5t/2 & t\sin 5t - t^2\cos 5t/2 \\ -t\sin 5t & -t\sin 5t + t^2\cos 5t/2 & \cos 5t + t^2\cos 5t/2 - t\sin 5t \end{bmatrix}$$

除了对整个矩阵求取矩阵指数外,MATLAB 还允许对矩阵进行其他非线性变换,其中常用的函数有 logm()(矩阵求对数)、sqrtm()(矩阵求平方根)和 funm()(矩阵求任意函数)等。作者编写的任意矩阵函数求解重载函数 funm() 参见参考文献 [25]。

3.3　微积分问题的 MATLAB 求解

3.3.1　微积分问题的解析解运算

符号运算工具箱中提供了高等数学中的极限、微分、积分和 Taylor 级数展开等各种问题的直接求解方法。例如，极限可以由 limit() 函数求得，微分和不定积分可以由 diff() 和 int() 函数求出，而 Taylor 幂级数展开可以由 taylor() 函数求出，这些函数的调用都是十分简单、直观的。常用微积分问题的语句调用格式为：

$L = \mathtt{limit}(f, x, x_0)$　　　　　%极限问题求解

$d = \mathtt{diff}(f, x, n)$　　　　　%求解 $\mathrm{d}^n f/\mathrm{d}x^n$

$I = \mathtt{int}(f, x)$　　　　　%不定积分运算

$I = \mathtt{int}(f, x, a, b)$　　　　　%(a,b) 区间定积分运算，a、b 可以为 inf

$f_1 = \mathtt{taylor}(f, x, n)$　　　　　%给定函数 f 的前 n 项 Taylor 幂级数展开

$s = \mathtt{symsum}(f_n,\ n,\ a_1,\ a_\mathrm{f})$　　　　　%级数求和

这里将通过下面的例子来演示这些函数的应用。

例 3-18　试求出极限 $\displaystyle\lim_{x\to\infty}\left(\frac{3x^2-x+1}{2x^2+x+1}\right)^{x^3/(1-x)}$，通过如下的命令可以得出其极限为 0：

```
>> limit(((3*x^2-x+1)/(2*x^2+x+1))^(x^3/(1-x)),x,inf)
```

例 3-19　给定一个函数 $y(x) = \dfrac{\sin x}{x^2+4x+3}$，可以由下面的命令对它进行微分运算：

```
>> syms x; y=sin(x)/(x^2+4*x+3); y1=diff(y,x,2)
```

该函数的 2 阶导函数为：

$$2\frac{(2x+4)^2\sin x}{(x^2+4x+3)^3} - 2\frac{(2x+4)\cos x}{(x^2+4x+3)^2} - 2\frac{\sin x}{(x^2+4x+3)^2} - \frac{\sin x}{x^2+4x+3}$$

对得出的微分结果再进行两次积分运算，得出另一个表达式，经过化简处理，得出和原函数一致的结果。

```
>> y2=int(int(y1,x),x), y2=simple(y2)
```

下面的语句将给定函数 $y(x)$ 对 x 自变量进行 Taylor 级数展开的前 10 项。

```
>> y4=taylor(y,x,10)
```

得出的展开式为：

$$\frac{1}{3}x - \frac{4}{9}x^2 + \frac{23}{54}x^3 - \frac{34}{81}x^4 + \frac{4087}{9720}x^5 - \frac{3067}{7290}x^6 + \frac{515273}{1224720}x^7 - \frac{386459}{918540}x^8 + \frac{37100281}{88179840}x^9$$

例 3-20　考虑无穷级数 $I = 2\displaystyle\sum_{n=1}^{\infty}\left(\frac{1}{2^n} + \frac{1}{3^n}\right)$，可以由下面的 MATLAB 语句求出无穷级数的解为 3：

```
>> syms n; 2*symsum(1/2^n+1/3^n,n,1,inf)
```

再考虑一个更复杂的问题 $I = 2\sum_{n=0}^{\infty} \dfrac{1}{(2n+1)(2x+1)^{2n+1}}$，可以用下面的命令得出该无穷级数的和，所得结果化简后 $\ln[(x+1)/x]$。

```
>> syms n x; s1=2*symsum(1/((2*n+1)*(2*x+1)^(2*n+1)),n,0,inf), simple(s1)
```

例 3-21　试求出双重定积分 $J = \displaystyle\int_{-1}^{1} \int_{-\sqrt{1-y^2}}^{\sqrt{1-y^2}} \mathrm{e}^{-x^2/2} \sin(x^2+y)\mathrm{d}x\mathrm{d}y$，可以采用下面的 MATLAB 语句求解出所需的积分值：

```
>> syms x y; f1=exp(-x^2/2)*sin(x^2+y);    % 定义被积函数f1
   f2=int(f1,x,-sqrt(1-y^2),sqrt(1-y^2))    % 求内积分
   f3=int(f2,-1,1); vpa(f3)                 % 求定积分并用vpa函数取值
```

该语句得出"Warning: Explicit integral could not be found"提示，说明原问题的解析解不存在，采用 vpa() 语句可以得出原问题的高精度数值解为 .53686038269880787557759384929130。

3.3.2　数值差分与微分运算

3.3.2.1　数值差分运算

MATLAB 语言提供了计算给定向量差分的函数 diff()，其调用方法是很直观的，即 $\boldsymbol{y}_1 = \mathtt{diff}(\boldsymbol{y})$。假设向量 $\boldsymbol{y}$ 是由 $\{y_i\}, i=1,2,\cdots,n$ 构成的，则经 diff() 函数处理后将得出一个新的向量 $\{y_{i+1} - y_i\}, i=1,2,\cdots,n-1$，显然新得出的向量 $\boldsymbol{\Delta y}$ 的长度比原向量 $\boldsymbol{y}$ 的长度小 1。

3.3.2.2　数值微分算法

常用的数值微分算法包括前向差分算法、后向差分算法和中心差分算法。

● 前向差分算法的一阶微分表达式为：

$$y_i' = \frac{\Delta y_i}{\Delta t} = \frac{y_{i+1} - y_i}{\Delta t} \tag{3-3-1}$$

● 后向差分算法的一阶微分表达式为：

$$y_i' = \frac{\Delta y_i}{\Delta t} = \frac{y_i - y_{i-1}}{\Delta t} \tag{3-3-2}$$

这两种微分算法的精度都是 $o(\Delta t)$ 级的。经实践检验，利用基于前向和后向差分的数值微分算法求取高阶微分时的精度一般都是很低的，所以这里只给出一种精度为 $o(\Delta t^4)$ 的中心差分的算法。

$$
\begin{aligned}
y_i' &= \frac{-y_{i+2} + 8y_{i+1} - 8y_{i-1} + y_{i-2}}{12\Delta t} \\
y_i'' &= \frac{-y_{i+2} + 16y_{i+1} - 30y_i + 16y_{i-1} - y_{i-2}}{12\Delta t^2} \\
y_i''' &= \frac{-y_{i+3} + 8y_{i+2} - 13y_{i+1} + 13y_{i-1} - 8y_{i-2} + y_{i-3}}{8\Delta t^3} \\
y_i^{(4)} &= \frac{-y_{i+3} + 12y_{i+2} - 39y_{i+1} + 56y_i - 39y_{i-1} + 12y_{i-2} - y_{i-3}}{6\Delta t^4}
\end{aligned}
\tag{3-3-3}
$$

根据上述的算法,可以写出中心差分算法求取数值微分的函数diff_centre():

```
function [dy,dx]=diff_centre(y,h,n,key)
yx1=[y 0 0 0 0 0]; yx2=[0 y 0 0 0 0]; yx3=[0 0 y 0 0 0];
yx4=[0 0 0 y 0 0]; yx5=[0 0 0 0 y 0]; yx6=[0 0 0 0 0 y];
switch n
case 1
   dy=(-diff(yx1)+7*diff(yx2)+7*diff(yx3)-diff(yx4))/(12*h); L1=4;
case 2
   dy=(-diff(yx1)+15*diff(yx2)-15*diff(yx3)+diff(yx4))/(12*h^2); L1=4;
case 3
   dy=(-diff(yx1)+7*diff(yx2)-6*diff(yx3)-6*diff(yx4)+...
       7*diff(yx5)-diff(yx6))/(8*h^3); L1=6;
case 4
   dy=(-diff(yx1)+11*diff(yx2)-28*diff(yx3)+28*diff(yx4)-...
       11*diff(yx5)+diff(yx6))/(6*h^4); L1=6;
end
dy=dy(L1:end-L1-1); dx=([1:length(dy)]+L1-3-(n>2))*h;
```

该函数的调用格式为 $[d_y, d_x] = \texttt{diff\_centre}(y, h, n)$,其中,y 为给定的一组数值;h 为 y 数据的时间间隔;n 为想求出微分的阶次,该函数中实现了 1 到 4 阶的微分。有了这些参数,则所得出的 n 阶数值微分结果将由 d_y 和 d_x 返回。不等间距数据的数值微分可以由样条插值的方法得出[25]。

例 3-22 假设有原始函数 $f(x) = \dfrac{\sin x}{x + \cos 2x}$,取步长 $h = 0.05$,则可以得出各个采样点的值,依据该采样点的值,调用前面的数值微分函数,则可以得出原函数的 1 到 4 阶数值微分:

```
>> h=0.05; x0=0:h:pi; y=sin(x0)./(x0+cos(2*x0));
   [y1,x1]=diff_centre(y,h,1); [y2,x2]=diff_centre(y,h,2);
   [y3,x3]=diff_centre(y,h,3); [y4,x4]=diff_centre(y,h,4);
```

由下面的语句还可以求出已知函数的各阶微分的解析解:

```
>> syms x; f=sin(x)/(x+cos(2*x));
   ya=diff(f); y10=subs(ya,x,x0); ya=diff(f,x,2); y20=subs(ya,x,x0);
   ya=diff(f,x,3); y30=subs(ya,x,x0); ya=diff(f,x,4); y40=subs(ya,x,x0);
```

由下面的语句可以将各阶微分的结果和理论曲线都绘制出来,如图 3-1 所示:

```
>> subplot(221),plot(x0,y10,x1,y1,':')
   subplot(222),plot(x0,y20,x2,y2,':')
   subplot(223),plot(x0,y30,x3,y3,':')
   subplot(224),plot(x0,y40,x4,y4,':')
```

可见,这些数值微分的结果和理论值极其接近,在曲线上不能区分出来,故在实际应用中可以采用此函数。

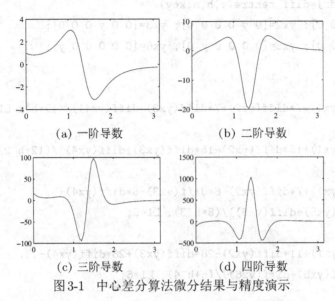

（a）一阶导数　　　　　　　（b）二阶导数

（c）三阶导数　　　　　　　（d）四阶导数

图 3-1　中心差分算法微分结果与精度演示

3.3.3　数值积分运算

考虑一维函数的定积分:

$$I = \int_a^b f(x)\mathrm{d}x \tag{3-3-4}$$

在被积函数 $f(x)$ 相当复杂时,即使有强大的计算机代数系统帮忙,也不一定能求出解析解,或解析解根本不存在,所以往往要采用数值方法来求解。求解定积分的数值方法是多种多样的,如梯形法、Simpson 法、Romberg 法等都是经常采用的方法,它们的基本思想都是将整个积分空间 $[a, b]$ 分割成若干个子空间 $[x_i, x_{i+1}], i = 1, 2, \cdots, N$,其中,$x_1 = a, x_{N+1} = b$。这样整个积分问题就分解为下面的求和形式:

$$\int_a^b f(x)\mathrm{d}x \approx \sum_{i=1}^N \int_{x_i}^{x_{i+1}} f(x)\mathrm{d}x \tag{3-3-5}$$

而在每一个小的子空间上都可以近似地求解出来。

MATLAB 提供了多种数值积分算法的实现函数,如 quad()、quadl()、quadgk() 等,这些函数的调用格式是一致的,即 $[y, n] = \mathrm{quad}(\mathrm{Fun}, a, b, \epsilon)$,其中,Fun 为描述被积函数的 MATLAB 表示,可以由 3 种方式表示,即匿名函数、inline 函数或 M-函数文件,a、b 分别为定积分的上限和下限;ϵ 为变步长积分用的误差限,如果用户不给出误差限,则将自动地假定为默认值 $\epsilon = 10^{-3}$。返回的 n 为被积行数的调用次数,在实际应用中,若不关心被积函数的调用次数,则可以略去该变量。

例 3-23 试求出无穷定积分 $\dfrac{1}{\sqrt{2\pi}}\displaystyle\int_{-\infty}^{\infty}\mathrm{e}^{-x^2/2}\mathrm{d}x$。

从高等数学中可知,该不定积分是没有解析解的,而无穷定积分的理论值为 1。这一无穷定积分可以由有穷的积分来近似,一般情况下,选择积分的上下限为 ±15 就能保证相当的精度。通过下面 3 种方法均可以描述被积函数:

(1) **匿名函数**。$f=@(\text{x})1/\text{sqrt}(2*\text{pi})*\exp(-\text{x.^2/2})$,其中,括号内的是自变量列表,后面的表达式求出的是被积函数值,赋给变量 f。这种方法的速度明显高于其他两种方法。

(2) **M-函数**。其具体格式如下:

```
function y=myerrf(x), y=1/sqrt(2*pi)*exp(-x.^2/2);
```

该函数的优点在于可以返回多个变量,而另外两种方法则不能。但该方式需要建立一个文件。

(3) **inline 函数**。$f=\text{inline}('1/\text{sqrt}(2*\text{pi})*\exp(-\text{x.^2/2})','\text{x}')$,其中,函数首先给出了求值表达式,然后列出自变量。该方法的速度是 3 种方法中最慢的,尽量不要使用。

这时可以通过下面的 MATLAB 语句求出所需函数的定积分为 1.000000072473564,被积函数调用了 97 次。

```
>> format long; f=@(x)1/sqrt(2*pi)*exp(-x.^2/2); [y,n]=quad(f,-15,15)
```

Lobatto 算法和 Gauss-Kronrod 算法都是数值积分算法,MATLAB 提供的 quadl() 函数和 quadgk() 函数实现了这两种算法,建议调用它们求解数值积分问题,这两个函数的调用格式与 quad() 完全一致。一般情况下,它们的精度和速度明显高于 quad(),quadgk() 函数更适合求解无穷积分。

例 3-24 对于例 3-23 的积分,使用 quadl() 和 quadgk() 可以使用更大的积分上下限来逼近给出的 $(-\infty,\infty)$ 空间,所以,选择积分限为 $[-15,15]$,则可以通过下面的命令来求解积分问题,得出更精确的积分结果为 1.000000000003378,函数调用次数为 288,quadgk() 能得出更精确的结果。

```
>> [y1,k1]=quadl(f,-15,15), y2=quadgk(f,-inf,inf)
```

3.3.4 多重定积分的数值求解

考虑下面的双重定积分问题:

$$I=\int_{y_{\mathrm{m}}}^{y_{\mathrm{M}}}\int_{x_{\mathrm{m}}}^{x_{\mathrm{M}}}f(x,y)\mathrm{d}x\mathrm{d}y \qquad (3\text{-}3\text{-}6)$$

使用 MATLAB 提供的 dblquad() 函数就可以直接求出上面的双重定积分的数值解。该函数的调用格式为 $I=\text{dblquad}(\text{Fun},x_{\mathrm{m}},x_{\mathrm{M}},y_{\mathrm{m}},y_{\mathrm{M}},\epsilon)$。注意,本函数不允许返回被积函数调用次数,故用户可以自己在被积函数中设置一个计数器,从而测出调用次数。

例 3-25 试求出双重定积分 $J=\displaystyle\int_{-1}^{1}\int_{-2}^{2}\mathrm{e}^{-x^2/2}\sin(x^2+y)\mathrm{d}x\mathrm{d}y$。

可以简单地用匿名函数来描述被积函数,这样,通过下面的 MATLAB 语句可以求出被积函数的双重定积分为 1.574493189744944:

```
>> f=@(x,y)exp(-x.^2/2).*sin(x.^2+y); I=dblquad(f,-2,2,-1,1)
```

遗憾的是，在 MATLAB 中并没有提供求解更一般的双重积分问题的函数：

$$I = \int_{y_m}^{y_M} \int_{x_m(y)}^{x_M(y)} f(x,y)\mathrm{d}x\mathrm{d}y \tag{3-3-7}$$

好在美国学者 Howard Wilson 与 Bryce Gardner 开发了数值积分工具箱（Numerical Integration Toolbox，NIT 工具箱），该工具箱可以在 MathWorks 公司的网站上免费下载，其中的函数 gquad2dggen() 可以直接求解式(3-3-7)的双重积分问题，该函数的调用格式为 $I = \mathrm{quad2dggen}(\mathrm{Fun}, \mathrm{Fun}_m, \mathrm{Fun}_M, y_m, \ y_M, \epsilon)$，该函数还涉及 3 个 MATLAB 函数，即被积函数和上下限函数。该函数并不能返回被积函数调用次数。下面将通过一个具体例子来演示双重积分的运算。

例 3-26 考虑例 3-21 中给出的双重非矩形区域的定积分问题，可以由下面的语句分别描述被积函数、内积分限的上下界函数，并求出双重定积分为 0.5369：

```
>> Fun=@(x,y)exp(-x.^2/2).*sin(x.^2+y); fm=@(y)-sqrt(1-y.^2);
   fM=@(y)sqrt(1-y.^2); y=quad2dggen(Fun,fm,fM,-1,1)
```

NIT 工具箱还可以解决多重超维长方体边界的定积分问题，如使用 quadndg() 函数，另外，其单重积分函数 quadg() 的调用格式和 quadl() 一致，其效率也高于 quadl()，所以在进行数值求积分时建议使用此工具箱。

3.4 常微分方程的数值解法

微分方程初值问题的数值解法实际上是动态系统数字仿真的基础。假设一阶常微分方程组由下式给出：

$$\dot{x}_i = f_i(t, \boldsymbol{x}), i = 1, 2, \cdots, n \tag{3-4-1}$$

其中，$\boldsymbol{x}$ 为状态变量 x_i 构成的向量，即 $\boldsymbol{x} = [x_1, x_2, \cdots, x_n]^{\mathrm{T}}$，称为系统的状态向量，$n$ 称为系统的阶次，而 $f_i(\cdot)$ 为任意非线性函数，t 为时间变量，这样就可以采用数值方法在初值 $\boldsymbol{x}(0)$ 下求解常微分方程组。

求解常微分方程组的数值方法是多种多样的，如常用的 Euler 法、Runge-Kutta 方法、Adams 线性多步法和 Gear 法等。为解决刚性（stiff）问题又有若干专用的刚性问题求解算法。另外，如需要求解隐式常微分方程组和含有代数约束的微分代数方程组时，则需要对方程进行相应的变换，才能进行求解。本节将给出这些特殊问题的求解方法。

3.4.1 常微分方程的数值解法

本节以最简单的 Euler 算法为例演示常微分方程数值解问题。为简单起见，可以将常微分方程组用向量形式表示为：

$$\dot{\boldsymbol{x}} = \boldsymbol{f}(t, \boldsymbol{x}) \tag{3-4-2}$$

式中，$\boldsymbol{f}(\cdot) = [f_1(\cdot), f_2(\cdot), \cdots, f_n(\cdot)]^{\mathrm{T}}$。可以假设，在 t_0 时刻系统状态向量的值为 $\boldsymbol{x}_0$，若选择计算步长 h，则可以写出在 $t_0 + h$ 时刻系统状态向量的值为：

$$\boldsymbol{x}(t_0 + h) = \hat{\boldsymbol{x}}(t_0 + h) + \boldsymbol{R}_0 = \boldsymbol{x}_0 + h\boldsymbol{f}(t, \boldsymbol{x}_0) + \boldsymbol{R}_0 \qquad (3\text{-}4\text{-}3)$$

简记为 $\boldsymbol{x}_1 = \boldsymbol{x}(t_0 + h)$，则 $\hat{\boldsymbol{x}}_1 = \hat{\boldsymbol{x}}(t_0 + h)$ 为系统状态向量在 $t_0 + h$ 时刻的近似值，亦即数值解。可见，$\boldsymbol{R}_0$ 为数值解的舍入误差。在实际解法中为简单起见，经常可以舍弃 ^ 记号，而将数值解直接记为 $\boldsymbol{x}_1$。

假设已知在 t_k 时刻系统的状态向量为 $\boldsymbol{x}_k$，则在 $t_k + h$ 时刻的数值解可以写为：

$$\boldsymbol{x}_{k+1} = \boldsymbol{x}_k + h\boldsymbol{f}(t_k, \boldsymbol{x}_k) \qquad (3\text{-}4\text{-}4)$$

这样，用迭代的方法可以由给定的初值问题逐步求出在所选择的时间段 $t \in [0, T]$ 内各个时刻 $t_0 + h, t_0 + 2h, \cdots$ 处的原问题数值解。

提高数值解精度的一种显然的方法是减小步长 h 的值，然而，并不能无限制地减小 h 的值，这主要有以下两条原因：

- **减慢计算速度**。因为对选定的求解时间而言，减小步长就意味着增加在这个时间段内的计算点数目，所以计算速度减慢。

- **增加累积误差**。因为无论选择多小的步长，所得出的数值解都将有一个舍入误差，减小计算步长则将增加计算的次数，从而使整个计算过程的舍入误差的叠加和传递次数增多，产生较大的累积误差。

所以在对动态系统进行仿真分析时，应采取下列措施：

- **选择适当的步长**。采用像 Euler 法这样简单的算法时，应适当地选择步长，既不能太大，又不能太小。

- **改进近似算法精度**。由于 Euler 算法只是将原积分问题进行梯形的近似，其近似精度很低，所以不能很有效地逼近原始问题。可以用各种更精确的插值方法来取代 Euler 算法，从而改进运算精度，比较成功的是 Runge-Kutta 法、Adams 法等。

- **采用变步长方法**。前面提及"适当"地选择步长，这本身就是个模糊的概念，如何适当地选择步长取决于经验。事实上，很多种方法都允许变步长的求解，如果误差较小时，可自动地增大步长，而误差较大时再自动减小步长，从而精确、有效地求解给出的常微分方程初值问题。

3.4.2 MATLAB 下的常微分方程求解函数

MATLAB 提供了一系列常微分方程求解函数，如 ode23()、ode45()、ode15s() 和 ode113()，这些函数分别采用了二阶三级的 Runge-Kutta-Felhberg（RKF）方法、四阶五级的 RKF 方法、刚性方程求解算法和 Adams-Bashforth-Moulton 算法，并采用自适应变步长的求解方法，即当解的变化较慢时，采用较大的计算步长，从而使计算速度加快；当方程的

解变化得较快时,积分步长会自动地变小,从而使计算的精度很高。这些函数的调用格式是一致的:

$$[t, x] = \text{ode23}(\text{Fun}, \text{tspan}, x_0, \text{options}, \text{ 附加参数})$$
$$[t, x] = \text{ode45}(\text{Fun}, \text{tspan}, x_0, \text{options}, \text{ 附加参数})$$
$$[t, x] = \text{ode15s}(\text{Fun}, \text{tspan}, x_0, \text{options}, \text{ 附加参数})$$
$$[t, x] = \text{ode113}(\text{Fun}, \text{tspan}, x_0, \text{options}, \text{ 附加参数})$$

其中,options 可以通过 odeget() 和 odeset() 函数来设置,其中一些常用选项在表3-2中给出。用户可以由 `odeset` 命令将全部选项显示出来。

表3-2　常用微分方程求解控制参数表

参数名	参数说明
RelTol	为相对误差容许上限,默认值为0.001(即0.1%的相对误差),在一些特殊的微分方程求解中,为了保证较高的精度,还应该再适当减小该值
AbsTol	为一个向量,其分量表示每个状态变量允许的绝对误差,默认值为10^{-6}。当然可以自由设置其值,以改变求解精度
MaxStep	为求解方程最大允许的步长
Mass	微分代数方程中的质量函数
Jacobian	为描述 Jacobi 矩阵函数 $\partial f / \partial x$ 的函数名,如果已知该 Jacobi 矩阵,则能加速仿真过程

在一般应用中没有必要修改其默认属性,可以直接采用默认值。这里所用到Fun可以为描述系统状态方程的M-函数名,该函数名应该用引号括起来或由 @ 号引导,表示函数句柄。另外,由匿名函数和 inline 函数也可以描述需要求解的微分方程。

变量 tspan 一般为仿真范围,如取 tspan=$[t_0, t_f]$,其中,t_0 和 t_f 分别为用户指定的起始和终止计算时间,值得指出的是,MATLAB 允许 t_0 的值小于 t_f,对应于终值问题的求解。另外,tspan 还可以取作不等间距的时间向量。变量 x_0 为系统的初始状态变量的值,注意,应该使该向量的元素个数等于系统状态变量的个数,否则将给出错误信息。如果想采用默认的零初始状态,则可以在该处给一个空矩阵。

有了这些参数,即可调用这几个函数对系统直接进行求解。此函数将返回两个变量 t 和 x,其中,t 为求解的时间变量,因为采用了变步长的求解算法,所以得出的 t 向量并不一定是等间隔的;另一个变量 x 的第 i 列返回状态变量 $x_i(t)$ 在各个时刻的响应数据。有了 t 和 x 这样的变量,在求解过程结束后即可用 plot(t, x) 来绘制出解的结果曲线,而由 plot($x(:, i), x(:, j)$) 则可以绘制出状态变量 x_i 与 x_j 之间的相平面曲线。

这里要用到的方程函数名的编写格式是固定的,如果其格式没有按照要求去编写,则将得出错误的求解结果。方程函数的引导语句为 `function $x_1$=Fun($t, x$,附加参数)`,其中,t 为时间变量,x 为方程的状态变量,而 x_1 为状态变量的导数。注意,即使微分方程是非时变的,也应该在函数输入变量列表中写上 t 占位。可见,如果想编写这样的函数,首先必须已知原系统的状态方程模型。

　　如果有附加参数需要传递,则可以将其在原函数中给出,若有多个附加参数,则它们之间应该用逗号分隔,且应确保它们与主调函数完全对应。如果采用M-函数的形式来描述微分方程,则在附加变量前还应该用一个变量flag来占位。

　　下面将通过几个例子来演示MATLAB中常微分方程求解的方法,并指出求解过程中可能遇到的问题和这些问题的解决方案。

例 3-27 假设著名的Lorenz模型的状态方程表示为:

$$\begin{cases} \dot{x}_1(t) = -8x_1(t)/3 + x_2(t)x_3(t) \\ \dot{x}_2(t) = -10x_2(t) + 10x_3(t) \\ \dot{x}_3(t) = -x_1(t)x_2(t) + 28x_2(t) - x_3(t) \end{cases}$$

　　若令其初值为$x_1(0) = x_2(0) = 0$, $x_3(0) = \epsilon$, 而ϵ为机器上可以识别的小常数,如取$\epsilon = 10^{-10}$, 则可以按下面的格式编写出匿名函数来描述原微分方程。这时,可以调用微分方程数值解ode45() 函数对f函数描述的系统进行数值求解,并将结果进行图形显示:

```
>> f=@(t,x)[-8/3*x(1)+x(2)*x(3); -10*x(2)+10*x(3);
            -x(1)*x(2)+28*x(2)-x(3)];
   t_final=100; x0=[0;0;1e-10]; [t,x]=ode45(f,[0,t_final],x0); plot(t,x)
   figure; plot3(x(:,1),x(:,2),x(:,3)); axis([10 40 -20 20 -20 20]);
```

其中,t_final为设定的仿真终止时间,x_0为初始状态。第一个绘图命令绘制出系统的各个状态和时间关系的二维曲线图,如图3-2(a)所示。第二个绘图命令可以绘制出3个状态的相空间曲线,如图3-2(b)所示。可以看出,看似很复杂的三元一阶常微分方程组的数值解问题由几条简单直观的MATLAB语句就可以求解出来。此外,用MATLAB语言还可以轻易、直观地将结果直接显示出来,这就是我们将MATLAB语言作为本书主要语言的原因。

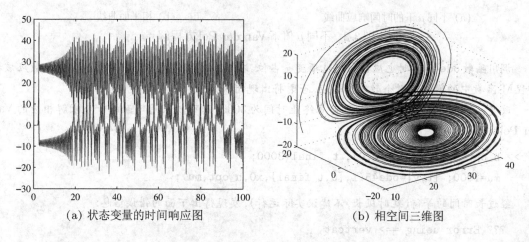

(a) 状态变量的时间响应图　　　　　　(b) 相空间三维图

图3-2　Lorenz方程的仿真结果图示

例 3-28 考虑著名的Van der Pol方程$\ddot{y} + \mu(y^2 - 1)\dot{y} + y = 0$,选择状态变量$x_1 = y, x_2 = \dot{y}$,则原方程可以变换成:

$$\begin{bmatrix} \dot{x}_1 \\ \dot{x}_2 \end{bmatrix} = \begin{bmatrix} x_2 \\ -\mu(x_1^2-1)x_2-x_1 \end{bmatrix}$$

这里的 μ 是一个可变参数, 如果对每一个要研究的 μ 值都编写一个函数则显得不方便, 所以应该采用附加参数的概念将 μ 的值传给该函数, 这样可以写出如下匿名函数。可见, 在函数定义时多了一个 mu 项, 该项应该在 ode45() 函数调用时传给 f 函数。可以在 MATLAB 工作空间中给 mu 赋值, 再进行方程求解。假定初值为 $x_0 = [-0.2; -0.7]$, 则最终的求解函数格式为:

```
>> f=@(t,x,mu)[x(2); -mu*(x(1)^2-1)*x(2)-x(1)];
   h_opt=odeset; x0=[-0.2; -0.7]; t_final=20;
   mu=1; [t1,y1]=ode45(f,[0,t_final],x0,h_opt,mu);
   mu=2; [t2,y2]=ode45(f,[0,t_final],x0,h_opt,mu);
   plot(t1,y1,t2,y2,'--'), figure; plot(y1(:,1),y1(:,2),y2(:,1),y2(:,2),'--')
```

这样在 $\mu = 1, 2$ 时的时间响应曲线和相平面曲线如图 3-3 所示。

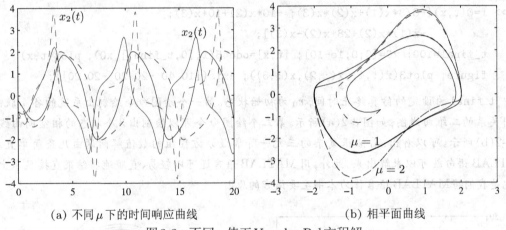

(a) 不同 μ 下的时间响应曲线　　　　　　　(b) 相平面曲线

图 3-3　不同 μ 值下 Van der Pol 方程解

调用函数 ode45() 时也应该给出选项变量占位。在 ode45() 调用命令中的附加变量个数应该和方程 M-函数中的附加参数个数完全对应, 否则将出现错误结果。

改变 μ 的值, 令 $\mu = 1000$, 并设仿真终止时间为 3000, 则可以采用下面的命令求解相应的 Van der Pol 方程:

```
>> h_opt=odeset; x0=[2;0]; t_final=3000;
   mu=1000; [t,y]=ode45(f,[0,t_final],x0,h_opt,mu);
```

经过长时间的等待(耗时极长, 不建议实际运行), 发现得出下面的错误信息:

```
??? Error using ==> vertcat
Out of memory. Type HELP MEMORY for your options.
Error in ==> c:\Program Files\MATLAB\R2010b\toolbox\matlab\funfun\ode45.m
On line 445  ==>            yout = [yout; zeros(neq,chunk,dataType)];
```

事实上由于变步长所采用的步长过小, 而要求的仿真终止时间比较大, 导致输出的 y 矩阵过大,超出了计算机存储空间的容限。所以,这个问题不适合采用ode45()来求解,后面将采用刚性方程求解的算法来解决这个问题。

例 3-29 假设给定隐式微分方程

$$
\begin{cases}
\sin x_1 \dot{x}_1 + \cos x_2 \dot{x}_2 + x_1 = 1 \\
- \cos x_2 \dot{x}_1 + \sin x_1 \dot{x}_2 + x_2 = 0
\end{cases}
$$

令 $\boldsymbol{x} = [x_1, x_2]^{\mathrm{T}}$,则可以将原方程改写成矩阵形式 $\boldsymbol{A}(\boldsymbol{x})\dot{\boldsymbol{x}} = \boldsymbol{B}(\boldsymbol{x})$,其中

$$
\boldsymbol{A}(\boldsymbol{x}) = \begin{bmatrix} \sin x_1 & \cos x_2 \\ -\cos x_2 & \sin x_1 \end{bmatrix}, \boldsymbol{B}(\boldsymbol{x}) = \begin{bmatrix} 1 - x_1 \\ -x_2 \end{bmatrix}
$$

如果能证明 $\boldsymbol{A}(\boldsymbol{x})$ 为非奇异的矩阵,则直接就能将该方程变换成标准的一阶微分方程组的形式,即 $\dot{\boldsymbol{x}} = \boldsymbol{A}^{-1}(\boldsymbol{x})\boldsymbol{B}(\boldsymbol{x})$,套用各种MATLAB 函数求解对应的方程。事实上,由于MATLAB 能较好地处理奇异问题,所以可以依赖MATLAB 来求解矩阵的逆,看是否有奇异的错误信息提示,如果没有相应的错误信息,则应该相信得出的解。这样可以由下面的函数描述该方程,并得出方程的解。绘制出状态变量的时间曲线,如图3-4所示。在求解的过程中也没有得出有关矩阵奇异的错误信息,故得出的结果是可信的。

```
>> f=@(t,x)inv([sin(x(1)) cos(x(2)); -cos(x(2)) sin(x(1))])*[1-x(1); -x(2)];
   [t,x]=ode45(f,[0,10],[0; 0]); plot(t,x)
```

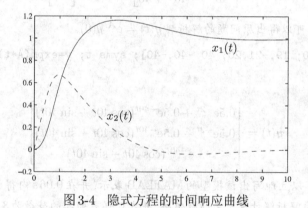

图3-4 隐式方程的时间响应曲线

在许多领域中,经常遇到一类特殊的常微分方程,其中一些解变化缓慢,另一些变化快,且相差较悬殊,这类方程常常称为刚性方程,又称为Stiff 方程。刚性问题一般不适合由ode45()这类函数求解,而应该采用MATLAB 求解函数ode15s()、ode113(),这些函数的调用格式和ode45()等完全一致。

例 3-30 首先重新研究前面 $\mu = 1000$ 时的 Van der Pol 方程求解问题,仿照例3-28可以给出如下的MATLAB命令,用2s的时间就能得出方程的数值解。

```
>> h_opt=odeset; x0=[2;0]; f=@(t,x,mu)[x(2); -mu*(x(1)^2-1)*x(2)-x(1)];
   t_final=3000; tic, mu=1000; [t,y]=ode15s(f,[0,t_final],x0,h_opt,mu); toc
   plot(t,y(:,1)); figure; plot(t,y(:,2))
```

可见,用刚性方程求解函数可以快速求出该方程的数值解,并将两个状态变量的时间曲线分别绘制出来,如图 3-5 所示。从得出的图形可以看出,$x_1(t)$ 曲线变化较平滑,而 $x_2(t)$ 变化在某些点上较快,所以当 $\mu = 1000$ 时,Van der Pol 方程为典型刚性方程,应该采用刚性方程的函数求解。

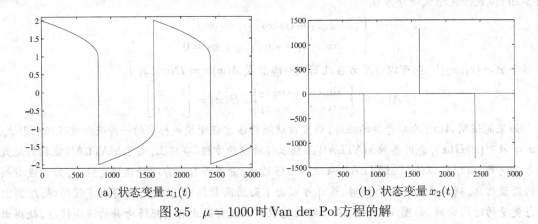

(a) 状态变量 $x_1(t)$ 　　　　　　　　　　　(b) 状态变量 $x_2(t)$

图 3-5　$\mu = 1000$ 时 Van der Pol 方程的解

例 3-31　在传统的有关常微分方程数值解的教科书[27]中,都认为下面的微分方程是刚性的:

$$\dot{y} = \begin{bmatrix} -21 & 19 & -20 \\ 19 & -21 & 20 \\ 40 & -40 & -40 \end{bmatrix} y, \quad y_0 = \begin{bmatrix} 1 \\ 0 \\ -1 \end{bmatrix}$$

经过简单的推导,可以得出原问题的解析解 $y(t) = \mathrm{e}^{At} y(0)$。

```
>> A=[-21,19,-20; 19,-21,20; 40,-40,-40]; syms t; y=expm(A*t)*[1;0;-1]
```

求出其数学表示为:

$$y(t) = \begin{bmatrix} 0.5\mathrm{e}^{-2t} + 0.5\mathrm{e}^{-40t}(\cos 40t + \sin 40t) \\ 0.5\mathrm{e}^{-2t} - 0.5\mathrm{e}^{-40t}(\cos 40t + \sin 40t) \\ -\mathrm{e}^{-40t}(\cos 40t - \sin 40t) \end{bmatrix}$$

根据原始问题,可以立即写出该模型的 MATLAB 表示,并在 0.06 s 内得出该方程的数值解。下面的语句还可以求出由解析解计算出来的数值解,并发现误差矩阵的范数为 3.73×10^{-4}。

```
>> f=@(t,x)[-21,19,-20; 19,-21,20; 40,-40,-40]*x;
   tic,[t0,y1]=ode45(f,[0,1],[1;0;-1]); toc, y2=subs(y',t,t0);
   plot(t0,y2,t0,y1,'--'), norm(y2-y1)
```

原方程的解析解和数值解如图 3-6 所示。可以看出,问题的数值解的精度还是比较高的,计算速度相对也较快,从这里似乎看不出原问题的刚性所在。究其原因,因为在 MATLAB 下采用了变步长的算法,它可以依照要求的精度自动地修正步长,所以感受不到它是个刚性问题。

由上面的例子可以得出结论,许多传统的刚性问题采用 MATLAB 的普通求解函数就可以直接解出,而不必刻意地去选择刚性问题的解法。当然在有些问题的求解中确实需要采用刚性问题的解法,这将在下个例子中加以说明。

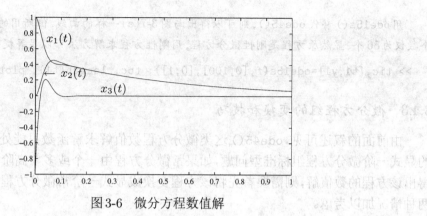

图 3-6 微分方程数值解

例 3-32 考虑下面的常微分方程:

$$\begin{cases} \dot{y}_1 = 0.04(1-y_1) - (1-y_2)y_1 + 0.0001(1-y_2)^2 \\ \dot{y}_2 = -10^4 y_1 + 3000(1-y_2)^2 \end{cases}$$

其中,该方程的初值为 $y_1(0) = 0, y_2(0) = 1$。取计算区间为 $t \in (0,100)$,则根据给出的微分方程,可以写出下面的 MATLAB 匿名函数,这样,由下面语句需要 47.7s 才能求出方程的数值解,如图 3-7(a) 所示,计算的点数为 356941。

```
>> f=@(t,y)[0.04*(1-y(1))-(1-y(2))*y(1)+0.0001*(1-y(2))^2;
   -10^4*y(1)+3000*(1-y(2))^2];
   tic,[t2,y2]=ode45(f,[0,100],[0;1]); toc, length(t2), plot(t2,y2)
```

可以看出,调用普通的解法函数 ode45(),计算所需的时间过长,计算的点也过多,再分析变步长解法所使用的步长:

```
>> [min(diff(t2)), max(diff(t2))], plot(t2(1:end-1),diff(t2))
```

则可以看出,由于设定的精度要求较高,不得不采用小步长来解决问题,实际的步长如图 3-7(b) 所示,可见在大部分时间内,所采用的步长小于 0.0004,这使得解题时间大大增加。

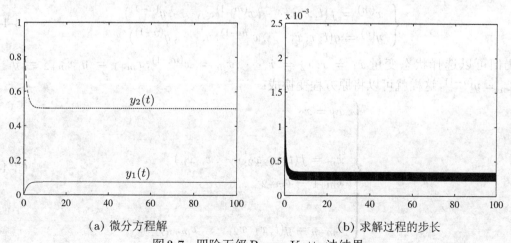

(a) 微分方程解　　　　　　　　(b) 求解过程的步长

图 3-7 四阶五级 Runge-Kutta 法结果

用 ode15s() 替代 ode45()，则可以得出与图 3-7(a) 一样的曲线，但所用的时间为 0.24 s，计算点个数仅为 56 个，显然原方程是刚性微分方程，用刚性方程求解方法可以显著提高求解效率。

```
>> tic,[t1,y1]=ode15s(f,[0,100],[0;1]); toc, length(t1), plot(t1,y1)
```

3.4.3　微分方程组的变换和技巧

由前面的叙述可见，ode45() 这类微分方程数值解求解函数只能处理式(3-4-1)中给出的显式一阶微分方程组标准型问题，如果常微分方程由一个或多个高阶常微分方程给出，要得出该方程的数值解，则需要首先将该方程变换成显式一阶常微分方程组标准型。这里将分两种情况加以考虑。

（1）单个高阶常微分方程处理方法

假设一个高阶常微分方程的一般形式如下：

$$y^{(n)} = f(t, y, \dot{y}, \cdots, y^{(n-1)}) \tag{3-4-5}$$

且已知输出变量 $y(t)$ 的各阶导数初始值为 $y(0), \dot{y}(0), \cdots, y^{(n-1)}(0)$，则可以选择一组状态变量 $x_1 = y, x_2 = \dot{y}, \cdots, x_n = y^{(n-1)}$，这样，就可以将原高阶常微分方程模型变换成下面的一阶显式微分方程组形式：

$$\begin{cases} \dot{x}_1 = x_2 \\ \dot{x}_2 = x_3 \\ \quad \vdots \\ \dot{x}_n = f(t, x_1, x_2, \cdots, x_n) \end{cases} \tag{3-4-6}$$

且初值 $x_1(0) = y(0), x_2(0) = \dot{y}(0), \cdots, x_n(0) = y^{(n-1)}(0)$。这样变换以后即可直接求取原方程的数值解。

（2）高阶常微分方程组的变换方法

这里以两个高阶微分方程构成的微分方程组为例介绍如何将其变换成一个一阶常微分方程组。如果可以显式地将两个方程写成：

$$\begin{cases} x^{(m)} = f(t, x, \dot{x}, \cdots, x^{(m-1)}, y, \cdots, y^{(n-1)}) \\ y^{(n)} = g(t, x, \dot{x}, \cdots, x^{(m-1)}, y, \cdots, y^{(n-1)}) \end{cases} \tag{3-4-7}$$

则仍旧可以选择状态变量 $x_1 = x, x_2 = \dot{x}, \cdots, x_m = x^{(m-1)}, x_{m+1} = y, x_{m+2} = \dot{y}, \cdots, x_{m+n} = y^{(n-1)}$，这样就可以将原方程变换成：

$$\begin{cases} \dot{x}_1 = x_2 \\ \quad \vdots \\ \dot{x}_m = f(t, x_1, x_2, \cdots, x_{m+n}) \\ \dot{x}_{m+1} = x_{m+2} \\ \quad \vdots \\ \dot{x}_{m+n} = g(t, x_1, x_2, \cdots, x_{m+n}) \end{cases} \tag{3-4-8}$$

再对初值进行相应的变换,就可以得出所期望的一阶微分方程组。

例 3-33 已知 Apollo 卫星的运动轨迹 (x, y) 满足下面的方程:

$$\ddot{x} = 2\dot{y} + x - \frac{\mu^*(x+\mu)}{r_1^3} - \frac{\mu(x-\mu^*)}{r_2^3}, \quad \ddot{y} = -2\dot{x} + y - \frac{\mu^* y}{r_1^3} - \frac{\mu y}{r_2^3}$$

其中,$\mu = 1/82.45$, $\mu^* = 1 - \mu$, $r_1 = \sqrt{(x+\mu)^2 + y^2}$, $r_2 = \sqrt{(x-\mu^*)^2 + y^2}$, 试在初值 $x(0) = 1.2$, $\dot{x}(0) = 0$, $y(0) = 0$, $\dot{y}(0) = -1.04935751$ 时进行求解,并绘制出 Apollo 位置的 (x, y) 轨迹。

可以选择一组状态变量 $x_1 = x$, $x_2 = \dot{x}$, $x_3 = y$, $x_4 = \dot{y}$, 这样就可以得出一阶常微分方程组:

$$\begin{cases} \dot{x}_1 = x_2 \\ \dot{x}_2 = 2x_4 + x_1 - \mu^*(x_1+\mu)/r_1^3 - \mu(x_1-\mu^*)/r_2^3 \\ \dot{x}_3 = x_4 \\ \dot{x}_4 = -2x_2 + x_3 - \mu^* x_3/r_1^3 - \mu x_3/r_2^3 \end{cases}$$

式中,$r_1 = \sqrt{(x_1+\mu)^2 + x_3^2}$, $r_2 = \sqrt{(x_1-\mu^*)^2 + x_3^2}$, 且 $\mu = 1/82.45$, $\mu^* = 1 - \mu$。

有了数学模型描述,则可以立即写出其相应的 MATLAB 函数:

```
function dx=apolloeq(t,x)
mu=1/82.45; mu1=1-mu;
r1=sqrt((x(1)+mu)^2+x(3)^2); r2=sqrt((x(1)-mu1)^2+x(3)^2);
dx=[x(2);
    2*x(4)+x(1)-mu1*(x(1)+mu)/r1^3-mu*(x(1)-mu1)/r2^3;
    x(4);
    -2*x(2)+x(3)-mu1*x(3)/r1^3-mu*x(3)/r2^3];
```

调用 ode45() 函数则可以求出该方程的数值解:

```
>> x0=[1.2; 0; 0; -1.04935751];
   tic, [t,y]=ode45(@apolloeq,[0,20],x0); toc, length(t), plot(y(:,1),y(:,3))
```

得出的轨迹如图 3-8(a)所示。计算的点数为 689,所需的时间为 0.16 s。

其实,这样直接得出的 Apollo 轨道是不正确的,因为这时 ode45() 函数选择的默认精度控制 RelTol 设置不恰当,可以减小该值,直至减小到 10^{-6},然后使用下面的语句进行仿真研究:

```
>> options=odeset; options.RelTol=1e-6;
   tic, [t1,y1]=ode45(@apolloeq,[0,20],x0,options); toc
   length(t1), plot(y1(:,1),y1(:,3)),
```

得出的轨迹如图 3-8(b)所示。这时用的时间为 0.36 s,计算点数为 1873 个。可见,在新的默认精度下结果是完全不同的。这时,再进一步减小精度控制误差限也不会有太大的改进。所以,在仿真结束后,有时有必要减小精度误差限 RelTol,看看得出的结果是否还相同,依此判定这样选择的精度要求是否合适,否则对求解结果是否正确没有把握。

由 plot(t1(1:end-1),diff(t1)) 命令则可以绘制出计算步长的曲线,如图 3-9 所示。从得出的图形可以看出变步长算法的意义,即在需要小步长时取小步长,而变换缓慢时取大步长计算,这样就可以保证以高效率求解方程。

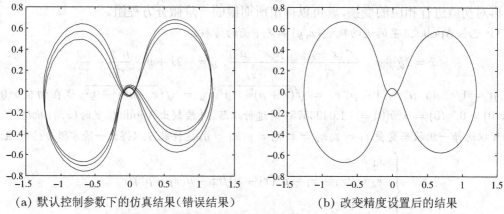

　　（a）默认控制参数下的仿真结果（错误结果）　　　　（b）改变精度设置后的结果

图3-8　不同精度要求下绘制的Apollo轨迹图

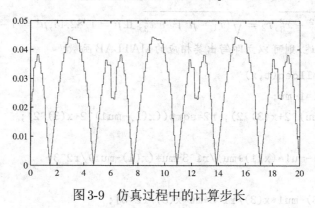

图3-9　仿真过程中的计算步长

3.4.4　微分方程数值解正确性的验证

　　前面通过例子曾演示过,若仿真控制参数选择不当,如相对误差限,则可能得出不可信甚至是错误的结果,所以,在方程求解结束之后,应该对仿真结果进行检验。然而所需求解的问题又不存在解析解,那怎么检验所得结果的正确性呢?一种可行的方法是修改仿真控制参数,如可以接受的误差限,例如,将RelTol选项设置成一个更小的值,或选择一个不同的求解算法,观察所得的结果,看看是不是和上次得出的结果完全一致,如果存在不能接受的差异,则应该考虑再进一步减小误差限。另外,同样的问题选择不同的微分方程求解算法也可以检验所得结果的正确性。

3.4.5　微分代数方程的数值解法

　　在前面的介绍中,所介绍的常微分方程数值解法主要是针对能够转换成一阶常微分方程组的类型,假设其中的一些微分方程退化为代数方程,则用前面介绍的算法无法求解,必须借助微分代数方程的特殊解法。

　　所谓微分代数方程（Differential Algebraic Equation,DAE）,是指在微分方程中,某些变量间满足某些代数方程的约束,所以这样的方程不能用前面介绍的常微分方程解法直接进行求解。假设微分方程的更一般形式可以写成：

$$M(t, \boldsymbol{x})\dot{\boldsymbol{x}} = \boldsymbol{f}(t, \boldsymbol{x}) \tag{3-4-9}$$

描述 $\boldsymbol{f}(t, \boldsymbol{x})$ 的方法和普通常微分方程完全一致，而对真正的微分代数方程来说，$M(t, \boldsymbol{x})$ 矩阵为奇异矩阵，在微分代数方程求解程序中，应该由求解选项中的 Mass 来表示该矩阵，考虑了这些因素即可立即求解方程的解。

例 3-34 考虑下面给出的微分代数方程：

$$\begin{cases} \dot{x}_1 = -0.2x_1 + x_2x_3 + 0.3x_1x_2 \\ \dot{x}_2 = 2x_1x_2 - 5x_2x_3 - 2x_2^2 \\ x_1 + x_2 + x_3 - 1 = 0 \end{cases}$$

并已知初始条件为 $x_1(0) = 0.8$, $x_2(0) = x_3(0) = 0.1$。可以看出，最后的一个方程为代数方程，可以视其为 3 个状态变量间的约束关系。用矩阵的形式可以表示该微分代数方程：

$$\begin{bmatrix} 1 & 0 & 0 \\ 0 & 1 & 0 \\ 0 & 0 & 0 \end{bmatrix} \begin{bmatrix} \dot{x}_1 \\ \dot{x}_2 \\ \dot{x}_3 \end{bmatrix} = \begin{bmatrix} -0.2x_1 + x_2x_3 + 0.3x_1x_2 \\ 2x_1x_2 - 5x_2x_3 - 2x_2^2 \\ x_1 + x_2 + x_3 - 1 \end{bmatrix}$$

这样就可以写出相应的 MATLAB 函数 f，将 M 矩阵输入 MATLAB 工作空间，并在命令窗口中给出如下命令：

```
>> f=@(t,x)[-0.2*x(1)+x(2)*x(3)+0.3*x(1)*x(2);
      2*x(1)*x(2)-5*x(2)*x(3)-2*x(2)*x(2); x(1)+x(2)+x(3)-1];
   M=[1,0,0; 0,1,0; 0,0,0]; options=odeset; options.Mass=M;
   x0=[0.8; 0.1; 0.1]; [t,x]=ode15s(f,[0,20],x0,options); plot(t,x)
```

由上面的语句可以得出此微分代数方程的解，如图 3-10 所示。

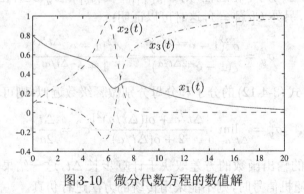

图 3-10　微分代数方程的数值解

事实上，一般的微分代数方程可以转换成常微分方程求解，如在本例中，可以从约束式子中求出 $x_3(t) = 1 - x_1(t) - x_2(t)$，将其代入其他两个微分方程式子，则有：

$$\begin{cases} \dot{x}_1 = -0.2x_1 + x_2(1 - x_1 - x_2) + 0.3x_1x_2 \\ \dot{x}_2 = 2x_1x_2 - 5x_2(1 - x_1 - x_2) - 2x_2^2 \end{cases}$$

根据该方程可以写出相应的 f 函数，用下面的命令就可以求解上述微分方程，从而最终得出原微分代数方程的解，所得出的解与前面的直接解法得出的完全一致。

```
>> f=@(t,x)[-0.2*x(1)+x(2)*(1-x(1)-x(2))+0.3*x(1)*x(2);
            2*x(1)*x(2)-5*x(2)*(1-x(1)-x(2))-2*x(2)*x(2)];
   x0=[0.8; 0.1]; [t1,x1]=ode45(f,[0,20],x0); plot(t1,x1,t1,1-sum(x1'))
```

例 3-35 考虑例 3-29 中给出的微分方程,其中,$\boldsymbol{A}(t,\boldsymbol{x})\dot{\boldsymbol{x}}(t)=\boldsymbol{B}(t,\boldsymbol{x})$ 可以认为是一种微分代数方程,这样可以分别描述 $\boldsymbol{A}$ 和 $\boldsymbol{B}$ 矩阵,从而求出该方程的解,结果和前面例 3-29 中的完全一致。

```
>> B=@(t,x)[1-x(1); -x(2)];
   A=@(t,x)[sin(x(1)),cos(x(2)); -cos(x(2)),sin(x(1))];
   options=odeset; options.Mass=A; options.RelTol=1e-6;
   [t,x]=ode45(B,[0,10],[0;0],options); plot(t,x)
```

3.4.6 线性随机微分方程的数值解法

考虑一阶线性模型 $G(s)=1/(as+1)$,a 为给定常数。假设输入为 Gauss 白噪声信号 $\gamma(t)$,其均值为 0,方差为 σ^2,可以证明[28],输出函数 $y(t)$ 也为 Gauss 信号,其均值为 0,方差为 $\sigma_y^2=\sigma^2/(2a)$。如果假设在一个计算步长内输入信号为一常数 e_k,并直接对此系统进行离散化,则可以得出系统的模型为:

$$y_{k+1}=\mathrm{e}^{-\Delta t/a}y_k+(1-\mathrm{e}^{-\Delta t/a})\sigma e_k \tag{3-4-10}$$

式中,Δt 为计算步长,e_k 为满足标准正态分布 $N(0,1)$ 的伪随机数,这时可以得出:

$$E[y_{k+1}^2]=\mathrm{e}^{-2\Delta t/a}E[y_k^2]+2\sigma\mathrm{e}^{-\Delta t/a}E[e_ky_k]+\sigma^2(1-\mathrm{e}^{-\Delta t/a})^2E[e_k^2] \tag{3-4-11}$$

若输入与输出信号均为平稳过程,则 $E[y_{k+1}^2]=E[y_k^2]=\sigma_y^2$,此外由于 y_k 与 e_k 是相互独立的,则 $E[y_ke_k]=0$,另外 $E[e_k^2]=1$,这时可以证明:

$$\sigma_y^2=\frac{\sigma^2(1-\mathrm{e}^{-\Delta t/a})^2}{(1-\mathrm{e}^{-2\Delta t/a})}=\frac{\sigma^2(1-\mathrm{e}^{-\Delta t/a})}{1+\mathrm{e}^{-\Delta t/a}} \tag{3-4-12}$$

若 $\Delta t/a\to 0$,对式 (3-4-12) 的分子和分母分别做幂级数近似,则可以得出:

$$\sigma_y^2=\lim_{\Delta t/a\to 0}\frac{\Delta t/a+o[(\Delta t/a)^2]}{2+o(\Delta t/a)}\sigma^2=\frac{\Delta t}{2a}\sigma^2 \tag{3-4-13}$$

可见,这样得出的输出函数的方差取决于计算步长 Δt,这一结果是不正确的。由此可见,如果输入函数为随机信号时,则不能采用传统的方法进行仿真。

鉴于此问题,在一些仿真软件中建议使用其他随机过程来近似替代原始的 Gauss 白噪声信号。例如,在一个著名的仿真语言 ACSL[10] 中建议使用 Ornstein-Uhlenbeck 过程来近似地替代原始的白噪声信号,其目的是要在一个指定的频率范围内保持一个恒定的输入功率,然而仿真结果表明这样的近似也不是很理想[29]。

假设线性连续系统的状态方程模型为:

$$\dot{\boldsymbol{x}}(t)=\boldsymbol{A}\boldsymbol{x}(t)+\boldsymbol{B}[d(t)+\gamma(t)],\ y(t)=\boldsymbol{C}\boldsymbol{x}(t) \tag{3-4-14}$$

式中，$\boldsymbol{A}$ 为 $n \times n$ 矩阵，$\boldsymbol{B}$ 为 $n \times m$ 矩阵，$\boldsymbol{C}$ 为 $r \times n$ 矩阵，$\boldsymbol{d}(t)$ 为 $m \times 1$ 确定性输入向量，$\boldsymbol{\gamma}(t)$ 为 $m \times 2$ 的 Gauss 白噪声向量，满足下式：

$$E[\boldsymbol{\gamma}(t)] = 0, \ E[\boldsymbol{\gamma}(t)\boldsymbol{\gamma}^{\mathrm{T}}(t)] = \boldsymbol{V}_\sigma \delta(t - \tau) \tag{3-4-15}$$

定义一个变量 $\boldsymbol{\gamma}_{\mathrm{c}}(t) = \boldsymbol{B}\boldsymbol{\gamma}(t)$，则可以证明 $\boldsymbol{\gamma}_{\mathrm{c}}(t)$ 也为 Gauss 白噪声，满足：

$$E[\boldsymbol{\gamma}_{\mathrm{c}}(t)] = 0, \ E[\boldsymbol{\gamma}_{\mathrm{c}}(t)\boldsymbol{\gamma}_{\mathrm{c}}^{\mathrm{T}}(t)] = \boldsymbol{V}_{\mathrm{c}} \delta(t - \tau) \tag{3-4-16}$$

其中，$\boldsymbol{v}_{\mathrm{c}} = \boldsymbol{B}\boldsymbol{V}\sigma\boldsymbol{B}^{\mathrm{T}}$ 为 $m \times m$ 的协方差矩阵，这时式（3-4-14）可以改写成：

$$\dot{\boldsymbol{x}}(t) = \boldsymbol{A}\boldsymbol{x}(t) + \boldsymbol{B}\boldsymbol{d}(t) + \boldsymbol{\gamma}_{\mathrm{c}}(t), \ y(t) = \boldsymbol{C}\boldsymbol{x}(t) \tag{3-4-17}$$

状态变量的解析解可以写成：

$$\boldsymbol{x}(t) = \mathrm{e}^{-\boldsymbol{A}t}\boldsymbol{x}(t_0) + \int_{t_0}^{t} \mathrm{e}^{\boldsymbol{A}(t-\tau)}\boldsymbol{d}(\tau)\boldsymbol{B}\mathrm{d}\tau + \int_{t_0}^{t} \boldsymbol{\gamma}_{\mathrm{c}}(t)\mathrm{d}\tau \tag{3-4-18}$$

假设 $t_0 = k\Delta t$，$t = (k+1)\Delta t$，其中 Δt 为计算步长，并假定在一个计算步长之内确定性输入信号 $d(t)$ 为一个常数，亦即，如果 $\Delta t \leqslant t \leqslant (k+1)\Delta t$ 时，则有 $d(t) = d(k\Delta t)$，这样，式（3-4-18）的离散形式可以写成：

$$\boldsymbol{x}[(k+1)\Delta t] = \boldsymbol{F}\boldsymbol{x}(k\Delta t) + \boldsymbol{G}\boldsymbol{d}(k\Delta t) + \boldsymbol{\gamma}_{\mathrm{d}}(k\Delta t), \ y(k\Delta t) = \boldsymbol{C}\boldsymbol{x}(k\Delta t) \tag{3-4-19}$$

式中，$\boldsymbol{F} = \mathrm{e}^{\boldsymbol{A}\Delta t}$，$\boldsymbol{G} = \displaystyle\int_0^{\Delta t} \mathrm{e}^{\boldsymbol{A}(\Delta t-\tau)}\boldsymbol{B}\mathrm{d}\tau$，且：

$$\boldsymbol{\gamma}_{\mathrm{d}}(k\Delta t) = \int_{k\Delta t}^{(k+1)\Delta t} \mathrm{e}^{\boldsymbol{A}[(k+1)\Delta t-\tau]}\boldsymbol{\gamma}_{\mathrm{c}}(t)\mathrm{d}\tau = \int_0^{\Delta t} \mathrm{e}^{\boldsymbol{A}t}\boldsymbol{\gamma}_{\mathrm{c}}[(k+1)\Delta t - \tau]\mathrm{d}\tau \tag{3-4-20}$$

可见矩阵 $\boldsymbol{F}$、$\boldsymbol{G}$ 和确定性系统的离散化形式是一样的，所以会很容易地求得。但可以看出，若系统含有随机输入时，系统的离散化形式与传统形式是不同的。可以证明 $\boldsymbol{\gamma}_{\mathrm{d}}(t)$ 也为 Gauss 白噪声向量，且满足：

$$E[\boldsymbol{\gamma}_{\mathrm{d}}(k\Delta t)] = 0, \ E[\boldsymbol{\gamma}_{\mathrm{d}}(k\Delta t)\boldsymbol{\gamma}_{\mathrm{d}}^{\mathrm{T}}(j\Delta t)] = \boldsymbol{V}\delta_{kj} \tag{3-4-21}$$

式中，$\boldsymbol{V} = \displaystyle\int_0^{\Delta t} \mathrm{e}^{\boldsymbol{A}t}\boldsymbol{V}_{\mathrm{c}}\mathrm{e}^{\boldsymbol{A}^{\mathrm{T}}t}\mathrm{d}t$。利用 Taylor 级数展开技术可得出：

$$\boldsymbol{V} = \int_0^{\Delta t} \sum_{k=0}^{\infty} \frac{\boldsymbol{R}^{(k)}(0)}{k!} t^k \mathrm{d}t = \sum_{k=0}^{\infty} \boldsymbol{V}_k \tag{3-4-22}$$

其中，$\boldsymbol{R}^{(k)}(0)$ 与 $\boldsymbol{V}_k$ 可以由下式递推求出：

$$\begin{cases} \boldsymbol{R}^{(k)}(0) = \boldsymbol{A}\boldsymbol{R}^{(k-1)}(0) + \boldsymbol{R}^{(k-1)}(0)\boldsymbol{A}^{\mathrm{T}} \\ \boldsymbol{V}_k = \dfrac{\Delta t}{k+1}(\boldsymbol{A}\boldsymbol{V}_{k-1} + \boldsymbol{V}_{k-1}\boldsymbol{A}^{\mathrm{T}}) \end{cases} \tag{3-4-23}$$

递推初值为 $\boldsymbol{R}^{(0)}(0) = \boldsymbol{R}(0) = \boldsymbol{V}_{\mathrm{c}}$，$\boldsymbol{V}_0 = \boldsymbol{V}_{\mathrm{c}}\Delta t$。由奇异值分解理论，可以将矩阵 $\boldsymbol{V}$ 写成 $\boldsymbol{V} = \boldsymbol{U}\boldsymbol{\Gamma}\boldsymbol{U}^{\mathrm{T}}$，其中 $\boldsymbol{U}$ 为正交矩阵，$\boldsymbol{\Gamma}$ 为含有非零对角元素的对角矩阵，这样可以得出 Cholesky 分解 $\boldsymbol{V} = \boldsymbol{D}\boldsymbol{D}^{\mathrm{T}}$，且 $\boldsymbol{\gamma}_{\mathrm{d}}(k\Delta t) = \boldsymbol{D}\boldsymbol{e}(k\Delta t)$，式中，$\boldsymbol{e}(k\Delta t)$ 为 $n \times 1$ 向量，且

$e(k\Delta t) = [e_k, e_{k+1}, \cdots, e_{k+n-1}]^{\mathrm{T}}$,使得各个分量 e_k 满足标准正态分布,即 $e_k \sim N(0,1)$。系统的离散形式的递推解可以写成:

$$\boldsymbol{x}[(k+1)\Delta t] = \boldsymbol{F}\boldsymbol{x}(k\Delta t) + \boldsymbol{G}d(k\Delta t) + \boldsymbol{D}e(k\Delta t), \quad y(k\Delta t) = \boldsymbol{C}\boldsymbol{x}(k\Delta t) \qquad (3\text{-}4\text{-}24)$$

根据上面的算法,可以编写出随机输入下连续线性系统离散化的 MATLAB 函数 sc2d():

```
function [F,G,D,C]=sc2d(G,V,T)
G=ss(G); G=balreal(G); A=G.a; B=G.b; C=G.c; [F,G]=c2d(A,B,T);
V0=B*V*B'*T; Vd=V0; vmax=sum(sum(abs(Vd))); vv=vmax; i=1;
while (1)
    V1 = T/(i+1)*(A*V0+V0*A'); v0 = sum(sum(abs(V1)));
    Vd = Vd+V1; V0 = V1; vv = [vv v0]; i=i+1;
    if v0 < 1e-10*vmax, break; end
end
[U,S,V0]=svd(Vd); V0=sqrt(diag(S)); Vd=diag(V0); D=U*Vd;
```

在仿真时,可以产生一组伪随机数,从而产生向量 $e(k\Delta t)$,然后求出下一步状态变量 $\boldsymbol{x}[(k+1)\Delta t]$,并求出当前输出变量 $y(k\Delta t)$。重新考虑前面给出的一阶系统的例子,系统的状态方程可以写成:

$$\dot{y}(t) = -\frac{1}{a}y(t) + \frac{1}{a}\gamma_0(t) \qquad (3\text{-}4\text{-}25)$$

系统的输出信号 $y(t)$ 的离散形式可以写成:

$$y_{k+1} = \mathrm{e}^{\Delta t/a}y_k + \sigma\sqrt{\frac{1}{2a}\left(1 - \mathrm{e}^{-2\Delta t/a}\right)}e_k \qquad (3\text{-}4\text{-}26)$$

例 3-36　考虑传递函数模型 $G(s) = \dfrac{s^3 + 7s^2 + 24s + 24}{s^4 + 10s^3 + 35s^2 + 50s + 24}$,如果用白噪声信号激励该系统,并假设系统的采样周期为 $T = 0.001$,则离散状态方程模型可以由下面的 MATLAB 语句得出:

```
>> G=tf([1,7,24,24],[1,10,35,50,24]); T=0.02; [F,G0,D,C]=sc2d(G,1,T)
```

上述语句可以得出离散化模型参数为:

$$\boldsymbol{F} = \begin{bmatrix} 0.9838 & -0.0067 & 0.0132 & 0.0013 \\ 0.0067 & 0.9883 & 0.0702 & 0.0036 \\ 0.0132 & -0.0702 & 0.8653 & -0.0257 \\ 0.0013 & -0.0036 & -0.0257 & 0.9684 \end{bmatrix}, \boldsymbol{G}_0 = \begin{bmatrix} 0.0182 \\ -0.0036 \\ -0.0076 \\ -0.0007 \end{bmatrix}, \boldsymbol{D} = \begin{bmatrix} -0.1303 & 0 & 0 & 0 \\ 0.0235 & 0 & 0 & 0 \\ 0.0594 & 0 & 0 & 0 \\ 0.0061 & 0 & 0 & 0 \end{bmatrix}$$

且 $\boldsymbol{C} = [0.9216, 0.1663, -0.4201, -0.0431]$。由仿真模型(即得出的差分方程)出发,可以用下面的语句对其进行仿真,其中仿真点数设为 30000 个。

```
>> n_point=30000; r=randn(n_point+4,1); r=r-mean(r);
   y=zeros(n_point,1); x=zeros(4,1); d0=0;
   for i=1:n_point, x=F*x+G0*d0+D*r(i:i+3); y(i)=C*x; end
```

```
t=0:.02:(n_point-1)*0.02; plot(t,y)
figure; v=covar(G,1); xx=linspace(-2.5,2.5,30); yy=hist(y,xx);
yy=yy/(30000*(xx(2)-xx(1))); yp=exp(-xx.^2/(2*v))/sqrt(2*pi*v);
bar(xx,yy), hold on; plot(xx,yp)
```

得出的响应曲线如图3-11(a)所示,不过从得出的曲线看,这样的响应似乎杂乱无章,所以对随机输入来说,分析其统计规律应该更有用。如可以用直方图的方式获得其概率密度图,如图3-11(b)所示,该直方图和实线表示的理论结果比较吻合,这也从另一个方面说明仿真结果的正确性。

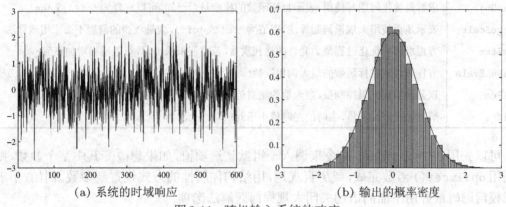

(a) 系统的时域响应　　　　　　　　(b) 输出的概率密度

图3-11　随机输入系统的响应

3.4.7　常微分方程的解析求解方法

在 MATLAB 的符号运算工具箱中,微分方程求解可以由 dsolve() 函数来完成,这里将通过下面的例子来演示微分方程解析解问题。

例 3-37　考虑线性常微分方程 $y^{(4)} - 4y^{(3)} + 8\ddot{y} - 8\dot{y} + 4y = 2$,在符号运算工具箱中,用 'D4y' 字符串表示 y 变量的四阶导数,所以可以用下面的语句定义并求解此微分方程:

```
>> syms y; X=dsolve('D4y-4*D3y+8*D2y-8*Dy+4*y=2')
```

通过上述语句可以直接得出方程的解析解为:

$$y(t) = \frac{1}{2} + e^t\Big(C_1 \sin t + C_2 \cos t + C_3 t \cos t + C_4 t \sin t\Big)$$

可以看出,只用一个语句就求出了该微分方程的解析解。

再考虑例3-28中给出的 Van der Pol 方程 $\ddot{y} + \mu(y^2-1)\dot{y} + y = 0$,可以给出如下的命令:

```
>> syms mu y; dsolve('D2y+mu*(y^2-1)*Dy+y=0')
```

然而,该命令将得出微分方程无解析解的提示。对这样的非线性微分方程来说,符号运算工具箱是无能为力了,所以对这类问题只能采用数值解的方法去研究。

3.5　非线性方程与最优化问题求解

多元非线性方程组的求解和最优化问题往往需要调用最优化工具箱来解决。最优

化工工具箱提供了很多求解的控制选项,常用的一些选项在表 3-3 中给出。用户可以输入
`optimset` 命令将全部选项显示出来。

表 3-3　方程求解与最优化的控制参数表

参 数 名	参 数 说 明
Display	中间结果显示方式,其值可以取 'off' 表示不显示中间值,取 'iter' 表示逐步显示,取 'notify' 表示在求解不收敛时给出提示,取 'final' 则只显示最终值
GradObj	求解最优化问题时使用,表示目标函数的梯度是否已知,可以选择为 'off' 或 'on'
LargeScale	表示是否使用大规模问题算法,取值为 'on' 或 'off',变量较少的问题不必采用该算法
MaxIter	方程求解和优化过程最大允许的迭代次数,若方程未求出解,可以适当增加该值
MaxFunEvals	方程函数或目标函数的最大调用次数
TolFun	误差函数误差限控制量,当函数的绝对值小于此值即终止求解
TolX	解的误差限控制量,当解的绝对值小于此值即终止求解

可以先用 `OPT=optimset` 命令来调入一组默认选项值,如果想改变其中某个参数,则可
以调用 `optimset()` 函数完成,或更直观地,用结构体属性的方式设置新参数。例如,不求解
大规模问题时最好用下面的语句关闭大规模问题解法选项:

```
>> OPT=optimset; OPT.LargeScale='off';
```

这样可以将 `LargeScale` 选项设为 `'off'`。

3.5.1 非线性方程组求解

在 MATLAB 的最优化工具箱中提供了多元方程的求解函数 `fsolve()`,该函数可以直
接求解 $f(x) = 0$ 型的非线性代数方程组,其中 $f(\cdot)$ 和 x 的维数相同,即未知数的个数和方
程的个数相同。该函数的基本调用格式为:

$$[x, \varepsilon, \text{key}, c] = \text{fsolve}(\text{Fun}, x_0) \qquad \%简易调用格式$$
$$[x, \varepsilon, \text{key}, c] = \text{fsolve}(\text{Fun}, x_0, \text{OPT}, 附加参数) \quad \%带有附加参数的方程求解$$

其中,`Fun` 为要求解问题的数学描述,它可以是一个 MATLAB 函数,也可以是一个匿名函
数或 `inline` 函数;x_0 为自变量的起始搜索点;`OPT` 为最优化工具箱的选项设定;x 为返回的
解;而 ε 是原函数在 x 点处的值,即解的残差。返回的 `key` 表示函数返回的条件,1 表示已经
求解出方程的解,而 0 表示未搜索到方程的解。返回的 c 为解的附加信息,该变量为一个结构
体变量,其 `iterations` 成员变量表示迭代的次数,而 `funcCount` 是目标函数的调用次数。

例 3-38 考虑二元方程 $\begin{cases} x^2 + y^2 - 1 = 0 \\ 0.75x^3 - y + 0.9 = 0 \end{cases}$,该方程有两个未知数 x 和 y,而 MATLAB 能够求
解的是一个未知向量 x 的问题,所以求解前应该先进行变量替换,变换出求解方程的标准型。例如,
可以令 $x_1 = x, x_2 = y$,这样,原方程可以重新写成:

$$\begin{bmatrix} x_1^2 + x_2^2 - 1 \\ 0.75x_1^3 - x_2 + 0.9 \end{bmatrix} = 0$$

可以由匿名函数描述原方程,并人为选定初值 $x_0 = [1, 2]^T$,调用 fsolve() 函数直接求解该方程:

```
>> f=@(x)[x(1)^2+x(2)^2-1; 0.75*x(1)^3-x(2)+0.9];
   [x,Y,c,d]=fsolve(f,[1; 2]),
```

由返回的 d 变量可以看出,求解此二元方程时调用了方程函数 21 次,求解过程进行了 6 次迭代,得出了方程的解 $x = [0.3570, 0.9341]^T$,把解代回到原始方程的残差为 1.2×10^{-10},可见,得出的解精度较高。

若改变初始搜索值,令 $x_0 = [-1, 0]^T$,则下面的语句:

```
>> [x,Y,c,d]=fsolve(f,[-1,0]')
```

可以得出另一个根 $x = [-0.9817, 0.1904]^T$。可见,初值改变之后,可能得出另外一组解,所以说初值的选择有时对整个问题的求解有很大的影响,在某些初值下甚至无法搜索到方程的解。

观察原始方程,可以看出,从第二个方程可以解出 y,代入第一个方程,则可以得出一个一元 6 次的代数方程,该方程应该有 6 个根,根可以为实数,也可以为复数。而 MATLAB 最优化工具箱中的函数只能解决实数解问题,再配以符号运算工具箱则可能解出所有的解。

另外,使用 MATLAB 的符号运算工具箱往往能解出更精确的代数方程的根。在 MATLAB 下可以给出如下的命令:

```
>> [x,y]=solve('x^2+y^2-1=0','75*x^3/100-y+9/10=0')
```

显然,这样得出的方程阶次太高,不能获得解析解。然而,利用 MATLAB 的符号运算工具箱可以得出原始问题的高精度数值解为:

$$x = \begin{bmatrix} .3569699718912228779883903780 1365 \\ -.9817026484267678967644982887 3194 \\ -.5539517605683456007798441388 2735 \pm .35471976465080793456863789934944j \\ .8663180988361181101678980941 8650 \pm 1.21537126646714278013183785 44391j \end{bmatrix}$$

$$y = \begin{bmatrix} .9341158596062800754879602941 5446 \\ .1904203509918773024097775641 5289 \\ -1.4916064075658223174787216959259 \pm .70588200721402267753918827138837j \\ .9293383022667436285298527667 7202 \pm .21143822185895923615623381762210j \end{bmatrix}$$

可以看出,除了前面得出的两组实数根外,还得出了另外 4 组复数根,这是用普通数值解法所得不出来的。下面验证一下这样得出的根是不是原方程的根。若取第二对根代入原方程中,则:

```
>> norm(double([eval('x.^2+y.^2-1') eval('0.75*x.^3-y+0.9')]))
```

得出的根代入原方程则得出残差为 7.2118×10^{-31}。然而,解析求解的方法并不是万能的,因为这里的例子最终可以转换为一元高次代数方程,所以能用它求解,但更一般的方程是不能解出的。

例 3-39 下面考虑一个二元非线性方程组 $\begin{cases} x^2 \sin(y) = x + 1 \\ y = x\cos(0.1x^2 + 3x) + 0.5 \end{cases}$,用符号运算工具箱的 solve() 函数和最优化工具箱的 fsolve() 函数一般只能求解出该方程的一个根:

```
>> [x,y]=solve('x^2*sin(y)=x+1','y=x*cos(0.1*x^2+3*x)+0.5')
```

得出的根为 $x = -0.6781628958754476877794290198072$, $y = 0.7751042253391268831272015846147$。
事实上,若给出下面的MATLAB语句:

```
>> ezplot('x^2*sin(y)-x-1'); hold on    % 绘制第一条曲线并保持屏幕
   ezplot('-y+x*cos(0.1*x^2+3*x)+0.5')  % 绘制第二条曲线
```

则可以用图解法表示出该方程根的位置,如图3-12所示。其中用曲线编辑的方法将第二个方程的曲线转换成了虚线。可以看出,在当前区域内两条曲线共有19个交点,这些点均是原方程组的实根。用符号运算工具箱只能求出一个根。如果扩大图示区域显然将得到更多的实根,同时还可能有大量复数根(事实上应该有无穷多根)。所以在方程求根过程中不能过分依赖数值方法和解析方法,有时还应该适当考虑图解的方法。

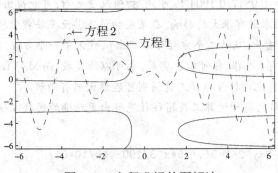

图3-12　方程求根的图解法

例 3-40 前面介绍的fsolve()函数不但能求解向量型代数方程,也可以求解矩阵型非线性方程。考虑例3-15中给出的Riccati方程,用are()函数只能求出其一个解,利用下面命令,则可以反复调用求解函数,尽可能多地得出方程的解。

```
>> A=[-2,1,-3; -1,0,-2; 0,-1,-2]; B=[2,2,-2; -1 5 -2; -1 1 2];
   C=[5 -4 4; 1 0 4; 1 -1 5]; f=@(X)A'*X+X*A-X*B*X+C;
   ff=optimset; ff.TolX=1e-20; ff.TolFun=1e-20; X=[];
   while (1), x0=1000*(-0.5+rand(3)); x=fsolve(f,x0);
       if norm(f(x))<1e-5,
           x1=x(:).'; n=size(X,1); key=0;
           for i=1:n, if norm(X(i,:)-x1)< 1e-5; key=1; end, end
           if key==0, x=fsolve(f,x,ff); X=[X; x(:).'], end
       end, end
```

注意,该程序是用无穷循环形式编写的,用户可以随时用Ctrl+C键中断程序运行。运行该程序一段时间后可以得出如下的解:

$$X_1 = \begin{bmatrix} -2.1032 & 1.2978 & -1.9697 \\ -0.24667 & -0.35634 & -1.4899 \\ -2.1494 & 0.71899 & -4.5465 \end{bmatrix}, X_2 = \begin{bmatrix} 0.98739 & -0.79833 & 0.41887 \\ 0.57741 & -0.13079 & 0.57755 \\ -0.28405 & -0.073037 & 0.69241 \end{bmatrix}$$

$$\boldsymbol{X}_3 = \begin{bmatrix} -0.1538 & 0.10866 & 0.46226 \\ 2.0277 & -1.7437 & 1.3475 \\ 1.9003 & -1.7513 & 0.50571 \end{bmatrix}, \boldsymbol{X}_4 = \begin{bmatrix} 23.947 & -20.667 & 2.4529 \\ 30.146 & -25.983 & 3.6699 \\ 51.967 & -44.911 & 4.641 \end{bmatrix}$$

$$\boldsymbol{X}_5 = \begin{bmatrix} -0.76187 & 1.3312 & -0.84002 \\ 1.3183 & -0.31731 & -0.17188 \\ 0.63714 & 0.78849 & -2.1996 \end{bmatrix}, \boldsymbol{X}_6 = \begin{bmatrix} 0.88784 & -0.96085 & -0.24462 \\ 0.10719 & -0.89843 & -2.5563 \\ -0.018529 & 0.36043 & 2.462 \end{bmatrix}$$

$$\boldsymbol{X}_7 = \begin{bmatrix} 0.66646 & -1.3223 & -1.72 \\ 0.31204 & -0.56401 & -1.191 \\ -1.2273 & -1.6129 & -5.5939 \end{bmatrix}, \boldsymbol{X}_8 = \begin{bmatrix} 1.2213 & -0.41653 & 1.9775 \\ 0.35776 & -0.48937 & -0.88632 \\ -0.74144 & -0.81975 & -2.356 \end{bmatrix}$$

3.5.2 无约束最优化问题求解

无约束最优化问题的一般描述为:

$$\min_{\boldsymbol{x}} f(\boldsymbol{x}) \tag{3-5-1}$$

其中, $\boldsymbol{x} = [x_1, x_2, \cdots, x_n]^{\mathrm{T}}$, 该数学表示的含义亦即求取一组 $\boldsymbol{x}$ 向量, 使得最优化目标函数 $f(\boldsymbol{x})$ 为最小, 所以这样的问题又称为最小化问题。其实, 最小化是最优化问题的通用描述, 它不失普遍性。如果要求解最大化问题, 那么只需给目标函数 $F(\boldsymbol{x})$ 乘一个负号就能立即将原始问题转换成最小化问题。

MATLAB 及其最优化工具箱中提供了基于参考文献 [30] 中给出的单纯形算法求解无约束最优化的函数 fminsearch() 和 fminunc(), 该函数的调用格式为:

$[\boldsymbol{x}, f_{\mathrm{opt}}, \mathrm{key}, c] = \mathrm{fminsearch}(\mathrm{Fun}, \boldsymbol{x}_0, \mathrm{OPT})$ %MATLAB 函数
$[\boldsymbol{x}, f_{\mathrm{opt}}, \mathrm{key}, c] = \mathrm{fminunc}(\mathrm{Fun}, \boldsymbol{x}_0, \mathrm{OPT})$ %最优化工具箱函数
$[\boldsymbol{x}, f_{\mathrm{opt}}, \mathrm{key}, c] = \mathrm{fminsearch}(\mathrm{Fun}, \boldsymbol{x}_0, \mathrm{OPT}, 附加参数)$ %带附加参数问题求解

其输入与返回参数的定义与 fsolve() 一致。下面将通过以下的例子来演示无约束最优化问题的数值解法。

例 3-41 若目标函数为 $f(\boldsymbol{x}) = 3x_1^2 - 2x_1x_2 + x_2^2 + 4x_1 + 3x_2$, 试求其最小值。

这里给出的目标函数可以由匿名函数描述, 然后由下面命令可以直接求解该问题:

```
>> f=@(x)3*x(1)*x(1)-2*x(1)*x(2)+x(2)*x(2)+4*x(1)+3*x(2);
   [x,f_opt,c,d]=fminsearch(f,[-1.2, 1])
```

得出的最优解为 $\boldsymbol{x} = [-1.74997728682171, -3.25001058436666]^{\mathrm{T}}$。事实上, 用高等数学的知识不难求出本例子的解析解为 $(-7/4, -13/4)$, 所以这里的算法求解精度不是很高。用下面的语句改变求解精度设置:

```
>> OPT=optimset; OPT.TolX=1e-20; OPT.LargeScale='off';
   [x,f_opt,c,d]=fminsearch(f,[-1.2, 1],OPT);
```

可以得出改进精度的解 $x = [-1.750000022042348, -3.250000020484706]^{\mathrm{T}}$, 该解是采用双精度算法能得到的最精确结果。正如该函数指出的那样, 当前的收敛条件采用了目标函数的 10^{-4} 约束。实验表明, 再进一步减小误差容限也不能显著地改进解的精度。

3.5.3　线性规划问题

线性规划问题的数学描述为:

$$\min_{\boldsymbol{x}\ \text{s.t.}\ \boldsymbol{Ax}\leqslant\boldsymbol{B}} \boldsymbol{f}^{\mathrm{T}}\boldsymbol{x} \tag{3-5-2}$$

记号 s.t. 是英文 subject to 的缩写,表示满足后面的关系。约束条件还可以进一步细化为线性等式约束 $\boldsymbol{A}_{\mathrm{eq}}\boldsymbol{x}=\boldsymbol{B}_{\mathrm{eq}}$,线性不等式约束 $\boldsymbol{Ax}\leqslant\boldsymbol{B}$,$\boldsymbol{x}$ 变量的上界向量 $\boldsymbol{x}_{\mathrm{M}}$ 和下界向量 $\boldsymbol{x}_{\mathrm{m}}$,使得 $\boldsymbol{x}_m\leqslant\boldsymbol{x}\leqslant\boldsymbol{x}_M$。这样,线性规划问题可以更确切地描述为:

$$\min_{\boldsymbol{x}\ \text{s.t.}} \boldsymbol{f}^{\mathrm{T}}\boldsymbol{x} \qquad \begin{cases} \boldsymbol{Ax}\leqslant\boldsymbol{B} \\ \boldsymbol{A}_{\mathrm{eq}}\boldsymbol{x}=\boldsymbol{B}_{\mathrm{eq}} \\ \boldsymbol{x}_{\mathrm{m}}\leqslant\boldsymbol{x}\leqslant\boldsymbol{x}_{\mathrm{M}} \end{cases} \tag{3-5-3}$$

对不等式约束来说,这里的标准型是 $\leqslant$ 关系式,如果原问题中某个式子是 $\geqslant$ 关系式,则在不等号两边同时乘以 -1 就可以转换成 $\leqslant$ 关系式。

在最优化工具箱中提供了求解线性规划问题的 linprog() 函数,该函数的调用格式为:

$$[\boldsymbol{x},f_{\mathrm{opt}},\mathrm{flag},c]=\mathrm{linprog}(\boldsymbol{f},\boldsymbol{A},\boldsymbol{B},\boldsymbol{A}_{\mathrm{eq}},\boldsymbol{B}_{\mathrm{eq}},\boldsymbol{x}_{\mathrm{m}},\boldsymbol{x}_{\mathrm{M}},\boldsymbol{x}_0,\mathrm{OPT},\text{附加参数})$$

其中,$\boldsymbol{f}$、$\boldsymbol{A}$、$\boldsymbol{B}$、$\boldsymbol{A}_{\mathrm{eq}}$、$\boldsymbol{B}_{\mathrm{eq}}$、$\boldsymbol{x}_{\mathrm{m}}$ 及 $\boldsymbol{x}_{\mathrm{M}}$ 与前面约束及目标函数公式中的记号是完全一致的,$\boldsymbol{x}_0$ 为初始搜索点。各个矩阵约束如果不存在,则应该用空矩阵来占位。OPT 为控制选项。最优化运算完成后,结果将在变量 $\boldsymbol{x}$ 中返回,最优化的目标函数将在 f_{opt} 变量中返回。下面通过例子来演示线性规划的求解问题。

例 3-42　考虑下面的 4 元线性规划问题:

$$\max_{\boldsymbol{x}\ \text{s.t.}} \begin{cases} x_1+x_2+3x_3+x_4=6 \\ -2x_2+x_3+x_4\leqslant 3 \\ -x_2+6x_3-x_4\leqslant 4 \\ x_1,x_2,x_3,x_4\geqslant 0 \end{cases} \left[-x_1+2x_2-x_3+3x_4\right]$$

首先将其转换成最小化问题,将原目标函数乘以 -1,则目标函数将改写成 $x_1-2x_2+x_3-3x_4$。套用线性规划的格式则可以得出 $\boldsymbol{f}^{\mathrm{T}}$ 向量为 $[1,-2,1,-3]$。

再分析约束条件,可见由最后一条可以写成 $0\leqslant x_i\leqslant\infty$。可以建立起等式约束条件的 $\boldsymbol{A}_{\mathrm{eq}}$ 和 $\boldsymbol{B}_{\mathrm{eq}}$ 矩阵为 $\boldsymbol{A}_{\mathrm{eq}}=[1,1,3,1]$,且 $\boldsymbol{B}_{\mathrm{eq}}=6$。另外,可以写出不等式约束为:

$$\boldsymbol{A}=\begin{bmatrix} 0 & -2 & 1 & 1 \\ 0 & -1 & 6 & -1 \end{bmatrix},\quad B=\begin{bmatrix} 3 \\ 4 \end{bmatrix}$$

再考虑 $\boldsymbol{x}$ 变量的上下限,可以输入如下的命令来求解此最优化问题:

```
>> f=[1,-2,1,-3]; Aeq=[1,1,3,1]; Beq=6;
   A=[0,-2,1,1; 0,-1,6,-1]; B=[3; 4]; xm=zeros(4,1); xM=[];
   [x,f_opt]=linprog(f,A,B,Aeq,Beq,xm,xM)
```

得出的最优解为 $\boldsymbol{x}^*=[0,1,0,5]^{\mathrm{T}}$,对应的函数最小值为 -17。

3.5.4 二次型规划问题

二次型规划的数学表示为:

$$\min_{\boldsymbol{x}\ \text{s.t.}\ \begin{cases} \boldsymbol{Ax}\leqslant\boldsymbol{B} \\ \boldsymbol{A}_{\text{eq}}\boldsymbol{x}=\boldsymbol{B}_{\text{eq}} \\ \boldsymbol{x}_{\text{m}}\leqslant\boldsymbol{x}\leqslant\boldsymbol{x}_{\text{M}} \end{cases}} \left(\frac{1}{2}\boldsymbol{x}^{\text{T}}\boldsymbol{Hx}+\boldsymbol{f}^{\text{T}}\boldsymbol{x}\right) \tag{3-5-4}$$

在最优化工具箱中提供了求解二次型规划问题的 quadprog() 函数,其调用格式为:

$$[\boldsymbol{x},f_{\text{opt}},\text{flag},c]=\text{quadprog}(\boldsymbol{H},\boldsymbol{f},\boldsymbol{A},\boldsymbol{B},\boldsymbol{A}_{\text{eq}},\boldsymbol{B}_{\text{eq}},\boldsymbol{x}_{\text{m}},\boldsymbol{x}_{\text{M}},\boldsymbol{x}_0,\text{OPT},\text{附加变量})$$

3.5.5 一般非线性规划问题求解

有约束非线性最优化问题的一般描述为:

$$\min_{\boldsymbol{x}\ \text{s.t.}\ \boldsymbol{G}(\boldsymbol{x})\leqslant 0} f(\boldsymbol{x}) \tag{3-5-5}$$

其中,$\boldsymbol{x}=[x_1,x_2,\cdots,x_n]^{\text{T}}$,该数学表示的含义是求取一组 $\boldsymbol{x}$ 向量,使得函数 $f(\boldsymbol{x})$ 最小化,且满足约束条件 $\boldsymbol{G}(\boldsymbol{x})\leqslant 0$。这里约束条件可以是很复杂的,它既可以是等式约束,也可以是不等式约束等。

约束条件还可以进一步细化为线性等式约束 $\boldsymbol{A}_{\text{eq}}\boldsymbol{x}=\boldsymbol{B}_{\text{eq}}$,线性不等式约束 $\boldsymbol{Ax}\leqslant\boldsymbol{B}$,$\boldsymbol{x}$ 变量的上界向量为 $\boldsymbol{x}_M$,下界向量为 $\boldsymbol{x}_m$,使得 $\boldsymbol{x}_m\leqslant\boldsymbol{x}\leqslant\boldsymbol{x}_M$,还允许一般非线性函数的等式和不等式约束。这样,一般的非线性规划问题可以写成:

$$\min_{\boldsymbol{x}\ \text{s.t.}\ \begin{cases} \boldsymbol{Ax}\leqslant\boldsymbol{B} \\ \boldsymbol{A}_{\text{eq}}\boldsymbol{x}=\boldsymbol{B}_{\text{eq}} \\ \boldsymbol{x}_{\text{m}}\leqslant\boldsymbol{x}\leqslant\boldsymbol{x}_{\text{M}} \\ \boldsymbol{C}(\boldsymbol{x})\leqslant 0 \\ \boldsymbol{C}_{\text{eq}}(\boldsymbol{x})=0 \end{cases}} f(\boldsymbol{x}) \tag{3-5-6}$$

MATLAB 的最优化工具箱中提供了一个 fmincon() 函数,专门用于求解各种约束下的最优化问题。该函数的调用格式为:

$$[\boldsymbol{x},f_{\text{opt}},\text{flag},c]=\text{fmincon}(\text{F},\boldsymbol{x}_0,\boldsymbol{A},\boldsymbol{B},\boldsymbol{A}_{\text{eq}},\boldsymbol{B}_{\text{eq}},\boldsymbol{x}_{\text{m}},\boldsymbol{x}_{\text{M}},\text{CF},\text{OPT},\text{附加参数})$$

其中,F 为给目标函数,CF 为给非线性约束函数写的 M-函数,该函数返回两个变量,即不等式约束和不等式约束变量,OPT 为控制选项。最优化运算完成后,结果将在变量 $\boldsymbol{x}$ 中返回,最优化的目标函数将在 f_{opt} 变量中返回。

例 3-43 考虑下面的有约束最优化问题:

$$\min_{\boldsymbol{x}\ \text{s.t.}\ \begin{cases} x_1^2+x_2^2+x_3^2-25=0 \\ 8x_1+14x_2+7x_3-56=0 \\ x_1,x_2,x_3\geqslant 0 \end{cases}} \left[1000-x_1^2-2x_2^2-x_3^2-x_1x_2-x_1x_3\right]$$

约束条件可以由下面的 MATLAB 函数描述:

```
function [c,ceq]=opt_con1(x)
c=[]; ceq=[x(1)*x(1)+x(2)*x(2)+x(3)*x(3)-25; 8*x(1)+14*x(2)+7*x(3)-56];
```

非线性约束函数返回变量分为 c 和 ceq 两个, 其中, 前者为不等式约束的数学描述, 后者为非线性等式约束, 如果某个约束不存在, 则应该将其值赋为空矩阵。因为该函数需要返回两个变量, 所以不适合于匿名函数和 inline 函数描述, 只能用 M-函数描述。

可以调用 fmincon() 函数求解此约束最优化问题:

```
>> f=@(x)1000-x(1)*x(1)-2*x(2)*x(2)-x(3)*x(3)-x(1)*x(2)-x(1)*x(3);
   OPT=optimset; OPT.LargeScale='off'; x0=[1;1;1];
   xm=[0;0;0]; xM=[]; A=[]; B=[]; Ae=[]; Be=[];
   [x,f_opt,c,d]=fmincon(f,x0,A,B,Ae,Be,xm,xM,@opt_con1,OPT)
```

这样得出的最优解为 $x = [3.5121, 0.2170, 3.5522]^{\mathrm{T}}$, 考虑到第二个约束条件实际上是线性等式约束, 所以可以将非线性约束函数进一步简化为:

```
function [c,ceq]=opt_con2(x)
ceq=x(1)*x(1)+x(2)*x(2)+x(3)*x(3)-25; c=[];
```

这时, 可以用下面的命令求解原始的最优化问题:

```
>> x0=[1;1;1]; Ae=[8,14,7]; Be=56;
   [x,f_opt,c,d]=fmincon(f,x0,A,B,Ae,Be,xm,xM,@opt_con2,OPT);
```

如果已知目标函数的偏导数向量(或梯度), 则可以更容易地求解最优化问题。例如, 可以写出目标函数对 3 个自变量的偏导数为:

$$\frac{\partial F}{\partial x_1} = -2x_1 - x_2 - x_3, \quad \frac{\partial F}{\partial x_2} = -4x_2 - x_1, \quad \frac{\partial F}{\partial x_3} = -2x_3 - x_1$$

这时可以将目标函数改写成:

```
function [y,Gy]=opt_fun2(x)
y=1000-x(1)*x(1)-2*x(2)*x(2)-x(3)*x(3)-x(1)*x(2)-x(1)*x(3);
Gy=-[2*x(1)+x(2)+x(3); 4*x(2)+x(1); 2*x(3)+x(1)];
```

其中, Gy 表示原问题的 Jacobi 矩阵。再调用最优化求解函数将得出下面的结果:

```
>> xm=[0;0;0]; A=[]; B=[]; Ae=[]; Be=[]; ff=optimset; ff.GradObj='on';
   [x,f_opt,c,d]=fmincon(@opt_fun2,x0,A,B,Ae,Be,xm,[],@opt_con1,ff);
```

可见, 若已知目标函数的偏导数, 则仅需 25 步就求出原问题的解。注意, 若已知梯度函数, 则应该将 GradObj 选项设置成 'on', 否则不能识别该梯度。

3.5.6 最优化问题的全局搜索解法

前面介绍的方法都是由某个预先选定的初始搜索点出发, 来寻找问题最优解的数值方法, 这样的搜索方法对线性规划、二次型规划这类"凸问题"是有效的。对非凸问题, 我们可以粗略地理解成其目标函数曲面凹凸不平, 这样, 如果初值选择不当, 则很容易陷入局部最优值的求解区域,这时应该考虑并行求解方法。目前,较好的并行求解方法包括遗传算法及其改进形式、粒子群算法、模拟退火方法及蚁群算法等,很多算法都有现成的 MATLAB 函数直接使用,也有很多成型的 MATLAB 工具箱[25,31]。

MATLAB 全局最优化工具箱提供了基于遗传算法的最优化问题求解函数,其调用格式为 $[x,f_{\text{opt}},\text{flag},c]=\text{ga}(\text{F},n,A,B,A_{\text{eq}},B_{\text{eq}},x_{\text{m}},x_{\text{M}},\text{CF},\text{OPT})$,其中,$n$ 为决策变量的个数,其他参数和 fmincon() 函数完全一致。

3.6 动态规划及其在路径规划中的应用

前面介绍的最优化问题均属于静态最优化问题,因为目标函数和约束条件都是事先固定好的。在实际的科学研究中,有时会遇到另外一类问题,其目标函数和其他要求呈明显的阶段性和序列性,例如,在生产计划制订时,每一年度的计划均取决于前一年的实际情况,这样,最优化问题就不再是静态的了,而需要引入动态的最优化问题。

动态规划是 Richard Bellman[32] 在 1959 年引入的一个新的最优化领域,该成就是所谓的现代控制理论的 3 个基础之一。该理论在多段决策过程和网络路径优化等领域有重要的作用。本节主要介绍动态规划在有向图和一般路径规划问题的最短路径求解中的应用。

3.6.1 图的矩阵表示方法

在介绍图表示之前,先给出一些关于图的基本概念。在图论中,图是由节点和边构成的,所谓边,就是连接两个节点的直接路径。如果边是有向的,则图称为有向图,否则称为无向图。图可以有多种表示方法,然而,最适合计算机表示和处理的是其矩阵表示方法。假设一个图有 n 个节点,则可以用一个 $n \times n$ 矩阵 R 来表示它。假设由节点 i 到节点 j 的边权值为 k,则相应的矩阵元素可以表示为 $R(i,j)=k$。这样的矩阵称为关联矩阵。若第 i 和 j 节点间不存在边,则可令 $R(i,j)=0$,当然,也有的算法要求 $R(i,j)=\infty$(后面将做相应的介绍)。

MATLAB 语言还支持关联矩阵的稀疏矩阵表示方法。假设已知某图由 n 个节点构成,图中含有 m 条边,由 a_i 节点出发到 b_i 节点为止的边权值为 $w_i, i=1,2,\cdots,m$。这样,可以建立 3 个向量,并由它们构造出关联矩阵:

$a=[a_1,a_2,\cdots,a_m,n]; \quad b=[b_1,b_2,\cdots,b_m,n]; \qquad$ %起始、终止节点向量
$w=[w_1,w_2,\cdots,w_m,0]; \quad R=\text{sparse}(a,b,w); \qquad$ %边权值向量、关联矩阵表示

注意,各个向量最后的一个值使得关联矩阵为方阵,这是很多搜索方法所要求的。稀疏矩阵和常规矩阵可以由 full()、sparse() 函数相互转换。

3.6.2 有向图的路径寻优

有向图与最优路径搜索是很多领域都能遇到的常见问题,应用动态规划理论,通常需要由终点反推回起点,搜索最优路径。本节先给出一个例子,演示手工反推的寻优方法,然后介绍基于 MATLAB 生物信息学工具箱(Bioinformatics)[33] 的最优路径求解方法,该工具是 Dijkstra 算法的 MATLAB 实现。

3.6.2.1 有向图最短路径问题的手工求解

这里将通过一个有向图研究的实例来介绍动态规划问题的手工求解方法。

例 3-44 考虑如图 3-13 所示的有向图[34]，路径上的数字为从该路径起始节点到终止节点所花费的时间，试求出从节点①到节点⑨的最优路径。

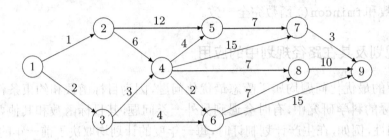

图 3-13 有向图的最短路径问题

先考虑终点，即节点⑨，将其时刻设置为 0，表示为 (0)。下一个步骤是求出和它相连的上一级节点⑥、⑦、⑧的最短路径，由于这些节点到节点⑨只有一个边，故它们的时刻值分别标注为 (15)、(3) 和 (10)，即相应边的时间。由节点⑤到节点⑦的边只有一条，故节点⑤的标注应该为节点⑦的标注加上这条边的时间，即 (10)。现在分析节点④的标注，由节点④出发的路径分别到达节点⑤、⑥、⑦、⑧，将这些节点的标注值和边的权值相加，可以发现，节点④到节点⑤的路径与其标注的和最小，为 14，而到节点⑥、⑦、⑧的值依次为 17、18、17，故节点④应该标注 (14)。节点②、③的标注应该为由它们出发到下一级节点的路径值与标注和的最小值，故发现由节点④返回节点②、③的值最小，可以分别标注 (20) 和 (17)，这样返回节点①的最短路径应该是 19，即由节点③返回路径最短。综上，最短路径为①→③→④→⑤→⑦→⑨，如图 3-14 所示。

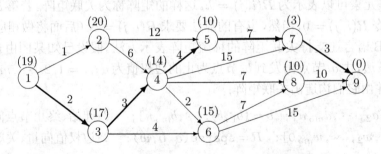

图 3-14 有向图最短路径问题的手工求解

综上所述，求解的方法较直观，且简单易行，然而，对大规模问题来说，这样的过程可能很繁琐，容易出错，应该引入好的算法和程序求解这类问题。

3.6.2.2 有向图搜索及图示

生物信息学工具箱中提供了有向图及最短路径搜索的现成函数，如 biograph() 可以建立有向图对象，view() 函数可以显示有向图，而 graphshortestpath() 函数可以直接求解最短路径问题。这些函数的具体调用格式为：

$$P = \text{biograph}(\boldsymbol{R}) \qquad\qquad\qquad \%建立有向图对象 P$$
$$[d, \boldsymbol{p}] = \text{graphshortestpath}(P, n_1, n_2) \qquad \%求解最短路径问题$$

其中,$\boldsymbol{R}$ 为关联矩阵,它可以为普通的矩阵形式,也可以是稀疏矩阵的形式,其具体表示方法在后面例子中给出演示。biograph() 函数还将允许其他的参数。对图 3-13 中描述的有向图来说,$\boldsymbol{R}(i,j)$ 的值表示由节点 i 出发,到节点 j 为止的路径的权值。建立了有向图对象 P 后,由 graphshortestpath() 函数可以直接求解最短路径问题,权值 n_1 和 n_2 为起始和终止节点序号,d 为最短距离,而 $\boldsymbol{p}$ 为最短路径上节点序号构成的序列。在图示结果中,还需要调用其他的函数来进一步修饰,这些函数后面将通过实例演示。

例 3-45 试利用生物信息学工具箱中的函数重新求解例 3-44 中的问题。

由图 3-13 中的节点与路径关系可以整理出表 3-4,其中给出了每条路径的起始与终止节点及权值。由下面的语句可以按照稀疏矩阵的格式输入关联矩阵,并建立起有向图的描述,并用图形表示出该有向图,如图 3-15(a) 所示。注意,在构造关联矩阵 $\boldsymbol{R}$ 时,应使它为方阵。

```
>> ab=[1 1 2 2 3 3 4 4 4 4 5 6 6 7 8]; bb=[2 3 5 4 4 6 5 7 8 6 7 8 9 9 9];
   w=[1 2 12 6 3 4 4 15 7 2 7 7 15 3 10]; R=sparse(ab,bb,w); R(9,9)=0;
   h=view(biograph(R,[],'ShowWeights','on')) % 显示各个路径权值,并赋给句柄h
```

建立了有向图对象 $\boldsymbol{R}$,则可以由 graphshortestpath() 函数求解最短路径,并将其显示出来,如图 3-15(b) 所示。可见,这样得出的结果与前面手工推导出的结果完全一致。

表3-4 节点数据

起始节点	终止节点	权 值
1	2	1
1	3	2
2	5	12
2	4	6
3	4	3
3	6	4
4	5	7
4	7	15
4	8	7
4	6	2
5	7	7
6	8	7
6	9	15
7	9	3
8	9	10

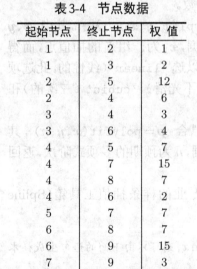

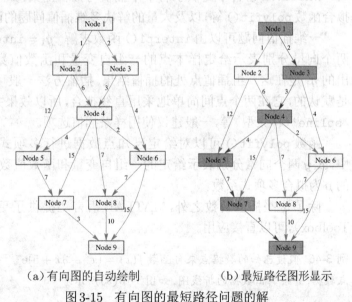

(a) 有向图的自动绘制 　　　　(b) 最短路径图形显示

图 3-15 有向图的最短路径问题的解

```
>> [d,p]=graphshortestpath(R,1,9) % 求节点①到节点⑨的最短路径
   set(h.Nodes(p),'Color',[1 0.4 0.4])
   edges=getedgesbynodeid(h,get(h.Nodes(p),'ID'));
   set(edges,'LineColor',[1 0 0])  % 上面语句用红色修饰最短路径
```

3.6.3　无向图的路径最优搜索

在实际应用中,如在城市道路寻优问题中,所涉及的图通常是无向图,因为两个节点 A、B 间,既可以由节点 A 走向 B,也可以由节点 B 走向 A。无向图的具体处理方法其实也很简单。在无向图中若不存在环路,即某条边的起点和终点为同一节点,则可以先按照有向图的方式构造关联矩阵 $\boldsymbol{R}$,此时,无向图的关联矩阵 $\boldsymbol{R}_1$ 可以由 $\boldsymbol{R}_1 = \boldsymbol{R} + \boldsymbol{R}^{\mathrm{T}}$ 直接计算出来。如果无向图中某些边是有向的,如城市中的单行路,则可以在得出 $\boldsymbol{R}_1$ 之后,手工修改该矩阵。例如,从节点 i 到节点 j 的边是有向的,而从 i 到 j 的路径应该手工设置成 $\boldsymbol{R}_1(j,i) = 0$。

对某些特殊的无向图来说,由节点 i 到 j 与由节点 j 到 i 的边权值是不同的,如在城市交通中,涉及上坡和下坡的问题,则需要对 $\boldsymbol{R}_1$ 矩阵的某些值用手工方法重新定义和修改。

3.7　数据插值与统计分析

3.7.1　一维数据的插值拟合

假设 $f(x)$ 是一维给定函数,且在相异的一组 n 个自变量 $x_1, x_2, \cdots, x_n$ 点处的值为 $f_1, f_2, \cdots, f_n$,则由这些已知点样本的信息获得该函数在其他 x 上函数值的方法称为函数的插值。如果在这些给定点的范围内进行插值,又称为内插,否则称为外插。如果从时间的概念上理解这个问题,则 x_n 以后点的插值又称为预报。

MATLAB 语言中提供了若干个插值与拟合函数,如一维插值函数 interp1()、多项式拟合函数 polyfit() 等,以及大量的解决多维插值问题的函数。

一维插值问题可以由 interp1() 函数求解 $y_1 = \text{interp1}(\boldsymbol{x}, \boldsymbol{y}, \boldsymbol{x}_1, \text{方法})$,其中,$\boldsymbol{x}$、$\boldsymbol{y}$ 两个向量分别表示给定样本点的一组自变量和函数值数据,$\boldsymbol{x}_1$ 为一组新的插值点,而得出的 $\boldsymbol{y}_1$ 是在这一组插值点处的插值结果。插值方法一般可以选 'linear'(线性的,此选项是默认的,它在两个点间简单地采用直线拟合,所以效果并不光滑)、'cubic'(三次的)和 'spline'(样条型)等,一般建议使用样条插值选项。

函数 polyfit() 可以对给定已知点数据进行多项式拟合 $p = \text{polyfit}(\boldsymbol{x}, \boldsymbol{y}, n)$,其中,$\boldsymbol{x}$、$\boldsymbol{y}$ 两个向量分别表示给定的一组自变量和函数值数据,n 为预期的多项式阶次,返回的 $\boldsymbol{p}$ 为拟合多项式系数。

除了这些插值函数之外,MATLAB 语言还提供了更专业的样条插值工具箱(Spline Toolbox),可以直接应用。

例 3-46　假设已知的数据点来自函数 $f(x) = (x^2 - 3x + 5)\mathrm{e}^{-5x}\sin x$,则可以由下面的语句生成样本点数据,并绘制出数据的折线图,如图 3-16(a) 所示:

```
>> x=0:.12:1; y=(x.^2-3*x+5).*exp(-5*x).*sin(x); plot(x,y,x,y,'o')
```

可以看出,由这样的数据直接连线绘制出来的曲线十分粗糙,可以再选择一组插值点,然后直接调用 interp1() 函数进行插值近似:

```
>> x1=0:.02:1; y0=(x1.^2-3*x1+5).*exp(-5*x1).*sin(x1);
   y1=interp1(x,y,x1); y2=interp1(x,y,x1,'cubic');
```

```
y3=interp1(x,y,x1,'spline'); plot(x1,[y1',y2',y3'],':',x,y,'o',x1,y0)
```

分别选择各种拟合选项,可以得出拟合结果与理论曲线,它们之间的比较如图 3-16(b) 所示。可以看出,默认的直线型拟合得到的曲线和图 3-16(a) 中的同样粗糙,因为该方法就是对各个点的直接连线。而用 'spline' 选项的拟合更接近于理论值。事实上,应用样条插值算法得出的插值十分逼近理论值,甚至用肉眼难以分辨。所以,样条函数插值在一维数据插值拟合中还是很有效的。样条插值还可以通过 spline() 函数和样条插值工具箱求出。

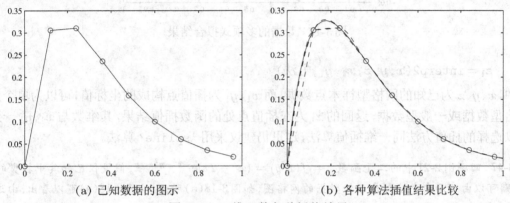

(a) 已知数据的图示   (b) 各种算法插值结果

图 3-16   一维函数各种插值结果

还可以用以上给出的数据获得拟合多项式:

```
>> p1=polyfit(x,y,3),p2=polyfit(x,y,4),p3=polyfit(x,y,5)
```

可以得出拟合多项式为:

$$P_1(x) = 3.2397x^3 - 5.3334x^2 + 2.1408x + 0.0435$$
$$P_2(x) - 7.1411x^4 + 16.9506x^3 - 13.5159x^2 + 3.6779x + 0.008$$
$$P_3(x) = 10.7256x^5 - 32.8826x^4 + 38.4877x^3 - 20.8059x^2 + 4.5073x + 0.0009$$

再由上面得出的多项式求出对给定插值点的数据拟合:

```
>> y1=polyval(p1,x1); y2=polyval(p2,x1); y3=polyval(p3,x1);
   x0=(x1.^2-3*x1+5).*exp(-5*x1).*sin(x1);
   plot(x1,y0,x1,y1,'--',x1,y2,':',x1,y3,'-.')
```

得出的拟合曲线如图 3-17 所示。可见,三次多项式和四次多项式的拟合效果都不好,而 5 次多项式的拟合精度是很高的,可以满足要求。当 x 的值很大时,这些多项式拟合的结果都不是很理想,所以如果不是特别要求拟合出数学模型,则没有必要采用多项式拟合,直接采用样条拟合就可以了。

3.7.2   二维数据的插值拟合

二维插值问题可以分成两种形式的子问题,即网格数据插值问题和一般二维数据插值问题。下面将分别介绍这两类插值问题的求解方法。

MATLAB 提供了 interp2() 来解决网格数据插值问题,该函数的调用格式为:

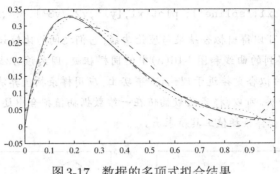

图3-17　数据的多项式拟合结果

$$z_1 = \texttt{interp2}(x, y, z, x_1, y_1, \text{方法})$$

其中,x、y、z为已知的网格型样本点数据,而x_1、y_1为插值点构成的坐标值,可以为单个点、网格型数据或一般型数据,返回的z_1为在插值点处的函数插值结果,其维数与x_1、y_1一致。可以选择的插值方法同一维插值算法,这里仍建议采用'spline'算法。

例 3-47　回顾例 2-21 中的二元函数 $z = f(x,y) = (x^2 - 2x)\mathrm{e}^{-x^2-y^2-xy}$,假设仅已知其中较少的数据,则可以由下面命令绘制出已知数据的网格图,如图3-18(a)所示。从图3-18(a)可以看出,由这些数据绘制的图形还是很粗糙的。

```
>> [x,y]=meshgrid(-3:.6:3, -2:.4:2); z=(x.^2-2*x).*exp(-x.^2-y.^2-x.*y);
   surf(x,y,z), axis([-3,3,-2,2,-0.7,1.5])
```

选较密的插值点,则可以用下面的样条插值,得出的结果如图3-18(b)所示。可以看出,采用样条插值可以得出很精确的插值结果。

```
>> [x1,y1]=meshgrid(-3:.2:3, -2:.2:2); z1=interp2(x,y,z,x1,y1,'spline');
   surf(x1,y1,z1), axis([-3,3,-2,2,-0.7,1.5])
```

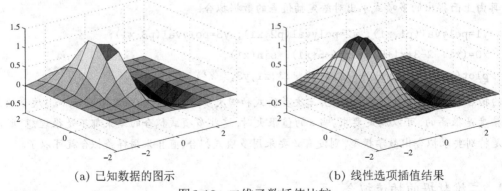

(a) 已知数据的图示　　　　　　　　(b) 线性选项插值结果

图3-18　二维函数插值比较

通过上面的例子可以看出,interp2()函数还是能较好地进行二维插值运算的,但该函数有很大的局限性,就是它只能处理以网格形式给出的数据,如果已知数据不是以网格形式给出的,则用该函数是无能为力的。在实际应用中,大部分问题都是以实测的(x_i, y_i, z_i)点给出的,所以不能直接使用该函数进行二维插值。这时应该考虑用 griddata() 函数来求解相应的问题,该函数的调用格式为 $z_1 = \text{grdidata}(\boldsymbol{x}, \boldsymbol{y}, \boldsymbol{z}, \boldsymbol{x}_1, \boldsymbol{y}_1, \text{方法})$,其中,$\boldsymbol{x}$、$\boldsymbol{y}$、$\boldsymbol{z}$ 是样本点数据构成的向量,$\boldsymbol{x}_1$、$\boldsymbol{y}_1$ 仍为插值点构成的坐标值,可以为单个点、网格型数据或一般型数据,返回的 $\boldsymbol{z}_1$ 为在插值点处的函数插值结果,其维数与 $\boldsymbol{x}_1$、$\boldsymbol{y}_1$ 一致。这里建议采用的方法是 'v4' 算法。

例 3-48 仍考虑原型函数 $z = f(x,y) = (x^2 - 2x)\mathrm{e}^{-x^2-y^2-xy}$,在 $x \in [-3,3]$,$y \in [-2,2]$ 矩形区域内随机选择一组 (x_i, y_i) 坐标,就可以生成一组 z_i 的值。以这些值为已知数据,用一般分布数据插值函数 griddata() 进行插值处理,并进行误差分析。

这里选择 200 个随机数构成的点,可以用下面的语句生成 $\boldsymbol{x}$、$\boldsymbol{y}$、$\boldsymbol{z}$ 向量,但由于这些数据不是网格数据,所以得出的数据向量不能直接用三维曲面的形式表示。但可以通过下面的语句将各个样本点在 x-y 平面上的分布形式显示出来,如图 3-19(a) 所示,也可以绘制出样本点的三维分布,如图 3-19(b) 所示。可以看出,这些分布点还是比较均匀的。

```
>> x=-3+6*rand(200,1); y=-2+4*rand(200,1);
   z=(x.^2-2*x).*exp(-x.^2-y.^2-x.*y); plot(x,y,'x') % 样本点的二维分布
   figure, plot3(x,y,z,'x'), axis([-3,3,-2,2,-0.7,1.5])
```

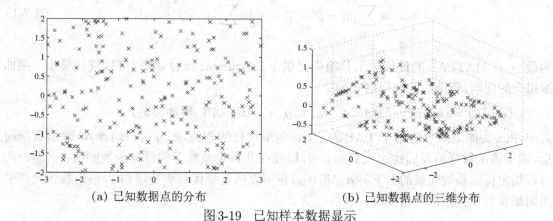

(a) 已知数据点的分布   (b) 已知数据点的三维分布

图 3-19　已知样本数据显示

仍选定例 2-21 中给出的方法生成网格矩阵,由 'v4' 算法获得插值结果,则可以绘制出拟合后曲面,如图 3-20(a) 所示。可以看出,这样得出的二维插值是很精确的。

```
>> [x1,y1]=meshgrid(-3:.2:3, -2:.2:2); z2=griddata(x,y,z,x1,y1,'v4');
   surf(x1,y1,z2), axis([-3,3,-2,2,-0.7,1.5])
```

由给出的原型函数还可以计算出插值点的理论值,从而得出拟合误差,如图 3-20(b) 所示。可见,用 'v4' 选项的插值结果明显优于立方插值算法,得出的拟合误差是比较小的。

```
>> z0=(x1.^2-2*x1).*exp(-x1.^2-y1.^2-x1.*y1); % 新网格各点的函数值
   surf(x1,y1,abs(z0-z2)); axis([-3,3,-2,2,0,0.05])
```

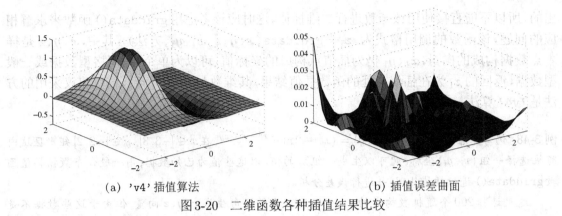

(a) 'v4' 插值算法　　　　　　　　　　　(b) 插值误差曲面

图3-20　二维函数各种插值结果比较

3.7.3　最小二乘曲线拟合技术

假设有一组数据 $x_i, y_i, i = 1, 2, \cdots, N$，且已知这组数据满足某一函数原型 $\hat{y}(x) = f(\boldsymbol{a}, x)$，其中，$\boldsymbol{a}$ 为待定系数向量，则最小二乘曲线拟合的目标就是求出这一组待定系数的值，使得目标函数：

$$J = \min_{\boldsymbol{a}} \sum_{i=1}^{N} [y_i - \hat{y}(x_i)]^2 = \min_{\boldsymbol{a}} \sum_{i=1}^{N} [y_i - f(\boldsymbol{a}, x_i)]^2 \tag{3-7-1}$$

为最小。在MATLAB的最优化工具箱中提供了 lsqcurvefit() 函数，可以解决最小二乘曲线拟合的问题，该函数的调用格式为：

$$[\boldsymbol{a}, J_{\mathrm{m}}] = \texttt{lsqcurvefit}(\text{Fun}, \boldsymbol{a}_0, \boldsymbol{x}, \boldsymbol{y}, \boldsymbol{a}_{\mathrm{m}}, \boldsymbol{a}_{\mathrm{M}}, \text{OPT}, 附加参数)$$

其中，Fun 为原型函数的MATLAB表示，$\boldsymbol{a}_0$ 为最优化的初值，$\boldsymbol{x}$、$\boldsymbol{y}$ 为原始输入、输出数据向量，调用该函数则将返回待定系数向量 $\boldsymbol{a}$，以及在此待定系数下的目标函数的值 J_{m}。用户还可以指定待定系数向量的上下界 $\boldsymbol{a}_{\mathrm{m}}$ 和 $\boldsymbol{a}_{\mathrm{M}}$，也可以指定寻优控制变量 OPT，该函数还允许采用附加参数来控制拟合精度等。

例 3-49　假设由下面的语句生成一组数据 $\boldsymbol{x}$ 和 $\boldsymbol{y}$:

```
>> x=0:.1:10; y=0.12*exp(-0.213*x)+0.54*exp(-0.17*x).*sin(1.23*x);
```

显然，可以知道该数据满足原型 $y(x) = a_1 e^{-a_2 x} + a_3 e^{-a_4 x} \sin(a_5 x)$，其中，$a_i$ 为待定系数。采用最小二乘曲线拟合的目的就是获得这些待定系数，使得目标函数的值为最小。

根据已知的函数原型，可以编写出如下的匿名函数，选择待定系数向量初值，则可以拟合出系数向量，且拟合误差为 $e = 1.79 \times 10^{-16}$。

```
>> f=@(a,x)a(1)*exp(-a(2)*x)+a(3)*exp(-a(4)*x).*sin(a(5)*x);
   [a,e]=lsqcurvefit(f,[1,1,1,1,1],x,y)
```

得出的系数向量为 $\boldsymbol{a} = [0.12, 0.213, 0.54, 0.17, 1.23]^{\mathrm{T}}$，与生成数据的函数完全一致。

3.7.4 数据简单排序

假设给定了一个数据变量 X，那么就可以用 MATLAB 提供的各种函数对这样的数据进行处理。例如，若想求出这样一组数据的最大值和最小值，则可以分别采用下面的函数来求出 $[x_\mathrm{M}, i] = \max(X)$ 或 $[x_\mathrm{m}, i] = \min(X)$，其中返回的 x_M 及 x_m 分别为矩阵 X 各列的最大值或最小值所构成的向量，而 i 为各列最大值或最小值所在位置的行号构成的向量。这两个函数均可以只返回一个参数，而不返回 i。如果 X 是行向量或列向量，则得出的结果是该向量的最大值或最小值。

MATLAB 还提供了对给定向量的大小进行排序的函数 sort()，其调用格式和 min() 的几乎完全一致。调用了此函数之后，就可以将矩阵各列的值按照从小到大的顺序进行排列。辅以 MATLAB 编程的基本语句，就可以很容易地得出从大到小的排序。

3.7.5 快速 Fourier 变换

离散数据 $x_i, i = 1, 2, \cdots, N$ 的 Fourier 变换是数字信号处理的基础，离散 Fourier 变换的数学表示为：

$$X(k) = \sum_{i=1}^{N} x_i \mathrm{e}^{-2\pi \mathrm{j}(k-1)(i-1)/N}, \text{ 其中 } 1 \leqslant k \leqslant N \tag{3-7-2}$$

其逆变换定义为：

$$x(k) = \frac{1}{N} \sum_{i=1}^{N} X(i) \mathrm{e}^{2\pi \mathrm{j}(k-1)(i-1)/N}, \text{ 其中 } 1 \leqslant k \leqslant N \tag{3-7-3}$$

快速 Fourier 变换（FFT）技术是求解离散数据 Fourier 变换的最实用的也是最通用的方法。MATLAB 中提供了内核函数 fft()，可以高效地求解 FFT 问题。该函数的另一个显著的特点是它可以对任意长度的向量进行变换，而不要求所变换的向量长度满足 2^n 约束，尽管满足这样长度的变换计算速度快些。

例 3-50 假设给定数学函数 $x(t) = 12\sin(2\pi \times 10t + \pi/4) + 5\cos(2\pi \times 40t)$。选择步长为 $h = 0.01$，可以产生 L 个时间值 t_i，并求出这些点上的函数值为 x_i，其相应的频率点可以由 $f_0 = 1/h, 2f_0, 3f_0, \cdots$ 构成，然后可以由下面的语句：

```
>> h=0.01; t=0:h:1; x=12*sin(2*pi*10*t+pi/4)+5*cos(2*pi*40*t); X=fft(x);
   f=t/h; plot(f(1:floor(length(f)/2)),abs(X(1:floor(length(f)/2))))
```

得出 FFT 幅值与频率的关系，如图 3-21(a) 所示。这里仅取一半数据绘制图形的原因是为了避免众所周知的 FFT 分析的假频（aliasing）现象。从分析结果中可以看出，在幅值曲线上有两个峰值点，对应的频率值为 10 Hz 和 40 Hz，正是给定函数中的两个频率值。

快速 Fourier 逆变换可以由 ifft() 函数直接求解，逆变换误差为 4.5832×10^{-14}。

```
>> ix=real(ifft(X)); plot(t,x,t,ix,':'), norm(x-ix)
```

这样得出的逆 FFT 变换结果与原函数在图 3-21(b) 中给出，可以看出两者完全一致。由于采用点较稀疏，所以曲线看起来不是很光滑。

此外,MATLAB还提供了二维和更高维的FFT与逆FFT函数,对二维问题可以调用 fft2() 和 ifft2() 函数,而高维问题可以使用 fftn() 和 ifftn() 函数。

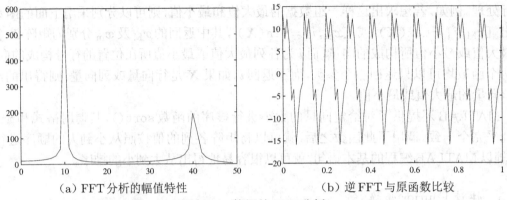

（a）FFT分析的幅值特性　　　　　　　　（b）逆FFT与原函数比较

图3-21　数据的FFT分析

3.7.6　数据分析与统计处理

3.7.6.1　伪随机数据生成与检验

在系统仿真领域经常要用到随机数,随机数的生成通常有两类方法:一是依赖一些电子元件发出随机信号,这种方法又称为物理生成法;一是通过数学的算法,仿照随机数发生的规律计算出随机数,由于产生的随机数是由数学公式计算出来的,所以这类随机数又称为"伪随机数"。

伪随机数至少有下面两个优点:首先,这样的随机数是可以重复的,这就创造了重复实验的条件;另外,随机数满足的统计规律可以人为地选择,例如,可以自由地选择均匀分布、正态分布或Poisson分布等来满足我们的需要。

（1）均匀分布随机数

MATLAB中提供了可靠的 $[0,1]$ 区间上均匀分布随机数生成函数 rand(),该函数的调用格式为 $x = \mathrm{rand}(n,m)$,其中,n 和 m 为想生成随机数矩阵的行数和列数,如果只想生成一个均匀分布的随机数列向量,则用 $x = \mathrm{rand}(n,1)$ 即可。

假设用户得到了一组满足 $[0,1]$ 区间上均匀分布的随机数 x_i,则若想获得在任意的 $[a,b]$ 区间上均匀分布的随机数,只需用 $y_i = a + (b-a)x_i$ 变换即可。

例 3-51 利用MATLAB提供的函数生成30000个均匀分布的随机数,然后检验其随机数的指标,如均值、方差等,可以给出如下命令:

```
>> x=rand(30000,1); y=x(find(x>=0.5)); format long
   [mean(x), min(x), max(x), length(y)/length(x)]
```

得出 $\bar{x} = 0.5026367604419$,$x_{\mathrm{m}} = 0.00001558352099$,$x_{\mathrm{M}} = 0.99998898980467$,大于0.5的元素个数占总数的50.446666666667%。

可以看出,利用此函数构成的随机数的均值接近0.5,且大于0.5的随机数个数接近总数的50%,生成的随机数最大值接近1,最小值接近0,所以说这样生成的伪随机数还是较理想的。

（2）正态分布随机数

满足标准正态分布的随机数 $N(0,1)$ 可以由 `randn()` 函数得出，其调用格式与 `rand()` 完全一致，但产生的是均值为 0、方差为 1 的正态分布随机数 $N(0,1)$。假设已经获得了标准正态分布随机数 x_i，如果想更一般地得到 $N(\mu, \sigma^2)$ 的随机数，可以由公式 $y_i = \mu + \sigma x_i$ 计算出来。

（3）Poisson 分布随机数

Poisson 分布的概率密度为 $p_p(x) = \lambda^x \mathrm{e}^{-\lambda x}/x!,\ x = 0, 1, 2, 3, \cdots$。在 MATLAB 的统计学工具箱中，提供了大批生成其他分布随机数的函数，如生成 Poisson 分布的函数 `poissrnd()`，该函数的调用格式为 $x = \mathtt{poissrnd}(\lambda, n, m)$，其中，$x$ 为生成的 $n \times m$ 随机数矩阵。

3.7.6.2 由统计数据计算概率密度

用 `hist()` 函数可以将一个数据向量按其大小分配到各个格子里，并求出每个格子内分配的个数，所以该函数可以求取数据向量的概率密度。假设可以均匀地设置各个格子的宽度，则可以通过 $y = \mathtt{hist}(x, c)$ 语句求出，其中，x 为给定的数据向量，c 为选定的格子所构造出的向量，则 y 可以算出各个格子内所分配的数据个数，这样其相应的概率密度就可以由 $y/(\mathtt{length}(x) * \Delta x)$ 近似得出，其中 Δx 为格子的宽度。

例 3-52 用 `randn()` 函数生成一组正态分布随机数，然后求出其概率密度，并和理论的概率密度进行比较。假设可以生成 30000 个随机数，并在 $[-3,3]$ 区间内设置 30 个格子，这样可以用下面的语句计算出生成数据的概率密度的近似值：

```
>> x=randn(30000,1); xx=linspace(-3,3,30);
   y=hist(x,xx); yp=y/(length(x)*(xx(2)-xx(1)));
```

这时得出的概率密度由 yp 返回。事实上，标准正态分布的概率密度为 $p(e) = \mathrm{e}^{-x^2/2}/\sqrt{2\pi}$，故可以用下面语句求出理论概率密度，并和得出的近似值相比较，结果如图 3-22 所示。

```
>> p0=exp(-xx.^2/2)/sqrt(2*pi); bar(xx,yp); hold on; plot(xx,p0)
```

可见，由 MATLAB 生成的伪随机数的概率密度与理论值匹配是较理想的。

统计学工具箱中还提供了多个在理论上求概率密度的函数，如正态分布的概率密度可以由 $p = \mathtt{normpdf}(x, \mu, \sigma)$ 求出。

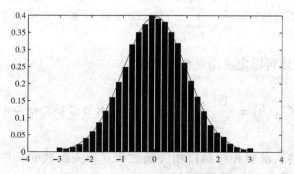

图 3-22 正态分布数据的概率密度比较

实验数据或随机数据也可以由 MATLAB 给出的数据处理函数容易地进行处理，如函数 mean() 可以立即求出向量的均值；函数 std() 可以求出向量的标准方差；函数 median() 可以求出向量的中位数；函数 cov() 可以对矩阵进行处理，得出数据的协方差。

3.7.6.3　数据的相关分析

假设在实验中测出两组数据 $x_i, y_i, (i = 1, 2, \cdots, n)$，则可以由下面的式子计算出两组数据的相关系数：

$$r = \frac{\sqrt{\sum (x_i - \bar{x})(y_i - \bar{y})}}{\sqrt{\sum (x_i - \bar{x})}\sqrt{\sum (y_i - \bar{y})}} \tag{3-7-4}$$

MATLAB 提供了 corrcoef() 函数，可以求出数据的相关系数矩阵。事实上，相关系数矩阵实际上是协方差矩阵元素按列进行归一化的结果。

例 3-53　利用 MATLAB 提供的函数可以先生成满足正态分布的 10000×5 伪随机数矩阵，然后可以用 mean() 和 std() 函数求出各列元素的均值和标准方差，再用 corrcoef() 函数求出这 5 列随机数据的相关系数矩阵。

```
>> S=randn(10000,5); M=mean(S), D=std(S), V=corrcoef(S)
```

得出 $\bar{S} = [0.0011, 0.0066, 0.0009, 0.0264, 0.0101]$，$\sigma(S) = [1.0011, 1.0036, 1.0049, 1.0058, 1.0061]$，协方差矩阵为：

$$V = \begin{bmatrix} 1 & 0.0119 & 0.0051 & -0.0114 & -0.0011 \\ 0.0119 & 1 & 0.0093 & -0.0012 & 0.0071 \\ 0.0051 & 0.0093 & 1 & 0.0048 & 0.0095 \\ -0.0114 & -0.0012 & 0.0048 & 1 & -0.0017 \\ -0.0011 & 0.0071 & 0.0095 & -0.0017 & 1 \end{bmatrix}$$

由满足标准正态分布的随机数性质可以看出，上面的结果是正确的，如产生的均值都很小、标准方差接近于 1 等。此外，由于其相关系数矩阵趋于单位矩阵，所以由 randn() 生成的伪随机数据是独立的。

对这些离散点可以由下面的式子定义 x_i 序列的自相关函数：

$$C_{xx}(k) = \frac{1}{N} \sum_{l=1}^{n-[k]-1} x(l)x(k+l), \ 0 \leqslant k \leqslant m-1 \tag{3-7-5}$$

其中，$m < n$。类似地，还可以定义出互相关函数：

$$C_{xy}(k) = \frac{1}{N} \sum_{l=1}^{n-[k]-1} x(l)y(k+l), \ 0 \leqslant k \leqslant m-1 \tag{3-7-6}$$

MATLAB 下提供了求取和绘制自相关函数和互相关函数的程序，分别为 autocorr() 和 crosscorr()，这两个函数的调用格式分别为：

$$[C_{\mathrm{xx}}, m, \mathrm{Bounds}] = \mathrm{autocorr}(\boldsymbol{x}, n, n_\sigma);$$

$$[C_{\mathrm{xy}}, m, \mathrm{Bounds}] = \mathrm{crosscorr}(\boldsymbol{x}, \boldsymbol{y}, n, n_\sigma);$$

其中,$\boldsymbol{x}$、$\boldsymbol{y}$ 为数据向量,m 的默认值为20,n_σ 为和标准方差有关的数值,它取默认值2时,大约等于95%的置信度。返回的 C_{xx} 和 C_{xy} 分别为自相关函数和互相关函数的结果,如果不返回任何变量,则将自动绘制出带有置信区域的相关函数图形。

例 3-54 考察MATLAB产生的随机数的相关性,可以给出如下的语句:

```
>> x=randn(1000,1);   % 产生1000个正态分布随机数
   y=randn(800,1);    % 产生800个数,虽然函数一致,但种子不同,数据也不同
   autocorr(x,10);    % 自动绘制自相关函数曲线,带95%置信度
   figure; crosscorr(x,y); ylim([-0.1,1]) % 绘制互相关函数曲线
```

由这些语句得出的自相关函数和互相关函数曲线分别如图 3-23(a)、图 3-23(b)所示。可以看出,这样生成的数据从相关函数角度看还是令人满意的。

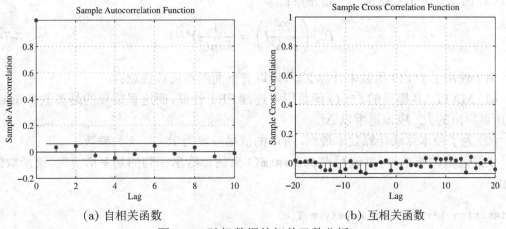

(a) 自相关函数   (b) 互相关函数

图 3-23 随机数据的相关函数分析

3.7.6.4 功率谱密度估计

给定离散数据向量 $\boldsymbol{y}$,在 MATLAB 中给出函数 psd() 来求取其功率谱密度,但实际使用发现,该函数并非很令人满意,所以这里引入基于 Welch 变换的估计算法[35]。

假设 n 为数据序列 $\boldsymbol{y}$ 的长度,则可以将这些点分为 m 长的 $\mathcal{K} = [n/m]$ 个段落:

$$x^{(i)}(k) = y[k + (i-1)m], \quad 0 < k \leqslant m-1, \quad 1 \leqslant i \leqslant \mathcal{K} \tag{3-7-7}$$

用 Welch 算法,可以得出下面 $\mathcal{K}$ 个式子:

$$J_{\mathrm{m}}^{(i)}(\omega) = \frac{1}{mU} \left| \sum_{k=0}^{m-1} x^{(i)}(k) w(k) \mathrm{e}^{-\mathrm{j}\omega k} \right|^2 \tag{3-7-8}$$

其中,$w(k)$ 为数据处理窗口,如它可以取作 Hamming 窗口:

$$w(k) = a - (1-a)\cos\left(\frac{2\pi k}{m-1}\right), \quad k = 0, \cdots, m-1 \tag{3-7-9}$$

如 $a = 0.54$, 且:

$$U = \frac{1}{m} \sum_{k=0}^{m-1} w^2(k) \qquad (3\text{-}7\text{-}10)$$

这样可以最终求出该信号的功率谱密度估计为:

$$P_{\text{xx}}^w(\omega) = \frac{1}{\mathcal{K}} \sum_{j=1}^{\mathcal{K}} J_{\text{m}}^{(i)}(\omega) \qquad (3\text{-}7\text{-}11)$$

下面给出其具体实现步骤[29]。

（1）用 fft() 函数对每个数据段计算 $X_m^{(i)}(l) = \sum_{k=0}^{m-1} x^{(i)}(k)w(k)\mathrm{e}^{-\mathrm{j}[2\pi/(m\Delta t)]lk}$。

（2）对每个段落计算 $\left| X_m^{(i)}(l) \right|^2$, 并计算累加和 $Y(l) = \sum_{i=1}^{\mathcal{K}} \left| X_m^{(i)}(l) \right|^2$。

（3）由下式求出数据的功率谱密度:

$$P_{\text{xx}}^w \left(\frac{2\pi}{m\Delta t} l \right) = \frac{1}{\mathcal{K}mU} Y(l) \qquad (3\text{-}7\text{-}12)$$

由于使用了 fft() 函数来计算 $X_m^{(i)}$, 所以有下面两点应该注意:

（1）MATLAB 提供的 fft() 函数用于连续 FFT 计算, 而这里需要的是离散 Fourier 变换, 所以得出的 P_{xx}^w 应该再乘以 Δt。

（2）为了使本算法计算效率最高, 则 m 的值尽量取为 $2^k - 1$, k 为整数。

依照前面的算法, 可以编写出 psd_estm() 来估计给出序列的功率谱密度, 该函数的清单如下:

```
function [Pxx,f]=psd_estm(y,m,T,a)
if nargin==3, a=0.54; end
k=[0:m-1]; Y=zeros(1,m); m2=floor(m/2); f=k(1:m2)*2*pi/(length(k)*T);
w=a-(1-a)*cos(2*pi*k/(m-1)); K=floor(length(y)/m); U=sum(w.^2)/m;
for i=1:K, xi=y((i-1)*m+k+1)'; Xi=fft(xi.*w); Y=Y+abs(Xi).^2; end
Pxx=Y(1:m2)*T/(K*m*U);
```

该函数的调用格式为 $[P_{\text{xx}}, f] = \text{psd\_estm}(y, m, T, a)$, 在上面给出的程序中, 为了避免假频现象, 只取变换的一半信息。在该函数中, y、m 和定义一致, T 为数据的采样周期 Δt, 计算后返回的 f 和 P_{xx} 分别为频率和功率谱密度。

3.8　习　题

（1）感受 MATLAB 在求解逆矩阵上的运算效率。要求一个 n 阶随机矩阵的逆, 分别取 $n = 550$ 和 $n = 1550$, 测试矩阵求逆所需的时间及结果的正确性。

(2) 对下面给出的各个矩阵求取各种参数,如矩阵的行列式、迹、秩、特征多项式和范数等。

$$\boldsymbol{A} = \begin{bmatrix} 7.5 & 3.5 & 0 & 0 \\ 8 & 33 & 4.1 & 0 \\ 0 & 9 & 103 & -1.5 \\ 0 & 0 & 3.7 & 19.3 \end{bmatrix}, \boldsymbol{B} = \begin{bmatrix} 5 & 7 & 6 & 5 \\ 7 & 10 & 8 & 7 \\ 6 & 8 & 10 & 9 \\ 5 & 7 & 9 & 10 \end{bmatrix}$$

$$\boldsymbol{C} = \begin{bmatrix} 1 & 2 & 3 & 4 \\ 5 & 6 & 7 & 8 \\ 9 & 10 & 11 & 12 \\ 13 & 14 & 15 & 16 \end{bmatrix}, \boldsymbol{D} = \begin{bmatrix} 3 & -3 & -2 & 4 \\ 5 & -5 & 1 & 8 \\ 11 & 8 & 5 & -7 \\ 5 & -1 & -3 & -1 \end{bmatrix}$$

(3) 由 $\boldsymbol{V} = [1, 2, 3, 4, 5]$ 构造 Vandermonde 矩阵,求出其特征多项式并验证 Hamilton-Cailey 定理,定量分析误差的大小。如果用 `poly1()` 函数取代 `poly()` 函数是否能改善精度?

(4) 对第(2)题的各个矩阵进行三角分解和奇异值分解、求取特征值与特征向量,并对对称矩阵 $\boldsymbol{B}$ 做 Cholesky 分解,并验证所得出的结果。

(5) 求解下面的线性代数方程:

$$① \begin{bmatrix} 7 & 2 & 1 & -2 \\ 9 & 15 & 3 & -2 \\ -2 & -2 & 11 & 5 \\ 1 & 3 & 2 & 13 \end{bmatrix} \boldsymbol{X} = \begin{bmatrix} 4 \\ 7 \\ -1 \\ 0 \end{bmatrix}, \quad ② \begin{bmatrix} 1 & 3 & 2 & 13 \\ 7 & 2 & 1 & -2 \\ 9 & 15 & 3 & -2 \\ -2 & -2 & 11 & 5 \end{bmatrix} \boldsymbol{X} = \begin{bmatrix} 9 & 0 \\ 6 & 4 \\ 11 & 7 \\ -2 & -1 \end{bmatrix}$$

并验证得出的解真正满足原方程。

(6) 对下面给出的复数矩阵进行分析,分别求出它的矩阵参数、逆矩阵、秩、特征值与特征向量,并验证 Hamilton-Cailey 定理。

$$\boldsymbol{A} = \begin{bmatrix} 0.2368 & 0.2471 & 0.2568 & 1.2671 \\ 1.1161 & 0.1254 & 0.1397 & 0.1490 \\ 0.1582 & 1.1675 & 0.1768 & 0.1871 \\ 0.1968 & 0.2071 & 0.2168 & 0.2271 \end{bmatrix} + \begin{bmatrix} 0.1345 & 0.1768 & 0.1852 & 1.1161 \\ 1.2671 & 0.2017 & 0.7024 & 0.2721 \\ -0.2836 & -1.1967 & 0.3558 & -0.2078 \\ 0.3536 & -1.2345 & 2.1185 & 0.4773 \end{bmatrix} \mathrm{i}$$

(7) 求出下面给出的矩阵的秩和 Moore-Penrose 广义逆矩阵,并验证它们是否满足 Moore-Penrose 逆矩阵的条件。

$$\boldsymbol{A} = \begin{bmatrix} 2 & 2 & 3 & 1 \\ 2 & 2 & 3 & 1 \\ 4 & 4 & 6 & 2 \\ 1 & 1 & 1 & 1 \\ -1 & -1 & -1 & 3 \end{bmatrix}, \boldsymbol{B} = \begin{bmatrix} 4 & 1 & 2 & 0 \\ 1 & 1 & 5 & 15 \\ 3 & 1 & 3 & 5 \end{bmatrix}$$

(8) 对余弦函数、反正弦函数及对数函数分别编写求矩阵变换的 MATLAB 函数,并利用编写的反正弦程序段对例子中的正弦结果进行检验,并计算例 3-16 中给出的矩阵。这里涉及的各个函数的幂级数展开公式如下:

① $\cos \boldsymbol{A} = \boldsymbol{I} - \dfrac{1}{2!}\boldsymbol{A}^2 + \dfrac{1}{4!}\boldsymbol{A}^4 - \dfrac{1}{6!}\boldsymbol{A}^6 + \cdots + \dfrac{(-1)^n}{(2n)!}\boldsymbol{A}^{2n} + \cdots$

② $\arcsin \boldsymbol{A} = \boldsymbol{A} + \dfrac{1}{2 \cdot 3}\boldsymbol{A}^3 + \dfrac{1 \cdot 3}{2 \cdot 4 \cdot 5}\boldsymbol{A}^5 + \dfrac{1 \cdot 3 \cdot 5}{2 \cdot 4 \cdot 6 \cdot 7}\boldsymbol{A}^7 + \cdots + \dfrac{(2n)!}{2^{2n}(n!)^2(2n+1)}\boldsymbol{A}^{2n+1} + \cdots$

③ $\ln \boldsymbol{A} = \boldsymbol{A} - \boldsymbol{I} - \dfrac{1}{2}(\boldsymbol{A} - \boldsymbol{I})^2 + \dfrac{1}{3}(\boldsymbol{A} - \boldsymbol{I})^3 - \dfrac{1}{4}(\boldsymbol{A} - \boldsymbol{I})^4 + \cdots + \dfrac{(-1)^{n+1}}{n}(\boldsymbol{A} - \boldsymbol{I})^n + \cdots$

(9) 给定下面的特殊矩阵 A，试利用符号运算工具箱求出其逆矩阵、特征值，并求出状态转移矩阵 e^{At} 的解析解。

$$A = \begin{bmatrix} -9 & 11 & -21 & 63 & -252 \\ 70 & -69 & 141 & -421 & 1684 \\ -575 & 575 & -1149 & 3451 & -13801 \\ 3891 & -3891 & 7782 & -23345 & 93365 \\ 1024 & -1024 & 2048 & -6144 & 24572 \end{bmatrix}$$

(10) 试对下面数值描述的函数求取各阶数值微分，并用梯形法求取定积分。

x_i	0	0.1	0.2	0.3	0.4	0.5	0.6	0.7	0.8	0.9	1	1.1	1.2
y_i	0	2.2077	3.2058	3.4435	3.241	2.8164	2.311	1.8101	1.3602	0.98172	0.67907	0.4473	0.27684

(11) 试用 MATLAB 的符号运算工具箱求取下面的极限。

① $\lim\limits_{x \to \infty} \dfrac{(x+2)^{x+2}(x+3)^{x+3}}{(x+5)^{2x+5}}$，② $\lim\limits_{\substack{x \to -1 \\ y \to 2}} \dfrac{x^2y + xy^3}{(x+y)^3}$

(12) 试用 MATLAB 的符号运算工具箱直接求解下面的微积分问题：

① 不定积分 $\displaystyle\int \frac{x^3 + 3x^2 - 5}{(x^2 - 2x - 6)(x^3 + x + 1)} \,\mathrm{d}x$。

② 对上面的结果进行微分，看是否能还原原函数。

③ 对 $x^2 \sin(\cos x^2)\cos x$ 函数做 20 项 Taylor 幂级数展开。

④ $\lim\limits_{n \to \infty} \left(1 + \dfrac{1}{2} + \cdots + \dfrac{1}{n} - \ln n\right)$。

(13) 改造 `lorenzeq()` 函数，使之以 β, σ, ρ 为附加参数，这样这些数据可以在 MATLAB 的工作空间中给定。绘制不同参数下的相空间轨迹，并弄清楚微分方程求解函数中函数句柄和函数名引用之间的区别。

(14) 考虑著名的 Rössoler 化学反应方程组：

$$\begin{cases} \dot{x} = y + z \\ \dot{y} = x + ay \\ \dot{z} = b + (x - c)z \end{cases}$$

选定 $a = b = 0.2, c = 5.7$，绘制仿真结果的三维相轨迹，并得出其在 x-y 平面上的投影。

(15) 考虑下面的化学反应系统的反应速度方程组[36]：

$$\begin{cases} \dot{y}_1 = -0.04y_1 + 10^4 y_2 y_3 \\ \dot{y}_2 = 0.04y_1 - 10^4 y_2 y_3 - 3 \times 10^7 y_2^2 \\ \dot{y}_3 = 3 \times 10^7 y_2^2 \end{cases}$$

其初值为 $y_1(0) = 1, y_2(0) = y_3(0) = 0$，该方程往往被认为是刚性方程，试分析当采用 `ode45()` 时该方程是否能正确求解，如果不能求解应该如何解决问题。

(16) 假设已知微分方程组：

$$\begin{cases} \ddot{x}\sin\dot{y} + \ddot{y}^2 = -2xy + x\ddot{x}\dot{y} \\ x\ddot{x}\dot{y} + \cos\ddot{y} = 3y\dot{x} \end{cases}$$

试选择一组状态变量，将该方程转换成一阶常微分方程组。

(17) 考虑下面给出的非线性微分方程：

$$\begin{cases} \dot{x} = -y + xf\left(\sqrt{x^2+y^2}\right) \\ \dot{y} = x + yf\left(\sqrt{x^2+y^2}\right) \end{cases}$$

式中，$f(r) = r^2\sin(1/r)$。参考文献[37]指出，该方程具有多个极限环，$r = 1/(n\pi)$，$n = 1, 2, 3, \cdots$。用数值方法求解此方程并观察多极限环的情况。

(18) 下面的 Chua 电路方程是混沌理论中经常提到的微分方程[38]：

$$\begin{cases} \dot{x} = \alpha[y - x - f(x)] \\ \dot{y} = x - y + z \\ \dot{z} = -\beta y - \gamma z \end{cases}$$

其中，$f(x)$ 为 Chua 电路的二极管分段线性特性，$f(x) = bx + \dfrac{1}{2}(a-b)\,(|x+1| - |x-1|)$，且 $a < b < 0$。试编写出 MATLAB 函数描述该微分方程，并绘制出 $\alpha = 15$，$\beta = 20$，$\gamma = 0.5$，$a = -120/7$，$b = -75/7$，且初始条件为 $x(0) = -2.121304$，$y(0) = -0.066170$，$z(0) = 2.881090$ 时的相空间曲线。

(19) Lotka-Volterra 扑食模型方程为：

$$\begin{cases} \dot{x}(t) = 4x(t) - 2x(t)y(t) \\ \dot{y}(t) = x(t)y(t) - 3y(t) \end{cases}$$

且初值为 $x(0) = 2$，$y(0) = 3$，试求解该微分方程，并绘制相应的曲线。

(20) 假设在 t 时刻炮弹的位置为 $(x(t), y(t))$，运动速度为 $v(t)$，速度与水平方向的夹角 $\theta(t)$ 满足：

$$\begin{cases} \dot{v}(t)\cos\theta(t) - \dot{\theta}(t)v(t)\sin\theta(t) = -kv^2(t)\cos\theta(t) \\ \dot{v}(t)\sin\theta(t) + \dot{\theta}(t)v(t)\cos\theta(t) = -kv^2(t)\sin\theta(t) - mg \\ \dot{x}(t) = v(t)\cos\theta(t) \\ \dot{y}(t) = v(t)\sin\theta(t) \end{cases}$$

其中，k 是与空气阻力有关的系数，m 为炮弹质量。已知初始条件 $x(0) = y(0) = 0$，$v(0) = v_0$，$\theta(0) = \theta_0$，试绘制炮弹弹道轨迹。

(21) 试用解析解和数值解的方法求解下面的微分方程组：

$$\begin{cases} \ddot{x}(t) = -2x(t) - 3\dot{x}(t) + \mathrm{e}^{-5t}, & x(0) = 1, \dot{x}(0) = 2 \\ \ddot{y}(t) = 2x(t) - 3y(t) - 4\dot{x}(t) - 4\dot{y}(t) - \sin t, & y(0) = 3, \dot{y}(0) = 4 \end{cases}$$

(22) 下面的方程在传统微分方程教程中经常被认为是刚性微分方程。试用常规微分方程解法和刚性微分方程解法分别求解这两个微分方程的数值解，并求出解析解，用状态变量曲线比较数值求解的精度。

① $\begin{cases} \dot{y}_1 = 9y_1 + 24y_2 + 5\cos t - \sin t/3, & y_1(0) = 1/3 \\ \dot{y}_2 = -24y_1 - 51y_2 - 9\cos t + \sin t/3, & y_2(0) = 2/3 \end{cases}$

②
$$\begin{cases} \dot{y}_1 = -0.1y_1 - 49.9y_2, & y_1(0) = 1 \\ \dot{y}_2 = y - 50y_2, & y_2(0) = 2 \\ \dot{y}_3 = 70y_2 - 120y_3, & y_3(0) = 1 \end{cases}$$

(23) 考虑简单的线性微分方程:

$$y^{(4)} + 3y^{(3)} + 3\ddot{y} + 4\dot{y} + 5y = e^{-3t} + e^{-5t}\sin(4t + \pi/3)$$

且方程的初值为 $y(0) = 1, \dot{y}(0) = \ddot{y}(0) = 1/2, y^{(3)}(0) = 0.2$,试求该方程的解析解和数值解,并比较两者得出的曲线。

(24) 考虑 Van der Pol 方程 $\ddot{y} + \mu(y^2 - 1)\dot{y} + y = 0$,试求解 $\mu = 1$,且边值 $y(0) = 1, y(5) = 3$ 时方程的数值解。如果假设 μ 为自由参数,试求出满足边值条件,且满足 $\dot{y}(5) = -2$ 时方程的数值解及 μ 的值,并绘图验证。

(25) 试找出下面 Riccati 变形方程全部的解矩阵,并验证得出的结果:

$$\boldsymbol{AX} + \boldsymbol{XD} - \boldsymbol{XBX} + \boldsymbol{C} = 0$$

其中

$$\boldsymbol{A} = \begin{bmatrix} 2 & 1 & 9 \\ 9 & 7 & 9 \\ 6 & 5 & 3 \end{bmatrix}, \boldsymbol{B} = \begin{bmatrix} 0 & 3 & 6 \\ 8 & 2 & 0 \\ 8 & 2 & 8 \end{bmatrix}, \boldsymbol{C} = \begin{bmatrix} 7 & 0 & 3 \\ 5 & 6 & 4 \\ 1 & 4 & 4 \end{bmatrix}, \boldsymbol{D} = \begin{bmatrix} 3 & 9 & 5 \\ 1 & 2 & 9 \\ 3 & 3 & 0 \end{bmatrix}$$

(26) 求解下面的最优化问题:

① $\displaystyle\min_{\boldsymbol{x} \text{ s.t.} \begin{cases} 4x_1^2 + x_2^2 \leqslant 4 \\ x_1, x_2 \geqslant 0 \end{cases}} \left(x_1^2 - 2x_1 + x_2 \right),$ ② $\displaystyle\max_{\boldsymbol{x} \text{ s.t.} x_1+x_2+5=0} \left[(x_1 - 1)^2 - (x_2 - 1)^2 \right]$

③ $\displaystyle\min_{\boldsymbol{x} \text{ s.t.} \begin{cases} x_1/4 - 60x_2 - x_3/25 + 9x_4 \leqslant 0 \\ x_1/2 - 90x_2 - x_3/50 + 3x_4 \leqslant 0 \\ x_3 \leqslant 1 \\ x_1, x_2, x_3, x_4 \geqslant 0 \end{cases}} \left(-\frac{3}{4}x_1 + 150x_2 - \frac{1}{50}x_3 + 6x_4 \right)$

其中,②是二元函数的最优化问题,试用图示的方法判定得出的结果是否合理,并解释。

(27) 试求解下面的双下标线性规划问题:

$$\min \quad 2800(x_{11} + x_{21} + x_{31} + x_{41}) + 4500(x_{12} + x_{22} + x_{32}) + 6000(x_{13} + x_{23}) + 7300x_{14}$$

$$\boldsymbol{x} \text{ s.t.} \begin{cases} x_{11}+x_{12}+x_{13}+x_{14} \geqslant 15 \\ x_{12}+x_{13}+x_{14}+x_{21}+x_{22}+x_{23} \geqslant 10 \\ x_{13}+x_{14}+x_{22}+x_{23}+x_{31}+x_{32} \geqslant 20 \\ x_{14}+x_{23}+x_{32}+x_{41} \geqslant 12 \\ x_{ij} \geqslant 0, (i=1,2,3,4, j=1,2,3,4) \end{cases}$$

(28) 试求解下面的四元二次型规划问题:

$$\min_{\boldsymbol{x} \text{ s.t.} \begin{cases} x_1 + x_2 + x_3 + x_4 \leqslant 5 \\ 3x_1 + 3x_2 + 2x_3 + x_4 \leqslant 10 \\ x_1, x_2, x_3, x_4 \geqslant 0 \end{cases}} \left[(x_1 - 1)^2 + (x_2 - 2)^2 + (x_3 - 3)^2 + (x_4 - 4)^2 \right]$$

(29) 试求解下面的最优化问题[39]:

① $\min\limits_{\boldsymbol{q},w,k}$ k s.t. $\begin{cases} q_3+9.625q_1w+16q_2w+16w^2+12-4q_1-q_2-78w=0 \\ 16q_1w+44-19q_1-8q_2-q_3-24w=0 \\ 2.25-0.25k\leqslant q_1\leqslant 2.25+0.25k \\ 1.5-0.5k\leqslant q_2\leqslant 1.5+0.5k \\ 1.5-1.5k\leqslant q_3\leqslant 1.5+1.5k \end{cases}$

② $\min\limits_{\boldsymbol{q},k}$ k s.t. $\begin{cases} g(\boldsymbol{q})\leqslant 0 \\ 800-800k\leqslant q_1\leqslant 800+800k \\ 4-2k\leqslant q_2\leqslant 4+2k \\ 6-3k\leqslant q_3\leqslant 6+3k \end{cases}$

其中,$g(\boldsymbol{q}) = 10q_2^2q_3^3 + 10q_2^3q_3^2 + 200q_2^2q_3^2 + 100q_2^3q_3 + q_1q_2q_3^2 + q_1q_2^2q_3 + 1000q_2q_3^3 + 8q_1q_3^2 + 1000q_2^2q_3 + 8q_1q_2^2 + 6q_1q_2q_3 - q_1^2 + 60q_1q_3 + 60q_1q_2 - 200q_1$。

(30) 一组富有挑战性的最优化基准测试问题也可以用 MATLAB 语言直接求解,试求解。

① De Jong 问题[40]:

$$J = \min_{\boldsymbol{x}} \boldsymbol{x}^{\mathrm{T}}\boldsymbol{x} = \min_{\boldsymbol{x}}(x_1^2 + x_2^2 + \cdots + x_p^2), \quad \text{其中 } x_i \in [-512, 512]$$

其中,$i = 1, \cdots, p$。本问题的理论解为 $x_1 = \cdots = x_p = 0$。

② Griewangk 基准测试问题:

$$J = \min_{\boldsymbol{x}} \left(1 + \sum_{i=1}^{p} \frac{x_i^2}{4000} - \prod_{i=1}^{p} \cos\frac{x_i}{\sqrt{i}} \right), \quad \text{其中 } x_i \in [-600, 600]$$

③ Ackley 基准测试问题[41]:

$$J = \min_{\boldsymbol{x}} \left[20 + 10^{-20} \exp\left(-0.2\sqrt{\frac{1}{p}\sum_{i=1}^{p} x_i^2} \right) - \exp\left(\frac{1}{p}\sum_{i=1}^{p} \cos 2\pi x_i \right) \right]$$

(31) 试求出图 3-24(a)、图 3-24(b) 中由节点 A 到节点 B 的最短路径。

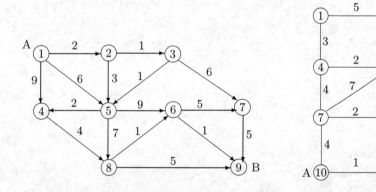

(a) 有向图最优路径问题　　　　(b) 无向图最优路径问题

图 3-24　有向图最短路径问题

(32) 用 $f(x,y) = \dfrac{1}{3x^3+y}\mathrm{e}^{-x^2-y^4}\sin\left(xy^2+x^2y\right)$ 原型函数生成一组网格数据或随机数据,分别拟合出曲面,并和原曲面进行比较。

(33) 假设已知一组数据,试用插值方法绘制出 $x \in (-2, 4.9)$ 区间内的光滑函数曲线,比较各种插值算法的优劣。

x_i	−2	−1.7	−1.4	−1.1	−0.8	−0.5	−0.2	0.1	0.4	0.7	1	1.3
y_i	0.1029	0.1174	0.1316	0.1448	0.1566	0.1662	0.1733	0.1775	0.1785	0.1764	0.1711	0.1630
x_i	1.6	1.9	2.2	2.5	2.8	3.1	3.4	3.7	4	4.3	4.6	4.9
y_i	0.1526	0.1402	0.1266	0.1122	0.0977	0.0835	0.0702	0.0579	0.0469	0.0373	0.0291	0.0224

(34) 假设有一组实测数据:

x_i	0.1	0.2	0.3	0.4	0.5	0.6	0.7	0.8	0.9	1
y_i	2.3201	2.6470	2.9707	3.2885	3.6008	3.9090	4.2147	4.5191	4.8232	5.1275

① 绘制出各种插值算法下的拟合效果。

② 假设已知该数据可能满足的原型函数为 $y(x) = ax + bx^2 \mathrm{e}^{-cx} + d$,试求出满足实测数据的最小二乘解 a、b、c、d 的值。

(35) 生成一个随机数序列,将该随机数序列循环左移 10 位,就可以构成另一个随机数序列,求这两个随机数序列的互相关函数。

(36) 试生成满足正态分布 $N(0.5, 1.4^2)$ 的 30000 个伪随机数,对其均值和方差进行验证,并用直方图的方式观察其分布与理论值是否吻合。若改变直方图区间的宽度会得出什么结论。

(37) 观察 MATLAB 的随机数发生函数 randn(),检验在不同的随机数种子下发生数据的相关函数和功率谱密度是否有明显的变化。

(38) 试求出 Gauss 分布函数 $f(t) = \dfrac{1}{3\sqrt{2\pi}}\mathrm{e}^{-t^2/3^2}$ 的自相关函数,并用 MATLAB 函数生成一组满足 Gauss 分布的伪随机数,用这些数据检验其自相关函数是否和理论值很接近。

第4章 Simulink 下数学模型的建立与仿真

Simulink 是 MathWorks 公司于 1990 年推出的产品,用于在 MATLAB 下建立系统框图和仿真的环境。该环境刚推出时的名字叫 Simulab,由于其名字很类似于当时的一个很著名的语言 —— Simula 语言,所以次年更名为 Simulink。从名字上,立即就能看出该程序有两层含义,首先,Simu 表明它可以用于计算机仿真,而 Link 表明它能进行系统连接,即把一系列模块连接起来,构成复杂的系统模型。正是由于它的这两大功能和特色,使得它成为仿真领域首选的计算机环境。

早在 Simulink 出现之前,仿真一个给定框图描述的连续系统是件很复杂的事,当时 MATLAB 虽然已经支持较简单的常微分方程求解,但用语句的方式建立起整个系统的状态方程模型还比较困难,所以需要借助于其他的仿真语言工具,如 ACSL 语言[10],来描述系统模型,并对其进行仿真。当时采用这样的语言建立模型需要很多的手工编程,很不直观,对复杂的问题来说出错是难以避免的,结果经常令人难以相信。另外,由于过多的手工编程,使得解决问题的时间浪费很多,很不经济。最致命的是,因为它们毕竟属于不同的语言,相互之间传送数据很不方便,这很大程度上限制了 ACSL 和 MATLAB 语言的联合使用。所以从 Simulink 一出现起,很多习惯用 ACSL 的用户纷纷弃用该语言,改用 Simulink 作为主要的仿真工具。

在 Simulink 类软件出现之前,为了考核各类控制系统 CAD 软件的建模难易程度、算法的精度等指标,该领域有影响的专家提出了一些测试基准问题(benchmark problems)[42],由于 Simulink 的出现,使得原来的基准问题能够轻而易举地解决。

本章首先在第 4.1 节中系统地概述 Simulink 中的各个模块库,并概括介绍其中一些常用的模块;在第 4.2 节中将介绍模块的使用方法,如模块旋转翻转、模块连接及参数修改,并将介绍搭建起来的 Simulink 模型的仿真方法;第 4.3 节将介绍模型描述技巧,并介绍模型浏览器、模型打印及仿真参数设置等内容,为后面的模型仿真研究做必要的准备;第 4.4 节将通过一些有代表性的例子演示 Simulink 在模型表示和仿真中的应用;第 4.5 节将介绍各种线性系统模型的建模和输入方法,并介绍基于 LTI Viewer 的线性系统的频域分析与数值仿真的方法;第 4.6 节将介绍连续系统在随机输入作用下的仿真算法和仿真结果的统计分析技术,还将分析系统的概率密度、相关函数和功率谱密度的理论值和仿真结果。

4.1 Simulink 模块库简介

在 MATLAB 命令窗口中输入 `simulink` 命令,或单击 MATLAB 工具栏上的 Simulink 图标 ▦,将打开 Simulink 模块库窗口,如图 4-1 所示。

熟悉早期版本的读者还可以通过在 MATLAB 下输入 `open_system('simulink')` 命令来打开整个模块库,这时模块库的表现形式如图 4-2 所示,其表现形式和早期版本完全一致,从这个模块库直接访问子模块库的方式也完全一致。这里为了更好地介绍各个模块组的基本内容,我们还是采用传统的形式,这样能更好地显示出每个模块组的全貌。

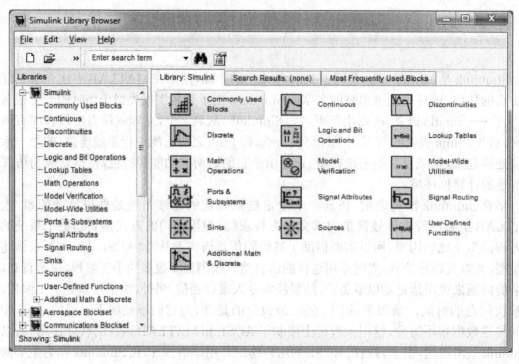

图 4-1　Simulink 模块库窗口

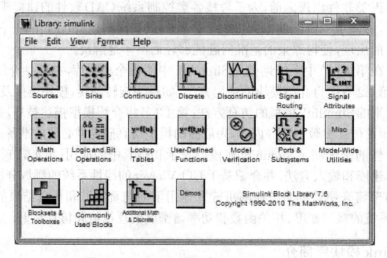

图 4-2　Simulink 模块库的窗口显示形式

从如图 4-2 所示的模块库或图 4-1 所示界面的左侧窗格中可以看出,整个 Simulink 模块库是由各个模块组构成,所以图 4-1 所示的窗口界面又称为 Simulink 模型库浏览器。可以看出,在标准的 Simulink 模块库中,包括信号源模块组(Sources)、输出池模块组(Sinks)、连续模块组(Continuous)、离散模块组(Discrete)、数学运算模块组(Math Operations)、逻辑与位运算模块组(Logic and Bit Operations)、非线性模块组(Discontinuities)、查表模块组(Lookup Tables)、信号路径模块组(Signals Routing)、信号属性模块组(Signal Attributes)、用户自定义函数模块组(User-Defined Functions)和端口与子系统模块组(Ports & Subsystems)等几个部分,此外,还有和各个工具箱与模块集之间的联系构成的子模块组,用户还可以将自己编写的模块组挂靠到整个模型库浏览器下。本节将概况介绍对常用的模块组和模块,在以后遇到相应的模块时再进行详细介绍。

4.1.1　信号源模块组

　　信号源模块组包括各种各样的常用输入信号模块,其内容如图4-3所示[①]。该模块组包括如下主要模块。

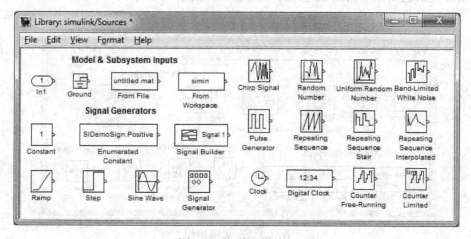

图4-3　信号源模块组

- **输入端口模块(In)**:用来表示整个系统的输入端口,这样的设置在子系统构造、模型线性化与命令行仿真时是必需的。
- **普通信号源发生器(Signal Generator)**:能够生成若干种常用信号,如方波信号、正弦波信号和锯齿波信号等,允许用户自由地调整其幅值、相位及其他参数。
- **带宽限幅白噪声(Band-Limited White Noise)**:一般用于连续或混杂系统的白噪声信号输入,详细情况后面将介绍。除了这样的白噪声信号外,还有一般随机数发生模块,如正态分布随机数模块(Random Number)和均匀分布随机数模块(Uniform Random Number)等,但注意,这两个模块不能直接用于仿真连续系统。
- **读文件模块(From File)和读工作空间模块(From Workspace)**:这两个模块允许从文件或MATLAB工作空间中读取信号作为输入信号。
- **时间信号模块(Clock)**:生成当前仿真时间t,在与时间有关的系统描述中是很有意义的,如获取系统的ITAE准则或构造时变系统等。

[①]注意,为了排版方便,采用了图4-2中所示界面的模块组图形,并进行了模块的重新布置,使得每个模块的位置和整个组的排版篇幅较少,但内容应该和图4-2中所示的完全一致。

- **常数输入模块**(Constant)：此模块以常数作为输入，可以在很多模型中使用该模块。
- **接地线模块**(Ground)：一般用于表示零输入模块，如果一个模块的输入端口没有接任何其他模块，在Simulink仿真中经常给出错误信息，这样可以将该模块接入该输入端口即可避免错误信息。
- **各种其他类型的信号输入**：如阶跃输入(Step)、脉冲信号(Pulse Generator)、斜坡输入(Ramp)和正弦信号(Sine Wave)等，还允许由Repeating Sequence模块构造周期性的输入信号。此模块组还提供了Signal Builder模块，允许用户自定义信号的波形。

4.1.2 连续模块组

连续模块组包括如下常用的连续模块，其内容如图4-4所示。

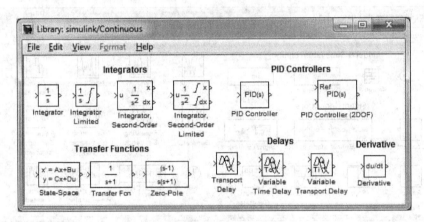

图4-4 连续模块组

- **不同类型的积分器模块**(Integrator)：积分器是连续动态系统最常用的元件，该模块将输入端信号经过数值积分，在输出端直接反映出来。在将常微分方程转换为框图表示时也必须使用此模块。积分器模块也因不同的选项有不同的变化形式，如带复位的积分器和带限幅的积分器等，这将在后面的例子中进行介绍。
- **数值微分器**(Derivative)：该模块的作用是将其输入端的信号经过一阶数值微分，在输出端输出出来。在实际应用中应该尽量避免使用该模块。
- **线性系统的状态方程**(State-Space)：状态方程模型是线性系统的一种时域描述，系统的状态方程数学表示为：

$$\begin{cases} \dot{x} = Ax + Bu \\ y = Cx + Du \end{cases} \tag{4-1-1}$$

其中，A矩阵是$n \times n$方阵，B为$n \times p$矩阵，C为$q \times n$矩阵，D为$q \times p$矩阵，这又称为这些矩阵维数相容。在状态方程模块下，输入信号为u，而输出信号为y。

- **传递函数**(Transfer Fcn)：是常用的描述线性微分方程的一种方法，通过引入Laplace变换可以将原来的线性微分方程在零初始条件下变换成"代数"的形式，从而以多项式的

比值形式描述系统,传递函数的一般形式为:

$$G(s) = \frac{b_1 s^m + b_2 s^{m-1} + \cdots + b_m s + b_{m+1}}{s^n + a_1 s^{n-1} + a_2 s^{n-2} + \cdots + a_{n-1}s + a_n} \tag{4-1-2}$$

其中的分母多项式又称为系统的特征多项式,分母多项式的最高阶次又称为系统的阶次。物理可实现系统要满足 $m \leqslant n$,这种情况下又称系统为正则(proper)的。传递函数是输出的 Laplace 变换和输入的 Laplace 变换之间的比值,也可以理解为放大倍数。

- **零极点**(Pole-Zero):零极点模型是传递函数模型的另外一种表示形式,其表达式为:

$$G(s) = K\frac{(s - z_1)(s - z_2)\cdots(s - z_m)}{(s - p_1)(s - p_2)\cdots(s - p_n)} \tag{4-1-3}$$

其中 K 称为系统的增益,z_i $(i = 1, \cdots, m)$ 称为系统的零点,而 p_i $(i = 1, \cdots, n)$ 称为系统的极点。很显然,对实系数的传递函数模型来说,系统的零极点或者为实数,或者以共轭复数的形式出现。

- **3种不同类型的时间延迟模块**:Transport Delay、Variable Time Delay 和 Variable Transport Delay 用于将输入信号延迟指定的时间后传输给输出信号。

- **两种不同的 PID 控制器模块**:PID controller、PID controller (2DOF) 实现了两种常用的 PID 控制器模式,前者是标准的 PID 控制器,后者的微分动作在反馈回路中实现。这两个 PID 控制器模块是 Simulink 中设计最精巧的模块,由模块的对话框可以变换出 PID 控制器的几乎所有的变形形式,PID 控制器模块是 R2010a 版本引入的。

4.1.3 离散模块组

离散模块组主要用于建立离散采样系统的模型,其内容如图 4-5 所示。该模块组主要包括如下模块。

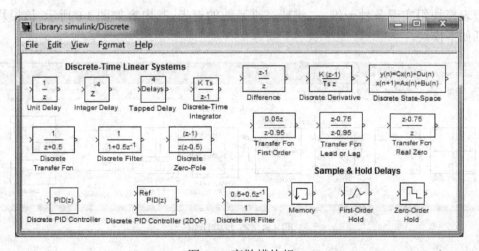

图 4-5 离散模块组

- **零阶保持器**(Zero-Order Hold,ZOH)**和一阶保持器**(First-Order Hold,FOH):前者在一个计算步长内将输出的值保持在同一个值上,而后者将按照一阶插值的方法计算一个计算步长内的输出值。

- **离散系统的零极点、传递函数和状态方程模块**：和连续系统类似，其定义分别为：

$$G(z) = K\frac{(z - z_1)(z - z_2)\cdots(z - z_m)}{(z - p_1)(z - p_2)\cdots(z - p_n)} \tag{4-1-4}$$

$$G(z) = \frac{b_0 z^m + b_1 z^{m-1} + \cdots + b_{m-1} z + b_m}{z^n + a_1 z^{n-1} + a_2 z^{n-2} + \cdots + a_{n-1} z + a_n} \tag{4-1-5}$$

$$\begin{cases} \boldsymbol{x}[(k+1)T] = \boldsymbol{Ax}(kT) + \boldsymbol{Bu}(kT) \\ \boldsymbol{y}(kT) = \boldsymbol{Cx}(kT) + \boldsymbol{Du}(kT) \end{cases} \tag{4-1-6}$$

其中，T 为采样系统的采样周期。模块组中的滤波器（Filter）、单步延迟（Unit Delay）、多步延迟（Integer Delay）、差分（Differences）等都是离散系统传递函数的特殊情况。

- **离散系统的滤波器模块**（Discrete Filter）：定义和离散系统的传递函数类似，为：

$$G\left(z^{-1}\right) = \frac{b_0 + b_1 z^{-1} + \cdots + b_{m-1} z^{-m+1} + b_m z^{-m}}{a_0 + a_1 z^{-1} + a_2 z^{-2} + \cdots + a_{n-1} z^{-n+1} + a_n z^{-n}} \tag{4-1-7}$$

另外，离散系统还提供了有限脉冲滤波器（Discrete FIR Filter）

$$G(z) = b_0 + b_1 z^{-1} + \cdots + b_{m-1} z^{-m+1} + b_m z^{-m} \tag{4-1-8}$$

- **记忆模块**（Memory）：返回输入信号在前一个采样周期时刻的值。
- **离散 PID 控制器模块**：Discrete PID Controller 和 Discrete PID Controller (2DOF) 实现了常规离散 PID 控制器和二自由度控制器仿真模块。

4.1.4　查表模块组

查表模块组实现各种一维、二维或高维函数的查表，其内容如图4-6所示。该模块组主要包括如下模块。

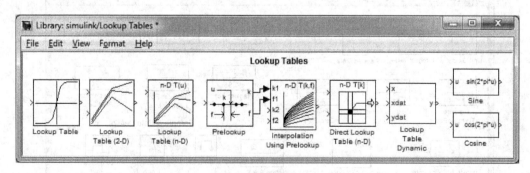

图4-6　查表模块组

- **一维查表模块**（Lookup Table）：给出一组横坐标和纵坐标的参考值，则输入量经过查表和线性插值计算出输出值返回。
- **二维查表模块**（Lookup Table (2-D)）：给出二维平面网格上的高度值，则输入的两个变量经过查表、插值运算，计算出模块的输出值。

- **其他查表模块**：如多维查表模块（Lookup Table (n-D)）、直接多维查表模块（Direct Lookup Table (n-D)）、动态查表模块（Lookup Table Dynamic）及预查表与插值模块（Interpolation Using Prelookup）等。

4.1.5　用户自定义函数模块组

用户自定义函数模块组的界面如图 4-7 所示。用户可以使用 MATLAB 语言，再利用该模块组的格式编写出不易搭建的模块。理论上说，利用该模块组可以搭建起任意复杂度的仿真模型。该模块组主要包括如下模块。

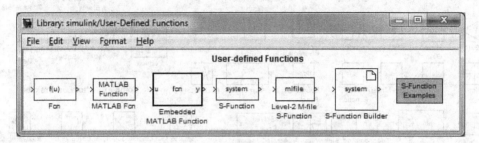

图 4-7　用户自定义函数模块组

- **函数计算模块**（Fcn）：可以将输入信号进行指定的函数运算，该模块可以对输入信号实现很复杂的函数运算，最后计算出模块的输出值。
- **自定义 MATLAB 函数的模块**：包括普通函数模块（MATLAB Fcn）和嵌入式函数模块（Embedded MATLAB Function），可以将用户自己按照规定格式编写的 MATLAB 函数嵌入到 Simulink 模型中，这样就可以对输入进行运算，计算生成输出信号。
- **S-函数模块**（S-Function）：按照 Simulink 规定的标准，允许用户编写自己的 S-函数，可以将 MATLAB 语句、C/C++ 语句、Fortran 语句或 Ada 语句等编写的函数在 Simulink 模块中执行，最后计算出模块的输出值。该模块组还提供了 S-函数的自动生成界面（S-Function Builder）。

4.1.6　数学运算模块组

数学运算模块组实现了各种各样的数学运算模块，如图 4-8 所示，该模块组主要包括如下模块。

- **增益模块**（Gain）：输出信号等于输入信号乘以增益模块中指定的数值。更一般地，该模块还可以实现矩阵增益运算和矩阵点乘法运算。
- **加减乘除模块**（Sum 和 Product）：将输入的多路信号进行加减乘除运算，则可以计算出输出信号。在组建反馈控制系统框图时必须采用该模块。
- **代数约束模块**（Algebraic Constraint）：可以在 Simulink 模型中引入某些代数方程求解的算法，其功能是约束其输入信号的值为 0，该模块可以用于微分代数方程的建模。

- 复数的实部、虚部提取模块（Complex to Real-Imag）、复数变换成幅值幅角的模块（Complex to Magnitude-Angle）及其逆变换，这些模块可以实现不同复数表示方式之间的相互转换。

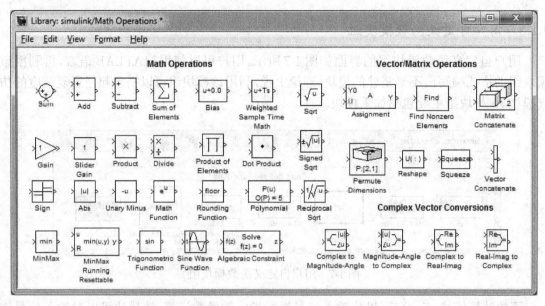

图4-8   数学运算模块组

- **一般数学函数**：如绝对值函数（Abs）、三角函数（Trigonometric Function）、符号函数（Sign）和取整模块（Rounding Function）等。

4.1.7   非线性模块组

非线性模块组（Discontinuity）包含一些常用的非线性运算模块，如图4-9所示。该模块组主要包括如下模块。

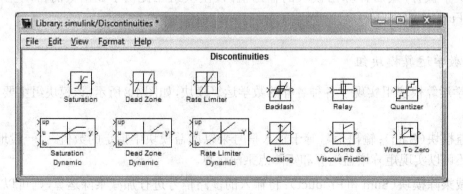

图4-9   非线性模块组

- Coulomb与黏性摩擦模块（Coulomb & Viscous Friction）：由粘滞系数与偏移量计算。
- 磁滞回环模块（Backlash）：和其在控制系统中的定义一致。

● **穿越点检测模块**（Hit Crossing）：用于精确检测穿越点，如过零点。

在此模块组中还定义了很多分段线性的静态非线性模块，如饱和非线性（Saturation）、死区非线性（Dead Zone）、量化模块（Quantizer）、继电模块（Relay）和变化率限幅模块（Rate Limiter）等，其实其中很多模块可以由一维查表模块实现，此外，还支持动态变参数的饱和、死区与变化率限幅模块。

4.1.8　输出池模块组

输出池模块组中的模块实际上是包含那些能显示计算结果的模块，如图 4-10 所示。该模块组包括如下模块。

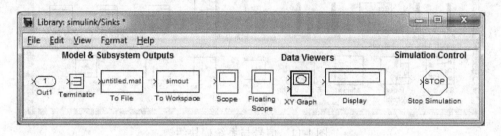

图 4-10　输出池模块组

● **输出端口模块**（Out）：用来表示整个系统的输出端口，这样的设置在子系统建模、模型线性化与命令行仿真等应用中是必需的。另外，系统直接仿真时这样的输出将自动在MATLAB 工作空间中生成变量。

● **示波器模块**（Scope）：将输入信号在示波器中显示出来。除了普通示波器外，Simulink 还提供了浮动示波器（Floating Scope）和 x-y 示波器（x-y Graph）。

● **工作空间写入模块**（To Workspace）：将输入信号直接写到 MATLAB 的工作空间中。该模块默认的写法是结构体型的数据，也可以通过设置将其设置成矩阵型的。

● **写文件模块**（To File）：将该模块的输入信号写到文件中。

● **数字显示模块**（Display）：将该模块的输入信号用数字的形式显示出来。

● **仿真终止模块**（Stop Simulation）：如果该模块输入的信号为非零时，将强行终止正在进行的仿真过程，可以在仿真框图中利用此模块控制仿真进程。

● **信号终结模块**（Terminator）：可以将该模块连接到闲置的未连接的模块输出信号上。

4.1.9　信号与系统模块组

信号与系统模块组包含的模块如图 4-11 所示。该模块组包含如下主要模块。

● **混路器**（Mux）**和分路器**（Demux）：前者将多路信号按向量的形式混合成一路信号。例如，可以将要观测的多路信号合并成一路，连接到示波器上显示，这样就可以将这些信号同时显示出来。分路器是将混路器组成的信号按指定的构成方法分解成多路信号的模块。

- 模型信息显示模块(Model Info):允许显示模型的有关信息。
- 选路器(Selector):可以从多路输入信号中按希望的顺序输出所需路数的信号。
- **各类开关模块**:包括一般开关模块(Switch)、手动开关(Manual Switch)和多路开关(Multiport Switch)等。由开关量的值选择由哪路输入信号直接产生输出信号,在很多场合下可以采用此模块。
- **信号中转模块**:包括 From 和 Goto 等,采用这类模块可以避免信号线不必要的交叉。

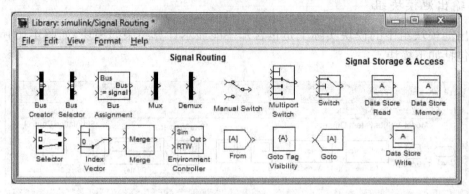

图4-11   信号与系统模块组

4.1.10   子系统模块组

子系统模块组包含了各种各样的子系统结构,如图4-12所示,主要包括如下模块。

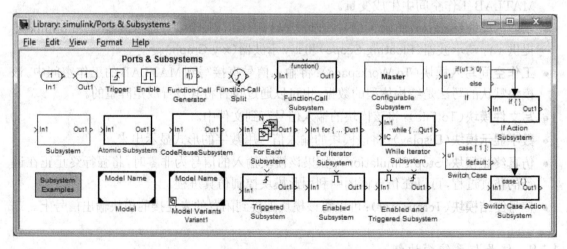

图4-12   子系统模块组

- 端口元件(In1、Out1)、触发信号模块(Trigger)和使能信号模块(Enable)。
- **空白子系统结构**(Atomic Subsystem):搭建子系统模块,给出输入和输出端口,允许用户在其间绘制所需的子系统模型,用户还可以根据需要自行添加其他控制端口。
- **触发子系统模块**(Triggered Subsystem):在触发信号发生时子系统可以工作,触发信号分为上升沿、下降沿、上升下降沿等,用户可以选择触发方式。

- **使能子系统**（Enabled Subsystem）：在使能信号发生时子系统开始工作，用户可以自己构造使能信号。此外，还可以将使能信号和触发信号共同用于控制子系统的行为。
- **结构控制子系统**：各种程序控制结构下的子系统，包括 `for` 循环、`while` 循环和迭代循环模块等，还有转移语句 `if` 和开关 `switch` 模块。这些模块还可以通过 Stateflow 描述的有限状态机进行建模与仿真。
- **嵌入 Simulink 子系统模块**（Model）：可以将现成的 Simulink 模型嵌入其他仿真模型。

4.1.11 常用模块组

为了建模方便，Simulink 还提供了一个常用模块组，如图 4-13 所示。该模块组中的全部模块都可以从其他相应的模块组中直接复制。用户可以将自己常用的模块也复制到这个组中，这样再进行建模时就可以打开这个组，而不必打开更多其他的组。

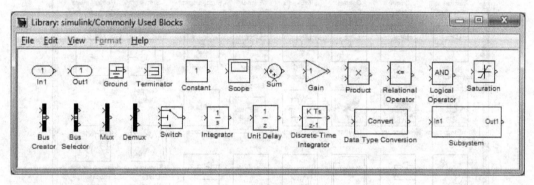

图 4-13 常用模块组

4.1.12 其他工具箱与模块集

事实上，一般构造系统的常用模块在基本模块库中都存在了，在其他模块集中包括了很多更具特色的模块，所以配合齐全的模块集，在强大的 MATLAB 支持下，可以更方便、迅速、准确地解决系统仿真的问题。在很多模块集中通常只有一两个模块，但这些模块经常作为和相应工具箱的接口。

工具箱模块集模块组如图 4-14 所示，下面仅简单介绍其中几个常用的模块集。

- **航天模块集**（Aerospace Blockset）：航天航空领域建模与仿真的大量模块，包括运动方程模块组（Equations of Motion）、空气动力学模块组（Aerodynamics）、推进器模型（Propulsion）、制导导航控制模块组（GNC）以及动画仿真模块组（Animation）等。
- **通信系统仿真模块集**（Comm Blockset）：用于通信系统仿真的实用工具。
- **数字信号处理模块集**（DSP Blockset）：定义了若干数字信号处理模块，如功率谱密度求取、自相关函数求取等，有关 DSP 模块集的详细内容后面将进一步介绍。
- **量测仪表模块集**（Gauges Blockset）：提供了大量表盘类显示元件，通过 ActiveX 技术和 MATLAB 与 Simulink 环境进行数据交换，可以将系统中的信号用表盘仪表的形式进行显示，更类似于过程控制现场环境。

- **和工具箱配套的模块集**：如控制系统模块集（Control System Toolbox）是为控制系统工具箱提供 Simulink 接口的，它支持线性模型对象在 Simulink 中直接应用，而无须再像连续模块组那样去赋底层的参数；模糊逻辑模块集（Fuzzy Logic Toolbox）是为模糊逻辑工具箱提供接口的；神经网络工具箱（Neural Network Blockset）是为神经网络工具箱提供接口的，而模型预测控制工具箱（Model Predictive Blockset）是为预测控制工具箱提供接口的；系统辨识模块集（System Identification Toolbox）是为系统辨识工具箱建立接口的。还有其他大量的模块集，在此不再一一列举。

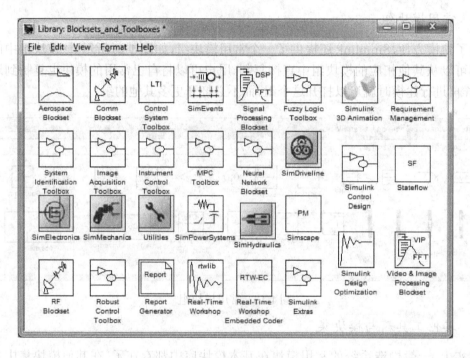

图 4-14　工具箱模块集模块组

- **物理系统建模模块集**（Simscape）：提供了物理系统的简易建模方法，该模块集的目标是利用模块集中提供的各物理模块，包括机、电、磁、热等基本物理系统模块，允许用户像组建硬件模型一样用搭积木的方法构建仿真模型。
- **工程系统专业模块集**：包括电气系统模块集（SimPowerSystems）、液压系统模块集（SimHydraulics）、机构系统模块集（SimMechanics）、动力系统模块集（SimDriveline）和电子系统模块集（SimElectronics）等各类工程系统的专业仿真模块，利用这些模块连接工程系统仿真框图，并由此自动生成仿真用的数学模型。
- **事件驱动模块集**（SimEvents）：可以搭建离散事件系统仿真框图。
- **Simulink 三维动画模块集**（Simulink 3D Animation）：早期虚拟现实工具箱的新版，提供了虚拟现实设备的输入方法和三维视景显示方式，可以将用户带入虚拟的世界。
- **实时控制类模块集**：如实时控制工具库（Real-Time Workshop）可以将 Simulink 模型翻译成 C 语言程序，加快执行速度；xPC 模块集可以进行半实物仿真等研究，定点运算模块集（Fixed-Point Blockset）仿照在微机控制中定字长、定点数据的处理方法进行仿真，对实时控制有一定的指导作用。

- **图像和影像处理模块集**（Video & Image Processing Blockset）：图像和影像动态处理 Simulink 模块组，包含图像读入、边界提取和增强、变换及输出模块。利用该模块集的模块可以容易地搭建起图像和影像处理系统。和该模块集相关的还有图像采集工具箱（Image Acquisition Toolbox），允许用户从外部设备，如摄像头，直接采集图像并进行实时处理。

4.2　Simulink 模型的建立

4.2.1　模型窗口建立

在 Simulink 环境下，编辑模型的一般过程是：首先打开一个空白的编辑窗口，然后将模块库中的模块复制到编辑窗口中，并依照给定的框图修改编辑窗口中模块的参数，再将各个模块按照给定的框图连接起来，这样就可以对整个模型进行仿真。

在 Simulink 中打开一个空白的模型窗口有以下几种方法：

- 在 MATLAB 的命令窗口中选择 File|New|Model 命令。
- 单击 Simulink 工具栏上的新建模型图标 🗋 。
- 选择 Simulink 菜单系统中的 File|New|Model 命令。
- 还可以使用 new_system 命令来建立新模型，具体方法后面的章节中将详细介绍。

无论采用哪种方式，都将自动地打开一个如图4-15所示的空白窗口模型，在这个窗口下可以任意地编辑所需要的系统模型。在后面各小节中将详细介绍模型的编辑、处理、仿真的方法。

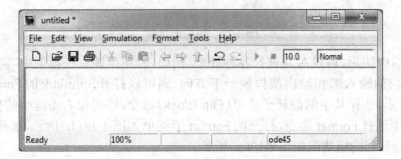

图4-15　Simulink 模块编辑窗口

4.2.2　模块的连接与简单处理

将两个模块在 Simulink 下连接起来是一件很简单的事，在每个允许输出的口都有一个表示输出的符号>，离开该模块，输入端也有一个表示输入的符号>，进入该模块。如果想连接起来两个模块，只需在前一个模块的输出口处按下鼠标左键，拖动鼠标至后一个模块的输入口处释放鼠标，则 Simulink 会自动地将两个模块连接起来。如果想快速进行两个模块的连接,还可以先单击选中源模块,按下Ctrl键,再单击目标模块,这样将直接建立起两个模块的可靠连接。

注意,正确连接之后,连线带有实心的箭头。如图4-16(a)所示,如果在画图时,不一次性将前一个模块的输出和后一个模块的输入连接起来,而是先画一条水平线,在继续画垂直线,再画水平线,到后一个模块输入点处释放鼠标,就可以得出如图4-16(b)所示的连接效果。一般情况下,这样的连接方式更实用,因为用户可以自己控制模型的布线。如果连接不正确,则出现如图4-16(c)所示的虚线连线。

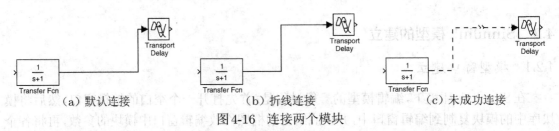

(a)默认连接   (b)折线连接   (c)未成功连接

图4-16   连接两个模块

有时,为了布线的美观和易读,经常需要将某个或某些模块进行旋转或翻转处理,在Simulink下对模块进行这样的处理是很容易的,首先应该选中该模块或模块组,用鼠标单击该模块就可以选中它,选中的模块的4个角出现黑点,标明它处于选中的状态,如图4-17(a)所示。可以首先在选择区域的左下角处按下鼠标左键,然后拖动鼠标到区域右上角处释放,则整个区域内所有的模块将均被选中,如图4-17(b)所示。另外,按下Ctrl键,再单击想选中的模块,则可以随意地同时选择多个模块。

(a)单个选中模块   (b)一组选中模块

图4-17   模块的选择

选中一组模块后,可以对其进行各种处理。例如,若在反馈系统模型中,需要将处于反馈路径上模块的输入端和输出端掉换一下方向,则可以打开Simulink的Format菜单,如图4-18(a)所示,选择其中的翻转子菜单(Flip Block)命令,还可以右击选中的模块,在打开的快捷菜单中选择Format命令,打开的Format子菜单如图4-18(b)所示,选择其中的Flip Block命令,翻转后的模块组如图4-19(a)所示。

如果选择的模块已经和其他的模块进行了连接,则将出现如图4-19(b)所示的旋转效果。旋转后模块实际的连线仍是正确的,但布线显得有问题,需要重新手工布线,实施起来可能更麻烦,所以应该在连线之前进行模块旋转,再将旋转、翻转后的模块连接起来。

Simulink在模块布局和连接上还有一个小技巧,如果想将模块B插入模块A、C之间,可以先将A、C连接起来,然后将模块B移动到该连线上,则模块B会自动连接在两个模块之间,如果需要,将自动完成必要的旋转、翻转处理。

除了对模块进行翻转之外,有时为布线美观的需要,还需要将模块旋转90°,这可以通过Format菜单中的Rotate命令来实现,单个模块的旋转效果如图4-20(a)所示。还可以连续使用旋转命令,这样也能轻易地实现270°的旋转。在90°的旋转中,将模块的名称旋转到了模块的左侧,如果想将其移到模块的右侧,则可以选择Flip Name命令,将得出如图4-20(b)所示的效果。对翻转的模块来说,通过模块名翻转的命令,将把模块的名称从模块的下方翻转到上方。如果不想显示哪个模块的名称,则可以选中该模块,再选择Hide Name命令。若想再恢复模块名称的显示,则选择Show Name命令。用户还可以单击模块的名称进入编辑状态,然后直接修改模块的名称。

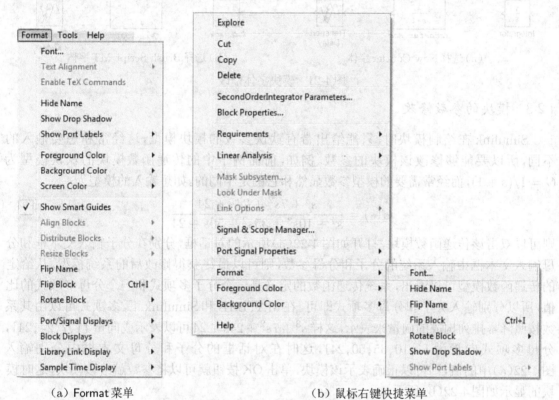

(a) Format 菜单   (b) 鼠标右键快捷菜单

图 4-18   Simulink 下的模块格式设置菜单

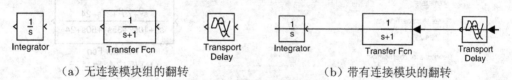

(a) 无连接模块组的翻转   (b) 带有连接模块的翻转

图 4-19   模块的翻转

Format 菜单还提供了其他的模块或系统的修饰功能,如选择其中的 Show Drop Shadow 命令将给选中的模块加阴影效果,如图4-20(c)所示。此外,还可以通过颜色选项修改模块背景(Background Color)、模块标示(Foreground Color)和整个 Simulink 模型窗口的背景颜色(Screen Color)。

选中了若干个模块,还可以改变它们的字体,选择 Format 菜单中的 Font 命令,则将自动得出标准的字体设置对话框。用户可以通过不同的字体选项得出如图4-21所示的字体显示效果。注意,字体变化将同时体现在模块内部的字符表示与模块名称表示上。

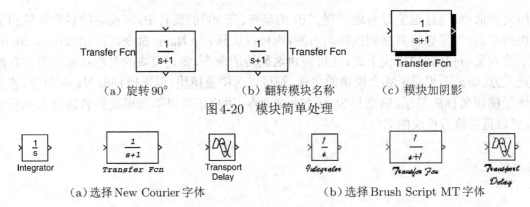

（a）旋转 90°　　　　　　（b）翻转模块名称　　　　　（c）模块加阴影

图 4-20　模块简单处理

（a）选择 New Courier 字体　　　　　　　（b）选择 Brush Script MT 字体

图 4-21　模块字体修改

4.2.3　模块的参数修改

Simulink 在绘制模块时，只能给出带有默认参数的模块模型，这经常和想要输入的不同，所以要能够修改该模块的参数。例如，前面例子中的传递函数模块的默认模型为 $G = 1/(s+1)$，而经常需要的模型参数显然和它的是不同的。如想输入的模型为：

$$G(s) = \frac{s^3 + 7s^2 + 24s + 24}{s^4 + 10s^3 + 35s^2 + 50s + 24}$$

则可以双击该传递函数模块，打开如图 4-22（a）所示的对话框，分别在分子输入文本框和分母输入文本框中输入系统的分子和分母参数，则可以最终获得修改后的系统模型。从给定的传递函数模型可以看出，系统传递函数的定义是一个分子多项式和一个分母多项式的比值，所以分别输入分子和分母多项式即可。在 MATLAB 和 Simulink 下，多项式可以由其系数按照降幂排列构成的向量来表示，这样 $s^3 + 7s^2 + 24s + 24$ 可以表示成向量 $[1, 7, 24, 24]$，分母多项式向量为 $[1, 10, 35, 50, 24]$，这时在对话框的分子和分母文本框中分别输入图 4-22（a）中的值，则可以正确表示该模块，单击 OK 按钮就可以将参数赋给该模块，这时模块的显示如图 4-22（b）所示。

（a）传递函数参数对话框

（b）确定参数显示

（c）变量参数显示

图 4-22　传递函数模块及处理

还可以用变量的形式表示这个模块，例如，在对话框的两个文本框中分别输入变量名 num 和 den，则将会自动把模块的参数和 MATLAB 工作空间中的 num 和 den 两个变量建立起联系,这时模块的显示如图 4-22(c)所示。注意,在运行仿真之前,模型中所有这样定义的变量一定要在 MATLAB 的工作空间中赋值,否则将不能进行仿真分析。

积分器模块的模型更富变化,双击积分器模块,则将打开如图 4-23 所示的对话框,通过适当的设置,多种积分器的变化形式都可以表现出来。首先考虑给积分器设置初值,这可以由其中的 Initial Condition 文本框来实现,可以在该文本框中填写常数或变量名,还可以为积分器的初值单独设置一个输入端口,接收其他信号的外部输入(可以通过选择 Initial condition source 下拉列表框中的 external 选项,再单击 OK 按钮来实现),这样将可以得出如图 4-24(a)所示的模块表示,其中积分器的初值可以由外部信号设置。

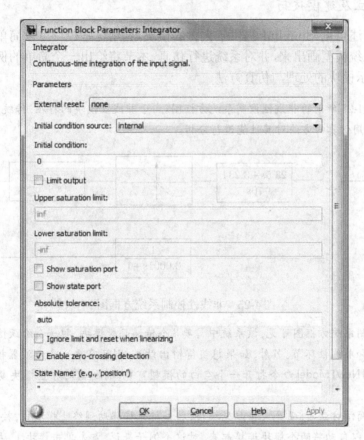

图 4-23   积分器模块的参数修改

积分器经常还可以设置复位信号,如果选择了 External reset 下拉列表框中的 rising 选项,则将以外部信号的上升沿为准将积分器复位,其模块表现形式如图 4-24(b)所示,这样就可以给积分器加一个复位信号。在该下拉列表框中还可以选择下降沿等作为复位控制信号。

在新版本的 Simulink 中,积分器模块还可以带有输出饱和限幅,选中 Limit output 复选框,并设置饱和的上下限,则可以在模块输出后加饱和处理,其模块表示形式如图 4-24(c)所示。通过选择各种附加选项,则可以得出如图 4-24(d)所示的模块效果。所以,可以在仿真中充分利用积分器的各种选项,解决各种特殊的问题。

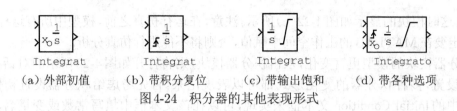

| (a) 外部初值 | (b) 带积分复位 | (c) 带输出饱和 | (d) 带各种选项 |

图4-24　积分器的其他表现形式

4.3　模型的处理与仿真分析

4.3.1　模型建立及建模技巧

由前面的叙述可见,Simulink 提供了大量的模块,利用这些模块可以简单地仿照给出的系统方框图将系统模型画出来,并对系统进行仿真。本节将给出一个简单的例子演示系统建模的过程,并演示模块的处理与仿真方法。

例 4-1　考虑如图 4-25 所示的非线性控制系统方框图。由于非线性模块的存在,传统的信息系统理论完全失效,只能采用仿真的方法对其性能进行分析。

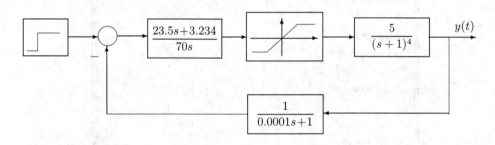

图4-25　非线性控制系统方框图

由给出的控制系统方框图可见,该系统中需要 3 个传递函数模块,即一个阶跃信号输入源、一个加法器和一个饱和非线性环节。另外,如果想获得输出结果,则还需要一个示波器模块。在 Simulink 模块库,选择 File|New|Model 命令打开一个空白的模型窗口,将所需的原型模块复制到该窗口中,如图 4-26(a) 所示。

连接模块的简洁方法是:首先左击起始模块,将鼠标光标移动到终止模块口,按下 Ctrl 键再左击该模块,这样就可以自动将两个模块连接起来。对这个例子来说,首先单击模块①,按下 Ctrl 键,然后依次左击后面的②、③、④、⑤、⑥模块,就可以将前向通路的各个模块连接起来;再单击模块②的第二输入端,反向拖动鼠标画线,到模块⑤、⑥之间的连线上释放鼠标即可;模块⑦如果按正规方法处理比较麻烦,需要首先进行翻转,所以这里不采用这样的方法而采用更简洁的方法,把模块⑦拖动到上述连线上之后释放鼠标,则该模块就会自动嵌入适当的位置,如图 4-26(b) 所示。

4.3.2　仿真模型的模块浏览

双击模块的对话框可以修改模块的参数。如果有很多模型需要这样修改,则逐个双击进行处理比较繁琐,可以通过模型的模型浏览器来完成这样的任务。选择模型窗口的

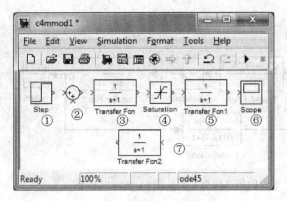
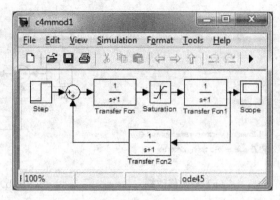

（a）复制模块　　　　　　　　　　（b）模块连线（文件名：c4mmod1.mdl）

图4-26　模块的复制与连接

View|Model Explorer命令或单击模型窗口工具栏上的 ⊞ 按钮都可以启动模块浏览器，如图4-27所示。

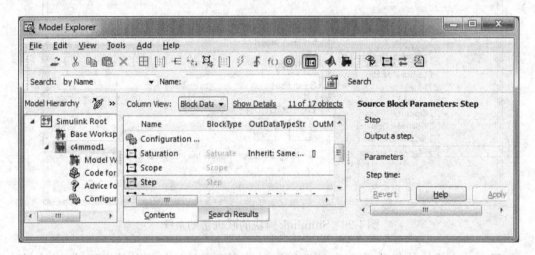

图4-27　模型浏览器

从打开的浏览器可见，其主要有3个部分，左侧是模型所在Simulink环境的级别，对这个例子来说，c4mmod1模型处于Simulink的根对象下，它本身还有下级的各个对象和设置。窗口的中间是该Simulink对象的下级模块，可见这里按字母顺序列出了饱和非线性模块Saturation、示波器模块Scope和阶跃输入模块Step等。如果想修改某模块的参数，可以单击该窗口内该模块的标识，在窗口的右侧部分给出参数修改框，该框和双击模块得到的对话框内容基本相同，通过这样的方法修改模型参数比较简单。例如，Step模块的参数修改框部分如图4-28（a）所示。通过这样的编辑，可以得到前面例子的仿真模型，如图4-28（b）所示。

4.3.3　Simulink模块的联机帮助系统

和MATLAB其他内容一样，Simulink也提供了较完善的联机帮助系统，选中一个模块，选择Help|Help on the selected block命令，或右击该模块，并在弹出的快捷菜单中选择Help命令或按F1键，将打开一个如图4-29所示的帮助窗口。

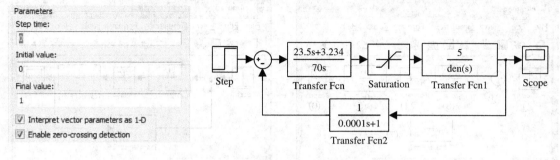

（a）参数修改框　　　　　　　　（b）系统的仿真模型（文件名：c4mmod2.mdl）

图4-28　窗口参数修改和最终仿真模型

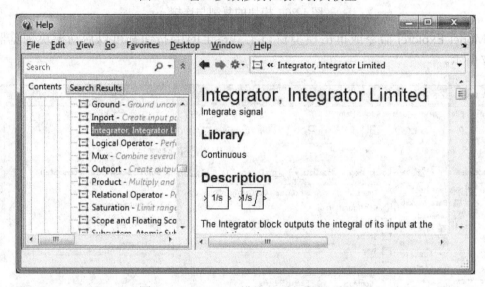

图4-29　Simulink模块的联机帮助系统

　　打开所关心模块的帮助页面后，还可以通过该页面直接访问相关的页面。这样的帮助系统使用起来还是较方便的。

4.3.4　Simulink模型的输出与打印

　　在Simulink的模型编辑窗口下，选择File|Print命令，则将打开标准打印对话框，单击OK按钮，将自动将整个Simulink模型按照默认的格式在打印机上打印出来。该对话框有各种各样的选项，如选择打印当前模型、当前模块、上级模块或下级模块等。另外，还可以通过Properties（属性）按钮选择打印的其他属性，如打印方向（Orientation）中的横向（Landscape）和纵向（Portrait）等。当然，由于其属性对话框的标签太多，不易寻找属性，所以这些参数更适合通过File|Page Setup命令打开对应的对话框来设置。

　　还可以通过print命令来打印或存储文件，其格式为：

```
print -s -d类型 文件名
```

其中,"类型"可以选择各种各样不同的文件类型,可以用 `help print` 命令将其列出,其中,`print -s -deps myfile`命令将按封装的PostScript格式将图形存成myfile.eps文件。如果不使用`-s`选项,则可以将MATLAB图形窗口中的图形存成eps文件。

在Simulink中,还可以由该窗口的Edit | Copy Model to Clipboard命令将整个模型复制到Windows的剪贴板中,以便其他软件能直接调用,如可以粘贴到Word文档中。

4.3.5　仿真环境的设置与启动

建立好Simulink模型后即可启动仿真过程,最简单的方法是单击Simulink工具栏上的 ▶ 按钮,还可以用 Simulation | Start 命令来启动。启动仿真过程后将以默认参数为基础进行仿真,而用户还可以自己设置需要的控制参数。选择 Simulation | Configuration Parameters 命令,将打开如图4-30所示的对话框,用户可以在其中填写相应的数据,控制仿真过程。

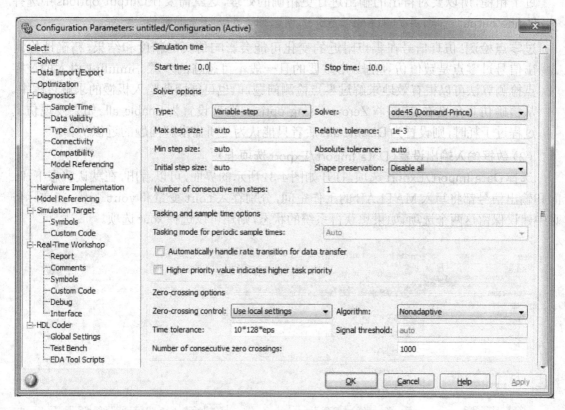

图4-30　Simulink仿真参数对话框

在图4-30所示的对话框的左侧有多个选项,默认的选项为微分方程求解程序 Solver 的设置,在该选项下的选项主要接受微分方程求解的算法及仿真控制参数。

（1）仿真算法选择（Solver 选项卡）

选择 Solver 选项,在右侧界面中,可以由 Solver options 栏中的选项设置定步长仿真算法和变步长仿真算法。一般情况下,连续系统仿真应该选择ode45变步长算法,对刚性问题可以选择变步长的ode15s算法,离散系统一般默认地选择定步长的 discrete (no continuous states)算法,而在仿真模型中含有连续环节时注意不能采用该仿真算法。定步长算法的步长应该由 Fixed step size 指定,一般还可以选择auto,依赖计算机自动选择步长,而变步长时建议步长范围使用auto选项。在实时工具中则要求必须选用定步长的算法。

- **仿真区间的设置**:在该对话框中还可以修改仿真的初始时间和终止时间;另外,用户还可以利用 Sinks 模块组中的 STOP 模块来强行停止仿真过程。

- **仿真精度的设定**:和前面介绍的微分方程求解一样,变步长仿真算法中的相对误差限(Relative tolerance)是决定仿真精度的重要因素。Simulink 下将该误差限默认设置为 10^{-3},即千分之一误差,所以在实际仿真中应该选择一个更小的相对误差限,如 10^{-8},并需对仿真结果的正确性进行验证。

- **输出信号的精确处理**:由于仿真经常采用变步长算法来完成,故有时会发现输出信号过于粗糙,所以要对得出的输出进行更精确的处理,这就需要在 Output options 中选择 Refine output 选项,并为 Refine factor 选项选择一个大于1的数值。

- **过零点检测**:仿真信号在零点附近的变化可能会影响仿真的精度和结果,精确地检测出信号过零点是数值仿真的一个重要的且一般不可忽略的步骤。Simulink 引入的过零点检测算法可以很有效地求解过零点检测问题,但也可能因此陷入极慢的求解过程中。从精确仿真角度看,应该将 Zero-crossing options 选项设置为 Enable all。如果发现仿真过程过于耗时,则设置为 Disable all。后者只能认为是所需求解问题的近似仿真。

（2）**数据输入输出设置**（Data Import/Export 选项卡）

选择 Data Import/Export 选项,打开如图4-31所示的界面,可以看出,在默认状态下,时间和输出信号都将写入 MATLAB 的工作空间,分别存入 tout 变量和 yout 变量,在实际仿真中建议保留这两个选项。如果想获得系统的状态,则还可以选择 xout 选项。

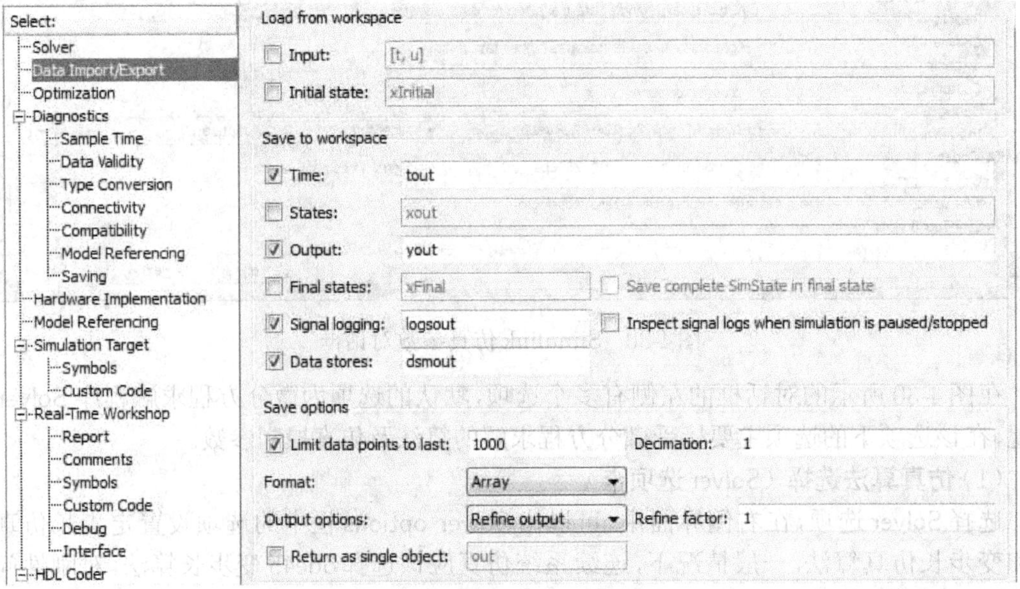

图4-31　数据输入、输出界面

在该界面中,还可以选择输出向量的最大长度,默认值为1000,即保留最新的1000组数据,如果因为步长过小,实际计算出来的数据量很大,超过选择的值,在MATLAB工作空间中将只保存1000组最新的数据,舍弃以前的数据。如果想保留全部的数据,则取消选中Limit data points to last复选框。

(3) 仿真错误与警告设置(Diagnostics选项卡)

在Simulink中可能出现一些错误情况,这就需要事先设置出现各类错误时发出警告的等级。选择仿真参数对话框左侧的Diagnostics(诊断)选项,将打开如图4-32所示的界面,用户可以修改错误警告类型的设置。在默认的Solver栏中相关的诊断内容如下。

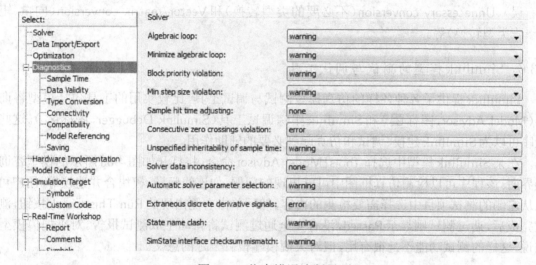

图4-32 仿真错误诊断界面

- **代数环**(Algebraic loop):经常由于某个或某些模块的输出信号作为输入信号,再直接传递到该模块的输入端而生成一种环路。如果产生代数环的是由线性模块构成,则可以手动地化简相应的模块就能消除代数环;如果是非线性环节,则可以考虑引入滞后环节来处理时间,后面将通过例子来演示。对代数环的检测有3个选项:none(不检测)、warning(警告)和error(错误信息)。
- **减少代数环**(Minimizing algebraic loop):Simulink提供了自动消除代数环的方法,如果消除方法失效,可以通过此检测环节设置警告级别,有none、warning和error 3个选项。
- **小于最小步长**(Min step size violation):在变步长计算中如果自动选择的步长小于预先指定的最小步长,则将发生这样的错误,这时需要研究原来的最小步长选择是否合理,另外,应该看看约定的计算精度是否过高。

另外,还有其他的各种诊断内容,包括采样周期(Sampling Time)、数据转换(Data Conversion)、连接情况(Connectivity)等,常用的诊断如下:

- 在离散系统建模中,通常可以将一些模块采样周期设置为−1,表示可以继承其输入信号的采样周期。但如果输入模块的采样周期设置为−1,则会发生错误,使得整个系统中的模块采样周期无法确定,所以采样周期诊断选项给出了Source block specify −1 sample time(在输入模块中使用−1采样周期)诊断内容。

- 连接情况选项所对应的界面中,Unconnected block output(输出端口未连接)用于诊断是否有输出端口悬空的情况,在模型中如果有的模块输出端口未连接到其他模块,则将给出错误信息。解决这样的问题的方法是将悬空的端口连接到输出池的终结模块(Terminator)上。类似地,还将检测 Unconnected block input(输入端口未连接)、Unconnected lines(未连接的线)等,前者可以给其输入一个零信号,如 Ground 模块,后者可以删除不必要的连线。其实存在悬空端口并不会影响仿真结果,所以可以取消对悬空端口的检测。

- 数据类型选项包括相关诊断内容,如int32 to float conversion(32位整数转换浮点数错误)、Unnecessary conversion(不必要的类型转换)和 Vector/matrix conversion(向量、矩阵类型转换)等。

4.3.6　Simulink模型的测试与调试工具

Simulink 提供了各种各样的仿真模型测试与调试工具,比较实用的工具包括模型咨询器(Model Advisor,图标▥)和 Simulink 跟踪调试工具(Simulink Debugger,图标✸)。这些程序可以为 Simulink 建模、调试和仿真起到必要的辅助作用。

在某 Simulink 模型中选择 Tools|Model Advisor 命令,将打开如图4-33所示的模型咨询器界面。该程序可以检测仿真框图中可能出现的问题,如连线问题、模块合并建议等。用户可以从左侧的测试项目中选择需要检测的内容,然后单击右侧出现的 Run This Check 按钮,测试完成后,通过测试则显示 Passed,没有完全通过测试将自动生成测试报告。对小规模模型来说,这样的测试功能不是很有用,但对大规模建模有一定的意义。

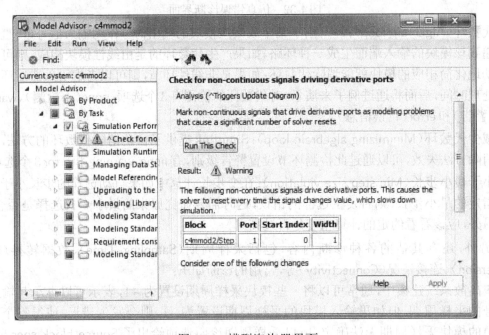

图4-33　模型咨询器界面

在某 Simulink 模型窗口中选择 Tools|Simulink Debugger 命令或单击 ⊛ 按钮,将打开如图 4-34 所示的 Simulink 模型跟踪调试程序界面。该界面允许用户在仿真模型中设置断点,也允许在过零点(Zero crossing)、计算步长超限(Step size limited by state)、求解器错误(Solver Error)及出现不定式值(NAN values)时自动设置断点,还可以在指定时刻设置断点(Break at time)。用户可以使用这些断点来对系统仿真模型进行跟踪调试。例如,仿真时如果系统不稳定,经常会给出一个错误信息对话框,提示计算到某个时刻出现不定式 NaN 型结果,这样用户可以在该时刻到来前设置一个断点来观测进入不稳定区域之前出现的问题。

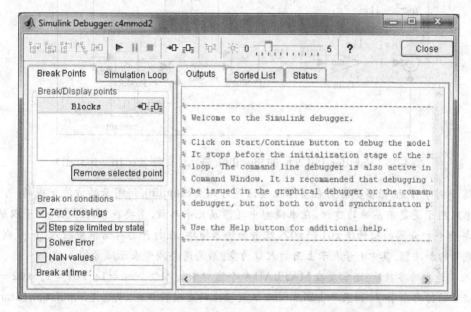

图 4-34　Simulink 跟踪调试程序界面

4.4　Simulink 模型举例

本节将通过一些有代表性的例子来演示如何建立 Simulink 模型,并介绍如何对给定的模块进行仿真分析。在第一个例子中,将以著名的 Van der Pol 方程为例演示如何为给出的微分方程模型建立图形表示,并得出一些有益的结论;第二个例子将介绍一个以线性框图形式给出模型的 Simulink 表示方法及仿真结果,并对不同控制器参数进行仿真分析;第三个例子将介绍非线性模型的 Simulink 描述与仿真,并演示非线性参数和输入幅值变化时仿真的结果;第四个例子将介绍采样系统的 Simulink 表示及仿真,演示在不同采样周期下系统的性能。

例 4-2　首先考虑例 3-28 中描述的 Van der Pol 方程 $\dot{x}_1 = x_2$,$\dot{x}_2 = -\mu(x_1^2-1)x_2 - x_1$,第一个方程可以认为是将 $x_2(t)$ 信号作为一个积分器的输入端,这样积分器的输出则将成为 $x_1(t)$ 信号,类似地,$x_2(t)$ 信号本身也可以认为是一个积分器的输出,在积分器的输入端,信号应该为 $-\mu(x_1^2-1)x_2 - x_1$,在构造该信号时还应该使用信号乘积的处理,可以按如图 4-35 所示的格式建立起描述该微分方程的模型。除了上述的各个模块外,还需要添加结果输出模块,这里使用输出端口模块输出结果。

可以看出，在系统框图中，除了各个模块及其连接外，还给出了各个信号的文字描述。在Simulink模型中加文字描述的方式也很简单，具体为：在想加文字说明的位置双击鼠标，则将出现字符插入标示，这时将任意的字符串写到该位置即可。文字描述写到模型中后，则可以用鼠标单击并拖动到指定位置。

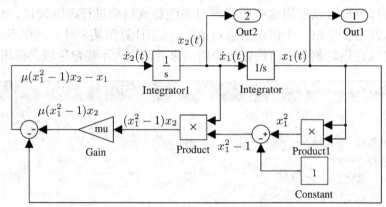

图4-35   Van der Pol方程的Simulink表示（文件名：c4mvdp.mdl）

从这个例子可见，很多微分方程实际上应该是可以由Simulink用图示的方法完成的，可以将这样的思想应用于更复杂系统的建模。在本模型中还涉及几个参数，需要在MATLAB中予以赋值，如mu的值与两个积分器的初始值x01和x02。双击加法器模块，在打开的对话框中输入"|--"则可以得到两个减号的加法器，其中|号表示上面的入口为空，后面两个减号表示减号输入端。

输入了适当的参数后，还需要在MATLAB命令窗口中输入命令mu＝1; x01＝1; x02＝-2，这时就可以启动仿真命令了，如果单击Simulink工具栏上的启动按钮▶，或选择Simulation|Start命令，经过暂短的仿真过程，仿真结果将赋给MATLAB工作空间内的保留变量tout和yout。在MATLAB命令窗口中输入如下绘图命令：

```
>> plot(tout,yout), figure, plot(yout(:,1),yout(:,2))
```

则将分别得出如图4-36(a)、图4-36(b)所示的时间响应曲线和相平面曲线。从得出的结果可见，有的区域解的曲线较粗糙(后面将有章节专门介绍仿真结果验证和改进求解精度的方法)。

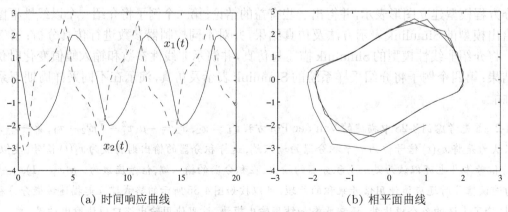

(a) 时间响应曲线   (b) 相平面曲线

图4-36   Van der Pol方程的仿真结果

还可以修改一下系统的输出方式,将 x_1 和 x_2 信号分别接入 x-y 示波器的两个输入端,如图 4-37 所示,再双击示波器图标,则将打开如图 4-38(a) 所示的界面,在其中可以填写示波器的 x-y 轴范围,可以按照图中的方式填写这些参数,关闭后启动仿真过程,则将得出如图 4-38(b) 所示的相平面图,可以看出,这里得到的图形和例 3-28 中的完全一致。

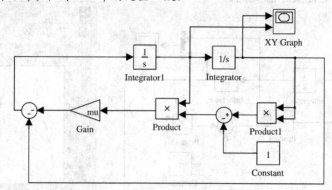

图 4-37 带 x-y 示波器的 Simulink 模型(文件名:c4mvdp1.mdl)

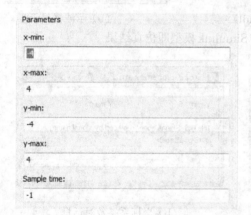
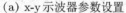
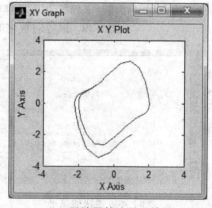

(a) x-y 示波器参数设置　　　　(b) 示波器轨迹显示结果

图 4-38 x-y 示波器的相平面显示

还可以使用另一种示波器——常规示波器来显示得出的结果。因为示波器默认图标只接收一路信号,而我们想同时绘制两条状态曲线,这时应该使用 Signal Routing 中的 Mux 模块将两路输入进行向量化,混合成一路向量型输出信号,直接连接到示波器上,如图 4-39(a) 所示。

再进行仿真,就可以得出如图 4-39(b) 所示的仿真结果。该结果中,坐标轴是按默认的格式选择的,对本例来说自动选择的 y 轴不是很理想,可以通过示波器自己的工具栏来对曲线进行放大处理,如单击工具栏上的 🔍 按钮,改变曲线的显示范围。

如果想改变示波器 y 轴的范围,还可以右击示波器内曲线打开快捷菜单,如图 4-40(a) 所示,选择 Axes properties 命令,打开如图 4-40(b) 所示的对话框,在其中可以手工设置 y 轴的显示范围。另外,通过示波器快捷菜单还可以设置示波器的其他属性。

很多微分方程都可以表示成图形形式,但比较起来,用第 3 章中的 MATLAB 语句描述的微分方程求解应该更简单、直观,且不易出错,所以对一般单纯的微分方程来说,最好采用语句的方式求解。而对实际应用中的系统仿真模型来说,微分方程可能只是整个系统中的一个部分,其输入的信号可能来自上一个子系统,该信号也需要通过仿真方法求出,所以这种场合不适合用语句求解这样的微分方程,只能采用基于框图的求解方法。所以学习和掌握微分方程的框图解法是有实际意义的。

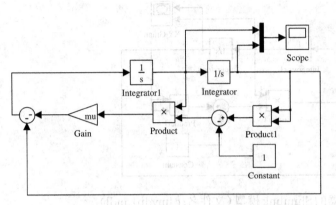

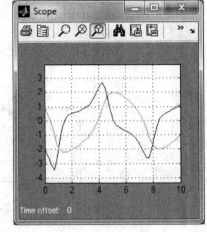

(a) 向量化输出模型(文件名:c4mvdp2.mdl)　　　　(b) 示波器显示

图 4-39　信号向量化的 Simulink 模型即仿真结果

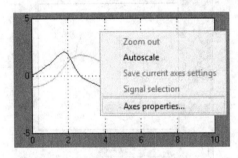

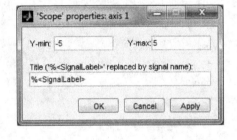

(a) 示波器快捷菜单　　　　(b) 坐标系参数对话框

图 4-40　示波器参数修改

例 4-3　考虑直流电机拖动系统方框图[1],如图 4-41 所示。可以按照图 4-42 中给出的方式构造系统的 Simulink 模型。在该系统中,输入端采用两个信号的叠加形式,其中一个是实际输入的阶跃信号,另一个是系统的输入端口。在 Simulink 中,默认的阶跃输入模块的跳跃时间为 1,而在控制系统研究中习惯将其定义为 0,所以可以修改其参数。要修改模型中其他模块的参数,则可以直接双击其图标,然后在打开的界面中填入适当的数据即可。

　　得出了系统的 Simulink 模型后,即可对该系统进行仿真研究。如选择其中的 Simulation|Start 命令,则可以立即得出仿真结果,该结果将自动返回到 MATLAB 的工作空间中,其中时间变量名为 tout,输出信号的变量名为 yout。使用命令 plot(tout,yout) 可以立即绘制出系统的阶跃响应曲线,如图 4-43(a)所示。从响应曲线看,该曲线不是很理想,可以将外环的 PI 控制器参数调整为 $(\alpha s+1)/0.085s$,并分别选择 $\alpha=0.17,0.5,1,1.5$,则可以得出如图 4-43(b)所示的结果。可以看出,如果选择 PI 控制器为 $(1.5s+1)/0.085s$ 则能得到较满意的效果。后面章节还将介绍如何获得最优的控制器参数。

可以看出,在Simulink仿真环境中,可以方便地修改系统的参数。系统模块的参数既可以通过MATLAB下的命令修改,也可以在仿真过程中打开的参数对话框中修改。通过命令修改的方式在第6章中还将详细介绍。

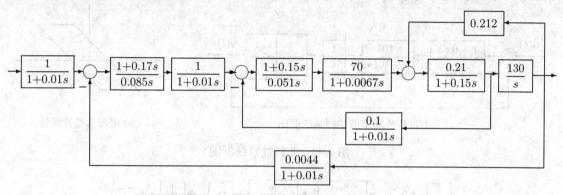

图4-41 直流电机拖动系统方框图

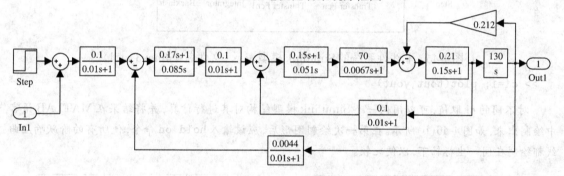

图4-42 电机拖动模型Simulink表示(文件名:c4mex2.mdl)

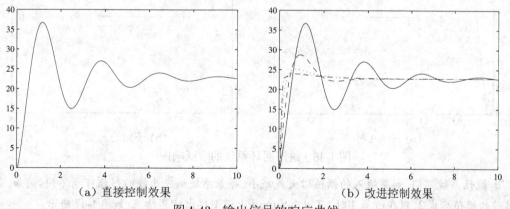

(a)直接控制效果　　　　　　　　　(b)改进控制效果

图4-43 输出信号的响应曲线

例4-4 含有磁滞回环非线性环节的控制系统框图如图4-44(a)所示,其中,磁滞回环非线性环节的特性如图4-44(b)所示。

可以看出,这里除了线性环节外,还有一个磁滞回环非线性环节,该环节可以用Simulink非线性模块组中的Backlash模块表示。这时可以容易地由Simulink建立起仿真模型,如图4-45所示。在仿真之前还应该给磁滞宽度 c_1 赋值: $c_1 = 1$,并设置终止仿真时间为 3,这样可以启动仿真过程。仿真过程结束后,则将自动在 MATLAB 工作空间中生成两个变量 —— tout 和 yout,用下面的语句能绘制出系统的阶跃响应曲线,如图 4-46(a) 所示。

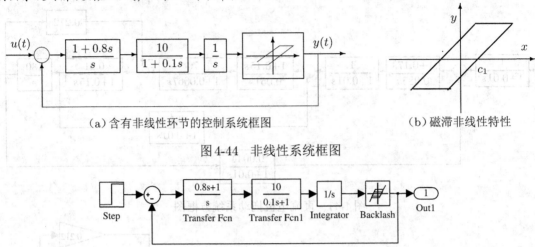

(a) 含有非线性环节的控制系统框图　　　　　(b) 磁滞非线性特性

图 4-44　非线性系统框图

图 4-45　非线性系统的 Simulink 模型表示(文件名:c4mex3.mdl)

```
>> c1=1; plot(tout,yout)
```

对不同的 c_1 取值,可以用同一个 Simulink 模型结构对其进行仿真,并将结果在 MATLAB 语言中绘制出来,如图 4-46(b) 所示。在第一次绘制图形后,应该输入 hold on 命令,使所有的阶跃响应曲线都绘制在同一坐标轴下,以便比较。

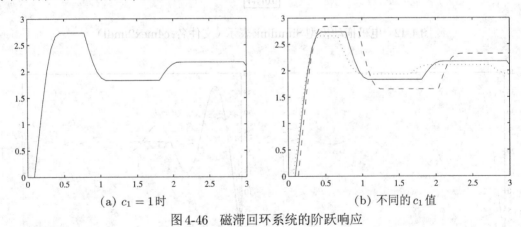

(a) $c_1 = 1$ 时　　　　　　　　　　(b) 不同的 c_1 值

图 4-46　磁滞回环系统的阶跃响应

和线性系统不同,如果输入的幅值增大或减小,原来系统响应曲线的形状可能不同。例如,若输入信号的幅值变成 2,则在 $c_1 = 1$ 时,可以由 Simulink 模型得出仿真结果,如图 4-47 所示。

从这个例子可以看出,复杂的非线性环节在 Simulink 也可以很容易地进行仿真,还可以充分利用 Simulink 的功能改变非线性环节的参数,将结果在图形中显示出来。

例 4-5 已知采样系统的结构图如图 4-48 所示,该模型中的 ZOH 环节可以由 Discrete 模块组中的 Zero-Order Hold 模块直接表示,并设置其采样周期为 0.1 s。这样可以建立起其 Simulink 模型,如

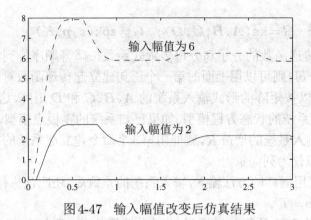

图 4-47　输入幅值改变后仿真结果

图 4-49(a)所示。注意,这里传递函数是分为 g1 和 g2 两个部分建立的,作者建议在建立系统模型时尽量少采用人工的运算,减少出错的机会。仿真完成后,可以由 MATLAB 命令 stairs(tout,yout) 得出输出信号阶跃响应曲线,如图 4-49(b)所示。

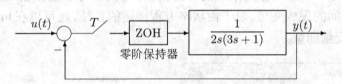

图 4-48　采样控制系统结构图

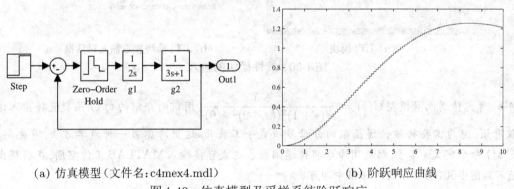

(a) 仿真模型(文件名:c4mex4.mdl)　　　　　　(b) 阶跃响应曲线

图 4-49　仿真模型及采样系统阶跃响应

4.5　线性系统建模、仿真与分析

4.5.1　线性系统模型的输入

标准的 Simulink 环境中提供了各种各样的线性系统模块,如传递函数模块、状态方程模块与零极点模块等,此外,还有连续系统和离散系统的分别,有时直接使用起来并非很方便。在 MATLAB 的控制系统工具箱中定义了各种各样的线性时不变(linear time-invariant,LTI)对象,如传递函数对象、状态方程对象和零极点对象,可以用单个变量名来表示整个系统模型。构造连续线性系统模型可以分别用下面的语句格式来完成:

$$G = \text{tf}(\boldsymbol{n}, \boldsymbol{d}); \quad G = \text{ss}(\boldsymbol{A}, \boldsymbol{B}, \boldsymbol{C}, \boldsymbol{D}); \quad G = \text{zpk}(\boldsymbol{z}, \boldsymbol{p}, K)$$

其中,$\boldsymbol{n}$和$\boldsymbol{d}$分别为传递函数的分子和分母多项式系数按降幂顺序排列所构成的向量。有了传递函数的分子和分母,则可以用上面的第一个语句建立起传递函数对象。如果已知系统的状态方程模型,则可以按矩阵的形式输入系统的$\boldsymbol{A}$、$\boldsymbol{B}$、$\boldsymbol{C}$和$\boldsymbol{D}$矩阵,这样就可以使用上面的第2个语句定义出系统的状态方程模型。如果已知系统的零极点模型,则可以输入系统的零点$\boldsymbol{z}$和极点$\boldsymbol{p}$,再输入系统的增益K,就能用第3个命令建立起系统的零极点模型。对单变量系统来说,$\boldsymbol{z}$和$\boldsymbol{p}$应该为列向量。

离散系统也可以用同样的方法输入,输入系统的系数后,还应该执行一个命令来定义其采样周期T,即$G.\text{Ts} = T$。

不含延迟环节的LTI对象可以通过控制系统模块集(Control Systems Blockset)中的唯一模块LTI System直接实现。用户可以将该模块复制到Simulink模块编辑窗口,如图4-50(a)所示,双击该模块则打开参数输入对话框,其核心部分如图4-50(b)所示,应该在LTI system variable文本框中输入系统的LTI模型,该模型可以直接输入,也可以引用当前MATLAB工作空间的现成变量。对于由状态方程描述的系统,还可以在Initial states文本框中输入初始状态变量向量。

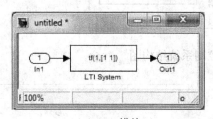
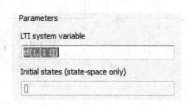

（a）LTI模块　　　　　　　　　（b）LTI模块参数输入对话框

图4-50　线性模块的输入

例4-6　考虑传递函数模型 $G(s) = \dfrac{s^2 + 5}{s^2(s+1)^2((s+2)^2 + 9)}$,用前面介绍的 $\text{tf}()$ 函数直接输入该模型较麻烦,因为需要将该传递函数的分母多项式手工展开。这里考虑另一种简单方法,首先用 $s = \text{tf}('s')$ 命令定义 s 算子,然后用命令将传递函数表达式直接输入MATLAB工作空间,在将得出的 G 填写到图4-50(b)所示的对话框中即可。

```
>> s=tf('s'); G=(s^2+5)/s^2/(s+1)^2/((s+2)^2+9);
```

例4-7　多变量系统传递函数矩阵也可以用LTI对象来表示,考虑下面的4输入4输出的多变量系统传递函数矩阵模型[43]：

$$\boldsymbol{G}(s) = \begin{bmatrix} 1/(1+4s) & 0.7/(1+5s) & 0.3/(1+5s) & 0.2/(1+5s) \\ 0.6/(1+5s) & 1/(1+4s) & 0.4/(1+5s) & 0.35/(1+5s) \\ 0.35/(1+5s) & 0.4/(1+5s) & 1/(1+4s) & 0.6/(1+5s) \\ 0.2/(1+5s) & 0.3/(1+5s) & 0.7/(1+5s) & 1/(1+4s) \end{bmatrix}$$

该模型如果用底层框图建模的方法表示将异常麻烦,而利用LTI模块则可以容易地表示出来。用户可以用MATLAB命令来输入此模型,再将G填写到图4-50(b)所示的对话框中即可。

```
>> h1=tf(1,[4 1]); h2=tf(1,[5 1]);
   h11=h1; h12=0.7*h2; h13=0.5*h2; h14=0.2*h2;
   h21=0.6*h2; h22=h1; h23=0.4*h2; h24=0.35*h2;
   h31=h24; h32=h23; h33=h1; h34=h21; h41=h14; h42=h13; h43=h12; h44=h1;
   G=[h11,h12,h13,h14; h21,h22,h23,h24; h31,h32,h33,h34; h41,h42,h43,h44];
```

例 4-8　考虑离散状态方程模型：

$$\boldsymbol{x}(k+1) = \begin{bmatrix} 0 & -2 & -2 & -1.1 \\ 0.5 & 1.8 & 0.8 & 0.5 \\ 0.5 & 0.8 & 1.8 & 0.5 \\ -0.5 & -0.8 & -0.7 & 0.4 \end{bmatrix} \boldsymbol{x}(k) + \begin{bmatrix} 0.1 & 0.1 \\ 0.2 & 0.1 \\ 0.3 & 0.1 \\ 0.1 & 0 \end{bmatrix} u(k), \ y(k) = x_1(k)$$

采样周期 $T = 0.1\,\mathrm{s}$，可以用如下命令输入系统模型 G 并填写到对话框中：

```
>> F=[0,-2,-2,-1.1; 0.5,1.8,0.8,0.5; 0.5,0.8,1.8,0.5; -0.5,-0.8,-0.7,0.4];
   G=[0.1,0.1; 0.2,0.1; 0.3,0.1; 0.1,0]; C=[1 0 0 0]; G=ss(F,G,C,0,0.1)
```

4.5.2　基于 Simulink 的线性系统分析界面

MATLAB 控制系统工具箱中提供了各种各样的系统分析函数，如 bode(G) 函数可以直接绘制出系统 G 的 Bode 图，nyquist(G)、nichols(G) 函数可以分别绘制系统的 Nyquist 图、Nichols 图，step(G)、impulse(G) 函数还可以分别绘制出系统的单位阶跃响应曲线和单位脉冲响应曲线。

在 Simulink 下也可以对线性系统甚至是非线性系统的线性化模型直接分析。打开系统模型，如前面建立的 c4mex2.mdl，再选择 Tools|Control Design|Linear Analysis 命令，将打开如图 4-51 所示的系统分析管理程序界面。

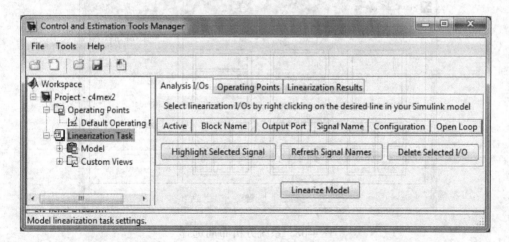

图 4-51　线性系统分析管理程序界面

用户可以设定系统的输入、输出信号，如果系统含有非线性环节，还可以由 Operating Points 选项卡中的选项设置系统的工作点。单击 Linearize Model 按钮，可以启动系统的线性化过程,如果原系统不含有非线性环节,则可以直接得出从输入端到输出端的等效模型,同时会自动打开系统分析界面LTI Viewer,并绘制出如图4-52所示的单位阶跃响应曲线。

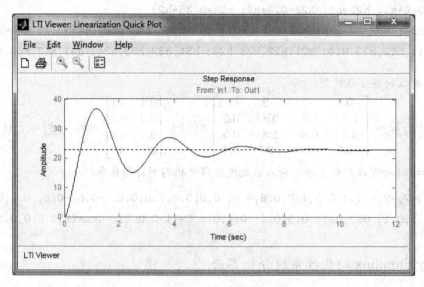

图4-52　线性的阶跃响应曲线

　　该界面还提供了允许用户在一个页面下同时实现系统多种分析的功能,用户可以在LTI Viewer界面上选择Edit|Plot Configurations命令,则将打开如图4-53所示的页面设置窗口,用户可以选择不同的布局,并从右侧的分析任务中给每个子窗口选择不同的分析内容。注意,右侧的各个列表框都提供了各种系统分析的方法,其中包括阶跃响应曲线绘制、脉冲响应曲线、Bode图、Nyquist图及Nichols图的绘制,用户可以从中需要所需的组合。

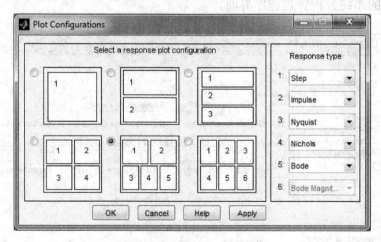

图4-53　系统分析布局选择

　　例如,选择了图4-54中给出的布局和分析任务后,再单击OK或Apply按钮,将得出如图4-54所示的系统分析效果。可见,这个界面可直接用于各种线性系统的计算机辅助分析功能,适用于线性时不变(LTI)系统,不论这个系统是连续系统还是离散系统,也不论是否带有时间延迟,既可以用于传递函数模型的分析,也适用于状态方程、零极点等模型的分析,还能用于多变量系统的计算机辅助分析。

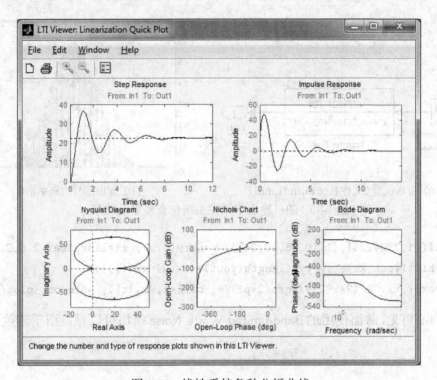

图 4-54　线性系统各种分析曲线

4.6　非线性随机系统的仿真方法

由前面的叙述可知,第3章中给出的仿真方法只可以用于线性系统的处理,而不能直接用于非线性系统,尽管对某一类非线性系统,利用前面给出的方法可以推导出仿真的近似解[44],但很难得出一般非线性系统的仿真解法。在本节中将讨论另一种有效的近似方法,并介绍仿真结果的统计分析方法。

4.6.1　Simulink 下的随机信号仿真方法

Simulink 的 Sources 模块组中提供了能保持白噪声强度的激励信号源,即带宽限幅白噪声模块(Band-Limited White Noise),可以用于连续系统的仿真研究。从原理上看,该模块相当于在 Gauss 序列后面加一个放大倍数 $1/\sqrt{\Delta t}$,其中 Δt 为计算步长。

例 4-9　再考虑例 3-36 中给出的系统模型,应用本节给出的近似仿真算法,则可以得出如图 4-55(a) 所示的 Simulink 模型,选择 $T = 0.1\,\mathrm{s}$,并选择 Simulation|Simulation Parameters 命令,在如图 4-30 所示的对话框中,选择定步长的四阶 Runge-Kutta 仿真算法,并令计算步长为 $0.1\,\mathrm{s}$,且选择仿真终止时间为 $30000T$,再选择该对话框中的 Workspace I/O 选项,并取消 1000 个返回点的选项,则可以开始仿真过程。输出信号的仿真结果将在 yout 变量中返回 MATLAB 的工作空间,使用下面的命令则可以

对输出信号进行概率密度估算,结果如图 4-55(b) 所示。可见,这样得出的仿真结果与理论结果是吻合的。

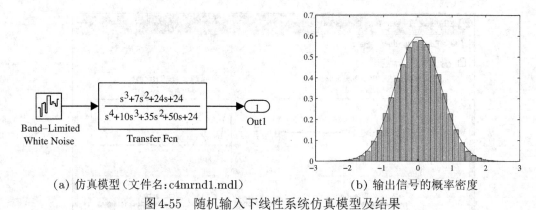

(a) 仿真模型(文件名:c4mrnd1.mdl)　　　　　(b) 输出信号的概率密度

图4-55　随机输入下线性系统仿真模型及结果

```
>> G=tf([1,7,24,24],[1,10,35,50,24]); v=norm(G,2); xx=linspace(-2.5,2.5,30);
   yy=hist(yout,xx); yy=yy/(length(yout)*(xx(2)-xx(1)));
   yp=exp(-xx.^2/(2*v^2))/sqrt(2*pi)/v; bar(xx,yy,'c'), hold on; plot(xx,yp)
```

从例 4-9 可见,前面使用的 Band-limited White Noise 模块可以直接用于连续随机输入系统的仿真。

4.6.2　仿真结果的统计分析

假设线性系统的模型由传递函数 $G(s)$ 给出,则输出信号的自相关函数 $c_{yy}(\tau)$ 可以由双边 Laplace 逆变换公式求出:

$$c_{yy}(\tau) = \frac{S}{2\pi\mathrm{j}} \int_{-\mathrm{j}\infty}^{\mathrm{j}\infty} G(s)G(-s)\mathrm{e}^{s\tau}\,\mathrm{d}s \qquad (4\text{-}6\text{-}1)$$

其中,S 为输入白噪声信号的功率谱密度。由谱分解定理,可以将 $G(s)G(-s)$ 分解为:

$$SG(s)G(-s) = \frac{B(s)}{A(s)} + \frac{B(-s)}{A(-s)} \qquad (4\text{-}6\text{-}2)$$

其中,$A(s)$ 是 $G(s)$ 的分母将多项式零点全部移动到 s-左半平面后的结果,在数学上可以记作 $A(s) = D(s)_-$,$D(s)$ 为 $G(s)$ 的分母多项式。这样可以写出如下方程:

$$B(s)A(-s) + B(-s)A(s) = \mathcal{S}N(s)N(-s) \qquad (4\text{-}6\text{-}3)$$

其中,$B(s) = N(s)_-$,$N(s)$ 为 $G(s)$ 的分子多项式。假设多项式 $A(s)$ 和 $B(s)$ 可以写成:

$$A(s) = \sum_{i=0}^{m} \alpha_i s^i, \text{ 且 } B(s) = \sum_{i=0}^{m-1} \beta_i s^i \qquad (4\text{-}6\text{-}4)$$

则可以得出：

$$
\begin{cases}
A(s)B(-s) = \displaystyle\sum_{j=0}^{2m-1} \gamma_j s^j, & \gamma_j = \displaystyle\sum_{k+l=j}(-1)^l \alpha_k \beta_l \\
A(-s)B(s) = \displaystyle\sum_{j=0}^{2m-1} \delta_j s^j, & \delta_j = \displaystyle\sum_{k+l=j}(-1)^k \alpha_k \beta_l
\end{cases}
\tag{4-6-5}
$$

这样可以得出：

$$
A(s)B(-s)+A(-s)B(s) = \sum_{k+l=j}(-1)^l\big[1+(-1)^{k-l}\big]\alpha_k\beta_l =
\begin{cases}
2\displaystyle\sum_{k+l=j}(-1)^l\alpha_k\beta_l, & j\ \text{为偶数} \\
0, & j\ \text{为奇数}
\end{cases}
\tag{4-6-6}
$$

记 $\mathcal{S}N(s)N(-s) = f_{m-1}s^{2m-2} + f_{m-2}s^{2m-4} + \cdots + f_1 s^2 + f_0$，则可以由下面的线性代数方程求解未知数 β_i：

$$
\begin{bmatrix}
(-1)^{m-1}\alpha_{m-1} & (-1)^{m-2}\alpha_m & 0 & \cdots & 0 \\
(-1)^{m-1}\alpha_{m-3} & (-1)^{m-2}\alpha_{m-2} & (-1)^{m-1}\alpha_{m-1} & \cdots & 0 \\
(-1)^{m-1}\alpha_{m-5} & (-1)^{m-2}\alpha_{m-4} & (-1)^{m-1}\alpha_{m-3} & \cdots & 0 \\
\vdots & \vdots & \vdots & \ddots & \vdots \\
0 & 0 & 0 & \cdots & \alpha_0
\end{bmatrix}
\begin{bmatrix}
\beta_{m-1} \\ \beta_{m-2} \\ \beta_{m-3} \\ \vdots \\ \beta_0
\end{bmatrix}
= \frac{\mathcal{S}}{2}
\begin{bmatrix}
f_{m-1} \\ f_{m-2} \\ f_{m-3} \\ \vdots \\ f_0
\end{bmatrix}
\tag{4-6-7}
$$

这样可以得出输出信号的自相关函数为：

$$
c_{yy}(\tau) =
\begin{cases}
\mathcal{L}^{-1}\left[\dfrac{B(s)}{A(s)}\right], & \tau > 0 \\
c_{yy}(-\tau), & \tau \leqslant 0
\end{cases}
\tag{4-6-8}
$$

或认为 $c_{yy}(\tau)$ 为 $B(s)/A(s)$ 的脉冲响应。

根据上述的算法，可以方便地编写出计算谱分解的 MATLAB 函数：

```
function [B,A]=spec_fac(num,den)
m=length(den)-1; k=0; NN=conv(num,(-1).^[length(num)-1:-1:0].*num);
X=NN(1:2:end)'; X=0.5*[zeros(m-length(X),1); X];
p=roots(den); ii=find(p>0); p(ii)=-p(ii); A=poly(p);
if m>1, Xx=[(-1)^(m-1)*A(2) (-1)^m*A(1) zeros(1,m-2)];
else, Xx=[A(1)]; end, V0=Xx;
for i=2:m, V0=[0 0 V0(1:m-2)]; k=k+2;
  if k<m+1, V0(2)=(-1)^m*A(k+1); if k<m, V0(1)=(-1)^(m-1)*A(k+2); end, end
  Xx=[Xx; V0];
end
B=[inv(Xx)*X]';
```

利用该函数，由给定的传递函数分子和分母系数向量num、den就能求出满足谱分解的 **B** 和 **A** 向量。

对非线性系统来说,求取其自相关函数就没有这么容易了,可以先对要研究的系统进行仿真,再用第 3 章中介绍的相关分析函数来分析仿真结果,得出自相关函数和感兴趣信号的互相关函数[29]。

例 4-10　再考虑传递函数模型 $G(s) = \dfrac{s^3 + 7s^2 + 24s + 24}{s^4 + 10s^3 + 35s^2 + 50s + 24}$。假设输入信号的方差为 1,计算步长为 $0.1\,\mathrm{s}$,则可以由下面的语句得出输出的自相关函数理论值:

```
>> num=[1 7 24 24]; den=[1 10 35 50 24]; G=tf(num,den);
   [B,A]=spec_fac(num,den); G1=tf(B,A); T=0.1;
   [y0,t]=impulse(G1,30000*T);    % 求取系统的脉冲响应数据
   t=[-t(end:-1:2); t]; y0=[y0(end:-1:2); y0]/max(y0); % 镜像延拓并归一化
   [Cyy,f]=crosscorr(yout,yout); % 由互相关函数求自相关函数,自动延拓
   f=f*T; plot(f,Cyy,t,y0,':'), xlim([-3 3]) % 绘制曲线,理论值用虚线表示
```

这样就可以绘制出输出信号的自相关函数曲线,如图 4-56 所示。

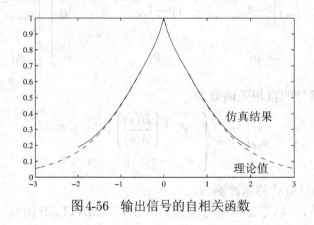

图 4-56　输出信号的自相关函数

线性系统输出信号的功率谱密度是频率 ω 的函数,可以由下式求出:

$$G_{\mathrm{p}}(\omega) = G(\mathrm{j}\omega)G(-\mathrm{j}\omega)P \qquad (4\text{-}6\text{-}9)$$

其中,P 为输入信号的功率谱密度。如果仿真数据已经获得,则也可以用第 3.7 节介绍的 psd_estm() 函数估算出的功率谱密度。

例 4-11　再考虑前面得出的仿真结果,可以用下面语句估计出输出信号的功率谱密度及系统功率谱密度理论值,绘制出两者的曲线,如图 4-57 所示。可以发现,两种方法得出的结果相当吻合,由此可以看出使用的仿真算法的可靠性。

```
>> [Pxx,f]=psd_estm(yout,2028,T); num=G.num1.*(-1).^[length(G.num1)-1:-1:0];
   den=G.den1.*(-1).^[length(G.den1)-1:-1:0];
   GG=G*tf(num,den); [mag,p]=bode(GG,f);% 计算 G̃(s) = PG(s)G(-s) 和 G̃(jω)
   semilogx(f,20*log10(mag(:)),f,20*log10(Pxx))
```

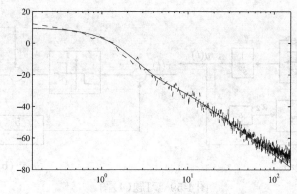

图 4-57 输出信号的功率谱密度比较

4.7 习 题

(1) 在标准的 Simulink 模块组中,模块遵从比较好的分类方法,请仔细观察各个模块组,熟悉其模块构成,以便以后需要时能迅速、正确地找出相应的模块,容易地搭建起 Simulink 模型。

(2) 在例 3-27 中给出了 Lorenz 方程的数值解法,例 3-33 则给出了 Apollo 方程表示的运行轨道问题求解,试使用 Simulink 中提供的模块搭建出这两个例子中的微分方程,并将得出的结果和前面例子相比较。

(3) 建立起如图 4-58 所示的非线性系统[45]的 Simulink 框图,并观察在单位阶跃信号输入下系统的输出曲线和误差曲线。另外,本系统中涉及两个非线性环节的串联,试问这两个非线性环节可以互换吗?试从仿真结果上加以解释。

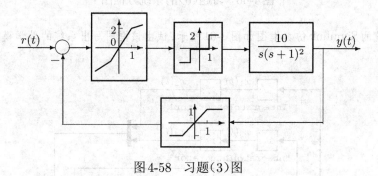

图 4-58 习题(3)图

(4) 试绘制出如图 4-59(a)、图 4-59(b) 所示的非线性反馈系统[46]的 Simulink 仿真框图,得出系统的阶跃响应曲线,并探讨非线性环节参数对仿真结果的影响。

(5) 第 3 章的习题中给出了 Rössoler 数学模型:

$$\begin{cases} \dot{x} = y + z \\ \dot{y} = x + ay \\ \dot{z} = b + (x - c)z \end{cases}$$

选定 $a = b = 0.2$, $c = 5.7$,且 $x(0) = y(0) = z(0) = 0$,试用 Simulink 搭建该模型,进行仿真分析,并将结果和第 3 章得出的结果相比较。

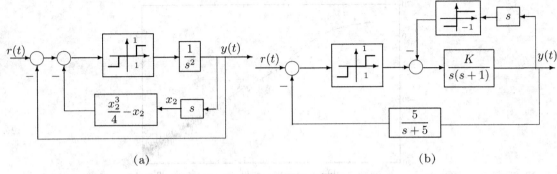

图4-59 习题(4)图

(6) 建立起如图4-60所示的非线性系统[36]的Simulink框图,并观察在单位阶跃信号输入下系统的输出曲线和误差曲线。

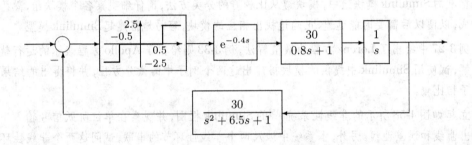

图4-60 习题(6)的系统方框图

(7) 已知某系统的Simulink仿真框图如图4-61所示,试由该框图写出系统的数学模型公式。

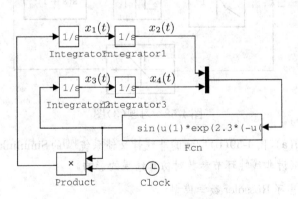

图4-61 习题(7)的Simulink仿真框图

(8) 试写出图4-62(a)、图4-62(b)对应的数学模型。

(9) 假设已知下列的线性系统模型为:

① $G(s) = \dfrac{s^2+5s+2}{(s+4)^4+4s+4}$, ② $H(z) = \dfrac{z^2+0.568}{(z-1)(z^2-0.2z+0.99)}z^{-5}, T = 0.05\,\text{s}$

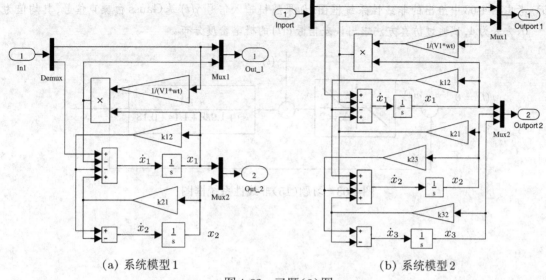

(a) 系统模型1   (b) 系统模型2

图4-62 习题(8)图

试输入该系统模型,并求出系统在脉冲输入、阶跃输入和斜坡输入下的解析解,并和仿真曲线相比较,验证得出的结果。

(10) 假设线性系统由下面的常微分方程给出:

$$\begin{cases} \dot{x}_1(t) = -x_1(t) + x_2(t) \\ \dot{x}_2(t) = -x_2(t) - 3x_3(t) + u_1(t) \\ \dot{x}_3(t) = -x_1(t) - 5x_2(t) - 3x_3(t) + u_2(t), \end{cases} \quad 且 \quad y = -x_2(t) + u_1(t) - 5u_2(t)$$

式中有两个输入信号 $u_1(t)$ 与 $u_2(t)$,请用两种方法在 Simulink 下将该模型表示出来。

(11) 已知某系统的差分方程模型为:

$$y(k+2) + y(k+1) + 0.16y(k) = u(k-1) + 2u(k-2)$$

且假设采样周期为 $T = 0.1\,\mathrm{s}$,试用两种方法由 Simulink 将其仿真模型建立起来,并对该线性系统进行时域和频域分析。

(12) 对例 4-3 中给出的直流电机拖动系统进行开环频域响应曲线绘制,绘制出系统的 Bode 图、Nyquist 图和 Nichols 图。

(13) 试将下面给出的多变量系统传递函数矩阵用 Simulink 表示出来:

$$G(s) = \begin{bmatrix} \dfrac{0.806s + 0.264}{s^2 + 1.15s + 0.202} & \dfrac{-15s - 1.42}{s^3 + 12.8s^2 + 13.6s + 2.36} \\ \dfrac{1.95s^2 + 2.12s + 0.49}{s^3 + 9.15s^2 + 9.39s + 1.62} & \dfrac{7.15s^2 + 25.8s + 9.35}{s^4 + 20.8s^3 + 116.4s^2 + 111.6s + 18.8} \end{bmatrix}$$

(14) 对线性传递函数模型 $G(s) = \dfrac{6(s+1)}{(s+2)(s+3)(s+4)}$ 在白噪声信号 $\gamma(t)$ 激励下的行为进行仿真,求出其输出函数的概率密度曲线,并和由仿真结果求出的结果进行比较;另外,对此系统进行自相关函数和概率谱密度分析,并比较仿真结果和理论结果是否一致。

(15) 考虑图4-63中给出的非线性系统框图,如果随机输入信号$\gamma(t)$是Gauss白噪声信号,其均值为0、方差为4,试通过仿真方法求出误差信号$e(t)$的概率密度分布。

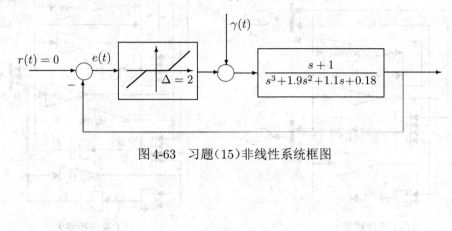

图4-63　习题(15)非线性系统框图

第5章 Simulink常用模块介绍与应用技巧

在第4章中介绍了简单Simulink模型的绘制方法和系统仿真的方法,在第5.1节中将首先用简单的例子更进一步地演示模型绘制知识与技巧,包括向量化的模型输入方法、线性系统模型的输入和仿真等,及代数环现象与代数环消除方法、过零点检测等仿真中的重要问题。第5.2节将介绍查表模块和开关模块等特殊模块组,从而介绍各种分段线性非线性模块的一般构造方法,并介绍在Simulink模型中嵌入MATLAB代码的方法。第5.3节将给出各种微分方程的建模与仿真方法,包括一般微分方程、微分代数方程、延迟微分方程、切换微分方程和分数阶微分方程,侧重于介绍其模型的一般搭建方法。第5.4节将介绍输出模块库的使用,如输出信号的各类示波器输出、工作空间变量输出与表盘量计输出,以及输出信号的数字信号处理等。第5.5节将介绍输出结果的可视化方法,如虚拟现实技术及其应用。首先简述虚拟现实建模语言VRML的编程基础与场景建模方法,然后通过例子演示虚拟现实场景的MATLAB/Simulink驱动与显示。第5.6节将详细介绍子系统的概念和子系统的封装技术,并介绍自建模型库的方法和技巧,还将介绍子系统的控制问题,并通过一个例子介绍子系统的构造及其在复杂系统建模中的应用。

5.1 常用模块应用技巧

5.1.1 向量化模块举例

在当前版本的Simulink中,很多模块不但支持单个的信号输入,还支持向量型的信号输入,即将多路的信号通过Mux环节合成一路向量型信号,从而直接输入给这类模块。下面将通过几个例子来演示向量化的模块及其应用。

例5-1 在例4-2中曾给出了Van der Pol方程的Simulink表示。事实上,如果将其状态方程写成下面的向量形式:

$$\begin{bmatrix} \dot{x}_1 \\ \dot{x}_2 \end{bmatrix} = \begin{bmatrix} x_2 \\ -\mu(x_1^2 - 1)x_2 - x_1 \end{bmatrix}$$

则可以用单个积分器模块来完成向量化建模,得出的Simulink模型如图5-1所示。注意,在向量化建模中,可以将向量的各个组成信号通过Demux模块进行分解,然后可以单独对各路信号进行运算,再将结果用Mux模块汇合成单路的向量型信号,传输给向量化的模块进行处理。

在这个系统下只需将积分器模块的初值也设置为列向量的形式,即可对原系统进行仿真,得出的结果将与例4-2中得出的完全一致。还可以进一步简化仿真模型,如用Fcn模块来生成方程中第二个式子的非线性运算,得出如图5-2(a)所示的框图,其中,在Fcn模块中填写-mu*(u[1]*u[1]-1)*u[2]-u[1]。遗憾的是,Fcn模块并不支持向量化的输出,否则框图实现将更加简单。后面将介绍其他静态非线性函数的处理方法。

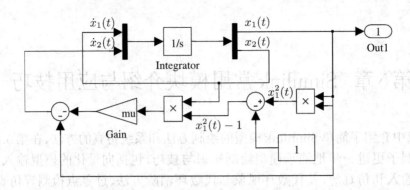

图5-1　Van der Pol方程的Simulink向量化表示（文件名：c5mvdp1.mdl）

在该仿真模型运行时，将给出警告信息"Warning: Output port 1 of block 'c5mvdp2/Demux' is not connected."，说明该框图中的Demux的第1端口没有连接，但这将不会影响整个过程的正确运行。如果不想得到这样的警告信息，则只需用Simulation|Configuration Parameters命令打开仿真参数对话框，在Diagnostics选项对应的界面中将Unconnected block outport（未连接的模块输出端口）的Action（警告类型）设置成None。如果不想做这样的设置，还可以在该端口上接一个信号终结模块（Terminator），如图5-2(b)所示，该环节也能避免显示这样的警告信息。

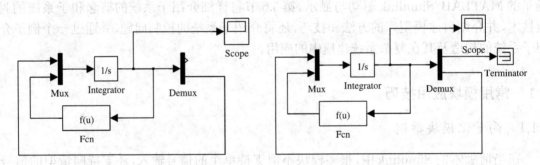

(a) 模型1（文件名：c5mvdp2.mdl）　　　　　(b) 模型2（文件名：c5mvdp2a.mdl）

图5-2　Van der Pol方程的更简洁向量化表示

例5-2　假设双输入双输出系统的状态方程表示为：

$$\dot{x} = \begin{bmatrix} 2.25 & -5 & -1.25 & -0.5 \\ 2.25 & -4.25 & -1.25 & -0.25 \\ 0.25 & -0.5 & -1.25 & -1 \\ 1.25 & -1.75 & -0.25 & -0.75 \end{bmatrix} x + \begin{bmatrix} 4 & 6 \\ 2 & 4 \\ 2 & 2 \\ 0 & 2 \end{bmatrix} u, \quad y = \begin{bmatrix} 0 & 0 & 0 & 1 \\ 0 & 2 & 0 & 2 \end{bmatrix} x$$

且输入信号分别为$\sin t$和$\cos t$。前面介绍过，Simulink可以容易地建立起线性系统的状态方程模型，但这些模块并不能直接得出系统的内部状态，所以可以用Simulink模块搭建起带有状态变量输出的新状态方程模型，如图5-3(a)所示。注意，因为这里需要的是矩阵型增益，而不是普通的增益，所以应该双击增益模块，打开的界面如图5-3(b)所示，可以从中选择Matrix (K*u)选项，而不能选择一般的标量增益模块。另外，在模型设计时并不存在任何局限性，所以这样建立起来的模型应该适合于任意的连续多变量线性系统。

可以通过下面的方式构造出该系统的仿真框图，如图5-4所示，当然在仿真前还需输入系统的状态方程模型参数。

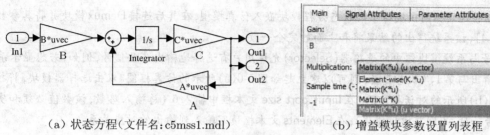

（a）状态方程（文件名：c5mss1.mdl）　　　　（b）增益模块参数设置列表框

图5-3　带有状态变量输出的状态方程模型

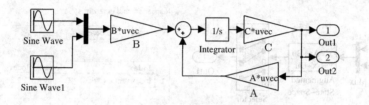

图5-4　多变量系统仿真模型（文件名：c5mss2.mdl）

```
>> A=[2.25,-5,-1.25,-0.5; 2.25,-4.25,-1.25,-0.25;
      0.25,-0.5,-1.25,-1; 1.25,-1.75,-0.25,-0.75];
   B=[4,6; 2,4; 2,2; 0,2]; C=[0,0,0,1; 0,2,0,2]; D=[0,0; 0,0];
```

对整个系统进行仿真,则可以得出tout和yout两个变量,其中yout的前两列为系统的输出信号,后4列为系统的状态变量,用下面语句则可以得出如图5-5所示的曲线:

```
>> plot(tout,yout(:,1:2));        % 系统的输出曲线
   figure; plot(tout,yout(:,3:6)) % 系统的状态曲线
```

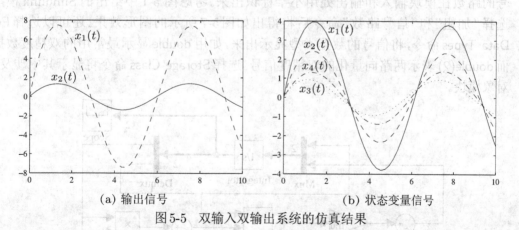

（a）输出信号　　　　　　　　　　（b）状态变量信号

图5-5　双输入双输出系统的仿真结果

如果想利用Simulink自身的状态方程模块,还同时想获得系统的状态变量,则可以增广C和D矩阵,使之等于:

```
>> C=[C; eye(4)]; D=[D; zeros(4,2)];
```

这样修改后的状态方程模型将有6路输出,前两路为实际输出信号,后4路为系统的4个状态变量。

这样可以将连续相同模块组中的状态方程模块嵌入仿真模型,在其后连接 Demux 模块并将其参数设置为 [2,4],该系统得出的结果将和上面的完全一致。

　　信号与系统模块组中的选路器(Selector)允许用户有选择地输出一些信号,例如,若想显示系统的两路输出与第1、3状态变量,则可以建立起如图 5-6(a)所示的仿真框图。双击选择器模块,将打开如图 5-6(b)所示的对话框,可以在 Input port size 文本框中输入 6(总输入路数,该数值必须和实际输入信号一致,否则将出现错误),在 Elements 文本框填写输入到输出的对应关系。

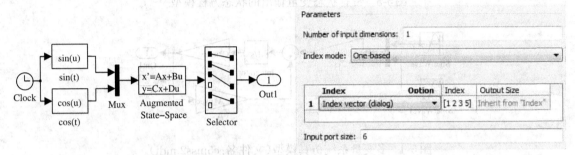

(a) Simulink 模型(c5ex2f.mdl)　　　　　　(b) 选择器参数设置

图 5-6　带有选择器模块的系统

5.1.2　Simulink 模型的信号标识

　　为了增加 Simulink 模型的可读性,便于了解系统的内部特征,Simulink 环境中提供了若干对模型表示的修饰选项。如图 4-18(b)所示的 Format 菜单中最后一组命令如下。

- 端口和信号显示(Port/Signal Display):在下级的菜单中可以选择 Wide Nonscalar Lines 命令,将向量化的信号用粗线表示出来;选择 Signal Dimensions 命令可以将向量化信号的路数在模块输入和输出处用小字标识出来。考虑图 5-1 中给出的 Simulink 模型,选择"加粗"和"信号路数"命令后将得出如图 5-7 所示的图形效果。还可以选择 Port Data Types 命令,将信号的数据类型显示出来,如用 double 显示最常用的双精度数据,而 double(2) 表示两路向量化的双精度信号。选择 Storage Class 命令将显示其中涉及的对象模块。

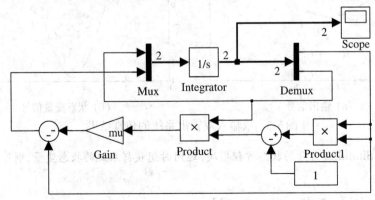

图 5-7　选中了两个修饰选项(文件名:c5mvdp3.mdl)

- **模块显示**（Block Display）：将显示和模块相关的内容，例如，其 Sort Order 子菜单项将在 Simulink 模型进行仿真前，对每个模块自动进行排序。一般情况下，将输入源和积分器（因为初值已知）自动地排在最前面，然后开始排其他派生信号。在 Block Display 子菜单中选择 Sort Order 命令，将在每个模块的右上角处显示该模块在仿真框图中的排序序号。上述的 Simulink 模型再选择"数据类型"和"排序"命令后，将得出如图5-8所示的显示效果。另外，还可以选择 Block Version 命令来显示各个模块的版本。

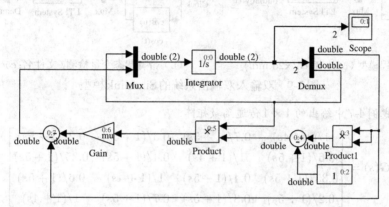

图5-8 再选中两个修饰选项

- **库模块链接显示**（Library Link Display）：将显示模块和库中母模型之间的链接关系。如果选择 None 命令则断开该模块与母模块之间的链接关系，以后模块再发生修改将不会影响原来的母模块。
- **不同采样信号标识**（Sample Time Display）：可以选择其下的 Color 命令，将系统模型中带有不同采样周期的信号用不同的颜色表示出来，以利于系统框图的理解。

5.1.3 线性多变量系统建模与仿真

多变量系统模型可以用控制系统工具箱模块集模块直接输入。下面的例子首先描述一般多变量模型的直接建模方法，并给出多变量延迟模型的建模与仿真方法。

例 5-3 仍考虑例 5-2 中给出的双输入双输出系统，可以使用下面的命令构造起系统的状态方程对象模型：

```
>> A=[2.25, -5, -1.25, -0.5;  2.25, -4.25, -1.25, -0.25;
      0.25, -0.5, -1.25,-1;  1.25, -1.75, -0.25, -0.75];
   B=[4, 6; 2, 4; 2, 2; 0, 2]; C=[0, 0, 0, 1; 0, 2, 0, 2]; G=ss(A,B,C,0);
```

这样就能在 MATLAB 工作空间中建立一个 G 变量，打开 Simulink 模块库中的 Control System BlockSet 模块集，将其中的 LTI System（线性时不变）模块复制到模块编辑窗口中，并在该模块中填写参数 G，则可以构造出如图5-9(a)所示的框图，对该系统进行仿真则可以立即得出和图5-5中完全一致的结果。

使用前面的思想对 C 和 D 矩阵进行增广，则可以得出下面的新系统模型 G_1：

```
>> C1=[C; eye(4)]; D1=[D; zeros(4,2)]; G1=ss(A,B,C1,D1);
```

从而可以构造出如图5-9(b)所示的框图,除了系统输出外,还可以同时得出系统的各个状态,对该系统进行仿真则可以立即得出和前面完全一致的结果。

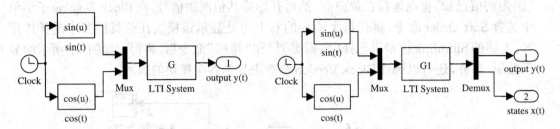

　　　(a) 状态方程模型(文件名:c5ex2d.mdl)　　　　(b) 带有状态变量检测(文件名:c5ex2e.mdl)

图5-9　双输入双输出系统的Simulink模型

例5-4　重新考虑例4-7中给出的4×4传递函数矩阵:

$$\boldsymbol{G}(s) = \begin{bmatrix} 1/(1+4s) & 0.7/(1+5s) & 0.3/(1+5s) & 0.2/(1+5s) \\ 0.6/(1+5s) & 1/(1+4s) & 0.4/(1+5s) & 0.35/(1+5s) \\ 0.35/(1+5s) & 0.4/(1+5s) & 1/(1+4s) & 0.6/(1+5s) \\ 0.2/(1+5s) & 0.3/(1+5s) & 0.7/(1+5s) & 1/(1+4s) \end{bmatrix}$$

用户可以用如下的MATLAB命令输入此模型:

```
>> h1=tf(1,[4 1]); h2=tf(1,[5 1]);
   h11=h1; h12=0.7*h2; h13=0.5*h2; h14=0.2*h2;
   h21=0.6*h2; h22=h1; h23=0.4*h2; h24=0.35*h2;
   h31=h24; h32=h23; h33=h1; h34=h21; h41=h14; h42=h13; h43=h12; h44=h1;
   G=[h11,h12,h13,h14; h21,h22,h23,h24; h31,h32,h33,h34; h41,h42,h43,h44];
```

　　输入了系统的模型参数,则可以建立如图5-10(a)所示的仿真模型,其中第一路输入信号为单位阶跃信号,其余信号均为0。对整个系统进行仿真,则得出各路输出信号,如图5-10(b)所示,这些曲线是在第一路阶跃输入信号单独作用下各路输出信号的响应曲线。

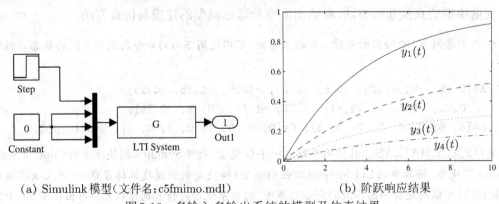

　　　(a) Simulink模型(文件名:c5fmimo.mdl)　　　　(b) 阶跃响应结果

图5-10　多输入多输出系统的模型及仿真结果

　　和MATLAB的控制系统工具箱相比较,LTI对象的局限性是它不能直接表示含有时间延迟的模块,而控制系统工具箱中的函数可以进行相应的运算。对单变量模型来说,在

Simulink 下时间延迟应该用 **Transport delay** 模块单独表示,该模块可以根据需要串联于线性模块的后端。多变量延迟模型的建模比较麻烦,下面通过例子演示其方法。

例 5-5 考虑一个带有时间延迟的多变量传递函数矩阵[47]:

$$G(s) = \begin{bmatrix} \dfrac{0.1134e^{-0.72s}}{1.78s^2 + 4.48s + 1} & \dfrac{0.924}{2.07s + 1} \\ \dfrac{0.3378e^{-0.3s}}{0.361s^2 + 1.09s + 1} & \dfrac{-0.318e^{-1.29s}}{2.93s + 1} \end{bmatrix}$$

由于该模型的各个子传递函数都带有延迟,所以用前面介绍的方法不能直接建模。由传递函数矩阵的定义可知:

$$\begin{bmatrix} y_1(s) \\ y_2(s) \end{bmatrix} = \begin{bmatrix} g_{11}(s) & g_{12}(s) \\ g_{21}(s) & g_{22}(s) \end{bmatrix} \begin{bmatrix} u_1(s) \\ u_2(s) \end{bmatrix}$$

其中,$g_{ij}(s)$ 均可以带有延迟环节。上述模型可直接展开为:

$$\begin{cases} y_1(s) = g_{11}(s)u_1(s) + g_{12}(s)u_2(s) \\ y_2(s) = g_{21}(s)u_1(s) + g_{22}(s)u_2(s) \end{cases}$$

由上述表达式可以直接绘制出如图 5-11 所示的 Simulink 框图。

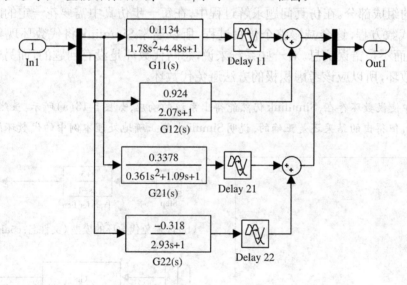

图 5-11　带有延迟环节的多变量系统 Simulink 模型(文件名:c5mmimo.mdl)

5.1.4　Simulink 的代数环及消除方法

下面首先通过一个例子来引出 Simulink 仿真的代数环现象及问题,然后探讨消除代数环的几种方法,并给出一种有效的方法。

例 5-6 考虑图 5-12(a)中给出的一个简单的线性反馈系统模型,由相应的模块可以绘制出如图 5-12(b)所示的 Simulink 仿真框图,对这样的系统进行仿真,将在命令窗口中给出如下警告信息:

```
Warning: Block diagram 'untitled' contains 1 algebraic loop(s).
Found algebraic loop containing block(s):
```

```
'untitled/Transfer Fcn'
'untitled/Sum' (algebraic variable)
```

说明该模型在 Transfer Fcn 和 Sum 构成的回路中含有代数环(algebraic loop)。分析图 5-12(b) 中的 Simulink 框图, 可以看出传递函数模块的输入为 $v(t) = u(t) - y(t)$, 而 $y(t)$ 又是它自己的输出, 这就形成了一个怪圈, Transfer Fcn 的模块输出信息应该由输入信号来计算, 而输入信号又需要同时刻的输出信息, 这样就构成了仿真中所谓的"代数环"。

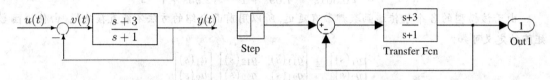

(a) 反馈系统框图   (b) Simulink 仿真模型(文件名:c5algb.mdl)

图 5-12   简单反馈系统模型

例 5-6 给出的代数环是由一个环节构成的, 比较容易找到。在一些其他应用中, 可能代数环由很多模块组成的回路构成, 这就需要花一些时间利用给出的警告信息去发现哪些模块是代数环的组成部分。在仿真问题求解过程中, 在每一步仿真中需要花一定的时间求解代数环对应的代数方程, 这会减慢整个仿真过程, 所以通常 Simulink 将代数环现象设置为警告处理信息, 而不是错误信息。对一些系统来说, 忽略代数环是没有问题的, 而另一些系统则不能忽略代数环, 所以应该考虑积极的方法避免代数环。

例 5-7 其实即使代数环存在, Simulink 仍然能得出系统的响应, 如图 5-13(a) 所示。虽然在计算中给出了警告信息, 但得出的结果还是正确的, 说明 Simulink 能正确地处理本例中的代数环问题。

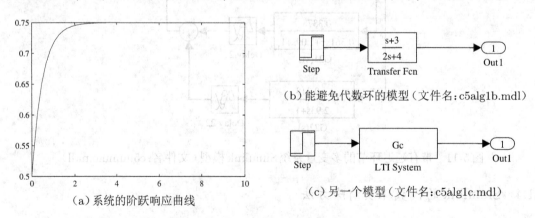

(a) 系统的阶跃响应曲线

(b) 能避免代数环的模型(文件名:c5alg1b.mdl)

(c) 另一个模型(文件名:c5alg1c.mdl)

图 5-13   仿真结果及代数环避免方法

要想避免代数环, 可以将整个反馈回路进行手工简化, 即用下面的命令得出的 $(s+3)/(2s+4)$ 取代原来的反馈回路, 构造出如图 5-13(b) 所示的系统框图, 这样既能正确地计算出系统的响应, 又能成功地避免代数环错误。如果用控制系统工具箱中的线性对象模块, 则可以构造出如图 5-13(c) 所示的模型, 该模型也能起到相同的作用。

```
>> Go=tf([1 3],[1 1]); Gc=feedback(Go,1)
```

上述问题比较简单,可以通过等效变换的方式避免代数环问题。事实上,很多代数环问题并不可能这样解决,需要考虑其他的方法。人们一般建议引入小延迟环节的方法,让反馈到输入端的信号不和输出端信号同时发生,就能避免代数环问题。类似地,可以让输出信号经过 Memory 模块回馈回去。这里我们提出让输出信号经过小滞后环节回馈回去的方法。比较各种方法,给出一种有效避免代数环且不影响仿真精度和速度的解决方案。

例 5-8 仍然考虑例 5-6 中的代数环系统模型,如果在反馈信号后面加一个小的时间延迟 $e^{-\tau s}$,其中 τ 选择为一个微小的值,这样系统的框图可以修正为如图 5-14(a)所示的形式。可见,传递函数模型的输出信号为 $y(t)$,而该模块的输入信号变为 $r(t) - y(t-\tau)$,这样就避免了代数环问题,因为该模块涉及的 y 信号在输入端和输出端不再是同一时刻的值了。

仿照前面给出的思路,还可以构造出如图 5-14(b)、图 5-14(c)所示的其他形式的近似仿真框图,在这些框图中用 Memory 模块和滞后模块对输出信号进行处理,理论上都能避免代数环问题。

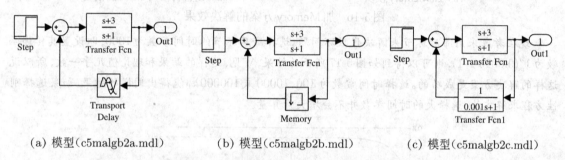

(a) 模型(c5malgb2a.mdl)   (b) 模型(c5malgb2b.mdl)   (c) 模型(c5malgb2c.mdl)

图 5-14　代数环的 3 种可能的解决途径

虽然上述方法可以成功避免代数环问题,但也带来了新的问题,首先,经过这样的替换,原来系统结构发生了变化,这样改换结构后的系统能保持原系统的性能吗?另外,应该如何选择 τ 的值?此外,近似效果如何、计算量如何也是需要探讨的问题。

首先考虑加了小时间延迟的近似结构。假设选择 $\tau = 0.001$,通过仿真可以得出如图 5-15(a)所示的仿真结果,改变延迟的值为 $\tau = 0.0001$,则得出如图 5-15(b)所示的仿真结果。可见,这样的近似效果较差,所以不建议采用小延迟环节来解决代数环问题。

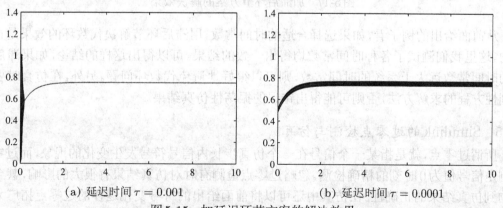

(a) 延迟时间 $\tau = 0.001$ (b) 延迟时间 $\tau = 0.0001$

图 5-15　加延迟环节方案的解决效果

再考虑引入记忆模块(Memory),仿真结果如图 5-16(a)所示,直接使用记忆模块的效果并不好,主要原因是记忆模块的默认初值为0,不适用于此例。将记忆模块的初值设置为0.5,则可以得出如图5-16(b)所示的仿真效果。可见,拟合虽然有改善,但仍然效果很差,不宜采用。

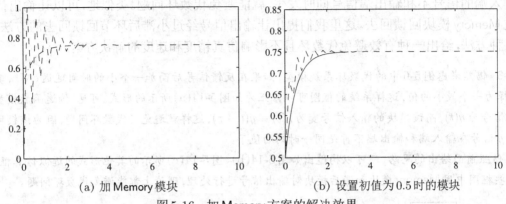

(a) 加 Memory 模块　　　　　　　　　　(b) 设置初值为0.5时的模块

图5-16　加 Memory 方案的解决效果

现在考虑采用滞后环节来解决代数环问题。选择滞后环节的时间参数为1000,即设置其传递函数为$1/(0.001s+1)$,则可以得到如图5-17所示的结果,可见,这样的结果和理论值几乎一致,所以说这样的解决方案是成功的。选择时间常数为100、10000或100000都能得出同样的结果。如果选择刚性方程求解方法,选择大的时间参数并不会增大计算量。

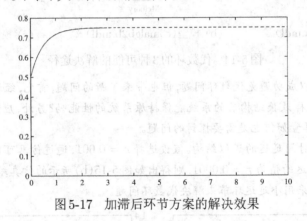

图5-17　加滞后环节方案的解决效果

从前面给出的例子看,如果选择合适的时间常数,用滞后环节解决代数环的效果是很理想的。这里我们测试了各种时间常数均得出一致的结果。可以得出这样的结论,如果滞后环节的时间常数远大于系统的时间常数,则可以很好地避免代数环问题。另外,在仿真时要采用刚性方程的求解方法,否则可能得出错误的振荡性仿真结果。

5.1.5　Simulink 的过零点检测与仿真

所谓过零点,就是指某一个信号在一个仿真步长内信号符号发生变化的现象,而过零点检测是信号值为0时刻的精确检测。忽略过零点检测有时对仿真结果有很大的影响,甚至会影响到仿真结果的正确性。在仿真中还可以将前面给出的符号变化这样的过零点拓广为更一般的情况。下面通过实例演示过零点的存在及其对仿真结果的影响,然后介绍在 Simulink 下如何解决过零点检测问题的方法。

例 5-9 考虑求取 $y=|\sin t^2|$ 函数值的问题,很自然地,选择计算步长 $T=0.02\,\mathrm{s}$,则可以给出下面的 MATLAB 语句绘制函数的曲线,结果如图 5-18(a)所示。

```
>> t=0:0.02:pi; y=abs(sin(t.^2)); plot(t,y)
```

显然,曲线上有些点处的值是错误的,如函数值接近 0 的几个点(A、B、C)处,函数值应该先下降到达 0 值,再逐渐上升,而不是在悬空的 A 点进行转换。如果能先通过求解方程将函数值等于 0 这个点求出来,再将改点添加到 t 向量中,问题就能圆满解决了。寻找 A 点的方法就是我们所说的过零点检测。对这个问题来说如果不检测过零点,单纯减小计算步长,如选择 $t=0.001$,也能得出正确的曲线,如图 5-18(b)所示。

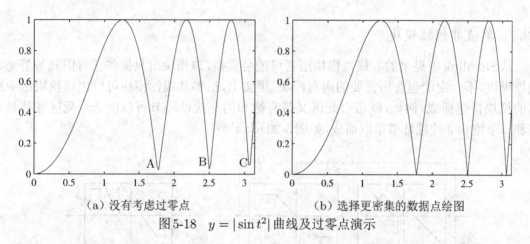

(a) 没有考虑过零点　　　　　　(b) 选择更密集的数据点绘图

图 5-18　$y=|\sin t^2|$ 曲线及过零点演示

事实上,当前 Simulink 的默认设置中都设定了过零点检测选项,这是由 Simulink 参数设置主对话框中的 Solver 选项直接设定的。选择 Simulink|Configuration Parameters 命令直接打开对话框,其与过零点检测(Zero-crossing options)的相关部分如图 5-19(a)所示。默认情况下是自动检测过零点的,即默认选择其中的 Use local settings 选项。如果选择 Enable all 选项也会做零点检测,但选择 Disable all 选项则会关闭过零点检测选项。

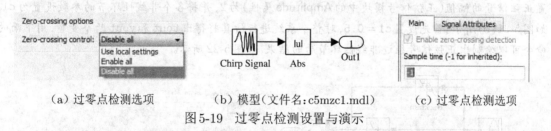

(a) 过零点检测选项　　　　(b) 模型(文件名:c5mzc1.mdl)　　　　(c) 过零点检测选项

图 5-19　过零点检测设置与演示

不管是 MATLAB 还是 Simulink,精确地检测过零点意味着在每步仿真过程中求解一次代数方程,所以仿真的速度会很慢。如果选择 Use local settings 选项则在远离过零点的区域不去求解方程,会提高整体运算速度,所以建议采用这样的选项。对某个特定问题来说,如果求解过零点会使得求解速度慢得难以接受,且选择刚性方程求解算法也不能有效求解速度问题,则也可以关闭过零点检测选项,改用定步长微分方程求解算法来完成仿真过程。当然,这样得到的仿真结果必须通过检验才能接受。

例 5-10 考虑前面的问题,如果采用 Simulink,则可以构造出如图 5-19(b) 所示的仿真模型,读者可以自己修正仿真参数来观察过零点检测的必要性。很多模块自身带有过零点检测选项,如 |u| 模块可以通过如图 5-19(c) 所示的对话框选择是否需要过零点检测。带有过零点检测选项的模块还有开关模块及很多其他类似的模块。

5.2   非线性环节与查表环节构建

Simulink 中提供了各种各样的非线性模块,使得非线性系统的仿真变得很容易。本节将通过几个例子来演示各种非线性环节的使用与拓展。

5.2.1   单值非线性模块

从 Simulink 中提供的非线性模块组看可能会觉得,该模块组只提供了有限几种静态非线性模块,不一定能包含所需要的所有模块。事实上,很多非线性模块可以由该模块组中给出的模块搭建而成,例如,既带有死区又带有饱和的非线性环节可以由一个死区非线性环节和一个饱和非线性环节串联而成,如图 5-20 所示[46]。

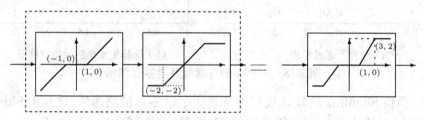

图 5-20   复杂非线性环节的等效搭建

例 5-11 在正弦信号激励下,经过几个常用的非线性模块,如磁滞回环、死区特性和饱和特性等,试观察输出信号的曲线形状。出于这个目的,可以很容易地构造出如图 5-21(a) 所示的系统框图,再设置正弦信号的幅值(正弦信号模块中的 Amplitude 属性)为 2,并将各个非线性环节的参数设置为 c_1,如图 5-21(b) 所示。首先设置 $c_1 = 0.5$,对整个系统进行仿真将得出 tout 和 yout 两个变量,用下面的命令可以绘制出正弦信号经过非线性环节后的结果,如图 5-22 所示。

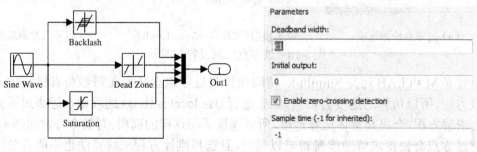

(a) 仿真框图(文件名:c5nlsin.mdl)   (b) Backlash 模块参数设置

图 5-21   非线性模块仿真框图

```
>> t=tout; y=yout;
    subplot(221), plot(t,y(:,4)), subplot(222), plot(t,y(:,1))
    subplot(223), plot(t,y(:,2)), subplot(224), plot(t,y(:,3))
```

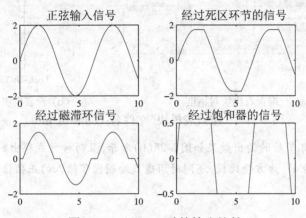

图5-22 $c_1 = 0.5$时的输出比较

再改变c1的值为1,进行仿真并重复上面的过程,将得出如图5-23所示的仿真结果。可以看出,利用Simulink强大的功能就能轻易地解决提出的问题。

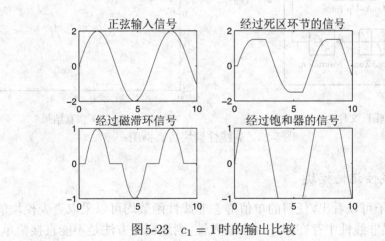

图5-23 $c_1 = 1$时的输出比较

由Simulink的Functions and Tables模块组提供的一维查表的模块(Look-up Table)也可以搭建出无记忆的分段线性的非线性环节,下面将通过例子演示模块搭建方法。

例5-12 考虑图5-20中给出的非线性环节,可以得出该模块的转折点坐标为$(-4,-2)$, $(-3,-2)$, $(-1,0)$, $(1,0)$, $(3,2)$, $(4,2)$,这样可以在图5-24(a)所示对话框的Vector of input values(输入点向量)文本框中填写 $[-4,-3,-1,1,3,4]$,在Vector of output values(输出点向量)文本框中填写 $[-2,-2,0,0,2,2]$,则可以建立起所需的非线性环节,这时该模块图标将自动变成如图5-24(b)所示的形式。

掌握了这样的方法,就可以依赖查表模块轻易地建立起任意无记忆的非线性环节。可以将这样的模块建立起仿真模型,如图5-25(a)所示。在该图中还绘制了按图5-20方式搭建的非线性模块,其中死区模块的参数为−1和1,饱和非线性模块的参数为−2和2。

（a）一维查表模块对话框　　　　　　　　（b）查表模块图标

图5-24　一维查表模块（文件名:c5mtab1.mdl）

正弦信号经过该环节后的输出效果如图5-25(b)所示,且两种方式得出的输出完全一致(这里,假设输入信号的幅值为4)。为方便比较,还同时用虚线绘制出了输入的正弦信号,这是通过修改曲线属性实现的。

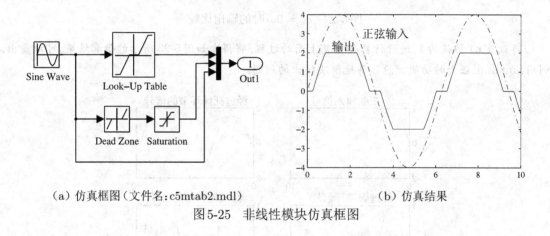

（a）仿真框图（文件名:c5mtab2.mdl）　　　　　　（b）仿真结果

图5-25　非线性模块仿真框图

5.2.2　多值非线性记忆模块

由给出的例子可以看出,任何的单值静态非线性函数均可以采取查表模块的方式来建立或近似,但如果非线性中存在回环或多值属性,则这样的方法是不能直接简单地使用的,解决这类问题则需要使用开关模块和记忆模块。

例 5-13　假设想构造一个如图5-26所示的回环模块。可以看出,该特性不是单值的,该模块中输入在增加时走一条折线,减小时走另一条折线。将这个非线性函数分解成如图5-27所示的单值函数,当然这个单值函数是有条件的,它区分输入信号上升还是下降。

Simulink的离散模块组中提供了一个Memory(记忆)模块,该模块记忆前一个计算步长上的信号值,所以可以按照图5-28(a)中所示的格式构造一个Simulink模型。在该框图中使用了一个比较符号来比较当前的输入信号与上一步输入信号的大小,其输出是逻辑变量,在上升时输出的值为1,下降时的值为0。由该信号可以控制后面的开关模块,设开关模块的阈值(Threshold)为0.5,则当输入信号为上升时由开关上面的通路计算整个系统的输出,而下降时由下面的通路计算输出。

两个查表模块的输入、输出分别为：

$x_1 = [-3, -1, -1+\epsilon, 2, 2+\epsilon, 3]$, $y_1 = [-1, -1, 0, 0, 1, 1]$,

$x_2 = [-3, -2, -2+\epsilon, 1, 1+\epsilon, 3]$, $y_2 = [-1, -1, 0, 0, 1, 1]$,

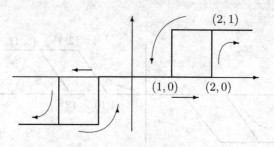

图 5-26 给定的回环函数表示

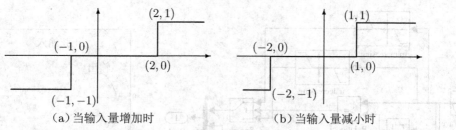

（a）当输入量增加时   （b）当输入量减小时

图 5-27 回环函数分解为单值函数

其中, ϵ 可以取一个很小的数值, 例如, 可以取 MATLAB 保留的常数 eps。设输入正弦信号的幅值为 3, 则可以得出如图 5-28(b) 所示的仿真结果, 其中虚线表示的仍为输入的正弦信号。

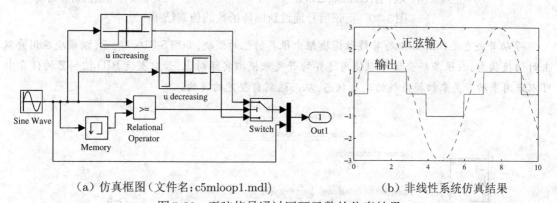

（a）仿真框图（文件名：c5mloop1.mdl）   （b）非线性系统仿真结果

图 5-28 正弦信号通过回环函数的仿真结果

修改非线性回环函数的结构, 使其如图 5-29 所示, 则仍可以利用前面建立的 Simulink 模型, 只需修改两个查表函数为:

$x_1 = [-3, -2, -1, 2, 3, 4]$, $y_1 = [-1, -1, 0, 0, 1, 1]$,

$x_2 = [-3, -2, -1, 1, 2, 3]$, $y_2 = [-1, -1, 0, 0, 1, 1]$,

从而立即就能得出整个系统的框图, 如图 5-30(a) 所示。对该系统框图进行仿真, 则能得出如图 5-30(b) 所示的输出曲线。

Simulink 在非线性模块组中还提供了多路开关(Multiport Switch)和手动开关(Manual Switch)，前者如图 5-31(a) 所示，其最上面的是控制信号，该信号等于 $1,2,\cdots,n$ 时分别对应于各路控制信号，若不等于这些数值则将给出错误信息。可以双击该模块，在打开的如图 5-31(b) 所示的对话框中选定多路开关输入信号的路数。

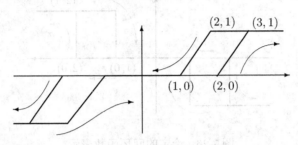

图 5-29   新的回环函数表示

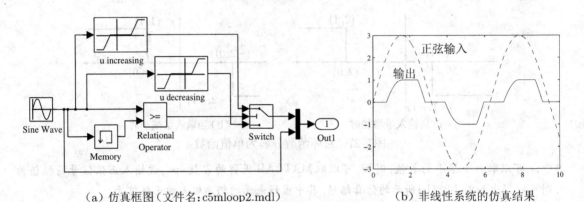

（a）仿真框图（文件名：c5mloop2.mdl）   （b）非线性系统的仿真结果

图 5-30   正弦信号通过新回环函数的仿真结果

手动开关也是 Simulink 的非线性模块组中很具特色的模块，如图 5-31(c) 所示，该模块在用户双击时切换状态。在很多场合都可以使用这样的开关来模拟实际对象，如自整定 PID 控制器的仿真中可以采用手动开关来切换系统的运行状态，从而达到自整定的目的。

（a）多路开关   （b）多路开关设置对话框   （c）手动开关

图 5-31   多路开关和手动开关

例 5-14 再考虑例 5-11 中的问题，可以采用多路开关的方式来选择非线性环节，最终直接返回计算结果。根据这样的想法，可以绘制出如图 5-32(a) 所示的多路开关系统的 Simulink 框图。在该框图中设置了一个外部输入常数key,在MATLAB工作空间中可以定义其值,如key=4。另外,可以将继电环节参数设置为0.5和-0.5。对这样的系统进行仿真,则将得出如图5-32(b)所示的仿真曲线。同样,这里将输入信号表示为虚线。将key设置成其他值则可以选择各路非线性环节,得出输出曲线。

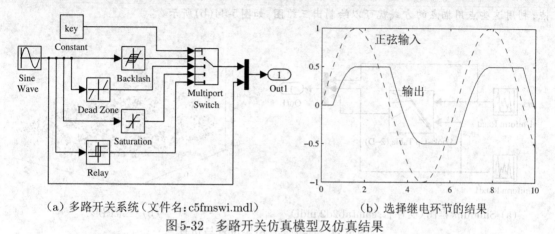

(a) 多路开关系统(文件名:c5fmswi.mdl)　　　　　　(b) 选择继电环节的结果

图5-32　多路开关仿真模型及仿真结果

5.2.3　多维查表模块

Simulink不但提供了一维查表的模块,还提供了二维和多维查表模块。提供的多维查表可以使用线性插值的算法求出输出。下面以二维查表模块为例演示多维查表的应用。

例5-15　考虑例2-21中给出的二维函数$z = f(x,y) = (x^2 - 2x)\mathrm{e}^{-x^2-y^2-xy}$,假设能构造较稀疏的x-y平面上的网格点,并可以计算出在这些点上的高度值:

```
>> xx=linspace(-3,3,15); yy=linspace(-2,2,15);
   [x,y]=meshgrid(xx,yy); z=(x.^2-2*x).*exp(-x.^2-y.^2-x.*y);
   mesh(xx,yy,z); axis([-3,3,-2,2,-0.6,1.2])
```

这样已知点的数据就可以用xx、yy和z表示出来,如图5-33(a)所示。双击二维查表模块图标打开如图5-33(b)所示的对话框,在其中可以对这3个向量分别进行相应的设置。

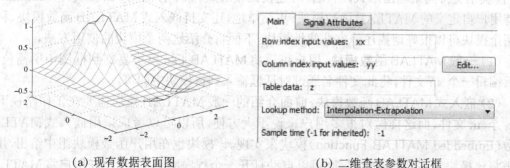

(a) 现有数据表面图　　　　　　　　(b) 二维查表参数对话框

图5-33　多维查表模块使用

现在试图用均匀分布随机数的方式生成一组x和一组y变量作为输入信号,输入到二维查表模块,就可以构造出如图5-34(a)所示的Simulink框图。注意,在两个随机数发生模块中,伪随机数的种子不能选择相同的值,否则两路输入信号将是一致的,不能很好演示这里的例子。例如,可以将第二路随机数种子选择为31242240。另外,假设两个随机数发生模块的范围分别为 $(-3,3)$ 和 $(-2,2)$。在仿真中如果选择定步长为0.001s,并设定终止仿真时间为10,则可以用仿真的方法计算出10000个点,利用这些点用描点的方式就可以绘制出三维图,如图5-34(b)所示。

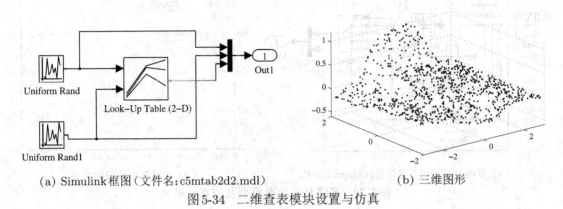

(a) Simulink框图(文件名:c5mtab2d2.mdl)　　　　　　(b) 三维图形

图5-34　二维查表模块设置与仿真

```
>> plot3(yout(:,2),yout(:,1),yout(:,3),'.'); axis([-3,3,-2,2,-0.6,1.2])
```

可以看出其形状类似于已知数据得出的图形。遗憾的是,这个模块采用的是线性插值的方法,所以在精度上较差,一般不能得到平滑的效果。

Simulink还允许进行多维查表运算,所使用的方法是线性插值。输入、输出数据给定还是比较麻烦的,因为它要求给出网格数据,而一般实测的数据如果不是由网格型给出的,则可以通过 griddata() 函数对其进行前处理,再利用查表模块来构造相同模型。

5.2.4　静态非线性模块的代码实现

所谓静态非线性函数就是可以由 $y = f(u)$ 函数能直接描述的函数,其中,u 为模块的输入信号,y 为模块的输出信号,它们均可能是向量型信号。前面介绍过,Simulink自带的Fcn模块不支持向量输出形式,所以有时建模比较麻烦。除了标准的Fcn模块外,Simulink还支持用户自定义的MATLAB函数模块,更简单地,还支持嵌入式MATLAB函数模块。利用这两个模块可以很好地描述静态非线性模块。下面将介绍这两个模块的使用方法。

（1）**一般MATLAB函数模块**。用户可以将MATLAB Fcn模块复制到框图中所需位置,然后编辑一个 .m 文件,将此文件名通过对话框输入到该模块中即可。

（2）**嵌入式MATLAB函数模块**。前面介绍的一般MATLAB模块需要在工作路径下建立一个 .m 文件,而这样做对很多用户来说不大方便,所以可以考虑采用嵌入式MATLAB函数(Embedded MATLAB Function)模块来实现。该模块也在用户函数模块组中给出,用户只需将该模块复制到所需位置,则可以自动打开一个程序编辑窗口,允许用户将MATLAB文件输入进去。这样做的好处在于,编写的嵌入式MATLAB代码无须用户单独存成文件,但这样的方式也有劣势,因为相应的代码需要经过C编译器后才能运行,尽管源代码是用MATLAB语句编写的。

例 5-16 考虑例 5-1 中介绍的 Van der Pol 方程的 Simulink 建模问题。在该例子中采用了 Fcn 模块, 而该模块不支持向量型信号的处理, 所以建模结构比较复杂, 且需要 Mux 和 Demux 等模块的支持。现在重新考虑系统的向量化数学模型, 若 $\mu = 2$, 则原方程可以写成:

$$\begin{bmatrix} \dot{x}_1 \\ \dot{x}_2 \end{bmatrix} = \begin{bmatrix} x_2 \\ -2(x_1^2 - 1)x_2 - x_1 \end{bmatrix}$$

根据该模型的右侧向量, 可以编写出如下的 MATLAB 函数:

```
function y=c5fvdp(x), y=[x(2); -2*(x(1)^2-1)*x(2)-x(1)];
```

则可以构造出如图 5-35(a) 所示的系统仿真模型。可见该模型的结构远比例 5-1 中的模型简单。如果按嵌入式 MATLAB 函数构造模型, 则可以构建起如图 5-35(b) 所示的仿真模型, 用户可以将上述代码直接粘贴到自动弹出的函数编辑器中即可。这样做的好处是无须再单独建立一个 .m 文件。不过不管使用哪种 MATLAB 函数模块, 都不允许带附加参数 μ。

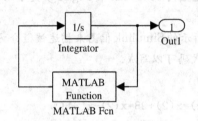

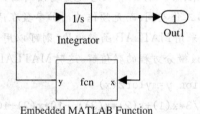

(a) MATLAB 函数模块 (c5mvdpa1.mdl)   (b) 嵌入式 MATLAB 函数模块 (dc5mvdpa2.mdl)

图 5-35 Van der Pol 方程的简洁建模

值得指出的是, 这两种模块只能描述静态非线性环节, 即输出信号由输入信号的非线性函数直接计算出来的模块。如果需要动态计算, 则应该采用 S-函数。S-函数还允许使用附加变量, 使用起来将更方便。后面将专门介绍 S-函数的模块编写方法及其应用。

5.3 微分方程的 Simulink 框图求解

第 3 章曾经系统介绍过基于 MATLAB 语言的微分方程数值解方法, 这些微分方程还可以通过基于框图的求解方法直接解出。本节将介绍一般微分方程的框图搭建方法, 然后介绍其他类型微分方程的建模与求解方法, 包括微分代数方程、延迟微分方程和分数阶微分方程, 其中有些方程用现有的 MATLAB 函数无法求解, 但利用 Simulink 框图法则可以轻而易举地求解出来。

5.3.1 一般微分方程的 Simulink 建模

利用 Simulink 给微分方程建模的重要一步是定义出关键信号。对微分方程来说, 可以设置一些积分器, 如果人为定义这些积分器的输入端信号为 $\dot{x}_i(t)$, 则它们输出端自然就是 $x_i(t)$。有了这些关键信号, 则可以根据给出的微分方程建立起 Simulink 仿真框图, 然后利用 Simulink 的强大功能, 将微分方程的数值解求出来。

例 5-17 考虑 Lorenz 方程的求解问题:

$$\begin{cases} \dot{x}_1(t) = -\beta x_1(t) + x_2(t)x_3(t) \\ \dot{x}_2(t) = -\rho x_2(t) + \rho x_3(t) \\ \dot{x}_3(t) = -x_1(t)x_2(t) + \sigma x_2(t) - x_3(t), \end{cases} \quad 且 \quad \begin{cases} \beta = 8/3, \rho = 10, \sigma = 28 \\ x_1(0) = x_2(0) = 0, \; x_3(0) = 10^{-10} \end{cases}$$

用 Simulink 也可以描述出微分方程组的模型。具体的方法是：考虑原方程中有状态变量的一阶导数项，需要使用 3 个积分器，用其输入端分别描述 $\dot{x}_1(t)$、$\dot{x}_2(t)$、$\dot{x}_3(t)$，则其输出端自然就成了 $x_1(t)$、$x_2(t)$、$x_3(t)$，这样就建立起了 Simulink 框图的核心模块框架，如图 5-36(a)所示。双击积分器模块，可以将状态变量初值填写进各个积分器模块。

在构造微分方程求解框架时，可以首先定义一个向量型的积分器，使得其输入端和输出端分别为 $\dot{x}(t)$ 和 $x(t)$，其中 $x(t) = [x_1(t), x_2(t), x_3(t)]^{\mathrm{T}}$，积分器的初值设置为向量 $[0;0;1\mathrm{e}{-10}]$。用 Fcn 模块可以分别建立起 3 个微分方程，用户还可以将这 3 路微分方程信号利用混路器 Mux 合并成向量型信号，直接连到积分器的输入端，最终可以构造出如图 5-36(b)所示的完整 Simulink 模型。为获得仿真结果，可以将 $x(t)$ 状态变量连接到输出端口。注意，这里的 beta、rho 和 sigma 参数可以写入 MATLAB 工作空间，而无须作为附加参数在语句调用中给出。

如果采用 MATLAB 函数模块，则可以用如图 5-36(c)所示的 Simulink 框图来描述该微分方程，从而得出该微分方程的数值解。这时 MATLAB 函数模块的代码可以写成：

```
function y=mylorz(x)
y=[-8/3*x(1)+x(2)*x(3); -10*x(2)+10*x(3); -x(1)*x(2)+28*x(2)-x(3)];
```

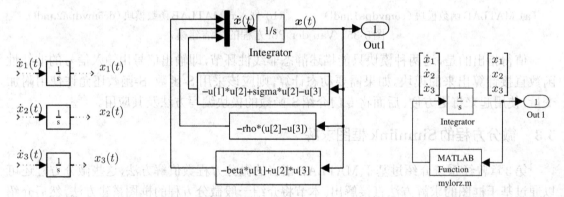

（a）积分器 (c5mlor1a.mdl)　　（b）Simulink 模型（文件名：c5mlor1b.mdl）　　（c）简单模型 (c5mlor1c.mdl)

图 5-36　Lorenz 方程的 Simulink 建模

应该指出，对于小规模问题来说，用 Simulink 建模的求解方式与用 ode45() 等函数的调用方式相比复杂度相似。但在解决大规模问题、框图化问题以及复杂混连系统的问题时，用 Simulink 建模方式应该比 ode45() 类函数调用更方便、直观。此外，对更复杂的时间延迟微分方程求解问题来说，采用 Simulink 建模的方法，可以解决用普通微分方程求解函数解决不了的问题。

5.3.2　微分代数方程的 Simulink 建模与求解

在第 3.4.5 节中介绍过微分代数方程的概念，并对给出的例子进行了 MATLAB 求解，其实用 Simulink 也能构造出微分代数方程的仿真模型,因为在 Simulink 的数学函数模块组中给出了代数约束模块,则可以用该模块构造代数方程。

例 5-18 考虑例 3-34 中给出的微分代数方程模型,为方便起见,在这里重新写出原始问题:

$$\begin{cases} \dot{x}_1 = -0.2x_1 + x_2x_3 + 0.3x_1x_2 \\ \dot{x}_2 = 2x_1x_2 - 5x_2x_3 - 2x_2^2 \\ x_1 + x_2 + x_3 - 1 = 0 \end{cases}$$

并已知初始条件为 $x_1(0) = 0.8$, $x_2(0) = x_3(0) = 0.1$。因为两个信号 $x_1(t)$ 和 $x_2(t)$ 可以设定为积分器的输出,所以可以将它们视为已知信号,故最后的方程可以认为是 $f(x_3) = x_1 + x_2 + x_3 - 1 = 0$,用代数约束模块构造出此代数方程的模型表示,其输出信号即解出的 $x_3(t)$ 信号。

如果用底层模块搭建该微分代数方程,则可以构造出如图 5-37 所示的 Simulink 模型,其中将两个积分器的初值分别设置为 0.8 和 0.1,并将代数约束的初始值设置为 0.1。

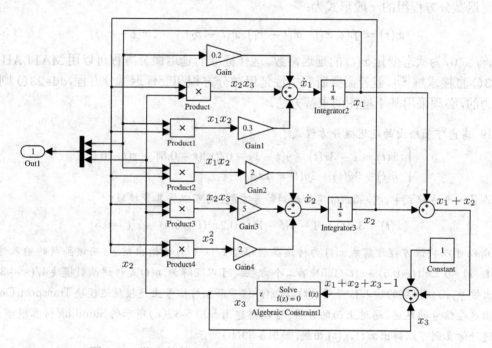

图 5-37 微分代数方程的仿真框图(文件名:c5fdae.mdl)

如果采用前面介绍的 MATLAB 函数模块,则可得到如图 5-38 所示的简单模型,其中 MATLAB 函数模块的内容如下:

```
function y=c5fdae2(x)
y=[-0.2*x(1)+x(2)*x(3)+0.3*x(1)*x(2); 2*x(1)*x(2)-5*x(2)*x(3)-2*x(2)^2];
```

由此可见,上面两个仿真模型均可以得出和例 3-33 完全一致的结果。

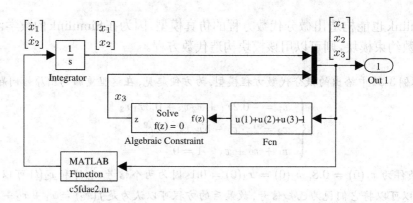

图5-38   微分代数方程的简单仿真框图（文件名：c5mdae2.mdl）

5.3.3 延迟微分方程的Simulink求解

延迟微分方程组的一般形式为：

$$\dot{\boldsymbol{x}}(t) = \boldsymbol{f}(t, \boldsymbol{x}(t), \boldsymbol{x}(t-\tau_1), \boldsymbol{x}(t-\tau_2), \cdots, \boldsymbol{x}(t-\tau_n)) \tag{5-3-1}$$

其中，$\tau_i > 0$，为状态变量 $\boldsymbol{x}(t)$ 的延迟常数。这样标准的延迟微分方程可以用MATLAB函数 dde23() 直接求解[25]，但若需要研究中性延迟微分方程和变延迟微分方程，dde23() 则是无能为力的，必须采用基于框图的求解方法。

例 5-19 考虑下面给出的延迟微分方程式：

$$\begin{cases} \dot{x}(t) = 1 - 3x(t) - y(t-1) - 0.2x^3(t-0.5) - x(t-0.5) \\ \ddot{y}(t) + 3\dot{y}(t) + 2y(t) = 4x(t) \end{cases}$$

在第一个方程式中，将 $-3x(t)$ 项移动到等号左侧，则可以将其变换成：

$$\dot{x}(t) + 3x(t) = 1 - y(t-1) - 0.2x^3(t-0.5) - x(t-0.5)$$

所以可以将该方程理解成 $x(t)$ 为传递函数模型 $1/(s+3)$ 的输出信号，而该函数的输入信号为 $1 - y(t-1) - 0.2x^3(t-0.5) - x(t-0.5)$。第二个方程式可以理解为：$y(t)$ 是传递函数模块 $4/(s^2+3s+2)$ 的输出信号，而该模块的输入信号为 $x(t)$。在 $x(t)$ 信号和 $y(t)$ 信号上连接延迟模块 Transport Delay 可以得出这些信号的延迟。通过上面的分析，可以搭建出如图5-39(a)所示的Simulink仿真模型。对该系统进行仿真则可以得出 $x(t)$、$y(t)$ 曲线，如图5-39(b)所示。

当然，若不习惯使用传递函数模块，还可以假设 $x_1 = x, x_2 = y, x_3 = \dot{y}$，这样可以将原微分方程模型变换成如下的一阶状态方程模型：

$$\begin{cases} \dot{x}_1(t) = 1 - x_1(t) - x_2(t-1) + 0.2x_1^3(t-0.5) - x_1(t-0.5) \\ \dot{x}_2(t) = x_3(t) \\ \dot{x}_3(t) = -4x_1(t) - 3x_3(t) - 2x_2(t) \end{cases}$$

给这3个状态变量选择3个积分器，则可以搭建出Simulink框图，也可以得出同样的结果。这里不给出具体的Simulink模型，读者可以按系统的要求自己搭建该模型。

例 5-20 现在考虑中性延迟微分方程 $\dot{\boldsymbol{x}}(t) = \boldsymbol{A}_1\boldsymbol{x}(t-\tau_1) + \boldsymbol{A}_2\dot{\boldsymbol{x}}(t-\tau_2) + \boldsymbol{B}\boldsymbol{u}(t)$，其中，$\tau_1 = 0.15$，$\tau_2 = 0.5$，且

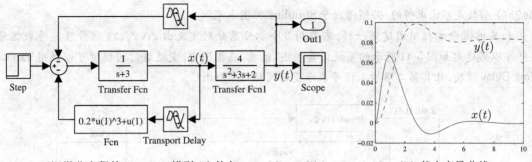

(a) 延迟微分方程的 Simulink 模型（文件名：c5mdde1.mdl)　　　(b) 状态变量曲线

图 5-39　延迟微分方程的 Simulink 模型及解

$$A_1 = \begin{bmatrix} -13 & 3 & -3 \\ 106 & -116 & 62 \\ 207 & -207 & 113 \end{bmatrix}, \quad A_2 = \begin{bmatrix} 0.02 & 0 & 0 \\ 0 & 0.03 & 0 \\ 0 & 0 & 0.04 \end{bmatrix}, \quad B = \begin{bmatrix} 0 \\ 1 \\ 2 \end{bmatrix}$$

因为方程中同时包含 $\dot{x}(t)$ 和 $\dot{x}(t-\tau_2)$ 项，这类微分方程又称为中性 (neutral-type) 延迟微分方程。该方程用 MATLAB 自身提供的 dde23() 函数无法求解，所以这里考虑采用基于 Simulink 的框图形式求解该方程。在建模之前，可以用下面的语句输入已知的矩阵：

```
>> A1=[-13,3,-3; 106,-116,62; 207,-207,113];
   A2=diag([0.02,0.03,0.04]); B=[0; 1; 2];
```

再考虑原始的微分方程模型，已经存在一个状态向量 $x(t)$，故可以安排一个积分器，使得其输出为 $x(t)$，这样其输入端自然是 $\dot{x}(t)$，可以分别给这两个信号连接延迟环节，并按实际情况设置延迟时间常数，则可以构造出 $x(t-\tau_1)$ 和 $\dot{x}(t-\tau_2)$ 信号，这样经过简单的处理就可以搭建出如图 5-40(a) 所示的 Simulink 模型。该微分方程的解如图 5-40(b) 所示。

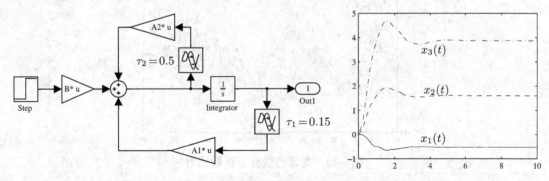

(a) 中性延迟微分方程 Simulink 模型（文件名：c5mdde2.mdl)　　　(b) 状态变量曲线

图 5-40　中性延迟微分方程 Simulink 模型及解

例 5-21 如果各个状态变量初始条件为 0，变时间延迟微分方程可以表示为：

$$\begin{cases} \dot{x}_1(t) = -2x_2(t) - 3x_1(t - 0.2\sin t) \\ \dot{x}_2(t) = -0.05x_1(t)x_3(t) - 2x_2(t - 0.8) \\ \dot{x}_3(t) = 0.3x_1(t)x_2(t)x_3(t) + \cos(x_1(t)x_2(t)) + 2\sin 0.1t^2 \end{cases}$$

显然，由于延迟微分方程中存在变时间延迟，即存在 $t-\sin t$ 时刻的 x_1 信号，所以这样的模型用

dde23() 函数是不能求解的,必须借助于 Simulink 框图来求解。

和其他微分方程框图建模一样,需要用 3 个积分器分别定义出 x_1、x_2、x_3 信号及其导数信号,这样可以搭建起如图 5-41 所示的系统仿真框图。注意,在框图中,变延迟时间模型可以调用 Variable Time Delay 模块,让其第二路输入信号表示变时间延迟 $0.2\sin t$。

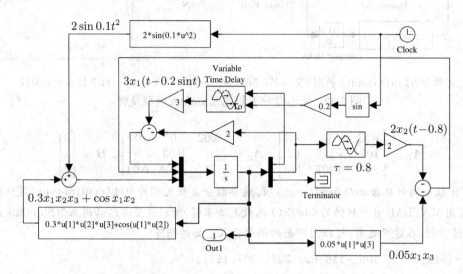

图 5-41　变时间延迟微分方程的 Simulink 模型(文件名:c5mdde3.mdl)

对该系统进行仿真,将得出如图 5-42 所示的数值解结果。可以测试不同的仿真控制参数,如相对误差限或仿真算法,以验证结果的正确性。

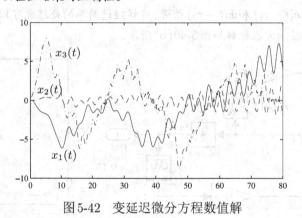

图 5-42　变延迟微分方程数值解

5.3.4　切换微分方程的 Simulink 求解

切换系统是控制理论中的一个重要的研究领域[48],就是在某种规律下其模型在多个模型间切换的系统。切换系统的数学模型可以表示为:

$$\dot{x}(t) = f_i(t, x, u), \ i = 1, \cdots, m \tag{5-3-2}$$

该系统允许在某个控制规律下,整个系统在各个模型之间切换。利用切换系统的理论,可以设计控制器,使不稳定的各个模型 f_i 通过合理的切换达到整个系统的稳定。

例 5-22 假设已知系统模型 $\dot{x} = A_i x$,其中 $A_1 = \begin{bmatrix} 0.1 & -1 \\ 2 & 0.1 \end{bmatrix}$, $A_2 = \begin{bmatrix} 0.1 & -2 \\ 1 & 0.1 \end{bmatrix}$。可见,两个子系统都不稳定。若 $x_1 x_2 < 0$,即状态处于第 II、IV 象限时,切换到系统 A_1;而 $x_1 x_2 \geqslant 0$,即状态处于 I、III 象限时切换到 A_2。令初始状态为 $x_1(0) = x_2(0) = 5$。

可以用开关模块搭建切换条件,这样可以搭建起如图 5-43(a) 所示的 Simulink 仿真模型,其中设置开关模块的对话框如图 5-43(b) 所示。为实现要求的状态切换条件,需要将开关模块的阈值 (Threshold) 设置为 0。此外,为得出精确的仿真结果,需要选中 Enable zero-crossing detection 复选框,这样就可以利用 Simulink 的过零点检测功能了。

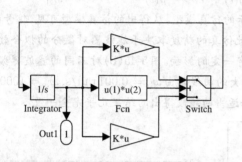

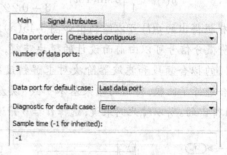

(a) Simulink 仿真模型(文件名:c5mswi1.mdl)   (b) 设置开关模块对话框

图 5-43　切换微分方程的仿真模型

可以将仿真结果返回到 MATLAB 工作空间,用下面语句可以绘制出状态变量的时间响应曲线和相平面曲线,如图 5-44 所示。可见,在这里给出的切换条件下,整个系统是稳定的。

```
>> plot(tout,yout), figure; plot(yout(:,1),yout(:,2))
```

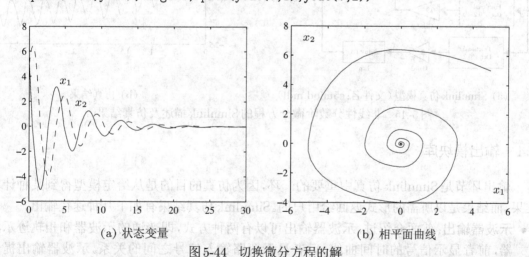

(a) 状态变量   (b) 相平面曲线

图 5-44　切换微分方程的解

5.3.5　分数阶微分方程的 Simulink 求解

分数阶微积分学是传统微积分学的拓展。在分数阶微积分学中,允许微积分的阶次取非整数,所以传统的微分方程仿真算法不能直接使用,一般采用整数阶滤波器,如 Oustaloup

滤波器[49]来逼近分数阶微分算子 s^γ, 并可以将该滤波器封装成 Simulink 模块直接使用。有关该模块封装的内容将在第 5.6.3 节中给出。

例 5-23 考虑下面的分数阶非线性微分方程模型:

$$\frac{3\mathscr{D}^{0.9}y(t)}{3+0.2\mathscr{D}^{0.8}y(t)+0.9\mathscr{D}^{0.2}y(t)} + \left|2\mathscr{D}^{0.7}y(t)\right|^{1.5} + \frac{4}{3}y(t) = 5\sin(10t)$$

其中, $\mathscr{D}^{0.9}y(t)$ 表示 $y(t)$ 的 0.9 阶导数。对原方程稍加变换, 则可以写出 $y(t)$ 函数的显式表达式为:

$$y(t) = \frac{3}{4}\left[5\sin(10t) - \frac{3\mathscr{D}^{0.9}y(t)}{3+0.2\mathscr{D}^{0.8}y(t)+0.9\mathscr{D}^{0.2}y(t)} - \left|2\mathscr{D}^{0.7}y(t)\right|^{1.5}\right]$$

根据得出的 $y(t)$ 可以绘制出如图 5-45(a) 所示的仿真模型。从得出的仿真模型可见, 信号的各个分数阶微分信号可以由前面设计的模块获得, 因此仿真的精度取决于滤波器对微分的拟合效果, 选择不同的拟合频段和滤波器阶次对求解精度将有一定的影响。图 5-45(b) 对不同的滤波器频段、阶次组合进行了比较, 得出的结果基本一致, 误差稍大的曲线是由 $\omega_b = 0.001\,\mathrm{rad/s}$, $\omega_h = 1000\,\mathrm{rad/s}$, $n = 4$ 得出的。所以对此例来说, 选择 $n = 6$ 并选择适当的频段得出的结果几乎完全一致。

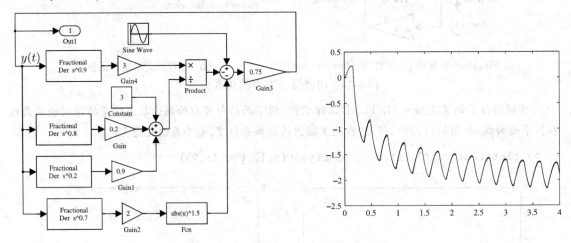

(a) Simulink 仿真模型 (文件名: c5mfod.mdl)   (b) 仿真结果

图 5-45   非线性分数阶微分方程的 Simulink 描述及仿真结果

5.4   输出模块库

输出环节是 Simulink 仿真中重要的一环, 因为仿真的目的是从给定模型得到某种计算结果, 而结果是以所需的形式返回给用户的。Simulink 仿真结果有如下几种途径输出。

- **示波器输出**: 前面介绍过, 示波器输出可以有两种方式, 即普通的示波器和相轨迹示波器, 前者显示信号的时间曲线, 后者显示两路输入信号之间的关系。示波器输出提供了一种便捷的方式, 即无须在仿真后给任何附加命令就能得到仿真结果, 在默认的情况下这样的方式不能将结果数据返回到 MATLAB 的工作空间进行后处理, 无法利用 MATLAB 强大的图形绘制功能。

- **浮动示波器**: 又称为信号观测器 (signal viewer)。如果想快速获得某个 Simulink 信号的仿真曲线, 最简洁的方法是给该信号添加一个曲线观测器。用户可以首先选择要观测的

信号,右击该信号线则会弹出快捷菜单,选择 Create & Connect Viewer|Simulink|Scope 命令,就会自动在该线上方添加一个示波器,即在该信号线上部出现 ∞ 标示。如果想在同一个示波器上显示多路信号,则在要显示的信号线上右击,在弹出的快捷菜单中选择 Connect to Existing Viewer 命令。

- **直接数据显示**:输出池模块组中提供了一个数值显示模块(Display),它将以数字显示的形式连到其上的信号,该模块可以同时显示多路信号。值得指出的是,由于仿真是非实时的,仿真过程执行过快,所以不适合连接数字显示模块观察输出信号。

- **输出端口**:前面的例子中一直采用这样的输出方式,这样的方式在仿真结束后在 MATLAB 的工作空间中自动生成两个变量tout 和 yout,分别返回时间向量和各个输出端口的仿真结果。这样返回的变量可以方便地在 MATLAB 环境下进行后处理,所以采用这样的方式输出仿真结果将是很合适的。

- **返回工作空间**:将输出池中的 To workspace 模块直接连接到要观测的信号上就可以将该信号返回到 MATLAB 工作空间进行后处理,用户可以自由地选择想显示的 MATLAB 变量名,自动生成的时间变量仍为 tout。

- **文件输出**:由输出池中的 To File 模块将仿真结果直接存到数据文件中。

- **表盘与量计显示**:Simulink 利用一组 ActiveX 部件,将仿真的结果采用表盘或量计的形式显示出来,这需要事先安装 Gauges 模块集。用表盘或量计显示的方式输出仿真结果类似于实际过程控制现场见到的显示仪表。

- **数字信号处理、分析**:可以在一些信号的后面直接连数字信号处理模块,以便获得信号的相关函数、功率谱密度和快速 Fourier 变换等结果。

- **仿真结果的三维动画显示**:可以采用Simulink 三维动画模块集将仿真结果用三维动画和虚拟现实的方式显示出来。

值得指出的是,每路输出信号允许同时连接多个输出模块,例如,一个信号既可以连示波器,也可以同时连浮动示波器、输出端口和表盘显示,另外,还可以连接一个工作空间存储数据模块将结果写入工作空间,如图5-46所示。

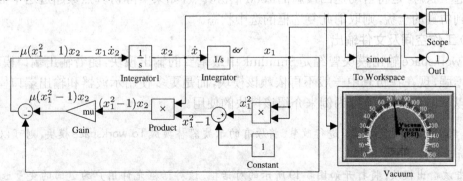

图5-46 同时接多个输出模块的框图(文件名:c5mmore.mdl)

5.4.1　一般输出模块库

（1）示波器与端口输出

Simulink的示波器输出方式在前面已经演示过，如在Van der Pol方程演示（例4-2）中，曾经在同一个示波器上显示过两条曲线，这是通过将想显示的信号经过Mux模块进行向量化而实现的。事实上示波器也可以单独接收多路信号，单击示波器工具栏上的 📇 按钮，将打开一个如图5-47（a）所示的对话框，在Number of axes（坐标轴数目）文本框中输入2，则该模块会自动生成两个输入端口，将端口分别连到Van der Pol方程模型的x_1和x_2信号上，再进行仿真，则将得出如图5-47（b）所示的示波器输出结果。当然，还可以重新调整示波器窗口的形状，使它有更好的可读性。

输出端口方式是一种实用的信号输出方式，但应该注意，该方式和仿真参数对话框中的Workspace I/O选项（图4-31）是密切相关的，亦即在Save to workspace栏目内必须选中tout和yout两个选项，否则将不能将这两个变量返回。

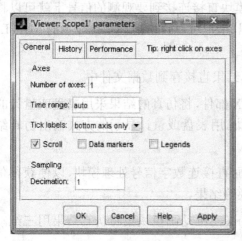
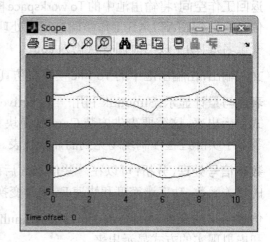

（a）示波器参数设置对话框　　　　　　　　　　（b）双坐标轴显示

图5-47　示波器选项及多坐标轴显示

另外，值得注意的是该对话框中的Limit data points to last（存储最近数据点数）复选框处于被选中状态，这将自动返回最新的1000个仿真点，如果实际仿真点数超过这个数值，而又想得到仿真的全貌，则取消此复选框的选中状态。

（2）工作空间及文件输出

To workspace输出模块曾经是Simulink中最重要的输出模块，随着输出端口模块功能的日益增强，现在在仿真中一般不再依赖该模块，而是更多使用示波器和输出端口模块。这里仍然以Van der Pol方程为例来介绍该模块的使用。

例 5-24　对图4-39所示的模型进行改装，将原有的示波器替换成To workspace模块，则可以得出如图5-48所示的模型。

双击该输出模块，将打开如图5-49所示的对话框，该对话框允许用户为返回的变量选择名字（Variable name），另外，Save format（存储数据格式）允许用户选择Structure（结构体，默认）、Array（矩阵格式）和Structure with time（带有时间变量的结构体）3种格式。

在默认的数据格式下,simout 有 3 个成员变量:time、signals 和 blockName,其中 time 变量为空矩阵,如果选择了 Structure with time 格式,则该变量将为仿真中的时间点构成的列向量;signals 成员变量本身也是一个结构体,也包含 values、dimensions 和 label 3 个属性。所以如果需要仿真结果数据,必须使用 simout.signals.values 语句才能获得。这时若需要绘制输出曲线,则需要执行下面的命令:

```
>> plot(tout,simout.signals.values)
```

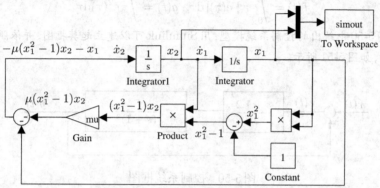

图 5-48　带有 To workspace 模块的模型(文件名:c5mspc1.mdl)

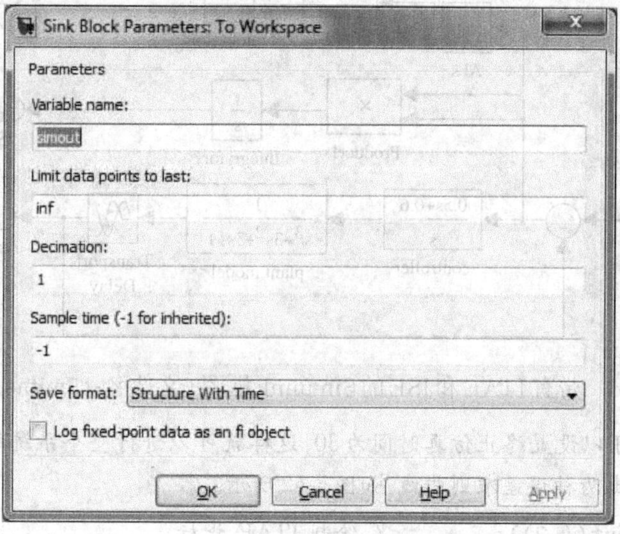

图 5-49　To workspace 参数设置对话框

可见,这样的返回格式还是显得过于繁琐,虽然它除了数据本身以外还能同时返回其他信息。如果选择了 Array 选项,若想获得数据则用 simout 本身即可。

其实在输出端口设置中也存在这 3 种数据格式,如图 4-31 所示,只不过其中的默认值设置成了 Array 格式,所以使用起来没有太多的麻烦。

如果使用输出池中的 To File 模块,则将自动以 .mat 文件的格式存储数据到指定的文件中,得到的文件可以读入 MATLAB 环境进行后处理。

（3）输出模块应用举例

下面将通过几个例子演示 Simulink 不同的输出方法。在前一个例子中将演示和时间有关的变量输出显示方法,第二个例子将演示STOP模块在仿真过程控制中的应用。

例 5-25 在控制系统分析中,经常需要获得某个信号的某些时域指标,如 ITAE (integral of time weighted absolute errors)和ISE (integral of squared error)都是很常用的指标,其定义分别为:

$$f(t) = \int_0^t \tau \mid e(\tau) \mid \mathrm{d}\tau, \quad g(t) = \int_0^t e^2(\tau)\mathrm{d}\tau \tag{5-4-1}$$

现在考虑图 5-50 中给出的控制系统模型,用 Simulink 可以建立起其框图,并依照式(5-4-1)建立其两个指标函数,如图 5-51 所示。

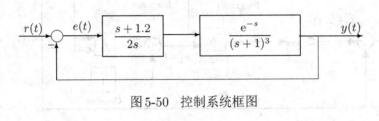

图 5-50　控制系统框图

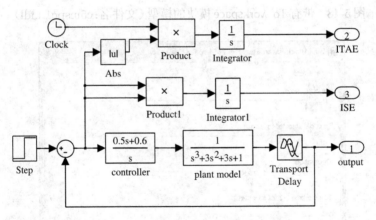

图 5-51　带有 ITAE 和 ISE 的 Simulink 框图(文件名:c5mitae.mdl)

构造出模型后,可以设置终止仿真时间为30,这样就可以进行整个系统的仿真,仿真结束后则可以用下面语句绘制出两种误差准则曲线,如图 5-52 所示。

```
>> plot(tout,yout(:,2));        % 绘制 ITAE 指标
   figure; plot(tout,yout(:,3)) % 打开新图形窗口,并绘制 ISE 指标
```

例 5-26 考虑前面的 PI 控制的例子,若人为地选择仿真终止时间为30,则将得出如图 5-53 所示的曲线,从该曲线中可见,输出信号在选定的时间区域内并未收敛到一个较小的范围内,用控制理论中常用的语言来说,尚未达到系统的调节时间。这将提出一个问题:如何自动地选择一个时间范围,使得输出被调节到理想的结果。

在这个例子中将演示 STOP 模块的应用,该模块在其输入信号非0时将自动终止仿真过程。可以按如图 5-54 所示的方式搭建出 Simulink 模型。该模型的上部是用来判定进入调节区域足够长时间

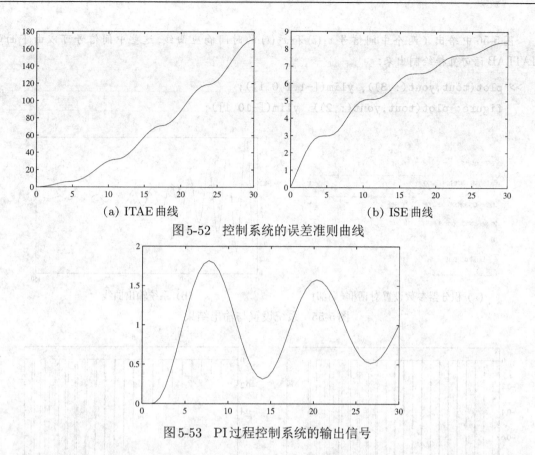

(a) ITAE 曲线　　　　　　　　　　(b) ISE 曲线

图 5-52　控制系统的误差准则曲线

图 5-53　PI 过程控制系统的输出信号

的。具体的解释是：取误差信号的绝对值，如果其值大于 0.02 则返回 0，否则返回 1。将该信号乘以 -1，得出 $x_1(t)$，再对其取积分，并将积分器设置一个复位信号，让 x_1 信号的上升沿来触发积分器的复位信号，其设置如图 5-55(a) 所示。这时令该触发信号为被积信号，则积分器的输出在 $|e(t)| < 0.02$ 满足时将为下降直线，该信号 $x_2(t)$ 的值越小，则说明满足该条件的时间越长，如果持续的时间大于 10，则后面的比较环节可以产生一个非 0 信号，驱动 STOP 模块，停止整个仿真过程。

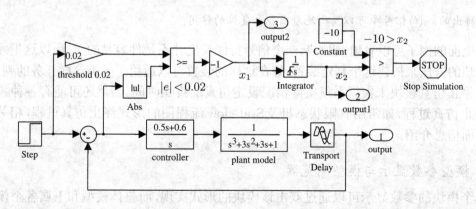

图 5-54　Simulink 框图（文件名：c5mstop.mdl)

这样就可以放心地设置一个大的仿真终止时间了，如将其设置为 1000。启动仿真过程，则将得出如图 5-55(b) 所示的输出结果。可见，该仿真过程在系统进入调节区域就自动停止了。

图 5-56 中给出了两个中间信号 $x_1(t)$ 和 $x_2(t)$ 的时间响应曲线,这些中间信号可以由下面的 MATLAB 语句直接绘制出来:

```
>> plot(tout,yout(:,3)), ylim([-1.1,0.1]);
   figure; plot(tout,yout(:,2)), ylim([-10,1]);
```

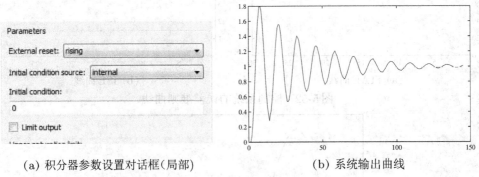

(a) 积分器参数设置对话框(局部)　　　　(b) 系统输出曲线

图 5-55　系统设置与输出结果

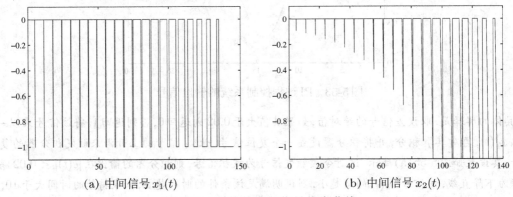

(a) 中间信号 $x_1(t)$　　　　　　(b) 中间信号 $x_2(t)$

图 5-56　系统的中间信号仿真曲线

在得出的 $x_2(t)$ 信号中可以清晰地看出积分复位的作用。

从上面的例子可以看出,想判断一个信号持续长度并不是件容易的事,所以这里才用一个较麻烦的方法来搭建这个判定装置。好在这样的装置可以适用于一类这样任务的判定,从而利用停止仿真模块来根据系统实际情况设定仿真的终止时间。当然还可能有各种各样的方法终止仿真过程,如常用有限状态机及 Stateflow 流程图的形式终止仿真过程,相关内容将在后面信息介绍。

5.4.2　模型参数显示与模型浏览器

单个模块的参数显示可以通过双击该模块的形式实现,而整体模型和下属各个模块的参数可以通过选择 View|Model Browser(模型浏览器)命令进行设置,也可以单击工具栏上的 按钮来启动模型浏览器。

例如,在图 5-1 描述的系统中打开模型浏览器,则将打开如图 5-57 所示的对话框,用户可以在该对话框中浏览和修改模型中各个模块的参数。对于含有众多模块的大型模型来说，可以通过 Search 选项搜寻模块，显示其参数。

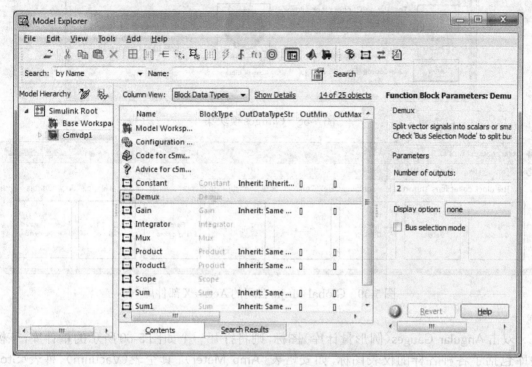

图 5-57　系统模型浏览器的参数显示

5.4.3　输出信号的表盘与量计显示

前面介绍过，Simulink 提供了各种各样的曲线和数据输出模块，然而在实际的应用中经常需要以另外的形式显示结果，如实际过程控制等需要用各种各样的仪表来显示信号。Global Majic 公司为 MATLAB/Simulink 提供了一系列基于 ActiveX 技术的表盘与量计显示部件。ActiveX 部件是 Microsoft 公司提供的一种用于模块集成的新协议，它是 Visual Basic 工具箱的扩充部分。ActiveX 部件是一些遵循 ActiveX 规范编写的可执行代码，如一个 .exe、.dll 或 .ocx 文件。在程序中加入 ActiveX 部件后，它将成为开发和运行环境的一部分，并为应用程序提供新的功能。ActiveX 部件保留了一些普通 VB 控件的属性、事件和方法。ActiveX 部件特有的方法和属性大大地增强了程序设计者的能力和灵活性。当前的新软件一般都支持 ActiveX 部件的嵌入，所以令现代的程序设计不再是一个个孤立的程序，而可以是一些在各个方面有优势的软件集成，这确实是软件业的重大革命。

可以通过 Simulink 直接进入 Gauges 模块集（早期称为 Dials & Gauges 模块集），或在 MATLAB 的命令窗口中执行命令 `gaugeslibv2`，则将打开如图 5-58 所示的界面，这就是表盘与量计模块集的主界面，从该界面可以访问该模块集的所有模块。

在该模块集中双击 Global Majic ActiveX Library（该公司的 ActiveX 库）图标，则可以打开如图 5-59 所示的模块组，在该模块组中又包含了各种表盘与量计组。

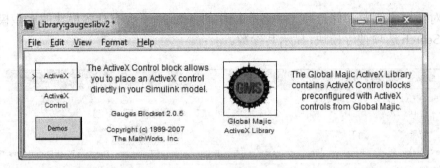

图 5-58　Gauges 模块集

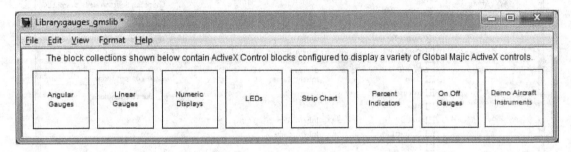

图 5-59　Global Majic 公司的 ActiveX 部件库

　　双击 Angular Gauges（圆形量计库）图标，则将打开一个如图 5-60 所示的量计库，该模块库包括了各种各样的仪表图标，如安培表（Amp Meter）、真空表（Vacuum）、秒表（Stop

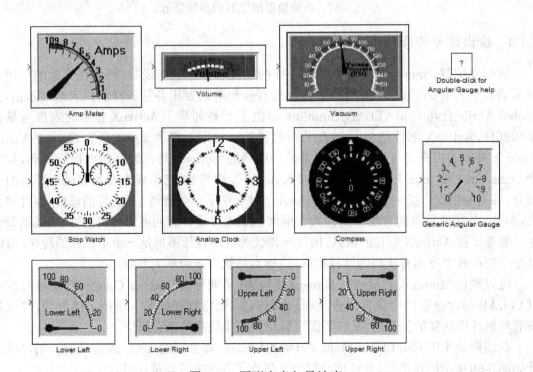

图 5-60　圆形表盘与量计库

Watch)和其他各类仪表。其实这里给出的各个仪表都可以由普通仪表(Generic Angular Gauge)变化而来,后面将通过例子来演示。

例 5-27 考虑例 5-25 介绍的 PI 控制问题,可以给输出端加一个真空表,如图 5-61 所示。在 Simulink 模型窗口中移动一个表盘模块和一个普通的 Simulink 模块的方法不完全一致。仔细观察表盘模块可以发现,其外框和内部图形之间有一个白色的边框,只有拖动这个区域才能真正地移动模块。

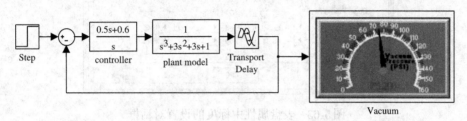

图 5-61 带有表盘输出的 PI 控制系统(文件名:c5mdng1.mdl)

从表盘上可以看出,预设的输出范围较大(0~160),而实际的输出信号范围不大于 2,这样使得仿真结果的显示可读性不是很理想。双击该模块将打开如图 5-62 所示的对话框,再选择其中的 Scales(标度)选项卡,则可以得出如图 5-63 所示的对话框,在该对话框中可以将标度的范围设置为 0 到 1.5,再选择 Ticks(刻度)选项卡,将右下角的 DeltaValue(变化值)设置为 0.1,则将打开如图 5-64 所示的框图形式,其中表盘按新指定的值发生了变化。完成了设置,就可以开始数值仿真了。其实仿真的过程是特别快的,几乎无法仔细地观察指针的变化,除非人为地将仿真步长设置成一个非常小的值。

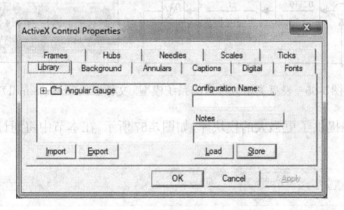

图 5-62 表盘属性设置对话框

还可以利用该模块的属性设置对话框进行各种其他的设置,这些设置很多都是很自然的,例如,返回图 5-62 所示的对话框,可以选择 Library(模块库)选项卡,双击表盘类型中的 Volume(流量)选项,则将得出如图 5-65 所示的系统框图表示。注意这时整个标度也将发生变化,所以用户可以重复上述的过程重新修正标度设置。

5.4.4 输出的数字信号处理

Simulink 在 Simulink Extras(其他模块)组中的 Additional Sinks(附加输出池)提供了一些数字信号处理的模块,如图 5-66 所示。另外,在 Digital Signal Processing Blockset(数字信

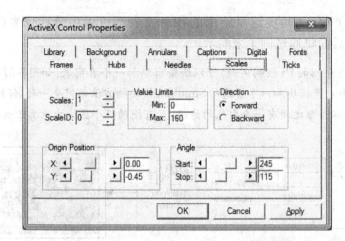

图 5-63　表盘属性中标度的设置对话框

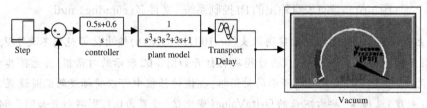

图 5-64　表盘标度参数修改后的系统模型（文件名：c5mdng7.mdl）

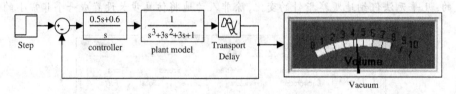

图 5-65　表盘类型修改后的系统模型（文件名：c5mdng8.mdl）

号处理模块集）中提供了更强大的模块库，如图 5-67 所示。在本节中将通过例子来演示数字
信号处理的功能。

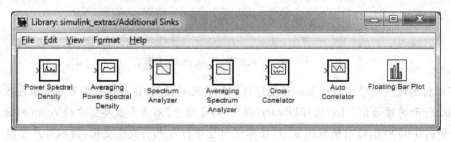

图 5-66　Simulink 附加输出池库

例 5-28　假设输入信号为 $x(t) = \sin t + 1.2 \cos 2t$，可以按照图 5-68(a)所示的方式构造出 Simulink
仿真框图，在该框图中，使用了两个正弦输入模块，按照给出函数中的参数分别设置这两个模块的参
数。例如，在第二个正弦输入模块的参数对话框中可以按图 5-68(b)的形式给出数据，亦即其幅值为

1.2,频率为 $2\,\mathrm{rad/sec}$,初始相位为 $\pi/2$,这样 $1.2\sin(2t+\pi/2)=1.2\cos 2t$ 即为要求的信号。这两个模块叠加之后,将其结果连接到自相关分析器的模块上。

如果想使用自相关模块,则需要将系统仿真设置为定步长的算法,且可以选择步长为 0.01,这样启动仿真过程,则将得出如图 5-68(c) 所示的时间响应曲线和自相关函数。

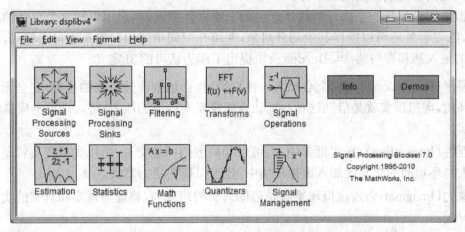

图 5-67　Digital Signal Processing 模块集

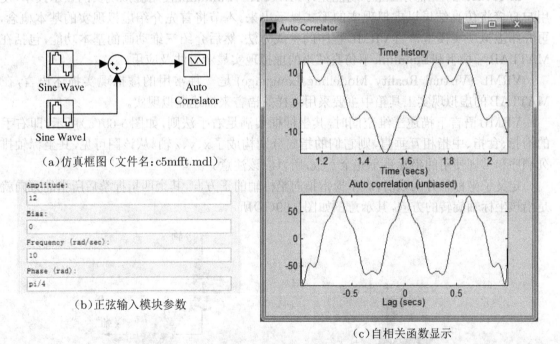

(a)仿真框图(文件名:c5mfft.mdl)

(b)正弦输入模块参数

(c)自相关函数显示

图 5-68　输入信号的自相关分析

5.5　MATLAB/Simulink 仿真结果的三维动画显示

早期版本支持的虚拟现实工具箱已经正式更名为 Simulink 3D Animation Blockset(三维动画模块集),可以由虚拟现实的方法将仿真结果显示出来。

5.5.1　虚拟现实基础

　　虚拟现实是一种可以创建和体验虚拟世界的计算机系统。虚拟世界是全体虚拟环境或给定仿真对象的全体。虚拟环境是由计算机生成的,通过视、听、触觉等作用于用户,使之产生身临其境的感觉或交互式视景仿真[50]。

　　虚拟现实必须是一个由计算机所产生的三维立体空间,用户可以和这个空间的对象进行交互,除观看外还可以操作其中部分对象,并可在空间中随用户的意志自由移动,进而产生相对的融入感和参与感[51]。Burdea 公司提出了广为认可的 3I 定义:

- **沉浸度**(Immersion)。人们全心投入一件事情时,会达到浑然忘我的境界,完全无视外界的环境。虚拟现实就是借助这种心理让人摆脱现实环境的压力,进入计算机模拟的虚拟现实。
- **交互性**(Interactive)。真实世界中,人可以和周围的环境交互,所以虚拟现实就是要把这种人与环境间的交互性加入虚拟现实中,让虚拟现实更为真实。
- **想象力**(Imagination)。虚拟现实就是借助人类的想象力,将虚拟现实和真实的实物联想在一起。

　　MATLAB 的三维动画显示功能允许 MATLAB/Simulink 使用虚拟现实的显示技术,使用户直接将仿真结果以虚拟现实的形式显示出来。本节将首先介绍虚拟现实的基本概念,再介绍虚拟现实模型语言 VRML 程序的生成方法,然后介绍三维动画的基本功能,包括在MATLAB 环境下和 Simulink 下仿真结果的虚拟现实显示方法及应用。

　　VRML (Virtual Reality Modelling Language) 是一种常用的虚拟现实描述语言,在MATLAB 的虚拟现实工具箱中主要采用这样的语言来描述虚拟现实。

　　VRML 语言下描述三维空间时,其坐标框架满足右手法则,如图 5-69(a) 所示,即右手的拇指、食指、中指相互垂直,则它们的指向分别构成了 x、y、z 轴。从该图可见,其坐标轴排列顺序和常规使用的坐标系不完全一致,所以应该注意。

　　定义了坐标轴方向以后,右手拇指指向坐标轴的正方向,其余四指握拳后所指的方向就是沿该坐标轴旋转的方向,其示意图如图 5-69(b) 所示。

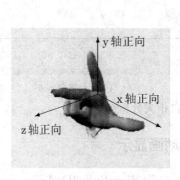

（a）坐标轴方向右手法则

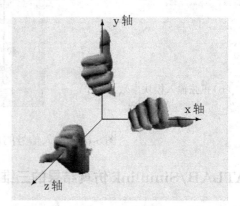

（b）坐标轴旋转方向

图 5-69　右手法则示意图

5.5.2　VRealm程序的配置与虚拟现实场景建模

V-realm Builder 2.0版是一个编辑VRML程序的实用可视化工具,它允许用户搭建虚拟现实所需要的场景和素材,该软件包含在MATLAB的三维动画模块集中,安装该模块集时会自动地将其安装到工具箱下的sl3d\vrealm\program目录。

如果想充分利用V-realm程序提供的建模工具,则需要在MATLAB命令窗口中执行下面两条命令配置环境,并依照提示回答相应问题,结束安装。

```
>> vrinstall -install viewer
   vrinstall -install editor
```

安装完成后,直接启动program目录中的vrbuild2.exe文件即可,这时将打开如图5-70所示的界面。

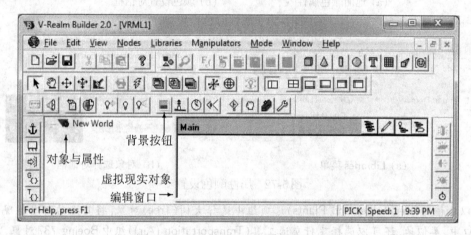

图 5-70　V-realm Buide 2.0运行界面

可以看出,该界面包含了大量的图形按钮和菜单项,所以这里不可能详细介绍该程序的使用,只能通过例子进行相关内容的介绍。

例 5-29　可以由虚拟现实技术模拟显示飞机围绕大树做环形飞行的视景演示。首先应该用V-realm Builder建立起虚拟现实所需的VRML语言文件。

选择File|New命令,打开一个新的文件,单击背景按钮█给图形添加背景,默认情况下,背景分为天和地两个部分,颜色是渐变的,同时建立起一个名为Background的对象。

单击Background对象左侧的加号,则将展开有关背景对象的属性,其部分内容如图5-71(a)所示,可以看出在地面颜色(groundColor)选项下有4个子选项,允许用户设定最近端(0级)到最远端(3级)的颜色值,如双击[3]选项,将打开如图5-71(b)所示的对话框,用户可以从中选择相应的颜色,还可以通过类似的方法设置其他的颜色。

从V-realm Builder 2.0的界面的第一行工具栏可见,该软件提供了大量的对象添加功能,如在窗口中添加圆柱体、长方体、圆锥等;除此之外,V-realm Builder还提供了大量的现成对象,如选择如图5-72(a)所示的Libraries|Import From|Object Library命令,则可以打开各种各样的对象库,如图5-72(b)所示。

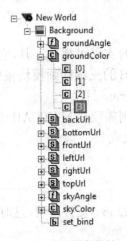
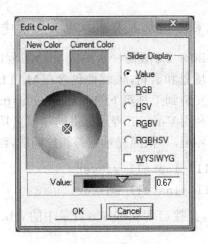

(a) 地面颜色属性　　　　　　　　(b) 颜色设置对话框

图 5-71　属性颜色设置

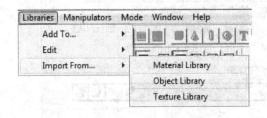
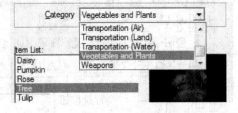

(a) Libraries 菜单　　　　　　　　(b) 对象选择对话框

图 5-72　属性颜色设置

可以从植物(Vegetables and Plants)选项组中选择大树(Tree)对象,将其拖动到虚拟现实对象编辑窗口中,类似地,还可以选择飞行交通工具(Transportation (Air))组中 Boeing 737 对象,就可以在总的框架中加入两个对象,都标为 Transform,分别改写其名称为 Tree 和 Plane。事实上,直接建立起来的这两个对象尺寸过大,显示起来有些问题,如果双击 Tree 标识下的 scale 选项,则可以打开如图 5-73(a)所示的对话框,在其中可以减小各轴的标度,使得整个图形可读。另外,还可以修改对象所在中心的选项,即双击该对象的 center 选项,则打开如图 5-73(b)所示的对话框进行设置即可。

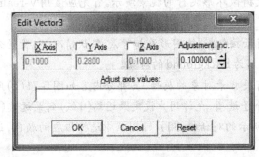
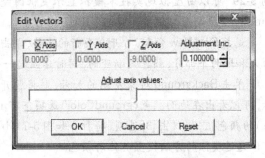

(a) scale 设置对话框　　　　　　　　(b) center 设置对话框

图 5-73　对象属性设置对话框

Tree 对象的 center 设置为 4 个参数 $(0, 0, -9, 0.1)$,将其 scale 参数设置为 $(0.1, 0.3, 1, 0.1)$,还可以将 Plane 对象的 center 属性设置为 $(-4.7, -0.6, 1, 0.1)$,且其 scale 属性为 $(0.15, 0.15, 0.15, 0.1)$,则

将得出如图 5-74 所示的虚拟现实素材,将该素材保存为 myvrml2.wrl 文件。

图 5-74 构造出的虚拟现实场景文件

5.5.3 在 MATLAB 下浏览虚拟现实场景

MATLAB 提供了一系列简单函数,直接对 *.wrl 文件中描述的对象的属性进行操作与浏览,其方便程度类似于 MATLAB 对自己对象操作一样简单。在 MATLAB 下调入并获取整个虚拟现实文件(称为"场景")和各个对象(称为"节点")的属性可以采用下面几个语句来实现。

(1)打开虚拟现实的 *.wrl 文件,用 vrworld() 函数实现,如用下面的函数就可以将虚拟现实文件 myvrml2.wrl 中描述的场景的句柄赋给 myworld 变量:

```
>> myworld=vrworld('myvrml2.wrl');
```

(2)导入虚拟现实场景可以使用 open() 命令实现,用 view() 命令可以在其提供的浏览器中显示场景文件:

```
>> open(myworld)  % 用场景的句柄导入该场景
   view(myworld)  % 打开浏览器界面,显示该场景
```

(3)导入了虚拟现实场景后,就可以用 vrnode() 函数获得各个节点的句柄,并采用 set() 函数修改各个节点属性,以便进行虚拟现实显示。

5.5.4 Simulink 下的三维动画场景驱动

前面介绍的 myvrml2.wrl 文件是由 V-realm Builder 软件直接绘制出来的静态图形,用

户可以用 VRML 语言编写程序,使其"动"起来,但这要求用户掌握该语言的编程方法和技巧,对一般用户而言不是一件简单的事。

Simulink 驱动的三维动画模块集相应模块使虚拟现实和三维动画处理变得很直观。该模块集提供的模块如图 5-75 所示,包括虚拟现实显示模块(VR Sinks)、虚拟现实存影像文件模块(VR To Video),还提供了操纵杆输入模块(Joystick Input)和空间鼠标输入模块(Space Mouse Input),也提供了虚拟现实上叠印文字的模块(VR Text Output)和虚拟现实跟踪器模块(VR Tracer),以后可以使用这些模块实现虚拟现实场景的显示与操作。

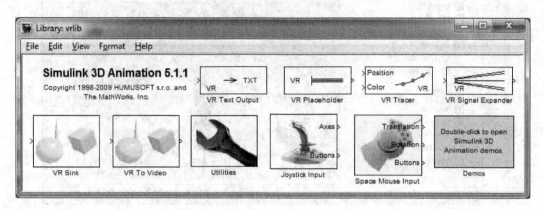

图 5-75   Simulink 三维动画模块集

例 5-30   利用前面建立起的 myvrml2.wrl 场景文件,假定飞机从初始位置、以大树的中心为圆心、按上升的螺旋函数围绕大树飞行,则可以用下面的思路来编写程序,将仿真结果按虚拟现实的方式显示出来。

已知起始点为 $(-4.7,\ -0.6,\ 1)$,圆心位置为 $(0,\ 0,\ -9)$,并假设飞机的运动轨迹为:

$$x = 15\cos(t + 118°),\ y = -0.6 + 0.1t,\ z = -9 + 15\sin(t + 118°)$$

其中,参数变量 $t \in (0, 360°)$。注意,在 MATLAB 下计算正弦数据需要使用弧度单位,所以应该进行变换。用下面的命令绘制出轨迹的三维图,如图 5-76 所示。

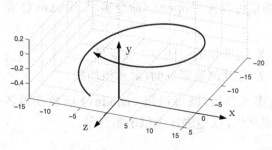

图 5-76   飞行轨迹三维显示

```
>> t=0:.1:2*pi; t0=118*pi/180; % 设置 t 向量,将角度变弧度
   x=15*cos(t+t0); y=-0.6+0.1*t; z=-9+15*sin(t+t0);
```

```
plot3(x,z,y), grid, set(gca,'box','off')
set(gca,'xdir','reverse','ydir',reverse') % 常规坐标的x、y轴反向
view(-67.5,52)                              % 旋转坐标系到一个更好的视角
```

利用Simulink环境,可以建立起一个如图5-77所示的带三维动画显示的仿真框图,该框图使用了VR Sink模块来处理三维动画显示问题。

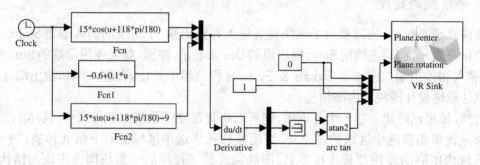

图5-77　飞机飞行仿真模块框图(文件名:c5mvrs1.mdl)

将VR Sink模块复制到仿真模型时,该模块并没有输入端口,因为尚未建立起该模块和场景文件直接的关联。双击该模块,将得出如图5-78所示的对话框,可以首先在左侧的Source file栏中将myvrml2.wrl场景文件关联起来,这时,右侧的VRML Tree中将出现相关属性的树状结构。因为想用仿真驱动Plane对象,则应该展开该对象,选中其center和rotation属性,这样该模块就会自动生成两个输入端口Plane.center和Plane.Rotation,用户可以最终连接出如图5-77所示的仿真框图,也可以直接启动仿真过程,观察飞机飞行的动画。

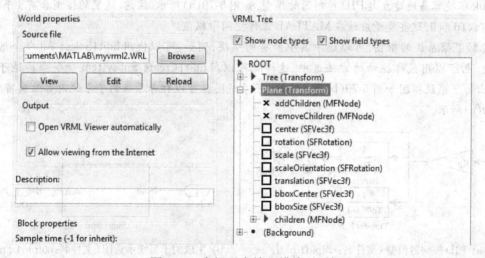

图5-78　虚拟现实输入模块对话框

5.6　子系统与模块封装技术

在系统建模与仿真中,经常遇到很复杂的系统结构,难以用一个单一的模型框图进行描述。通常地,需要将这样的框图分解成若干个具有独立功能的子系统,在Simulink下支持这

样的子系统结构。另外,用户还可以将一些常用的子系统封装成为一些模块,这些模块的用法也类似于标准的Simulink模块。更进一步地,还可以将自己开发的一系列模块做成自己的模块组或模块集。本节将系统地介绍子系统的构造及应用、模块封装技术和模块库的设计方法,并通过一个较复杂系统的例子来演示子系统的构造和整个系统的建模。

5.6.1　子系统的处理

要建立子系统,首先需要给子系统设置输入和输出端。子系统的输入端由Sources模块组中的In来表示,而输出端用Sinks模块组的Out来表示。注意,如果使用早期的Simulink版本,则输入和输出端口应该在Signals & Systems模块组中给出。在输入端和输出端之间,用户可以任意地设计模块的内部结构。

当然,如果已经建立起一个方框图,则可以将想建立子系统的部分选中,具体的方法是:用鼠标左键单击要选中区域的左下角,拖动鼠标在想选中区域的右上角处释放,则可以选中该区域内所有的模块及其连接关系。用鼠标选择了预期的子系统构成模块与结构之后,可以通过选择Edit|Create Subsystem命令来建立子系统。如果没有指定输入和输出端口,则Simulink会自动将流入选择区域的信号依次设置为输入信号,将流出的信号设置成输出信号,从而自动建立起输入与输出端口。

例 5-31　PID控制器是在自动控制中经常使用的模块,在工程应用中其标准的数学模型为:

$$U(s) = K_p \left(1 + \frac{1}{T_i s} + \frac{s T_{\mathrm{d}}}{1 + s T_{\mathrm{d}}/N} \right) E(s) \tag{5-6-1}$$

其中采用了一阶环节来近似纯微分动作,为保证有良好的微分近似的效果,一般选 $N \geqslant 10$。可以由Simulink环境容易地建立起PID控制器的模型,如图5-79(a)所示。注意,这里的模型含有4个变量,即Kp、Ti、Td和N,这些变量应该在MATLAB工作空间中赋值。

绘制了原系统的框图,可以选中其中所有的模块,例如,可以使用Edit|Select All命令选择所有模块,也可以用鼠标拖动的方法选中。这样就可以用Edit|Create Subsystem命令来构造子系统了,得出的子系统框图如图5-79(b)所示。双击子系统图标可以打开原来的子系统内部结构窗口,如图5-79(a)所示。

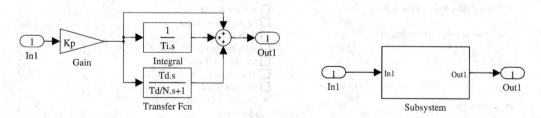

(a) PID控制器模型(文件名:c5fpid1.mdl)　　　(b) 生成的子系统示意图(文件名:c5fpid1x.mdl)

图5-79　PID控制器的Simulink描述

5.6.2　条件执行子系统

在Simulink中,允许某个子系统在给定的控制信号下执行,这样的子系统称为条件执行子系统(conditionally executed subsystems),当前版本共支持下面3种控制结构。

- **使能子系统**（enabled subsystem）：将子模块条件信号称为控制信号，控制信号分成允许（enable）和禁止（disabled）两种。在允许信号控制下（Simulink 的约定为，当控制信号为正时将模块设置为允许状态，否则为禁止状态），可以执行子系统中的模块，否则将禁止其功能。为保证整个系统的连贯性，在禁止状态下子系统仍然有输出信号，用户可以选择继续保持禁止前的信号或复位子系统，强制使其输出零信号。

- **触发子系统**（triggered subsystem）：在控制信号满足某种变化要求的瞬间可以触发（激活）子系统，然后保持子系统输出的状态，等待下一个触发信号。它允许用户自己设置在控制信号的上升沿、下降沿或控制信号变化时触发子系统。

- **使能触发子系统**（enabled and triggered subsystem）：在使能状态下被触发时将激活该子系统，否则将禁止子系统。

下面通过例子来演示条件执行子系统的构造和功能，并介绍有关上升沿和下降沿触发的概念。

例 5-32 考虑由死区和饱和非线性环节串联起来的结构，可以按如下的方式建立起一个使能子系统：首先打开一个空白的模型编辑窗口，将 Subsystems 模块组中的 Enabled subsystem 模块拖动到模块组中。双击该模块，则将打开子系统编辑窗口，在该窗口中将所需的非线性模块建立起来，并设置死区模块的参数为 $(-1,1)$，饱和模块的参数为 $(-3,3)$，则可以建立起如图 5-80(a)所示的子系统。

在模型窗口中给子系统施加一个幅值为 4 的正弦输入信号，并给使能控制信号加一个脉冲信号，可以得出如图 5-80(b)所示的仿真框图。选择定步长仿真，并将仿真步长设置为 $0.02\,\mathrm{s}$，则可以得出如图 5-81(a)所示的仿真结果。为了更好地观测输出信号，加粗了该曲线，从几条曲线的比较中可以看出使能信号的作用。

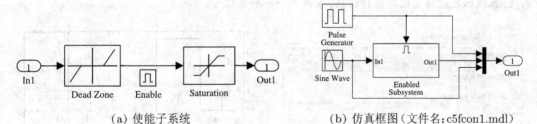

(a) 使能子系统   (b) 仿真框图（文件名：c5fcon1.mdl）

图 5-80　使能子系统框图

进入子系统模型，双击使能图标，则将打开如图 5-81(b)所示的对话框，在其中可以选择使能开始时状态的值（States when enabling），其值可以选择 reset（复位）和 held（保持当前状态），不过在这个静态非线性系统中两者没有区别。

例 5-33 下面将演示触发子系统的性质，重新改写子系统的内部结构，让其输入端直接连接到其输出端，这样就可以将一个触发子系统模块复制到模型编辑窗口。双击该系统图标，则将打开如图 5-82(a)所示的子系统模型，这样就可以在模型编辑窗口中构造主系统模型，如图 5-82(b)所示。

双击子系统中的触发器图标，则将打开如图 5-83(a)所示的对话框，可以看出，在 Trigger type 下拉列表框中可以选择触发器的类型，如上升沿触发（rising）、下降沿触发（falling）、上升沿和下降沿触发（either）及回调函数（function-call）等。

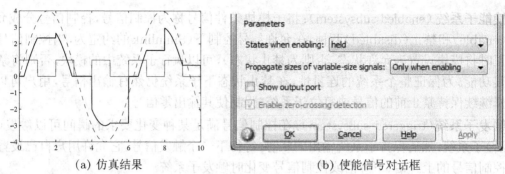

(a) 仿真结果　　　　　　　　　　　(b) 使能信号对话框

图5-81　使能信号仿真结果与设置

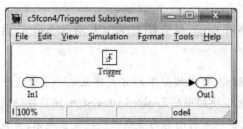

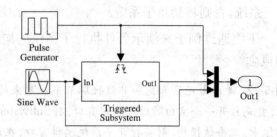

(a) 触发子系统模型　　　　　　　(b) 仿真模型(文件名:c5fcon4.mdl)

图5-82　触发子系统的模型

　　启动仿真过程,在仿真结束后执行plot(tout,yout)命令,将得出如图5-83(b)所示的曲线图,为方便起见,这里仍用粗线表示系统的输出信号;另外,用符号a、a_1、b、b_1等表示控制信号变化点,即带有下标的表示下降沿,不带下标的表示上升沿。可以看出,在上升沿处瞬时输出信号直接取输入信号的值,且在触发过程完成时保持该值,等待下一个触发信号。

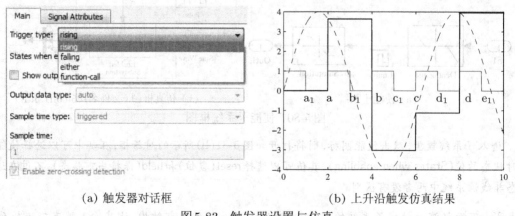

(a) 触发器对话框　　　　　　　　(b) 上升沿触发仿真结果

图5-83　触发器设置与仿真

　　如果在图5-83(a)所示的对话框中改变触发类型为下降沿,则将得出如图5-84(a)所示的仿真结果,如果选择了either触发类型,则将得出如图5-84(b)所示的仿真结果。

　　Simulink还允许使能端口和触发端口共同控制子系统,在系统处于使能状态时,触发事件发生则将激活子系统;如果系统处于非使能状态,则将忽略触发信号的作用。

Simulink 中还提供了更复杂的流程控制,如转移、开关和循环等控制结构,这些结构是依赖 Stateflow 构造的,这些模块还可以用语句实现。

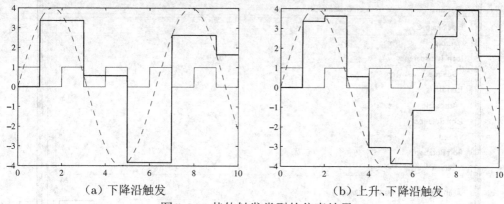

(a) 下降沿触发　　　　　　　　　(b) 上升、下降沿触发

图 5-84　其他触发类型的仿真结果

5.6.3　模块封装技术

所谓封装(masking)模块,就是将其对应的子系统内部结构隐含起来,以便访问该模块时只出现参数设置对话框,模块中所需要的参数可以由这个对话框来输入。其实 Simulink 中大多数的模块都是由更底层的模块封装起来的,如传递函数模块,其内部结构是不可见的,它只允许双击打开一个参数输入对话框来读入传递函数的分子和分母参数。在前面介绍的 PID 控制器中,也可以将它封装起来,只留下一个对话框来输入该模块的 4 个参数。

如果想封装一个用户自建模型,首先应该用建立子系统的方式将其转换为子系统模块,选中该子系统模块的图标,再选择 Edit|Mask Subsystem 命令,则可以打开如图 5-85 所示的模块封装编辑程序界面,在该对话框中,有如下若干项重要内容需要用户自己设置。

- **绘图命令文本框**(Drawing commands):允许在该模块图标上绘制图形,如可以使用 MATLAB 的 plot() 函数画出线状的图形,也可以使用 disp() 函数在图标上写字符串名,还允许用 image() 函数来绘制图像。

如果想在图标上画出一个"笑脸",则可以采用下面的 MATLAB 命令,分别绘制出 4 条曲线,其中外部画一个单位圆表示"脸";绘制两个小圆,半径为 0.1,圆心分别在 $(-0.4, 0.2)$ 和 $(0.4, 0.2)$ 处,表示眼睛;在底部画一个半椭圆,表示嘴。执行后的图标如图 5-86(a) 所示。

```
plot(cos(0:.1:2*pi),sin(0:.1:2*pi),-0.4+0.1*cos(0:0.1:2*pi),...
    0.2+0.1*sin(0:0.1:2*pi),...
    0.4+0.1*cos(0:0.1:2*pi),0.2+0.1*sin(0:0.1:2*pi),...
    0.6*cos(0:.1:pi),-0.1-0.4*sin(0:.1:pi))
```

从上面给出的绘图语句可以看出,原本很简单的绘图问题似乎复杂化了,例如,在各个圆的绘制中都使用了 0:.1:2*pi 变量,而在 MATLAB 绘图中显然可以用一个变量来取代它,所以可以在该文本框中试着输入如下程序:

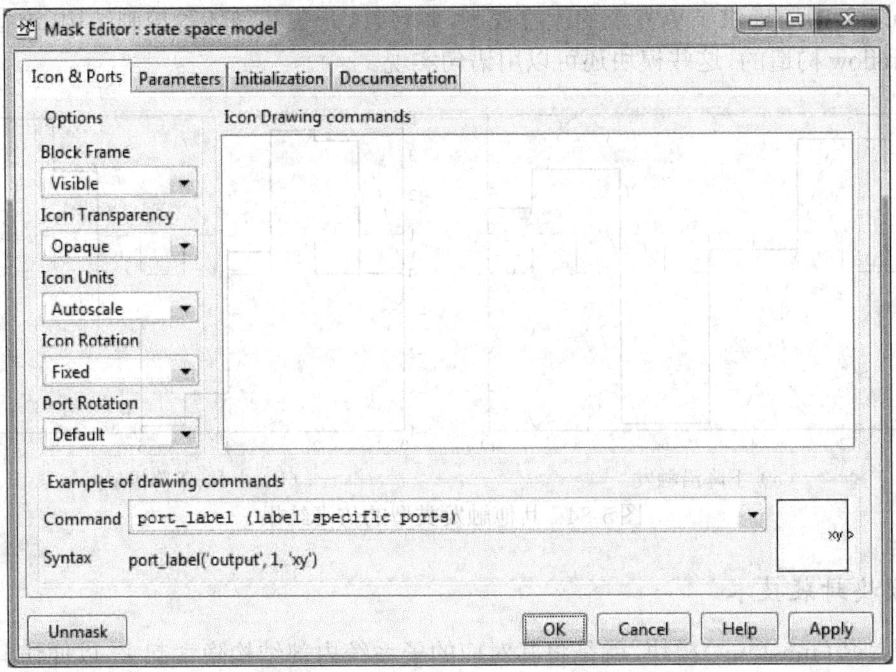

图 5-85　Simulink 的封装对话框

```
t=0:.1:2*pi; plot(cos(t),sin(t));
line(-0.4+0.1*cos(t),0.2+0.1*sin(t)); line(0.4+0.1*cos(t),0.2+0.1*sin(t));
t=0:.1:pi; line(0.6*cos(t),-0.2-0.4*sin(t));
```

　　显然这些语句在MATLAB的图形窗口中会直接绘制出"笑脸",然而这些语句若放在该文本框中将得出错误信息"Warning: Unrecognized function encountered in mask display command.",说明变量t在该文本框内不能传递,所以需要将该变量隐含在绘图命令中,而不能单独使用。用户可以将t的定义在图5-85所示的对话框中的 Initialization 选项卡中进行定义,然后在 Icon & Port 选项卡中就可以使用t向量了。

　　还可以使用 disp('PID\nController') 语句对该图标进行文字标注,这将得出如图5-86(b)所示的图标显示,其中 \n 表示换行。

　　在该文本框中输入 image(imread('tiantan.jpg')) 命令会将一个图像文件在图标上显示出来,如图5-86(c)所示。

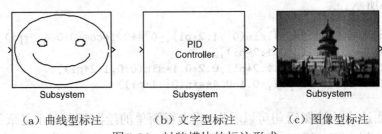

(a) 曲线型标注　　　　　(b) 文字型标注　　　　　(c) 图像型标注

图 5-86　封装模块的标注形式

● 初始化选项卡(Initialization):在其中可以将一些变量进行初始化,如前面t不能用于绘图命令,但如果在初始化选项卡中为其赋值,则可以在绘图中直接使用该变量。例如,可以将t向量赋值$t=0:.1:2*pi$放到初始化选项卡中,这样在绘制图标时就可以直接使用下面的语句。

```
plot(cos(t),sin(t)); plot(-0.4+0.1*cos(t),0.2+0.1*sin(t));
plot(0.4+0.1*cos(t),0.2+0.1*sin(t));
plot(0.6*cos(t(1:end/2)),-0.2-0.4*sin(t(1:end/2)));
```

- **图标边框**(Block Frame):其中有Visible(可见的)和Invisible(隐含的)两个选项,前者为默认状态,大多数Simulink模块均带有可见的边框。
- **图标透明与否**(Icon Transparency):其中有两个选项,即Opaque(不透明的,为默认属性)和Transparent(透明的)。如果采用默认的选项,则模块端口的信息将被图标上的图形完全覆盖,所以如果想显示端口名称,则应该采用Transparent选项。
- **图标是否旋转**(Icon Rotation):其中有两个选项,即Fixed(固定的,默认选项)和Rotates(旋转),后者在旋转或翻转模块时,也将旋转该模块的图标,例如,若选择Rotates选项,则将得出如图5-87(a)、图5-87(b)所示的效果。从旋转效果看,似乎翻转的模块图标没有变化,仔细观察该图标可以发现,其图标为原来图标的左右翻转。若选择Fixed选项,则在模块翻转时不翻转图像,如图5-87(c)所示。

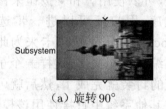

（a）旋转90°　　　　　　　（b）翻转模块　　　　　（c）旋转90°但选择Fixed选项

图5-87　图标的旋转和翻转

- **绘图坐标系下拉列表框**(Drawing coordinates):其中有3个选项,即Pixels(像素点)、Autoscale(自动定标,默认选项)和Normalized(归一化)。

封装模块的另一个关键的步骤是建立起封装的模块内部变量和封装对话框之间的联系,选择封装编辑程序界面中的Parameters选项卡,如图5-88所示,其中间的区域可以编辑变量与对话框之间的联系。

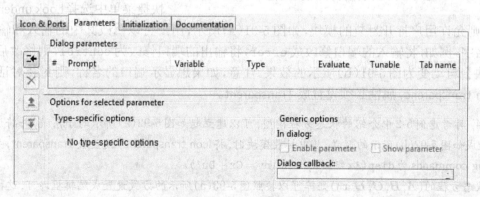

图5-88　Parameters选项卡

可以单击 ✚ 按钮和 ✕ 按钮来指定和删除变量名。例如,在前面的 PID 控制器的例子中,可以连续单击 4 次 ✚ 按钮,为该控制器的 4 个变量准备位置。单击第一个参数位置,得出如图 5-89 所示的显示,可以在 Prompt(提示)列中输入该变量的提示信息,如 Proportional Kp,然后在 Variable(变量)列中输入想关联的变量名 Kp,注意该变量名必须和框图中的完全一致。

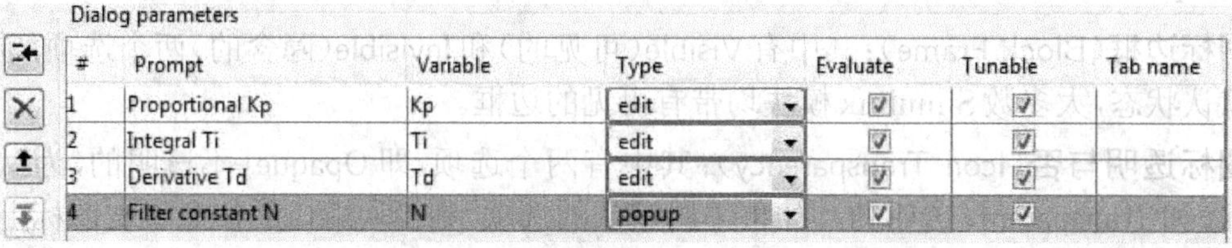

	#	Prompt	Variable	Type	Evaluate	Tunable	Tab name
	1	Proportional Kp	Kp	edit	☑	☑	
	2	Integral Ti	Ti	edit	☑	☑	
	3	Derivative Td	Td	edit	☑	☑	
	4	Filter constant N	N	popup	☑	☑	

Dialog parameters

图 5-89　封装变量的关联设置对话框(局部)

还可以采用相应的方式编辑其他变量的关联关系。在编辑栏中 Type(控件类型)列的默认值为 edit,表示用编辑框来接受数据。如果想让滤波常数 N 只取几个允许的值,则可以将该控件选择为 popup(列表框)形式,并设置 Popup string(列表字符串) 为 10|100|1000。

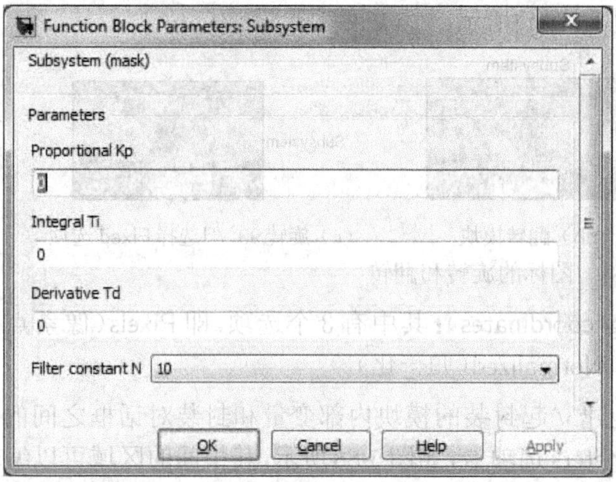

每个变量的位置还可以调整,可以使用 ✦ 和 ✧ 按钮来修改次序。用户还可以进一步选择 Documentation 选项卡来为此模块编写说明文字,这样一个子系统的封装就完成了,然后就可以在其他系统中直接使用该模块。双击封装模块,则可以打开如图 5-90 所示的对话框,允许用户输入 PID 控制器的参数。注意,这里的滤波常数 N 由列表框给出,允许的取值为 10、100 或 1000。

图 5-90　封装模块调用对话框

右击封装的模块,在弹出的快捷菜单中选择 Look under mask 命令,则允许用户打开封装的模块,如图 5-91(a)所示,用户可以修改其中的输入和输出端口的名字,例如,将输入的端口修改成 error,将输出的端口修改为 control,则修改后的封装模块会自动变为图 5-91(b)所示的效果。注意,如果想显示端口的名称,则封装对话框中的 Icon transparency 属性必须设置成 Transparent。

例 5-34　再考虑例 5-2 中介绍的状态方程模型,可以建立起如图 5-92(a)所示的子系统,并将该子系统封装成如图 5-92(b)所示的形式。其中封装模块时,将 Icon transparency 设置成 Transparent,并设置 Drawing commands 为 disp('x'' = Ax + Bu\ny = Cx + Du')。

状态方程的 (A, B, C, D, x_0) 矩阵可以按照图 5-93(a)所示的方式设置成编辑框即可,这样可以建立起如图 5-93(b)所示的新状态方程模块的参数对话框,其中 x_0 为空矩阵表示零初始状态。此外,

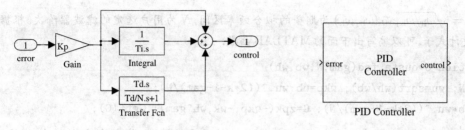

(a) 封装模块内部结构   (b) 修改端口后的模块

图 5-91 封装变量的端口修改

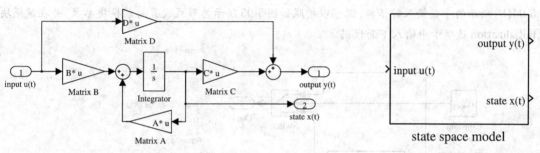

(a) 状态方程子系统(文件名:c5msub1.mdl)   (b) 封装模块(c5msub1a.mdl)

图 5-92 状态方程模型

设置了一个端口控制变量 States,为复选框 checkbox 型变量,目的是在其未被选中时隐含状态变量输出端口。这里将不演示如何隐去模块的输出端口,只在习题中给出用 S-函数实现这样的功能的要求。

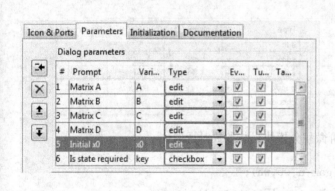

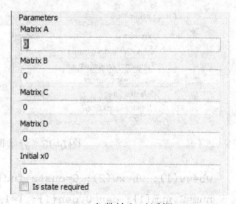

(a) Parameters 选项卡   (b) 参数输入对话框

图 5-93 状态方程模型的封装

例 5-35 前面介绍过,分数阶微积分算子 s^γ 可以通过 Oustaloup 滤波器来近似,该滤波器的传递函数模型为:

$$G_{\mathrm{f}}(s) = K \prod_{k=1}^{N} \frac{s + \omega'_k}{s + \omega_k} \tag{5-6-2}$$

其中,滤波器零极点和增益可以由下式直接求出:

$$\omega'_k = \omega_{\mathrm{b}} \omega_{\mathrm{u}}^{(2k-1-\gamma)/N}, \ \ \omega_k = \omega_{\mathrm{b}} \omega_{\mathrm{u}}^{(2k-1+\gamma)/N}, \ \ K = \omega_{\mathrm{h}}^{\gamma}, \tag{5-6-3}$$

其中, $\omega_u = \sqrt{\omega_h/\omega_b}$, 而 (ω_b, ω_h) 为期望的拟合频率区间, N 为用户选定的滤波器阶次。根据上面的滤波器设计式子, 可以编写出下面的MATLAB函数:

```
function G=ousta_fod(gam,N,wb,wh)
k=1:N; wu=sqrt(wh/wb); wkp=wb*wu.^((2*k-1-gam)/N);
wk=wb*wu.^((2*k-1+gam)/N); G=zpk(-wkp,-wk,wh^gam); G=tf(G);
```

围绕该模块可以搭建一个如图5-94(a)所示的子系统模型, 其中除了Oustaloup滤波器外, 还可以根据用户需要在后面选择性地加一个低通滤波器。期望给该封装子系统配置一个如图5-94(b)所示的参数输入对话框, 则可以按照如图5-95所示的形式设置封装模块参数, 并在该模块的Initialization选项卡中输入下面代码:

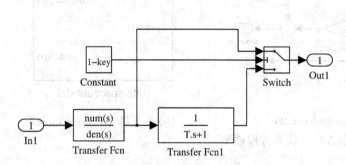
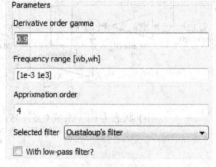

(a) 分数阶微分算子模型 (文件名: c5mfoda.mdl)　　　　　　(b) 参数输入对话框

图5-94　分数阶微积分算子模块封装

#	Prompt	Variable	Type	Evaluate	Tunable	Tab name
1	Derivative order gamma	gam	edit	☑	☑	
2	Frequency range [wb,wh]	ww	edit	☑	☑	
3	Apprixmation order	n	edit	☑	☑	
4	Selected filter	key1	popup	☑	☑	
5	With low-pass filter?	key	checkbox	☑	☑	

图5-95　分数阶微积分模块封装参数对话框

```
wb=ww(1); wh=ww(2); G=ousta_fod(gam,n,wb,wh);
num=G.num{1}; den=G.den{1}; T=1/wh; str='Fractional\n';
if isnumeric(gam), if gam>0, str=[str, 'Der  s^' num2str(gam) ];
    else, str=[str, 'Int  s^{' num2str(gam) '}']; end
else, str=[str, 'Der  s^gam']; end
```

设置Icon为disp(str)即可。封装该模块后就能在仿真模型中直接使用, 参见例5-23。

例 5-36　MATLAB R2010a版本起Simulink中提供的PID控制器模块是一个封装得非常精巧的模块, 由该模块本身可以变换出各种各样的PID控制器模型, 包括连续、离散型的、带驱动饱和的、带复位端口的、抗积分回绕的PID等各种各样的形式。该模块的封装方法和前面介绍的普通方法是不同的, 这里只能给出相关的提示, 有兴趣的读者可以自己阅读相关的底层程序, 了解相关的封装方法。

(1) 右击 PID 控制器模块, 在打开的快捷菜单中选择 View Mask 命令, 则可以打开封装对话框, 选择 Parameters 选项卡, 则可以打开如图 5-96 所示的参数列表, 该模块设置 100 多个参数, 在参数对话框出现的项将选中 Evaluate 选项, 这些项将根据控制器类型由程序自动选中。

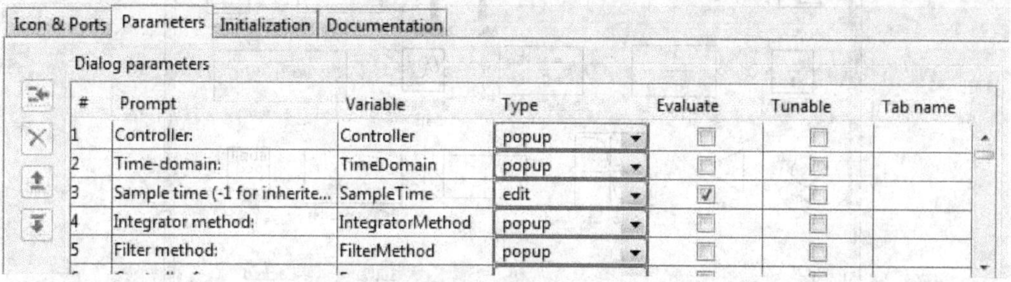

图 5-96　PID 模块的参数设置对话框

(2) 选择图 5-96 中的 Initialization 选项卡, 可见 pidpack.PIDConfig.configPID(gcbh) 命令可以从 MATLAB 根目录中找到 toolbox/simulink/blocks 下的 @pidpack 和 +pidpack 两个子目录, 表示该模块设计了一个名为 pidpack 的域(domain), 并在该域下定义了相关的函数, 其中一些函数和设计动态参数对话框有关, 一些和对象的回调函数有关, 还有一些函数用于重新绘制 Simulink 模块框图和模块图标。

5.6.4　组建自己的模块库

封装的模块可以用 Edit|Edit mask 命令来重新编辑, 选择该命令后将打开如图 5-85 所示的对话框, 重复前述的步骤即可修改封装的参数。要修改模块内部的结构, 则应该右击该模块, 在打开的快捷菜单中选择 Look under mask 命令, 这样将打开构成该模块的子系统结构图, 可以修改其实际框图。

如果用户自己建立了很多封装的模块, 则往往需要再建立一个模块库来存储这些模块。另外, 用户也可以将常用的一组模块建立一个单独的模块库, 以便自己调用。

创建模块库的方法是: 选中 Simulink 浏览器中的 File|New|Library 命令, 这样将打开一个空白的模块库窗口。可以将该模块库存为新的文件, 如 my_blks.mdl。可以选择 File|Model properties 命令设置该模块库的属性。这样建立起来的模块库处于锁定状态(locked), 模块库中各个模块是不能进行修改或移动位置的。要想修改其中的模块, 则需要使用 Edit|Unlock library 命令将其解锁, 修改完成后存盘, 则模块库又变回锁定状态。

有了这样的模块库, 则可以将常用的一组模块复制到该模块库中, 这样就能构造出如图 5-97 所示的自己的模块库, 所以再绘制简单的框图时不必再打开 Simulink, 而只需在 MATLAB 命令窗口中启动 my_blks 或由 open_system('my_blks') 打开即可。

如果想让该模块组加入 Simulink 的模块库, 则需要在系统目录中建立一个 slblocks.m 的文件。该文件有固定格式, 用户可以搜索一个成型的 slblocks.m 文件, 并将其复制到 my_blks.mdl 所在目录, 然后修改下面几条命令:

```
blkStruct.Name=sprintf('%s\n%s','Commonly Used Blocks','for Simulink');
blkStruct.OpenFcn = 'my_blks';
```

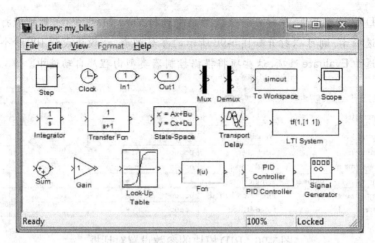

图 5-97　常用模块库窗口（文件名：my_blks.mdl）

5.6.5　子系统应用举例——F14 战斗机仿真

在介绍子系统和封装技术之前先看一个复杂系统的例子，该例子是在控制系统计算机辅助设计软件不是很发达的时候，由美国学者 Dean Frederick 等人提出的，当时是用于测试计算机辅助设计软件功能和建模准确性的，即著名的 F-14 战斗机模型与仿真的基准测试问题（benchmark problem）[42]。该问题提出以来，国际上很多学者用不同的算法和计算机软件陆续给出了求解方法，但有些求解方法现在看来是很繁琐的，因为已经有了新一代的计算机软件，如 Simulink 这样的交互绘图式的软件来表示复杂的系统模型。

F-14 战斗机基准问题的框图如图 5-98 所示，该系统共有两路输入信号，其向量表示为 $\boldsymbol{u} = [n(t), \alpha_{\mathrm{c}}(t)]^{\mathrm{T}}$，其中 $n(t)$ 为单位方差的白噪声信号，而 $\alpha_{\mathrm{c}}(t) = K\beta(\mathrm{e}^{-\gamma t} - \mathrm{e}^{-\beta t})/(\beta - \gamma)$ 为攻击角度命令输入信号，这里 $K = \alpha_{\mathrm{c_{max}}} \mathrm{e}^{\gamma t_{\mathrm{m}}}$，且 $\alpha_{\mathrm{c_{max}}} = 0.0349$，$t_{\mathrm{m}} = 0.025$，$\beta = 426.4352$，$\gamma = 0.01$。已知系统中各个模块的参数为：

$$\tau_{\mathrm{a}} = 0.05, \ \sigma_{\mathrm{wG}} = 3.0, \ a = 2.5348, \ b = 64.13,$$
$$V_{\tau 0} = 690.4, \ \sigma_{\alpha} = 5.236 \times 10^{-3}, \ Z_{\mathrm{b}} = -63.9979, \ M_{\mathrm{b}} = -6.8847,$$
$$U_0 = 689.4, \ Z_{\mathrm{w}} = -0.6385, \ M_{\mathrm{q}} = -0.6571, \ M_{\mathrm{w}} = -5.92 \times 10^{-3},$$
$$\omega_1 = 2.971, \ \omega_2 = 4.144, \ \tau_{\mathrm{s}} = 0.10, \ \tau_{\alpha} = 0.3959,$$
$$K_{\mathrm{Q}} = 0.8156, \ K_{\alpha} = 0.6770, \ K_{\mathrm{f}} = -3.864, \ K_{\mathrm{F}} = -1.745$$

可以用下面语句定义一系列 MATLAB 变量，其顺序与前面的变量列表完全对应：

```
tA=0.05; Swg=3.0; a=2.5348; b=64.1300;
Vto=690.4; Sa=0.005236; Zb=-63.9979; Mb=-6.8847;
U0=689.4; Zw=-0.6385; Mq=-0.6571; Mw=-0.00592;
w1=2.971; w2=4.144; ts=0.1; ta=0.3959;
KQ=0.8156; Ka=0.677; Kf=-3.864; KF=-1.7450;
g=0.01; be=426.4352; tm=0.025; K=0.0349*exp(g*tm);
```

其中最后一行语句中，变量 g 和 be 分别对应前面的 γ 和 β。可以将上述的变量赋值语句存成一个 MATLAB 文件 c5f14dat.m,这样在进行仿真之前就应该运行此文件,将这些变量在 MATLAB 的工作空间内全部赋值。

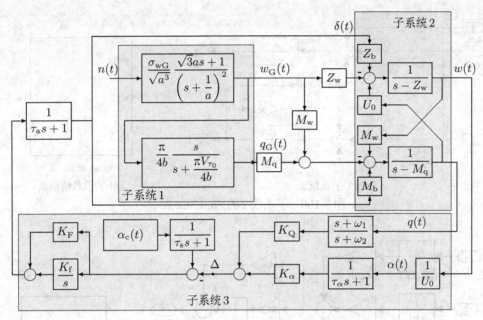

图 5-98   F-14 战斗机模型框图

观察原系统可见,整个系统的输出有 3 路信号,$\boldsymbol{y}(t) = [N_{Z_p}(t), \alpha(t), q(t)]^T$,这里 $N_{Z_p}(t)$ 信号定义为:

$$N_{Z_p}(t) = \frac{1}{32.2}[-\dot{w}(t) + U_0 q(t) + 22.8\dot{q}(t)] \tag{5-6-4}$$

可见原系统结构较复杂,可以将其分成 4 个子系统,其中前 3 个如图 5-98 所示,第四个子系统描述式(5-6-4)中给出的信号变化。

首先考虑子系统 1,可见该模块有 1 路输入 $n(t)$,有两路输出信号 $w_G(t)$ 和 $q_G(t)$,所以可以按如图 5-99(a)建立其子系统模型。选中该窗口中的所有模块,再选择 Edit|Create Subsystem 命令,则可以得出如图 5-99(b)所示的子系统图标。

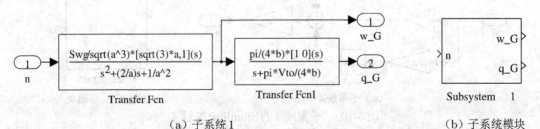

(a)子系统 1   (b)子系统模块

图 5-99   子系统 1 的 Simulink 表示(总模型文件:c5f14.mdl)

再考虑子系统 2,该系统有 3 路输入信号,其中第一路为 $\delta(t)$,第二路信号 $w_G(t)$ 为经 Z_w 模块后的信号,第三路为 $-(M_w w_G(t) + M_q q_G(t))$,子模块有两路输出,即 $w(t)$ 和 $q(t)$。这样就可以建立起子系统 2 的模型,如图 5-100(a)所示,制成子系统后如图 5-100(b)所示。

子系统 3 有两路输入信号，即 $w(t)$ 和 $q(t)$，及一路输出信号，故可以建立起如图 5-101（a）所示的子系统模型，制成子系统后图标如图 5-101（b）所示。

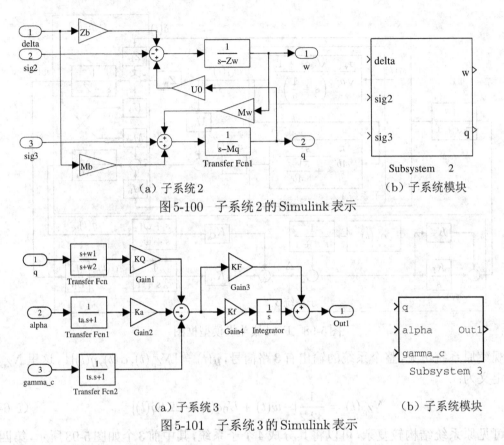

（a）子系统 2　　　　　　　　　　　　　　　　（b）子系统模块

图 5-100　子系统 2 的 Simulink 表示

（a）子系统 3　　　　　　　　　　　　　　　　（b）子系统模块

图 5-101　子系统 3 的 Simulink 表示

现在来建立子系统 4，即用子系统的方式来表示式（5-6-4）。可以由图 5-102（a）中所示的方式来表示该子系统，并将其表示成子系统图标的形式，如图 5-102（b）所示。

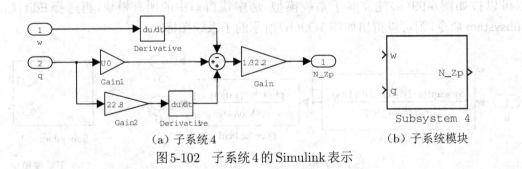

（a）子系统 4　　　　　　　　　　　　　　　　（b）子系统模块

图 5-102　子系统 4 的 Simulink 表示

建立起各个子系统模型后，可以比较容易地建立起整个 F-14 战斗机系统的 Simulink 仿真模型，如图 5-103 所示。可以看出，采用子系统的形式可以使得原来很复杂的问题分解成各个相对简单的小块，然后将这些小块再连接成整个系统，这使得整个系统的建立和维护都变得更加简单。

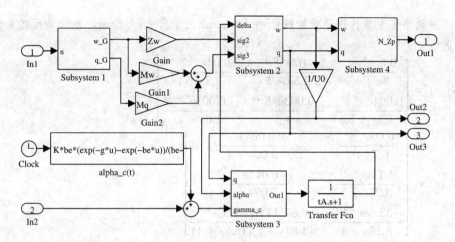

图 5-103   F-14 系统的 Simulink 模型（文件名：c5f14.mdl）

5.7 习 题

(1) 用向量输入积分器的方法表示 Lorenz 方程的 Simulink 模型，并进行仿真运算，比较和原来 Simulink 模型的差异。

(2) 考虑 Lorenz 方程模型，该模型没有输入信号，假设选择其 3 个状态变量 $x_i(t)$ 为其输出信号，以 β、σ、ρ 和 $x_i(0)$ 向量为附加参数，试将该模块封装起来，并绘制在不同参数下的 Lorenz 方程解的三维曲线。

(3) 考虑图 5-104 中给出的两个 Simulink 模型，试分析这两个模型是否含有代数环，试进行仿真验证，并分析如果存在代数环是否影响仿真结果。

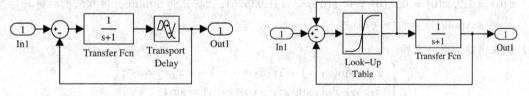

(a) 系统模型 1（文件名：c5exa1a.mdl）   (b) 系统模型 2（文件名：c5exa1b.mdl）

图 5-104   习题(3)图

(4) 考虑简单的线性微分方程 $y^{(4)} + 3y^{(3)} + 3\dot{y} + 4\dot{y} + 5y = \mathrm{e}^{-3t} + \mathrm{e}^{-5t}\sin(4t + \pi/3)$，且方程的初值为 $y(0) = 1, \dot{y}(0) = \ddot{y}(0) = 1/2, y^{(3)}(0) = 0.2$，试用 Simulink 搭建起系统的仿真模型，并绘制出仿真结果曲线。

(5) 考虑习题(4)的模型，假设给定的微分方程变化成时变线性微分方程：

$$y^{(4)} + 3ty^{(3)} + 3t^2\ddot{y} + 4\dot{y} + 5y = \mathrm{e}^{-3t} + \mathrm{e}^{-5t}\sin(4t + \pi/3)$$

而方程的初值仍为 $y(0) = 1, \dot{y}(0) = \ddot{y}(0) = 1/2, y^{(3)}(0) = 0.2$，试用 Simulink 搭建起系统的仿真模型，并绘制出仿真结果曲线。

(6) 试将下面两个多变量传递函数矩阵[52]用 Simulink 表示出来, 并绘制出单位负反馈系统的阶跃响应曲线。

$$① \ \boldsymbol{G}_1(s) = \begin{bmatrix} \dfrac{0.5\mathrm{e}^{-0.2s}}{3s+1} & \dfrac{0.07\mathrm{e}^{-0.3s}}{2.5s+1} & \dfrac{0.04\mathrm{e}^{-0.03s}}{2.8s+1} \\[3mm] \dfrac{0.004\mathrm{e}^{-0.5s}}{1.5s+1} & \dfrac{-0.003\mathrm{e}^{-0.2s}}{s+1} & \dfrac{-0.001\mathrm{e}^{-0.4s}}{1.6s+1} \end{bmatrix}$$

$$② \ \boldsymbol{G}_2(s) = \begin{bmatrix} \dfrac{0.66\mathrm{e}^{-2.6s}}{6.7s+1} & \dfrac{-0.0049\mathrm{e}^{-s}}{9.06s+1} \\[3mm] \dfrac{1.11\mathrm{e}^{-6.5s}}{3.25s+1} & \dfrac{-0.012\mathrm{e}^{-1.2s}}{7.09s+1} \\[3mm] \dfrac{-33.68\mathrm{e}^{-9.2s}}{8.15s+1} & \dfrac{0.87(11.61s+1)\mathrm{e}^{-s}}{(3.89s+1)(18.8s+1)} \end{bmatrix}$$

(7) 已知微分方程可以表示为[53]:

$$\begin{cases} \dot{u}_1 = u_3 \\ \dot{u}_2 = u_4 \\ 2\dot{u}_3 + \cos(u_1-u_2)\dot{u}_4 = -\mathrm{g}\sin u_1 - \sin(u_1-u_2)u_4^2 \\ \cos(u_1-u_2)\dot{u}_3 + \dot{u}_4 = -\mathrm{g}\sin u_2 + \sin(u_1-u_2)u_3^2 \end{cases}$$

其中, $u_1(0)=45, u_2(0)=30, u_3(0)=u_4(0)=0, \mathrm{g}=9.81$, 试用 Simulink 求解此微分方程, 并绘制出各个状态变量的时间曲线。

(8) 已知 Apollo 卫星的运动轨迹 (x,y) 满足下面的方程:

$$\begin{cases} \ddot{x} = 2\dot{y} + x - \dfrac{\mu^*(x+\mu)}{r_1^3} - \dfrac{\mu(x-\mu^*)}{r_2^3} \\[3mm] \ddot{y} = -2\dot{x} + y - \dfrac{\mu^* y}{r_1^3} - \dfrac{\mu y}{r_2^3} \end{cases}$$

其中 $\mu = 1/82.45, \mu^* = 1-\mu, r_1 = \sqrt{(x+\mu)^2+y^2}, r_2 = \sqrt{(x-\mu^*)^2+y^2}$, 假设系统初值为 $x(0)=1.2, \dot{x}(0)=0, y(0)=0, \dot{y}(0)=-1.04935751$, 试搭建起 Simulink 仿真框图并进行仿真, 绘制出 Apollo 位置的 (x,y) 轨迹。

(9) 试求出隐式微分方程:

$$\begin{cases} \dot{x}_1\ddot{x}_2\sin(x_1 x_2) + 5\ddot{x}_1\dot{x}_2\cos(x_1^2) + t^2 x_1 x_2^2 = \mathrm{e}^{-x_2^2} \\ \ddot{x}_1 x_2 + \ddot{x}_2\dot{x}_1\sin(x_1^2) + \cos(\ddot{x}_2 x_2) = \sin t \end{cases}$$

的数值解, $x_1(0)=1, \dot{x}_1(0)=1, x_2(0)=2, \dot{x}_2(0)=2$, 并绘制出轨迹曲线。

(10) 考虑延迟微分方程:

$$y^{(4)}(t) + 4y^{(3)}(t-0.2) + 6\ddot{y}(t-0.1) + 6\ddot{y}(t) + 4\dot{y}(t-0.2) + y(t-0.5) = \mathrm{e}^{-t^2}$$

且在 $t \leqslant 0$ 时该方程具有零初始条件, 试用 Simulink 建模的方式直接求解该微分方程, 并绘制出 $y(t)$ 曲线。

(11) 考虑下面给出的延迟微分方程模型:

$$\frac{\mathrm{d}y(t)}{\mathrm{d}t} = \frac{0.2y(t-30)}{1+y^{10}(t-30)} - 0.1y(t)$$

假设 $y(0)=0.1$, 试用 Simulink 搭建仿真模型, 并对该系统进行仿真, 绘制出 $y(t)$ 曲线。

(12) 假设已知分数阶线性微分方程为[54]：

$$0.8\mathscr{D}_t^{2.2}y(t) + 0.5\mathscr{D}_t^{0.9}y(t) + y(t) = 1, \; y(0) = y'(0) = y''(0) = 0$$

试求该微分方程的数值解。若将微分阶次 2.2 近似成 2，0.9 阶近似成 1 阶，则可以将该微分方程近似为整数阶微分方程，试比较整数阶近似的计算精度。

(13) 试用近似方法求解下面的分数阶非线性微分方程，假设初始条件都是 0，求解方程并验证得出解的正确性。

$$\frac{3\mathscr{D}^{0.9}y(t)}{3 + 0.2\mathscr{D}^{0.8}y(t) + 0.9\mathscr{D}^{0.2}y(t)} + \left|2\mathscr{D}^{0.7}y(t)\right|^{1.5} + \frac{4}{3}y(t) = 5\sin(10t)$$

(14) 设分数阶非线性微分方程由图 5-105 中的 Simulink 模型描述，试写出该微分方程的数学表达式，并绘制出输出信号 $y(t)$。

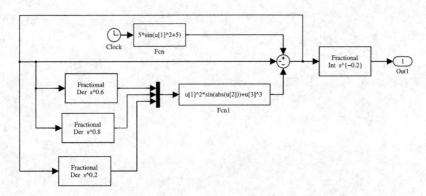

图 5-105　非线性分数阶微分方程的 Simulink 描述（文件名：c5mfode4.mdl）

(15) 考虑大时间延迟受控对象模型 $G(s) = \dfrac{10e^{-20s}}{2s+1}$，假设控制器模型为 $G_c(s) = 0.6 + \dfrac{0.008}{s}$，试同时用曲线和表盘的形式显示控制效果。

(16) 考虑如下 Lorenz 方程模型，该模型没有输入信号：

$$\begin{cases} \dot{x}_1(t) = -\beta x_1(t) + x_2(t)x_3(t) \\ \dot{x}_2(t) = -\rho x_2(t) + \rho x_3(t) \\ \dot{x}_3(t) = -x_1(t)x_2(t) + \sigma x_2(t) - x_3(t) \end{cases}$$

假设选择其 3 个状态变量 $\boldsymbol{x}_i(t)$ 为其输出信号，以 β、σ、ρ 和 $\boldsymbol{x}_i(0)$ 向量为附加参数，试将该模块封装起来，并绘制在不同参数下的 Lorenz 方程解的三维曲线。

(17) 假设已知误差信号 $e(t)$，试构造出求取 ITAE、ISE、ISTE 准则的封装模块。要求：误差信号 $e(t)$ 为该模块的输入信号，双击该模块弹出一个对话框，允许用户用列表框的方式选择输出信号形式，将选定的 ITAE、ISE、ISTE 之一作为模块的输出端显示出来。其中 ISTE 的定义为：

$$J_{\text{ISTE}} = \int_0^t \tau e^2(\tau)\mathrm{d}\tau$$

(18) 试将 Van der Pol 方程：

$$\dot{x}_1 = x_2, \; \dot{x}_2 - \mu(x_1^2 - 1)x_2 - x_1$$

对应的 Simulink 模型封装起来, 使得封装参数为参数 μ 和两个积分器的初值 x_{10}、x_{20}, 封装模块没有输入端口, 由两路输出端口, 返回 $x_1(t)$ 和 $x_2(t)$。如果让参数 μ 为输入端口, 试重新建立 Simulink 模型并重新封装该模块。

第6章 Simulink 仿真的高级技术

前面两章中以较大的篇幅介绍了 Simulink 的基本使用方法与技巧,主要涉及由图形化方法进行建模与仿真的方法。在实际应用中这样的方法是不够的,因为由绘图方式建模有很大的局限性,很多实际模型不易用模块进行搭建,所以还需要进一步探讨 MATLAB 语句和图形化相结合的方法。本章将介绍利用 Simulink 和 MATLAB 语句相结合进行系统建模与仿真的高级技术。第 6.1 节将介绍如何用 MATLAB 命令来绘制 Simulink 框图,利用该节提供的技术,可以用语句绘制出结构相似的系统模型。第 6.2 节将介绍如何用 MATLAB 命令进行模型仿真过程的调用、系统的线性化等内容。另外,还特别介绍了 Simulink 本身线性化功能的不足,给出实用的解决方法,并将介绍纯时间延迟系统的 Padé 近似技术。通过前面演示的 Simulink 功能,不难发现,并非所有的数学模型都能利用 Simulink 模块轻易地搭建起来,有的模型可能更适合于 MATLAB 或其他语句描述,所以在第 6.3 节中,将介绍实现复杂功能的 Simulink 模块编写技术,如 S-函数的编写方法,侧重于用 MATLAB 格式和 C 语言格式介绍如何编写 S-函数,并着重介绍 S-函数在自抗扰控制器系统仿真中的应用。第 6.4 节介绍基于 Simulink 模型的最优化问题求解,侧重介绍非线性受控对象模型的最优控制器设计方法。

6.1 Simulink 模型的语句修改

6.1.1 Simulink 模型与文件的处理

Simulink 文件的操作可以完全由模型窗口的 File 菜单中的相应命令实现。同样,模型的读写还允许用函数调用的形式完成。在 MATLAB 命令窗口中,调用 new_system() 函数,则可以在 MATLAB 的工作空间中建立一个空白的 Simulink 模型,但这个模型不能自动地显示出来,这样的模型在 Simulink 中又称为逻辑模型。new_system() 函数的调用格式为 `new_system(模型名,选项)`,其中,"模型名"应该以字符串的形式给出,这样建立起来的逻辑模型一般就用该模型名表示。而"选项"可以为 'Library' 或 'Model',前者将建立一个空白的模型库,后者将建立一个空白的模型,如果不给出第二输入变量,则建立起来的为逻辑模型。例如,可以通过执行 new_system('MyModel') 命令来建立一个名为 MyModel 的逻辑模型。

建立了逻辑模型并不能直接显示出来,而需要通过执行 open_system() 函数来显示,该函数的调用格式为 `open_system(模型名)`,其中,"模型名"为一个字符串,它表示已经由 new_system() 函数建立起来的逻辑模型。例如,前面建立起来的逻辑模型可以由 open_system('MyModel') 命令直接打开,其实,若只想打开已经创立的模型,则直接在 MATLAB 命令窗口中输入该模型名即可,例如,输入 MyModel 命令。当然 open_system() 函数还有其他调用格式,后面将详细介绍。

　　Simulink 中提供了一系列处理模型的命令,如 find_system() 函数可以得出当前打开的全部 Simulink 模型的名称,如果打开多于一个模型,则将以单元数组的形式返回各个模型名的字符串。

　　模型建立起来之后,则可以使用 save_system() 函数将该模型存成模型文件,其后缀名为 mdl,该函数的调用格式为 save_system(模型名,选项)。如果不给出模型名,则将自动地保存当前的模型,所以将该模型保存为 mdl 文件,第二选项应该为文件名组成的字符串,如果给出第二选项,则将当前的模型保存到一个新的文件中。

6.1.2　Simulink 模型与模型文件

　　前面介绍过,用 new_system() 函数可以建立起一个空白的 Simulink 模型,下面将通过例子给出空白模型的程序清单和简要介绍。

例 6-1　可以用下面的语句建立、打开一个空白的窗口,并保存为一个 mdl 文件:

```
>> new_system('newmodel'); % 建立逻辑模型
   open_system('newmodel'); % 打开模型编辑窗口
   save_system('newmodel'); % 将该模型保存为mdl文件
```

　　这样可以将该模型保存为 newmodel.mdl 文件。不同版本下建立的 Simulink 模型可能会出现不兼容的现象。很早期的 Simulink 版本对应的模型文件是 .m 文件,可读性很强。自从模型文件变为 .mdl 文件后,虽然源程序仍然是纯文本文件,但可读性已经不那么强了。用户除了可以从该源程序查询有益信息外,直接手工修改模型文件已经越来越不容易了。用 edit 命令打开 Simulink 模型源程序后可以发现,该文件前面一些语句为:

```
Model {
  Name                    "newmodel"
  Version                 7.6
  MdlSubVersion           0
  GraphicalInterface {
    NumRootInports          0
    NumRootOutports         0
    ParameterArgumentNames  ""
    ComputedModelVersion    "1.0"
    NumModelReferences      0
    NumTestPointedSignals   0
  }
  SavedCharacterEncoding  "windows-1252"
  SaveDefaultBlockParams  on
```

　　空白模型的文件有 600 余行源程序,程序冗长,不能在这里全部列出。从给出的片段看,主要描述的文件是模块加属性的形式。这样生成的模型文件含有 Simulink 模型中所有的属性,这些属性大多数是没有必要人为修改的。如果需要修改参数,则最好通过对话框的形式来修改,如果实在想手动修改其中的某些属性,也可以使用 set_param() 函数来完成,该函数的详细调用格式将在后面给出。

函数 close_system() 允许关闭一个打开的 Simulink 模型,该函数在调用时应该给出要关闭的函数名,如果想关闭的窗口被改动且未存盘,则将弹出警告对话框,通知用户将修改的模型存盘,然后才能关闭该模块。如果执行 `close_system('MyModel',1)` 命令,则将强制退出该模块,并放弃新编辑的内容。

6.1.3 用语句绘制方框图

从前面几章的介绍中可以看出,以框图表示的系统可以容易地由 Simulink 提供的绘图方法绘制出来,绘制过程也是很直观、方便的,但在某些特定的应用中,用户可能更希望采用 MATLAB 语句的方式直接绘制出 Simulink 的框图。

和直接绘制方法相似,用 MATLAB 语句绘制 Simulink 框图需要如下几个步骤。

(1)**建立新的模型**。前面介绍过,新模型可以由 new_system() 和 open_system() 两个函数配合使用而建立起来。

```
>> new_system('newmodel'); open_system('newmodel');
```

建立 Simulink 模型后,可以用 set_param() 函数来设置有关的参数,该函数的调用格式为 `set_param(f,属性名1,属性值1,⋯)`,其中,f 为 Simulink 模型名,“属性名”是该模型所支持属性的名称,而“属性值”是该属性允许的取值。常用的属性名可以由 `f1=simget(文件名)` 函数显示出来,其中包含模型的众多属性,没有必要逐一修改,用户可以手工修改几个常用的就够了。例如,求解微分方程的允许相对误差限使用 RelTol 属性,其默认值为 10^{-3},该误差限过于宽松,可以将其设置成更小的值,如 10^{-8}。再如,若修改该仿真模型的最小、最大允许步长(即 MinStep、MaxStep 属性)和相对误差限(RelTol 属性)等,则可以使用下面的语句:

```
>> f1=gcs;  % 获得当前模型的句柄
   set_param(f1,'MinStep','1e-5','MaxStep','1e-3','RelTol','1e-8');
   save_system(f1) % 将修改后的属性存入模型文件
```

注意,这里的参数值应该采用字符串的形式给出。也可以将 set_param() 函数调用替换成下面的语句:

```
>> f1.MinStep='1e-5'; f1.MaxStep='1e-3'; f1.RelTol='1e-8';
```

例 6-2 考虑第 5.6.5 节中给出的 F-14 战斗机仿真例子,在该例中,每次启动仿真之前应该运行 c5f14dat.m 程序来将模型数据读入 MATLAB 的工作空间,这样的过程还是很麻烦的,如果忘记先运行该文件,则该 Simulink 模型将给出错误信息。下面利用整个模型的 'PreLoadFcn'(调用前读入数据函数)属性将有关预执行文件名关联起来:

```
>> set_param('c5f14','PreLoadFcn','c5f14dat');
   save_system('c5f14')  % 将变换后的框图存盘
```

执行过上面的语句后,应该将更新后的模型存盘,这样以后再启动该模型时,就没有必要手动执行c5f14dat.m程序了,因为该程序将在启动时被自动调用,将所有数据先读入MATLAB的工作空间。同样的设置也可以用界面完成,选择该模型的File|Model Properties命令,可以打开如图6-1所示的对话框,在Callbacks选项卡中选择PreLoadFcn选项,在右侧窗格中输入预先需要调用的函数即可。使用该对话框还可以设置其他回调函数。

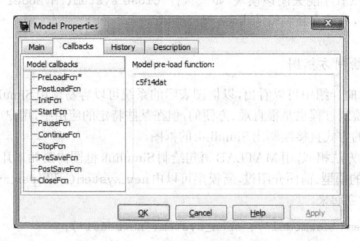

图6-1   模型属性设置对话框

（2）**添加模块**。可以使用 add_block() 函数在一个打开的模型窗口中建立新的模块,该函数的调用格式为 **add_block(源模块名,目标模块名,属性名1,属性值1,⋯)**,其中,"源模块名"为一个已知的库模块名或在其他模块窗口中定义的模块名,例如,'built-in/Clock' 表示内核模块中的 Clock 模块,Simulink 自带的不是通过封装形成的模块都应该认为是内核模块。目标模块名则表明在目标模型窗口中使用的模块名。例如,下面的命令可以在模块窗口 newmodel 中添加一个名为 My Clock 的模块:

```
>> add_block('built-in/Clock','newmodel/My Clock');
```

在添加模块时常用的属性如下。

- 'Position' **属性**:表示模块的位置,应该设为 $[x_{min}, y_{min}, x_{max}, y_{max}]$,表示该模块的左下角坐标和右上角坐标,Simulink 会自动检测给出的模块位置的数值是否有效,如它要求 $x_{min} < x_{max}$ 等,否则给出错误信息。
- 'Name' **属性**:为该模块的名称,可以为任意字符串,还可以用 \n 表示换行。
- 每个模块应该有自己的参数属性,例如图4-22（a）所示的对话框中,传递函数参数的属性名为 Numerator 和 Denominator,如果想给这个模块添加数据,则应该将这两个属性设置相应向量的字符串。

另外,还可以用模块组的方式来表示模块,例如 'simulink3/Sources/Clock' 可以表示 Simulink 的 Sources 组中的 Clock 模块。除了这些模块,在 Simulink 中的 Blocksets & Toolboxes 组中还有大量的其他附加模块组,如 Controls Toolbox 组中的线性时不变（LTI）模块可以用下面的命令复制:

```
>> add_block('cstblocks/LTI System','newmodel/tf')
```

其中的 **cstblocks** 为控制系统工具箱模块组的名称,这样的名称可以双击该模块组,从模型库窗口的标题栏获得。

如果想从模型窗口中删除某个模块,则可以用 delete_block() 函数来完成,该函数的定义格式为 `delete_block(模块名)`。

(3) **连接模块**。Simulink 模型窗口中的模块可以用 add_line() 函数连接起来,该函数有如下两种格式:

> add_line(模型名,'起始模块名/输出端口号','终止模块名/输入端口号')
> add_line(模型名,mat)

在第一种调用格式下,自动将起始模块的输出端口和终止模块的输入端口连接起来,布线的方式也是自动的。但有时这样的布线方式不很令人满意,所以可以采用第二种格式来进行连线,在该格式下,mat 应该为两列的矩阵,每行给出一个转折点的坐标。

如果想删除某根连线,则可以用 delete_line() 函数来完成,该函数的调用格式与 add_line() 完全一致。

(4) **模块参数修改**。模块参数可以使用 set_param() 函数来赋值或修改,该函数的调用格式为 `set_param(模块名,属性名1,属性值1,⋯)`,其中,“属性名”和“属性值”的说明如前所述。该函数既可以修改模块窗口的参数,也可以修改某个具体模块的参数。在后面用例子来演示该函数的使用方法。另外,还可以使用 get_param() 函数来读取模型的某个参数。

例 6-3 假设想在一个新模型窗口中建立一个模型,其中有 3 个模块,其中,一个为正弦输入模块,其输出信号连接到一个饱和非线性环节上,饱和非线性环节的输出信号连接到一个示波器上。可以采用下面的命令来完成这样的工作:

```
>> new_system('c6msys1'); open_system('c6msys1');
   set_param('c6msys1','Location',[100,100,500,400]);
   add_block('built-in/Sine Wave','c6msys1/Input signal');
   add_block('built-in/Saturation','c6msys1/Nonlinear element');
   add_block('built-in/Scope','c6msys1/My Scope');
   set_param('c6msys1/Input signal','Position',[40, 80, 80, 120]);
   set_param('c6msys1/Nonlinear element','Position',[140, 70, 230, 130]);
   set_param('c6msys1/My Scope','Position',[290, 80, 310, 120]);
   add_line('c6msys1','Input signal/1','Nonlinear element/1');
   add_line('c6msys1','Nonlinear element/1','My Scope/1');
```

这样得出的框图如图 6-2(a)所示。应该说,这样的模型绘制语句还是很好理解的,首先建立了新模型窗口,设置了其位置属性,然后从 Simulink 内核模块库中选择了 3 个所需元件,将其绘制到模型窗口中,并赋以新的模块名,最后将这些模块连接起来。

另外,还可以用语句修改原始模型,例如,若想同时用示波器显示输入和输出信号,则可以先删除非线性环节到示波器的连线,再在其中间添加一个 Mux 模块,将非线性环节的输出和正弦输入模

块的输出端口分别连接到它的两路输入口上,最后将其输出口连接到示波器上即可。可以给出如下
的Simulink命令来完成这样的变化,这时得出的框图如图6-2(b)所示。

```
>> delete_line('c6msys1','Nonlinear element/1','My Scope/1'); % 先删去连线
   set_param('c6msys1/My Scope','Position',[370,80,390,120]); % 右移示波器
   add_block('built-in/Mux','c6msys1/Mux',...               % 添加 Mux
      'Position',[290,80,295,120],'Inputs','2');
   add_line('c6msys1','Nonlinear element/1','Mux/1');        % 自动布三条线
   add_line('c6msys1','Input signal/1','Mux/2');
   add_line('c6msys1','Mux/1','My Scope/1');
```

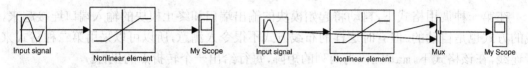

(a) 用Simulink语句绘制的框图　　　　　　　　　(b) 修改的框图

图6-2　用Simulink语句绘制框图

从图6-2(b)中生成的框图可以看出,这样自动的布线方式有时是不理想的,在这样的情况下,需
要指定转折点的坐标,如若给出如下的命令:

```
>> delete_line('c6msys1','Input signal/1','Mux/2');   % 先删去连线
   add_line('c6msys1',[100,100; 100,150; 250,150; 250,110; 290,110]);
```

则将得出如图6-3所示的框图,可以看出用这样的命令可以任意地连接两个模块,但首先要确定各个
转折点的坐标,这有时实现起来还是比较繁琐的。

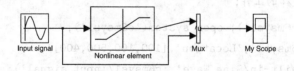

图6-3　修改连线后的Simulink框图

现在可以用下面的语句移动Mux模块:

```
>> set_param('c6msys1/Mux','position',[310,110,315,140]);   % 移动Mux模块
```

模块移动后的系统Simulink框图如图6-4所示,可以看出,这样移动后,原来连好的线也将随之发生
变化,尽管从正弦信号到Mux的连线是手工完成的,一旦连接成功,Simulink将自动确立它和两个模
块之间的关系,故在其中一个模块的位置发生变化时仍能保证正确的连接关系。

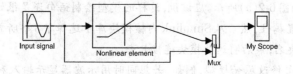

图6-4　模块移动后的Simulink框图

现在可以对非线性模块的参数进行设置，假设想将其饱和下限设为 -0.3、上限设为 0.8，则必须知道这些属性名，双击饱和非线性模块，可以发现这两个参数的属性名分别为 Lower limit 和 Upper limit，所以可以使用下面的命令来进行设置：

```
>> set_param('c6msys1/Nonlinear element',...
            'Lower limit','-0.3','Upper limit','0.8')
```

注意，给参数设置属性值时应该使用字符串，如使用 '-0.3'，而不能直接使用 -0.3。如果一个对话框有多个参数，还可以一次性设置其 MaskValueString 属性：

```
>> set_param('c6msys1/Nonlinear element','MaskValueString','-0.3|0.8')
```

例 6-4   语句建模方法更适用于某些复杂但有规律的系统建模。如果想求出图 6-5 框图中从 A 端到 B 端的等效系统模型，其中 $L = 7$，则用手工绘制的方法会很麻烦，这时可以给出如下的绘图命令：

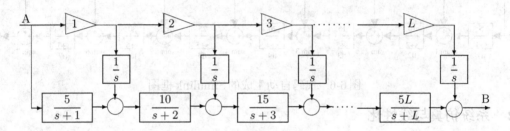

图 6-5   复杂但有规律的系统流程图

```
>> L=7; modname='ssss'; new_system(modname); open_system(modname);
   for i=1:L, i1=int2str(i); i0=int2str(i-1);
   pos1=[100+(i-1)*85 50 125+(i-1)*85 70];
   pos2=pos1+[10 50 10 50]; pos3=pos1+[-35 100 -30 110];
   pos4=pos1+[15 105 10 100];
   add_block('built-in/Gain',[modname '/gain' i1],'Position',pos1,'Gain',i1)
   add_block('built-in/Integrator',[modname '/int' i1],'Position',pos2,...
       'Orientation','down')
   add_block('built-in/Transfer Fcn',[modname '/tf' i1],'Position',pos3,...
       'Numerator',[int2str(5*i)],'Denominator',['[1 ' i1 ']'])
   add_block('built-in/Sum',[modname '/sum' i1],...
       'Position',pos4,'IconShape','round','Inputs','++|')
   add_line(modname,['gain' i1 '/1'],['int' i1 '/1'])
   add_line(modname,['int' i1 '/1'],['sum' i1 '/1'])
   add_line(modname,['tf' i1 '/1'],['sum' i1 '/2'])
   if i>1,
       add_line(modname,['gain' i0 '/1'],['gain' i1 '/1'])
       add_line(modname,['sum' i0 '/1'],['tf' i1 '/1'])
```

```
end, end
add_block('built-in/Inport',[modname '/in'],'Position',[25 50 45 70])
    pos5=pos4+[50 0 45 0];
    add_block('built-in/Outport',[modname '/out'],'Position',pos5)
    add_line(modname,'in/1','gain1/1'); add_line(modname,'in/1','tf1/1')
    add_line(modname,['sum' int2str(L) '/1'],'out/1'); save_system(modname)
```

　　上述代码自动生成的Simulink框图如图6-6所示,通过系统线性化方法由该框图可以很容易地提取出系统总的模型,后面将介绍系统的线性化方法。

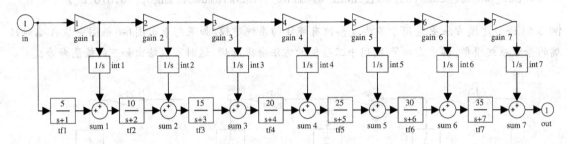

图6-6　代码自动生成的Simulink框图

6.2　系统仿真与线性化

6.2.1　仿真过程的命令化

　　启动仿真过程除了使用相应的Simulation菜单外,还可以使用sim()函数,该函数的调用格式为 $[t, x, y] = \mathrm{sim}(\mathrm{f1,tspan,options,ut})$,其中,f1为Simulink的模型名,tspan为仿真时间控制变量,它可以为 $[t_0, t_f]$,即为仿真的起始和终止时间。如果tspan为标量,则表示终止仿真时间。参数options为模型控制参数,ut为外部输入向量。该函数返回的 t 为时间列向量,x 为状态变量构成的矩阵,其中第 i 列为第 i 状态变量的时间响应,y 为输出信号构成的矩阵,也是每列对应一路输出信号。通过这样的调用格式可知,该函数很类似于MATLAB中的ode45()等函数。

　　类似于MATLAB下的微分方程数值求解,Simulink也提供了仿真模型求解的属性设置。在MATLAB下,利用gcs命令可以得出当前Simulink模型的句柄,而simset()和simget()语句对可以设置对象参数和读取对象参数,其功能类似于MATLAB普通对象的set()和get()函数。Simulink对象采用的属性包括Solver(算法,可以选择的算法有ode45、ode15s等)、RelTol(相对误差限,默认值仍为 10^{-3})等,这些参数既可以通过界面设置,也可以通过命令设置。

例 6-5 假设已经建立了F-14系统仿真模型c5f14.mdl,可以使用下面的命令来启动仿真过程:

```
>> c5f14dat; [t,x,y]=sim('c5f14',[0,10]);
```

该方法和▶按钮一样,都能启动仿真过程,所不同的是,按钮启动的方法将输出端口的仿真结果传给yout变量,而命令方式将结果传递给 y 变量。

例 6-6 考虑例 4-2 中给出的 Van der Pol 方程的 Simulink 模型, 我们知道, 当 $\mu = 1000$ 时, 系统为坏条件问题(ill-conditioned problem), 这样就应该在求解问题时选择相应的算法。选择 ode15s 算法能较好地解决问题。为了方便对系统进行仿真, 可以重新绘制出如图 6-7 所示的框图, 并用下面的语句进行参数的初始化:

```
>> mu=1000; x01=1; x02=2;
```

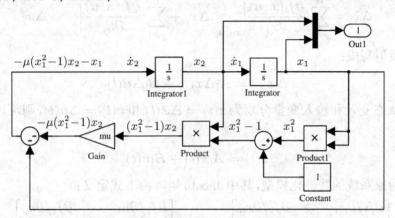

图6-7 修改输出形式后 Simulink 框图(文件名:c6mvdp.mdl)

可以用 simget() 函数获得仿真的默认控制参数, 再修改其中的 Solver 属性, 可以用下面的语句对该系统进行仿真, 并绘制出系统的仿真曲线, 得出的结果和图 3-5 中的完全一致。

```
>> f=simget('c6mvdp'); f.Solver='ode15s'; % 选择仿真算法为 ode15s
   [t,x,y]=sim('c6mvdp',[0,3000],f); plot(t,y(:,1)), figure; plot(t,y(:,2))
```

所以说, 用界面可以获得的结果用语句同样可以得到, 且语句的格式更适合于嵌入其他程序。另外, 用命令行格式进行系统仿真后, MATLAB 工作空间中将不再出现 tout 和 yout 两个变量, 参数的返回应该在函数调用语句直接获得。

6.2.2 非线性模型的线性化

与非线性系统相比, 线性系统更易于分析与设计, 然而在实际应用中经常存在非线性系统, 严格说来, 所有的系统都含有不同程度的非线性成分。在这样的情况下, 经常需要对非线性系统进行某种线性近似, 从而简化系统的分析与设计过程。系统的线性化(linearization)是提取线性系统特征的一种有效方法, 实际上是在系统的工作点附近的邻域内提取系统的线性特征, 从而对系统进行分析设计的一种方法。另外, 如果所研究的系统是线性系统, 则可以采用线性化方法提取输入端到输出端间的等效模型。

考虑下面给出的非线性系统的一般格式:

$$\dot{x}_i(t) = f_i(x_1, x_2, \cdots, x_n, \boldsymbol{u}, t), i = 1, 2, \cdots, n \tag{6-2-1}$$

所谓系统的工作点, 就是当系统状态变量导数趋于 0 时的状态变量的值。系统的工作点可以通过求取式(6-2-1)中非线性方程的方法得出：

$$f_i(x_1, x_2, \cdots, x_n, \boldsymbol{u}, t) = 0, \ i = 1, 2, \cdots, n \tag{6-2-2}$$

该方程可以采用数值算法求解。在 $\boldsymbol{u}_0$ 输入信号作用下，得到工作点 $\boldsymbol{x}_0$ 后，非线性系统在此工作点附近可以近似地表示为：

$$\Delta \dot{x}_i = \sum_{j=1}^{n} \left. \frac{\partial f_i(\boldsymbol{x}, \boldsymbol{u})}{\partial x_j} \right|_{\boldsymbol{x}_0, \boldsymbol{u}_0} \Delta x_j + \sum_{j=1}^{p} \left. \frac{\partial f_i(\boldsymbol{x}, \boldsymbol{u})}{\partial u_j} \right|_{\boldsymbol{x}_0, \boldsymbol{u}_0} \Delta u_j \tag{6-2-3}$$

可以将系统模型写成：

$$\Delta \dot{\boldsymbol{x}}(t) = \boldsymbol{A}_1 \Delta \boldsymbol{x}(t) + \boldsymbol{B}_1 \Delta \boldsymbol{u}(t) \tag{6-2-4}$$

令新的状态变量和输入变量分别为 $\boldsymbol{z}(t) = \Delta \boldsymbol{x}(t)$ 和 $\boldsymbol{v}(t) = \Delta \boldsymbol{u}(t)$，则可以将系统的状态方程写成：

$$\dot{\boldsymbol{z}}(t) = \boldsymbol{A}_1 \boldsymbol{z}(t) + \boldsymbol{B}_1 \boldsymbol{v}(t) \tag{6-2-5}$$

则该模型称为原系统的线性化模型，其中 Jacobi 矩阵由下式定义：

$$\boldsymbol{A}_1 = \begin{bmatrix} \partial f_1/\partial x_1 & \cdots & \partial f_1/\partial x_n \\ \vdots & \ddots & \vdots \\ \partial f_n/\partial x_1 & \cdots & \partial f_n/\partial x_n \end{bmatrix}, \ \boldsymbol{B}_1 = \begin{bmatrix} \partial f_1/\partial u_1 & \cdots & \partial f_1/\partial u_p \\ \vdots & \ddots & \vdots \\ \partial f_n/\partial u_1 & \cdots & \partial f_n/\partial u_p \end{bmatrix} \tag{6-2-6}$$

Simulink 中提供了 `trim()` 函数，可以用来求解系统在指定输入下的工作点，该函数的调用格式为 $[\boldsymbol{x}, \boldsymbol{u}, \boldsymbol{y}, \boldsymbol{x}_1] = \texttt{trim}(\texttt{model\_name}, \boldsymbol{x}_0, \boldsymbol{u}_0)$ ，其中，`model_name` 为 Simulink 模型的文件名，变量 $\boldsymbol{x}_0$、$\boldsymbol{u}_0$ 为数值算法所要求的起始搜索点，是用户应该指定的状态初值和工作点的输入信号。对不含有非线性环节的系统来说，则不需要初始值 $\boldsymbol{x}_0$、$\boldsymbol{u}_0$ 的设定。调用函数之后，实际的工作点在 $\boldsymbol{x}$、$\boldsymbol{u}$、$\boldsymbol{y}$ 变量中返回，而状态变量的导数值在变量 $\boldsymbol{x}_1$ 中返回。从理论上讲，状态变量在工作点处的一阶导数都应该等于 0，该函数正是基于这样的假设，采用数值最优化算法而实现的。

例 6-7 考虑如图 6-8 所示的非线性系统模型。可以看出，该系统中有两个非线性环节，用 Simulink 程序就可以容易地画出该系统的仿真框图模型，如图 6-9 所示。注意，所建的模型中分别用输入和输出端口来表示原系统的输入和输出。

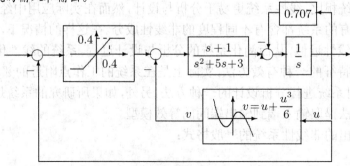

图 6-8 非线性系统模型框图

可以用下面的命令获得系统默认状态下的工作点为 $\boldsymbol{x}_0 = [0, 0, 0]$，$u_0 = y_0 = 0$：

```
>> [x0,u0,y0,dx]=trim('c6nlsys')
```

可以看出,这样当然能获得系统的工作点,但工作点的输入信号为0,一般情况下更希望获得阶跃输入下的工作点,可以执行下面的命令:

```
>> u0=1; [x0,u0,y0,dx]=trim('c6nlsys',[],u0)
```

这样就能获得系统在阶跃输入下的工作点为 $x_0 = [0.1281, 0, 0.0905]$, $u_0 = 1$, $y_0 = 0.1281$。

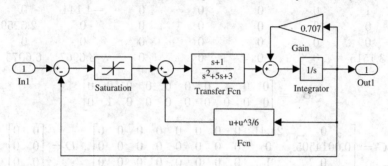

图 6-9 非线性系统模型的 Simulink 表示(文件名:c6nlsys.mdl)

获得了工作点后,可以采用 Simulink 程序中提供的 linmod2() 函数来求取系统的线性化模型,该函数的调用格式为 $[A, B, C, D] = \text{linmod2}(\text{model\_name}, x, u)$,其中,$x$、$u$ 为工作点处的状态变量与输入,得出的线性化的状态方程模型在 (A, B, C, D) 变量中返回。若省略了 x、u 变量(工作点变量),则将得出默认的线性化模型。事实上,若 Simulink 模型完全由线性环节搭建,则可以使用此函数提取出整个系统的线性模型,这时也无须输入工作点变量。

例 6-8 考虑例 4-3 中给出的直流电机拖动系统,前面已经建立起了 Simulink 模型来描述该系统,相应的 Simulink 文件为 c4mex2.mdl,可以用下面的语句获得该模型的零极点形式:

```
>> [a,b,c,d]=linmod2('c4mex2'); % 提取系统线性模型的状态方程参数
   G=minreal(zpk(ss(a,b,c,d))); % 求取系统最小实现的零极点模型
```

可以得出系统的等效传递函数模型为:

$$G(s) = \frac{1118525021.9491(s + 6.667)(s + 5.882)}{(s + 179.6)(s + 98.9)(s + 8.307)(s^2 + 0.8936s + 5.819)(s^2 + 68.26s + 2248)}$$

例 6-9 例 6-4 中给出的复杂系统的等效模型可以由下面的语句直接求出:

```
>> [a,b,c,d]=linmod2('ssss'); minreal(zpk(ss(a,b,c,d)))
```

即从 A 端到 B 端的等效传递函数为:

$$G(s) = \frac{5040(s + 0.2987)(s^2 + 22.66s + 138.5)(s^2 - 0.8458s + 13.56)(s^2 + 10.89s + 71.76)}{s(s + 7)(s + 6)(s + 5)(s + 4)(s + 3)(s + 2)(s + 1)}$$

例 6-10 考虑第 5.6.5 节中给出的 F-14 战斗机的例子,可以看出,因为该系统中只含有线性环节,故可以 linmod2() 函数来提取其相应的线性系统模型,例如,可以给出如下语句:

```
>> [a,b,c,d]=linmod2('c5f14'), G=ss(a,b,c,d);
```

则将立即得出系统的线性状态方程模型参数如下:

$$
A = \begin{bmatrix}
-0.639 & 689.4 & 2.0839 & 0.4746 & 0 & -1280 & 0 & 0 & 0 & 0 \\
-0.006 & -0.657 & 0.0456 & 0.0104 & -0.068 & -137.69 & 0 & 0 & 0 & 0 \\
0 & 0 & -0.789 & -0.1556 & 0 & 0 & 0 & 0 & 0 & 0 \\
0 & 0 & 1 & 0 & 0 & 0 & 0 & 0 & 0 & 0 \\
0 & 0 & 3.2637 & 0.7434 & -8.4553 & 0 & 0 & 0 & 0 & 0 \\
0 & 1.4232 & 0 & 0 & 0 & -20 & -1.6694 & 2.984 & -17.45 & 1 \\
0 & 1 & 0 & 0 & 0 & 0 & -4.144 & & & \\
0.0015 & 0 & 0 & 0 & 0 & 0 & 0 & -2.5259 & 0 & \\
0 & 0 & 0 & 0 & 0 & 0 & 0 & 0 & -10 & 0 \\
0 & 3.1515 & 0 & 0 & 0 & 0 & -3.6967 & 6.6075 & -38.64 & 0
\end{bmatrix}
$$

$$
B^{\mathrm{T}} = \begin{bmatrix}
0 & 0 & 1 & 0 & 0 & 0 & 0 & 0 & 0 & 0 \\
0 & 0 & 0 & 0 & 0 & 0 & 0 & 0 & 1 & 0
\end{bmatrix}
$$

$$
C = \begin{bmatrix}
0 & 21.41 & 0 & 0 & 0 & 0 & 0 & 0 & 0 & 0 \\
0.0014505 & 0 & 0 & 0 & 0 & 0 & 0 & 0 & 0 & 0 \\
0 & 1 & 0 & 0 & 0 & 0 & 0 & 0 & 0 & 0
\end{bmatrix}, \quad
D = \begin{bmatrix}
0 & 0 \\
0 & 0 \\
0 & 0
\end{bmatrix}
$$

例 6-11 考虑例 6-7 中给出的非线性系统模型,首先得出系统的工作点,然后在工作点附近提取系统的线性化模型:

```
>> [x,u,y,dx]=trim('c6nlsys');                    % 零输入工作点计算
   [a,b,c,d]=linmod2('c6nlsys',x,u); G=ss(a,b,c,d) % 线性化
```

上述语句可以得出线性化模型的状态方程矩阵为:

$$
A = \begin{bmatrix}
-0.707 & 1 & 1 \\
-2 & -5 & -3 \\
0 & 1 & 0
\end{bmatrix}, \quad
B = \begin{bmatrix}
0 \\
1 \\
0
\end{bmatrix}, \quad
C = [1, 0, 0], \quad D = 0
$$

再考虑阶跃输入下的系统的工作点及其线性化模型:

```
>> [x,u,y,dx]=trim('c6nlsys',[],1); % 阶跃输入工作点
   [a,b,c,d]=linmod2('c6nlsys',x,u); G=ss(a,b,c,d)
```

$$
A = \begin{bmatrix}
-0.707 & 1 & 1 \\
-1.0082 & -5 & -3 \\
0 & 1 & 0
\end{bmatrix}, \quad
B = \begin{bmatrix}
0 \\
0 \\
0
\end{bmatrix}, \quad
C = \begin{bmatrix} 1 & 0 & 0 \end{bmatrix}, \quad D = 0
$$

可以看出,对不同的工作点可能得出不同的线性化模型。在阶跃输入的工作点处得出的状态方程模型中,B 为零向量,故得出的线性化模型可能不实用。

如果系统中含有离散环节,则可以采用 dlinmod() 函数对其线性化,如果系统中含有延迟环节,则需要采用 Padé 近似逼近延迟环节,这时可以采用 linmod() 函数进行线性化。下面将介绍时间延迟环节的 Padé 近似方法。

6.2.3 纯时间延迟环节的 Padé 近似

可以利用 Padé 近似技术对时间延迟系统进行更精确的线性化,假设时间延迟环节 $e^{-\tau s}$ 可以由有理传递函数的形式来近似,典型的 n 阶 Padé 近似可以表示为:

$$P_{n,\tau}(s) = \frac{1 - \tau s/2 + p_1(\tau s)^2 - p_2(\tau s)^3 + \cdots + (-1)^n p_{n-1}(\tau s)^n}{1 + \tau s/2 + p_1(\tau s)^2 + p_2(\tau s)^3 + \cdots + p_{n-1}(\tau s)^n} \tag{6-2-7}$$

其中, $n \leqslant 6$ 阶的Padé近似的系数在表6-1中给出。

表6-1　Padé近似系数表

阶次 n	p_1	p_2	p_3	p_4	p_5
1					
2	1/12				
3	1/10	1/120			
4	3/28	1/84	1/1680		
5	1/9	1/72	1/1008	1/30240	
6	5/44	1/66	1/792	1/15840	1/665280

控制系统工具箱中给出了 pade() 函数, 该函数可以求取Padé近似的有理传递函数模型, 其调用格式为 $[\boldsymbol{n},\boldsymbol{d}] = \text{pade}(\tau,k)$, 其中, τ 为延迟常数, k 为Padé阶次的阶次。Padé有理近似 $P_{k,\tau}(s)$ 的分子和分母在 $\boldsymbol{n}$、$\boldsymbol{d}$ 变量中返回。

例 6-12 考虑一个单位负反馈系统, 其前向通路由一个线性传递函数和一个纯时间延迟构成, 可以按图6-10的方式构造起Simulink框图。可以尝试用下面的命令对系统进行线性化:

```
>> [a,b,c,d]=linmod2('c6fdly')
```

得出的状态方程参数为 $a = -1$, $b = 1$, $c = d = 0$。可见, linmod2() 函数并未对原始模型进行Padé近似, 所以得出的线性化模型并不实用(其实这样得出的传递函数为0), 故Simulink中 linmod2() 函数在这个问题上导致错误的结论。这时可以考虑采用 linmod() 函数, 双击时间延迟模块, 在如图6-10(b)所示对话框的Pade order (for linearization) 文本框中分别输入参数2和4, 再进行线性化, 则得出如下的结果:

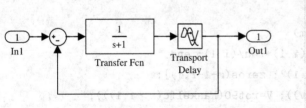

(a) Simulink 模型 (c6fdly.mdl)　　　　　　(b) 延迟对话框参数

图6-10　时间延迟系统的Simulink表示

```
>> [a,b,c,d]=linmod('c6fdly'); zpk(ss(a,b,c,d))
```

当选择Padé近似阶次为2和4时, 可以分别得出如下的线性化模型:

$$G_2(s) = \frac{(s^2 - 6s + 12)}{(s+6.749)(s^2+1.251s+3.556)}, \quad G_4(s) = \frac{(s^2 - 11.58s + 36.56)(s^2 - 8.415s + 45.95)}{(s+14.88)(s^2+1.21s+3.564)(s^2+5.908s+63.36)}$$

从式(6-2-7)可以看出,在近似公式中分子和分母的阶次一样,而分子多项式含有负系数,所以在构造闭环系统时可能导致系统不稳定。要解决这样的问题,可以推导出更合适的Padé近似公式。

因为延迟函数$e^{-\tau s}$的Taylor幂级数展开可以表示为:

$$e^{-\tau s} = c_0 + c_1 s + c_2 s^2 + \cdots = 1 - \frac{1}{1!}\tau s + \frac{1}{2!}\tau^2 s^2 - \frac{1}{3!}\tau^3 s^3 + \cdots \qquad (6\text{-}2\text{-}8)$$

假设r/m阶的Padé近似可以写成如下的有理函数形式:

$$G_m^r(s) = \frac{\beta_{r+1}s^r + \beta_r s^{r-1} + \cdots + \beta_1}{\alpha_{m+1}s^m + \alpha_m s^{m-1} + \cdots + \alpha_1} \qquad (6\text{-}2\text{-}9)$$

式中,$\alpha_1 = 1$,$\beta_1 = c_1$,则α_i,$i = 2,\cdots,m+1$和β_i,$i = 2,\cdots,k+1$系数可以通过下面的方程求解出来:

$$\boldsymbol{W}\boldsymbol{x} = \boldsymbol{w}, \quad \boldsymbol{v} = \boldsymbol{V}\boldsymbol{y} \qquad (6\text{-}2\text{-}10)$$

其中

$$\boldsymbol{x} = [\alpha_2, \alpha_3, \cdots, \alpha_{m+1}]^{\mathrm{T}}, \quad \boldsymbol{w} = [-c_{r+2}, -c_{r+3}, \cdots, -c_{m+r+1}]^{\mathrm{T}}$$
$$\boldsymbol{v} = [\beta_2 - c_2, \beta_3 - c_3, \cdots, \beta_{r+1} - c_{r+1}]^{\mathrm{T}}, \quad \boldsymbol{y} = [\alpha_2, \alpha_3, \cdots, \alpha_{r+1}]^{\mathrm{T}} \qquad (6\text{-}2\text{-}11)$$

且

$$\boldsymbol{W} = \begin{bmatrix} c_{r+1} & c_r & \cdots & 0 & \cdots & 0 \\ c_{r+2} & c_{r+1} & \cdots & c_1 & \cdots & 0 \\ \vdots & \vdots & & \vdots & \ddots & \vdots \\ c_{r+m} & c_{r+m-1} & \cdots & c_{m-1} & \cdots & c_{r+1} \end{bmatrix}, \quad \boldsymbol{V} = \begin{bmatrix} c_1 & 0 & 0 & \cdots & 0 \\ c_2 & c_1 & 0 & \cdots & 0 \\ \vdots & \vdots & \vdots & & \vdots \\ c_r & c_{r-1} & c_{r-2} & \cdots & c_1 \end{bmatrix} \qquad (6\text{-}2\text{-}12)$$

下面编写一个MATLAB函数paderm()来计算时间延迟项的Padé有理近似,该函数的清单如下:

```
function [nP,dP]=paderm(tau,r,m)
c(1)=1; for i=2:r+m+1, c(i)=-c(i-1)*tau/(i-1); end
w=-c(r+2:m+r+1)'; vv=[c(r+1:-1:1)'; zeros(m-1-r,1)];
W=rot90(hankel(c(m+r:-1:r+1),vv)); V=rot90(hankel(c(r:-1:1)));
x=[1 (W\w)']; y=[1 x(2:r+1)*V'+c(2:r+1)];
dP=x(m+1:-1:1)/x(m+1); nP=y(r+1:-1:1)/x(m+1);
```

该函数的调用格式为 $[\boldsymbol{n},\boldsymbol{d}] = \text{paderm}(\tau,r,m)$,其中,$r$和$m$分别为所要求的Padé有理近似的分子和分母阶次,调用该函数后,Padé近似有理式的分子和分母多项式分别由$\boldsymbol{n}$和$\boldsymbol{d}$返回。

例 6-13 考虑一个带有纯延迟的简单例子$G(s) = e^{-s}$,由下面的MATLAB语句可以求出其各个阶次的Padé近似结果:

```
>> tau=1;  % 时间延迟常数
   [nP1,dP1]=paderm(tau,1,3); G1=tf(nP1,dP1)
   [nP2,dP2]=paderm(tau,0,3); G2=tf(nP2,dP2)
   [nP3,dP3]=pade(tau,3); G3=tf(nP3,dP3)
```

通过上述语句可以得出如下的 Padé 近似模型：

$$G_1(s) = \frac{-6s+24}{s^3+6s^2+18s+24}, \; G_2(s) = \frac{6}{s^3+3s^2+6s+6}, \; G_3(s) = \frac{-s^3+12s^2-60s+120}{s^3+12s^2+60s+120}$$

遗憾的是，虽然这样的 Padé 近似比分子和分母阶次相同的近似有很多的优势，但在控制系统工具箱的线性化功能中没有采用这样的近似，所以近似效果有时无法改善。

6.3 S-函数的编写及应用

在实际应用中，通常会发现有些过程用普通的 Simulink 模块不容易搭建，而 MATLAB 函数模块和嵌入式 MATLAB 函数模块又只能描述静态的非线性函数，即只能描述 $y = f(u)$ 形式的非线性环节，不能描述动态的，即含有状态变量的系统模型，这时需要使用 S-函数格式来描述。S-函数可以用 MATLAB 语言或 C 语言等编写，构成 S-函数模块，这样的模块可以像标准 Simulink 模块那样直接调用。

S-函数有固定的程序格式，用 MATLAB 语言可以编写 S-函数，此外，还允许采用 C 语言、C++、Fortran 和 Ada 等语言编写，只不过用这些语言编写程序时，需要用编译器生成动态链接库文件（.mexw32），可以在 Simulink 中直接调用。下面主要介绍用 MATLAB 语言设计 S-函数的方法，并通过例子介绍 S-函数的应用与技巧。

6.3.1 用 MATLAB 语句编写 S-函数

有些算法较复杂的模块可以用 MATLAB 语言按照 S-函数的格式来编写，但应该注意，这样构造的 S-函数只能用于基于 Simulink 的仿真，并不能将其转换成独立于 MATLAB 的独立程序。用 C 语言格式建立的 S-函数则可以转换成独立程序。

S-函数的引导语句为 function $[\text{sys}, x_0, \text{str}, \text{ts}] = f(t, x, u, \text{flag}, p_1, p_2, \cdots)$，其中，$f$ 为 S-函数的函数名，t、x、u 分别为时间、状态和输入信号，flag 为标志位，其意义和有关信息在表 6-2 中给出，一般应用中很少使用 flag 为 4 和 9。该表还解释了在不同的 flag 下的返回参数类型。该函数还允许使用任意数量的附加参数 p_1, p_2, $\cdots$，这些参数可以在 S-函数的参数对话框中给出，后面将用例子演示。下面介绍 S-函数的编写方法。

（1）**参数初始设定**。首先通过 sizes = simsizes 语句获得默认的系统参数变量 sizes。得出的 sizes 实际上是一个结构体变量，其常用成员如下。

- NumContStates：表示 S-函数描述的模块中连续状态的个数。
- NumDiscStates：表示离散状态的个数。
- NumInputs 和 NumOutputs：分别表示模块输入和输出的个数。

表6-2　flag参数表

取 值	功 能	调用函数名	返 回 参 数
0	初始化	mdlInitializeSizes	sys 为初始化参数,x_0、str、ts 如其定义
1	连续状态计算	mdlDerivatives	sys 返回连续状态
2	离散状态计算	mdlUpdate	sys 返回离散状态
3	输出信号计算	mdlOutputs	sys 返回系统输出
4	下一步仿真时刻	mdlGetTimeOfNextVarHit	sys 下一步仿真的时间
9	终止仿真设定	mdlTerminate	无

- DirFeedthrough:为输入信号是否直接在输出端出现的标识,这个参数的设置是很重要的,如果在输出方程中显含输入变量 u,则应该将本参数设置为1。
- NumSampleTimes:为模块采样周期的个数,即S-函数支持多采样周期的系统。

按照要求设置好的结构体 sizes 应该再通过 sys = simsizes(sizes) 语句赋给 sys 参数。除了 sys 外,还应该设置系统的初始状态变量 x_0、说明变量 str 和采样周期变量 ts,其中,ts 变量应该为双列的矩阵,其中每一行对应一个采样周期。对连续系统和有单个采样周期的系统来说,该变量为 $[t_1, t_2]$,其中,t_1 为采样周期,如果取 $t_1 = -1$ 则将继承输入信号的采样周期;参数 t_2 为偏移量,一般取为0。

(2) **状态的动态更新**。连续模块的状态更新由 mdlDerivatives 函数来设置,而离散状态的更新应该由 mdlUpdate 函数设置。这些函数的输出值,即相应的状态,均由 sys 变量返回。如果要仿真混杂系统(hybrid system),则需要写出这两个函数来分别描述连续状态和离散状态的更新情况。

(3) **输出信号的计算**。调用 mdlOutputs 函数就可以计算出模块的输出信号,系统的输出仍然由 sys 变量返回。

Simulink 中提供了一个 sfuntmpl.m 的模板文件,可以从这个模板出发构建自己的S-函数,如果需要,则将该文件复制到你的工作目录,以它为模板,就可以构建起自己的S-函数。其实,S-函数的结构还是很简单的,看了下面的例子就能够自己编写了。

S-函数在Simulink框图中执行过程如下:在仿真开始时首先将 flag 的值设置为0,启动初始化过程,然后将 flag 设置成3,计算模块的输出信号,再分别设置 flag 值为1、2,更新连续和离散状态,完成一步仿真。在下一个仿真步长内,仍然将 flag 的值依次设置成3→1→2,直到仿真结束。

例 6-14 考虑例5-2中给出的带状态输出的线性系统模型,可见该模块含有动态的状态信号,必须采用S-函数描述,该函数的清单为:

```
function [sys,x0,str,ts] = c6exsf1(t,x,u,flag,A,B,C,D) % 带附加参数 A, B, C, D
switch flag,
case 0, [sys,x0,str,ts]=mdlInitializeSizes(A,D);      % 初始化设置
case 1, sys = mdlDerivatives(t,x,u,A,B);              % 连续状态变量计算
```

```
case 3, sys = mdlOutputs(t,x,u,C,D);                    % 输出量计算
case {2, 4, 9}, sys = [];                               % 未定义标志
otherwise, error(['Unhandled flag = ',num2str(flag)]); % 处理错误
end
% --- mdlInitializeSizes 进行初始化,设置系统变量的大小
function [sys,x0,str,ts] = mdlInitializeSizes(A,D)
sizes = simsizes;  % 取系统默认设置
sizes.NumContStates = size(A,1); % 设置连续变量个数
sizes.NumDiscStates = 0; % 设置离散状态个数,因为无离散状态,故设其为0
sizes.NumOutputs=size(A,1)+size(D,1); % 设置输出变量个数为D行数加系统阶次
sizes.NumInputs = size(D,2); % 设置输入变量的个数,为D的列数
sizes.DirFeedthrough = 1;       % 输出方程显含输入量D
sizes.NumSampleTimes = 1;       % 采样周期的个数
sys = simsizes(sizes);          % 设置系统的大小参数
x0 = zeros(size(A,1),1);        % 设置为零初始状态
str = [];                       % 设置字符串矩阵
ts = [-1 0]; % 采样周期设置,前面的-1表示继承输入信号的采样周期
% --- mdlDerivatives 计算系统的状态变量
function sys = mdlDerivatives(t,x,u,A,B)
sys = A*x + B*u;
% --- mdlOutputs 计算系统输出
function sys = mdlOutputs(t,x,u,C,D)
sys = [C*x+D*u; x]; % 系统的增广输出
```

这样就可以建立起如图 6-11(a) 所示的 Simulink 仿真框图。

双击其中的 S-函数模块,则将打开如图 6-11(b) 所示的参数对话框,在其中的 S-function name 文本框中输入 c6exsf1,就可以建立起该模块和我们编写的 c6exsf1.m 文件之间的联系,在 S-function parameters 文本框中还可以给出 S-函数的附加参数 A, B, C 和 D,这些参数还可以用下面的语句在 MATLAB 命令窗口中输入。这样再进行仿真,就能得出和例 5-2 完全一致的结果。

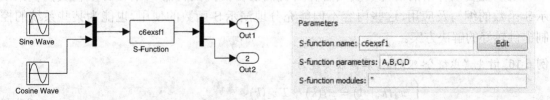

  (a) 仿真框图(文件名:c6msf2.mdl)   (b) 参数设置对话框
图 6-11 S-函数仿真框图及参数设置

```
>> A=[2.25, -5, -1.25, -0.5;  2.25, -4.25, -1.25, -0.25;
     0.25, -0.5, -1.25,-1;  1.25, -1.75, -0.25, -0.75];
```

```
B=[4,6; 2,4; 2,2; 0,2]; C=[0,0,0,1; 0,2,0,2]; D=zeros(2,2);
```

前面介绍了两种基于MATLAB编程描述模块的方式：M-函数与S-函数。两者的区别是用M-函数只能描述静态非线性函数，而S-函数可以描述用连续、离散状态方程描述的动态系统模块。另外，由于M-函数不允许带附加参数，描述静态函数也有局限性，所以可以考虑用S-函数来处理这类问题。对静态非线性函数来说，分别编写flag=0和3的响应函数就足够了。下面将通过例子演示这类编程问题。

例 6-15 考虑一个生成多阶梯信号的信号发生器，假设想在 $t_1, t_2, \cdots, t_N$ 时刻分别开始生成幅值为 $r_1, r_2, \cdots, r_N$ 的阶跃信号，这样的模块用Simulink现有的模块搭建是很麻烦的，如果 N 很大，则特别难以实现。这时可以考虑用S-函数来搭建该信号发生模块。由设计要求知道，模块的输入信号为0路，输出为一路，另外，系统没有连续和离散的状态。在设计这个S-函数时，应该引入两个附加变量tTime $= [t_1, t_2, \cdots, t_N]$ 和yStep $= [r_1, r_2, \cdots, r_N]$ 来描述多阶梯信号的转折点即可，所以可以设计出如下S-函数：

```
function [sys,x0,str,ts]=multi_step(t,x,u,flag,tTime,yStep)
switch flag,
case 0 % 初始化过程
    sizes = simsizes;                                    % 调入初始化的模板
    sizes.NumContStates=0; sizes.NumDiscStates=0;        % 无连续、离散状态
    sizes.NumOutputs=1; sizes.NumInputs=0;               % 系统的输入和输出路数
    sizes.DirFeedthrough=0; sizes.NumSampleTimes=1;      % 单个采样周期
    sys=simsizes(sizes); x0=[]; str=[]; ts=[0 0];        % 初始化
case 3, i=find(tTime<=t); sys=yStep(i(end));             % 计算输出信号
case {1, 2, 4, 9},  sys = [];                            % 未使用的flag值
otherwise, error(['Unhandled flag=',num2str(flag)]);     % 错误信息处理
end
```

6.3.2 S-函数设计与应用举例 —— 自抗扰控制器仿真

这里主要以韩京清研究员及其合作者提出的自抗扰控制器[55]的设计及仿真为例来演示S-函数的编写及应用，这些内容不但能充分地演示S-函数的使用，也能为某些系统的控制提供较好的解决方案。

例 6-16 首先考虑微分-跟踪器，其离散实现为：

$$\begin{cases} x_1(k+1) = x_1(k) + T x_2(k) \\ x_2(k+1) = x_2(k) + T\text{fst}(x_1(k), x_2(k), u(k), r, h) \end{cases} \tag{6-3-1}$$

式中，T 为采样周期，$u(k)$ 为第 k 时刻的输入信号，r 为决定跟踪快慢的参数，而 h 为输入信号被噪声污染时，决定滤波效果的参数。fst$(\cdot)$ 函数可以由下面的式子逐步计算：

$$\delta = rh, \; \delta_0 = \delta h, \; y_0 = x_1 - u + hx_2, \; a_0 = \sqrt{\delta^2 + 8r|y_0|} \tag{6-3-2}$$

$$a = \begin{cases} x_2 + y_0/h, & |y_0| \leqslant \delta_0 \\ x_2 + 0.5(a_0 - \delta)\text{sign}(y_0), & |y_0| > \delta_0 \end{cases} \qquad (6\text{-}3\text{-}3)$$

$$\text{fst} = \begin{cases} -ra/\delta, & |a| \leqslant \delta \\ -r\text{sign}(a), & |a| > \delta \end{cases} \qquad (6\text{-}3\text{-}4)$$

可以看出,该算法用Simulink模块搭建还是比较困难的,所以这里将介绍采用S-函数建立该模块的方法。根据上述算法,立即可以写出其相应的S-函数实现:

```
function [sys,x0,str,ts]=han_td(t,x,u,flag,r,h,T)
switch flag,
case 0, [sys,x0,str,ts] = mdlInitializeSizes(T);      % 初始化
case 2, sys = mdlUpdates(x,u,r,h,T);                  % 离散状态的更新
case 3, sys = mdlOutputs(x);                          % 输出量的计算
case {1, 4, 9}, sys = [];                             % 未使用的flag值
otherwise, error(['Unhandled flag = ',num2str(flag)]); % 处理错误
end;
% --- 当flag为0时进行整个系统的初始化
function [sys,x0,str,ts] = mdlInitializeSizes(T)
% 首先调用simsizes函数得出系统规模参数sizes, 并根据离散系统的实际
% 情况设置 sizes 变量
sizes = simsizes;             % 读入初始化参数模板
sizes.NumContStates = 0;      % 无连续状态
sizes.NumDiscStates = 2;      % 有两个离散状态
sizes.NumOutputs = 2;         % 输出两个量:跟踪信号和微分信号
sizes.NumInputs = 1;          % 系统输入信号一路
sizes.DirFeedthrough = 0;     % 输入不直接传到输出口
sizes.NumSampleTimes = 1;     % 单个采样周期
sys = simsizes(sizes);        % 根据上面的设置设定系统初始化参数
x0 = [0; 0];                  % 设置初始状态为零状态
str = [];                     % 将str变量设置为空字符串即可
ts = [-1 0];                  % 采样周期,设它能继承上一级的默认值
% --- 在主函数的 flag=2 时,更新离散系统的状态变量
function sys = mdlUpdates(x,u,r,h,T)
sys=[x(1)+T*x(2); x(2)+T*fst2(x,u,r,h)];
% --- 在主函数 flag=3 时,计算系统的输出变量:返回两个状态
function sys = mdlOutputs(x), sys=x;
% --- 用户定义的子函数: fst2
function f=fst2(x,u,r,h)
delta=r*h; delta0=delta*h; y0=x(1)-u+h*x(2);
```

```
a0=sqrt(delta*delta+8*r*abs(y0));
if abs(y0)<=delta0, a=x(2)+y0/h;
else, a=x(2)+0.5*(a0-delta)*sign(y0); end
if abs(a)<=delta, f=-r*a/delta; else, f=-r*sign(a); end
```

可以搭建起如图 6-12(a)所示的仿真框图,并存为 ex_han.mdl 文件。双击其中的 S-function 模块,将打开如图 6-12(b)所示的 S-函数参数设置对话框,在 S-function name 文本框中输入 han_td,就可以建立起该模块和我们编写的 han_td.m 文件之间的联系,在 S-function parameters 文本框中还可以给出 S-函数的附加参数 r、h 和 T。在 MATLAB 工作空间中可以用 $r = 30, h = 0.01, T = 0.01$ 命令输入这些参数,或用:

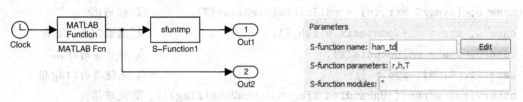

(a) 仿真框图(文件名:ex_han1.mdl)   (b) S-函数参数设置对话框

图 6-12   跟踪微分器的仿真框图与参数设置

```
>> set('ex_han','PreLoadFcn','r=30; h=0.01; T=0.01;'); % 预置参数
   save_system('ex_han');                           % 存系统模型
```

命令将有关参数直接赋给 Simulink 模型,以便每次启动该模型时都能给这些参数自动赋值。另外,可以用 MATLAB 函数的形式建立起输入信号的模块,假设我们编写了如下的 MATLAB 函数 han_fun():

```
function y=han_fun(x)
if x<=2*pi, y=sin(x);              % 第一个周期生成标准正弦信号
elseif x<=2.5*pi, y=2*(x-2*pi)/pi; % 本周期内生成三角波,分为三个部分
elseif x<=3.5*pi, y=1-2*(x-2.5*pi)/pi;
elseif x<=4*pi, y=-2+2*(x-3*pi)/pi; end
```

则输入信号可以选择为一个周期的正弦信号,后接一个周期的三角波信号。设置仿真的终止时间为 4π,再进行仿真,就可以用 plot(tout,yout) 命令绘制出各个信号的波形,如图 6-13 所示。可以看出,采用跟踪-微分器就可以快速地跟踪输入信号,并能立即得出该信号的微分信号。

在跟踪-微分器中,r 参数决定跟踪的速度,该值越大则跟踪速度越快,同时不可避免地在随机扰动下由较大的 r 值引起的跟踪误差也增大,这就需要增大 h 的值来抑制误差。

例 6-17   韩京清研究员在自抗扰控制器中首先提出了扩张的状态观测器(Extended State Observer, ESO),其数学表示为[55]:

$$
\begin{cases}
z_1(k+1) = z_1(k) + T[z_2(k) - \beta_{01}e(k)] \\
z_2(k+1) = z_2(k) + T[z_3(k) - \beta_{02}\mathrm{fal}(e(k), 1/2, \delta) + bu(k)] \\
z_3(k+1) = z_3(k) - T\beta_{03}\mathrm{fal}(e(k), 1/4, \delta)
\end{cases}
\tag{6-3-5}
$$

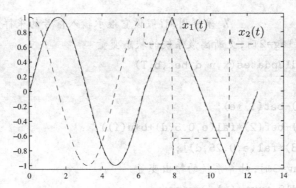

图 6-13   S-函数对给定模块的跟踪和微分

其中，$e(k) = z_1(k) - y(k)$，且

$$\mathrm{fal}(e, a, \delta) = \begin{cases} e\delta^{a-1}, & |e| \leqslant \delta \\ |e|^a \mathrm{sign}(e), & |e| > \delta \end{cases} \tag{6-3-6}$$

和普通状态观测器一样，该观测器接收 $u(k)$ 和 $y(k)$ 为其输入信号。根据该数学模型，可以很容易地编写出其对应的 S-函数，这里，$y(k)$ 实际上是第二路模块输入信号 u[2]。

```
function [sys,x0,str,ts]=han_eso(t,x,u,flag,a2,d,bet,b,T)
switch flag,
case 0, [sys,x0,str,ts] = mdlInitializeSizes;
case 2, sys = mdlUpdates(x,u,d,bet,b,T);
case 3, sys = mdlOutputs(x);
case {1, 4, 9}, sys = [];
otherwise, error(['Unhandled flag = ',num2str(flag)]);
end;
% --- 当flag为0时进行整个系统的初始化
function [sys,x0,str,ts] = mdlInitializeSizes
% 首先调用simsizes函数得出系统规模参数sizes，并根据离散系统的实际
% 情况设置sizes变量
sizes = simsizes;
sizes.NumContStates = 0;   % 无连续状态变量
sizes.NumDiscStates = 3;   % 3个离散状态变量
sizes.NumOutputs = 3;      % 三路输出
sizes.NumInputs = 2;       % 两路输入：u和y
sizes.DirFeedthrough = 0;  % 输入信号不直接在输出中反映出来
sizes.NumSampleTimes = 1;
sys = simsizes(sizes);
x0 = [0; 0; 0];            % 设置初始状态为零状态
str = [];                  % 将str变量设置为空字符串
```

```
ts = [-1 0];                    % 采样周期:假设它继承输入信号的采样周期
% --- 在主函数的 flag=2 时,更新离散系统的状态变量
function sys = mdlUpdates(x,u,d,bet,b,T)
e=x(1)-u(2);
sys=[x(1)+T*(x(2)-bet(1)*e);
     x(2)+T*(x(3)-bet(2)*fal(e,0.5,d)+b*u(1));
     x(3)-T*bet(3)*fal(e,0.25,d)];
% --- 在主函数 flag=3 时,计算系统的输出变量
function sys = mdlOutputs(x), sys=x;
% --- 用户定义的子函数:fal
function f=fal(e,a,d)
if abs(e)<d, f=e*d^(a-1); else, f=(abs(e))^a*sign(e); end
```

由给定的跟踪-微分器和扩张状态观测器,可以根据下面的数学工具构造起自抗扰控制器:

$$
\begin{cases}
e_1 = v_1(k) - z_1(k), \ e_2 = v_2(k) - z_2(k) \\
u_0 = \beta_1 \mathrm{fal}(e_1, a_1, \delta_1) + \beta_2 \mathrm{fal}(e_2, a_2, \delta_1) \\
u(k) = u_0 - z_3(k)/b
\end{cases}
\tag{6-3-7}
$$

可以看出,该控制器算法中不存在动态的过程,故可以设置连线和离散的状态个数均为 0。可以根据上面的公式编写出相应的 S-函数:

```
function [sys,x0,str,ts]=han_ctrl(t,x,u,flag,aa,bet1,b,d)
switch flag,
case 0, [sys,x0,str,ts] = mdlInitializeSizes(t,u,x);
case 3, sys = mdlOutputs(t,x,u,aa,bet1,b,d);
case {1,2,4,9}, sys = [];
otherwise, error(['Unhandled flag = ',num2str(flag)]);
end;
% --- 当 flag 为 0 时进行整个系统的初始化
function [sys,x0,str,ts] = mdlInitializeSizes(t,x,u)
% 首先调用 simsizes 函数得出系统规模参数 sizes, 并根据离散系统的实际
% 情况设置 sizes 变量
sizes = simsizes;
sizes.NumContStates = 0;   % 连续状态数为 0
sizes.NumDiscStates = 0;   % 离散状态数为 0
sizes.NumOutputs = 1;      % 输出路数为 1
sizes.NumInputs = 5;       % 输入路数为 5
sizes.DirFeedthrough = 1; % 输入在输出中直接显示出来,注意不能将其设置为 0
sizes.NumSampleTimes = 1;
sys = simsizes(sizes);
```

```
x0 = []; str = []; ts = [-1 0]; % 其他参数赋值
% --- 在主函数flag=3时,计算系统的输出变量
function sys = mdlOutputs(t,x,u,aa,bet1,b,d)
e1=u(1)-u(3); e2=u(2)-u(4);
u0=bet1(1)*fal(e1,aa(1),d)+bet1(2)*fal(e2,aa(2),d);
sys=u0-u(5)/b;
% --- 用户定义的子函数:fal
function f=fal(e,a,d)
if abs(e)<d, f=e*d^(a-1); else, f=(abs(e))^a*sign(e); end
```

在该函数中,有5路输入信号,前两路为 z 函数(微分-跟踪器的输出),后3路为 v 函数(状态观测器的输出),系统的输出实际上就是控制量 $u(k)$。

假设受控对象为时变模型:

$$\begin{cases} \dot{x}_1(t) = x_2(t) \\ \dot{x}_2(t) = \text{sign}(\sin t) + u(t) \end{cases}$$

由这3部分构造起来的自抗扰控制器如图 6-14 所示,并保存为 ex_han2.mdl 文件,其中给 han_eso 模块设置附加参数 d、β、b、T,给 han_ctrl 模块设置附加参数为 a、β_1、b、d,并在 MATLAB 工作空间中输入如下命令:

```
>> set_param('ex_han2','PreLoadFcn',['r=10; h=0.01; T=0.01; ',...
        'bet=[100,65,80]; bet1=[100,10]; aa=[0.75,1.25]; d=0; b=1;']);
    save_system('ex_han2');
```

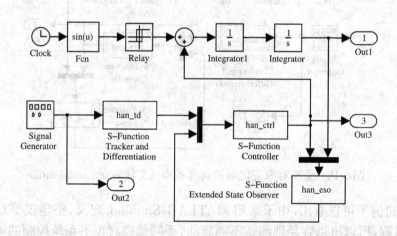

图6-14 自抗扰控制器的仿真模型(文件名:ex_han2.mdl)

同时还可以设置信号发生器的函数为方波,其频率为 0.1。这样就能给控制器设置所需的参数,对这样的系统进行仿真,就可以得出如图 6-15(a)所示的控制效果,在该图形中还同时绘制了输入信号。可以看出,这样控制器下的效果还是很理想的,它将很难控制的时变系统变得较易控制。图 6-15(b)中还给出了控制信号。

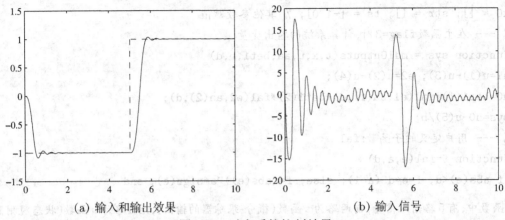

(a) 输入和输出效果　　　　　　　　(b) 输入信号

图6-15　时变系统控制效果

自抗扰控制器的特色是它不依赖受控对象模型,亦即该控制器有很强的鲁棒性。即使受控对象有很大的变化,整个控制效果都会保持得很好。考虑给定的受控对象模型,假设:

$$\begin{cases} \dot{x}_1(t) = x_2(t) \\ \dot{x}_2(t) = 15\mathrm{Sat}(\cos t) + u(t) \end{cases}$$

其中,Sat(·)为饱和函数,则可以搭建起如图6-16所示的系统框图,对其进行仿真则将得出如图6-17所示的输出曲线。从仿真结果可以看出,即使受控对象发生了很大的变化,最终的控制效果没有太大的改变。

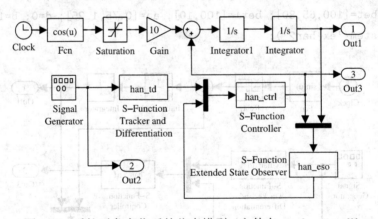

图6-16　受控对象变化后的仿真模型(文件名:ex_han5.mdl)

从上面的例子可以看出,由于采用 MATLAB/Simulink 定义、搭建模型是一个非常简单、直观的过程,所以可以容易地测试不同算法、不同受控对象下系统控制的效果。例如,可以像前面讲解的那样容易地改变受控对象模型,立即就能得出控制的效果,这样做对系统分析和设计都是相当有效的。

6.3.3　二级S-函数

前面介绍的S-函数现在又称为一级(Level-1)S-函数,除了这类普通的S-函数外,还可

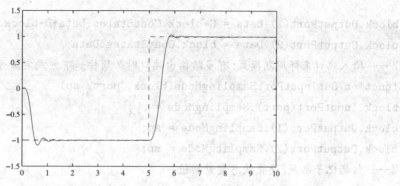

图 6-17　受控对象变化后的仿真效果

以使用二级（Level-2）S-函数来描述系统模块。二级 S-函数采用的是面向对象的编程思想，不再使用前面介绍的根据 flag 取值的 switch⋯ case 结构的流程图。更一般地，二级 S-函数直接支持多输入、输出端口的设置，也支持复数矩阵型的输出信号，其应用范围远广于普通的 S-函数模块。二级 S-函数可以参考模板文件 msfuntmpl.m。下面将通过例子演示二级 S-函数的编写方法。

例 6-18　考虑例 6-14 给出的连续状态方程模型的建模方法。如果用二级 S-函数来编程，则可以容易地将源程序修改为：

```
function c6exsf1_l2(block)
setup(block);    % 状态方程:主函数
%--- 初始化子函数
function setup(block)
block.NumDialogPrms = 4;                               % 附加参数个数
block.NumInputPorts = 1; block.NumOutputPorts = 2;     % 输入、输出端口数
B=block.DialogPrm(2).Data; C=block.DialogPrm(3).Data;  % 读附加参数
block.SetPreCompInpPortInfoToDynamic;                  % 将端口设置成默认
block.SetPreCompOutPortInfoToDynamic;
block.InputPort(1).Dimensions = size(B,2);             % 输入端口维数
block.InputPort(1).DirectFeedthrough = true;           % 输出显含输入
block.OutputPort(1).Dimensions = size(C,1);            % 输出端口维数
block.OutputPort(2).Dimensions = size(B,1);
block.SampleTimes = [0 0]; block.NumContStates = size(B,1); % 连续状态个数
block.RegBlockMethod('SetInputPortSamplingMode',@SetInputPortSamplingMode);
block.RegBlockMethod('InitializeConditions',    @InitConditions);
block.RegBlockMethod('Outputs',                 @Output);
block.RegBlockMethod('Derivatives',             @Derivatives);
%--- 计算输出信号:第一路输出为系统输出,第二路输出为状态
function Output(block)
C=block.DialogPrm(3).Data; D=block.DialogPrm(4).Data;
```

```
block.OutputPort(1).Data = C*block.ContStates.Data+D*block.InputPort(1).Data;
block.OutputPort(2).Data = block.ContStates.Data;
```
%--- 输入端口采样周期模式:有多路输出端口时必须按如下方式定义此方法
```
function SetInputPortSamplingMode(block, port, sp)
block.InputPort(port).SamplingMode = sp;
block.OutputPort(1).SamplingMode = sp;
block.OutputPort(2).SamplingMode = sp;
```
%--- 初始化子函数,设置状态变量初值
```
function InitConditions(block)
A=block.DialogPrm(1).Data; block.ContStates.Data = zeros(length(A),1);
```
%--- 连续状态更新子函数
```
function Derivatives(block)
A=block.DialogPrm(1).Data; B=block.DialogPrm(2).Data;
block.Derivatives.Data=A*block.ContStates.Data+B*block.InputPort(1).Data;
```

  对比两个版本的S-函数可以发现它们的异同点。对常规状态方程系统建模来说,一级S-函数要简单直观得多,易于调试;对比较特殊的问题,如矩阵输入、输出的问题,只能采用二级S-函数实现。

例 6-19 考虑例6-16中介绍的微分-跟踪器,如果用二级S-函数描述该算法,则可以编写出如下的S-函数程序:

```
function han_td_l2(block)
setup(block); % 主程序
```
%---- 初始化函数
```
function setup(block)
block.NumDialogPrms   = 3; block.NumInputPorts = 1;
block.NumOutputPorts = 1; block.NumContStates = 0;
block.SetPreCompInpPortInfoToDynamic;
block.SetPreCompOutPortInfoToDynamic;
block.InputPort(1).Dimensions = 1;
block.InputPort(1).DirectFeedthrough = false;
block.OutputPort(1).Dimensions = 2;
T = block.DialogPrm(3).Data; block.SampleTimes = [T 0]; %采样周期
```
%% 定义响应函数
```
block.RegBlockMethod('PostPropagationSetup',   @DoPostPropSetup);
block.RegBlockMethod('InitializeConditions',   @InitConditions);
block.RegBlockMethod('Outputs',                @Output);
block.RegBlockMethod('Update',                 @Update);
```
% --- 定义离散状态变量
```
function DoPostPropSetup(block)
```

```
block.NumDworks = 1; block.Dwork(1).Name = 'x0';
block.Dwork(1).Dimensions = 2; block.Dwork(1).DatatypeID = 0;
block.Dwork(1).Complexity = 'Real';
block.Dwork(1).UsedAsDiscState = true;
% --- 状态变量初值赋值
function InitConditions(block)
block.Dwork(1).Data = [0; 0];
% --- 输出信号计算
function Output(block)
block.OutputPort(1).Data = block.Dwork(1).Data;
% --- 离散状态变量更新
function Update(block)
r = block.DialogPrm(1).Data; h = block.DialogPrm(2).Data;
T = block.DialogPrm(3).Data; u = block.InputPort(1).Data;
x = block.Dwork(1).Data;
block.Dwork(1).Data=[x(1)+T*x(2); x(2)+T*fst2(x,u,r,h)];
% --- 子函数
function f=fst2(x,u,r,h)
delta=r*h; delta0=delta*h; y=x(1)-u+h*x(2);
a0=sqrt(delta*delta+8*r*abs(y));
if abs(y)<=delta0, a=x(2)+y/h;
else, a=x(2)+0.5*(a0-delta)*sign(y); end
if abs(a)<=delta, f=-r*a/delta; else, f=-r*sign(a); end
```

注意，离散状态变量用的是 block.Dwork 属性，该属性需要在 DoPostPropSetup() 方法函数中定义。

6.3.4 用C语句编写S-函数

除了用 MATLAB 语句来编写 S-函数外，还可以采用 C、C++、Fortran、Ada 等语言来编写 S-函数，例如，可以用 MATLAB 中提供的 S-函数编辑程序来设计 C 语言的 S-函数模板，该程序在 Functions & Tables 中的 S-Function Builder 模块给出，双击该模块将打开如图 6-18 所示的对话框，在其中输入适当的参数则可以设计 C 语言的 S-函数模板，还可以设置有关的初始化信息。

Simulink 中提供了大量的 S-函数例子，打开 S-function demos 模块组，则可以发现有各种各样的例子可以借鉴。用户可以分别研究提供的例子，了解用其他语言进行 S-函数进行编程的方法。

例 6-20 再考虑式(6-3-1)中给出的跟踪-微分器算法，由 Simulink 中提供的 C 语言模板程序，例如，MATLAB 中的 simulink\src\sfuntmpl_basic.c 文件，可以建立起如下的 C 语言 S-函数：

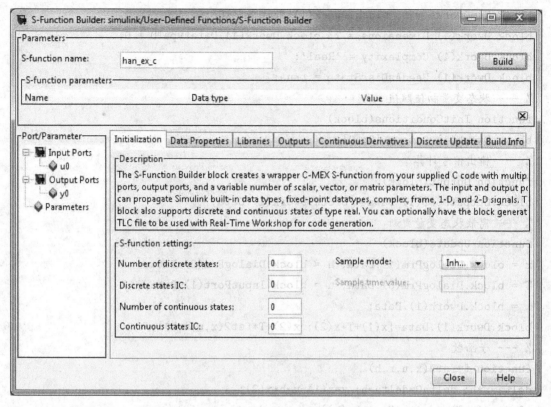

图 6-18　C 版本的 S-函数生成界面

```
#define S_FUNCTION_NAME  sfun_han /* 应该写成实际的S-函数名 */
#define S_FUNCTION_LEVEL 2          /* 二级 S-函数 */
#include "simstruc.h"
#include "math.h"      /* 数学计算需要调用该库 */
double sign(double x) /* 自定义sign函数,即符号函数 */
{
   double f;
   f=1; if (x<=0) f=-1; return(f);
}
double fst(real_T *x, const real_T *u, const real_T *p1, const real_T *p2)
{ /* FST函数,由于算法简单,不再详细解释 */
   double delta, delta0, a0, a, y, r, h;
   r=p1[0]; h=p2[0]; delta=r*h; delta0=delta*h; y=x[0]-u[0]+h*x[1];
   a0=sqrt(delta*delta+8.0*r*fabs(y)); /* 注意,浮点绝对值函数为fabs */
   if (fabs(y) <= delta0) a=x[1]+y/h;
   else a=x[1]+0.5*(a0-delta)*sign(y);
   if (fabs(a) <= delta) return (-r*a/delta); else return(-r*sign(a));
   }
```

```
static void mdlInitializeSizes(SimStruct *S) /* 初始化函数 */
{
    ssSetNumSFcnParams(S, 3);   /* 附加参数个数 */
    ssSetNumContStates(S, 0);   /* 连续状态个数 */
    ssSetNumDiscStates(S, 2);   /* 离散状态个数 */
    if (!ssSetNumInputPorts(S, 1)) return;
    ssSetInputPortWidth(S, 0, 1); /* 输入信号设定 */
    ssSetInputPortDirectFeedThrough(S, 0, 0); /* 是否将输入直接传到输出 */
    if (!ssSetNumOutputPorts(S, 1)) return;
    ssSetOutputPortWidth(S, 0, 2);   /* 输出信号设置为2路 */
    ssSetNumSampleTimes(S, 1);       /* 采用周期个数 */
    ssSetNumRWork(S, 3);             /* 3个附加参数情况 */
    ssSetNumIWork(S, 0);  ssSetNumPWork(S, 0); ssSetNumModes(S, 0);
    ssSetNumNonsampledZCs(S, 0); ssSetOptions(S, 0);
}
static void mdlInitializeSampleTimes(SimStruct *S)
{   /* 采样周期设置子程序 */
    ssSetSampleTime(S,0,*mxGetPr(ssGetSFcnParam(S,2))); /*等于第3附加参数*/
    ssSetOffsetTime(S, 0, 0.0);
}
static void mdlOutputs(SimStruct *S, int_T tid)
{   /* 系统输出方程的写法 */
    const real_T *x = ssGetRealDiscStates(S); /*用这样固定方式获得x,y指针*/
    real_T       *y = ssGetOutputPortSignal(S,0);
    y[0] = x[0]; y[1] = x[1];   /* 写出输出方程 */
}
static void mdlUpdate(SimStruct *S, int_T tid)
{   /* 状态更新式子 */
    real_T       *x = ssGetRealDiscStates(S);
    const real_T *u = (const real_T*) ssGetInputPortSignal(S,0);
    const real_T *r = mxGetPr(ssGetSFcnParam(S,0)); /* 获得各个附加参数 */
    const real_T *h = mxGetPr(ssGetSFcnParam(S,1));
    const real_T *T = mxGetPr(ssGetSFcnParam(S,2));
    real_T tempX[2] = {0.0, 0.0}; /* 注意这里要引入应该暂存的数组 */
    tempX[0] = x[0] + T[0]*x[1];   /* 不能直接用x[0]=...语句 */
    tempX[1] = x[1] + T[0]*fst(x,u,r,h);
    x[0] = tempX[0]; x[1] = tempX[1]; /* 将暂存数组的内容赋给x */
}
```

由于篇幅所限,将冗长的注释语句及若干空白函数略去,将必要的修改部分用中文注释给出,但应该注意,MATLAB 提供的 LCC 编译器不支持中文注释,具体应参看相关的源程序。

编写了 C 语言程序后,还需要对其进行编译,生成所需的可执行文件 .mexw32,第一次运行 C 语言编译器前需要进行编译环境设置,在 MATLAB 的命令窗口中输入命令:

```
>> mex -setup
```

按照提示回答一系列问题,就可以建立起和一个 C 编译器之间的关系,用户可以根据需要选择 MATLAB 自带的 LCC 编译器或机器上安装的 Visual C++ 编译器。

例 6-21 对前面的例子而言,建立起和 C 语言编译器之间的关系后,则需要给出下面的命令对 C 程序进行编译,生成所需的可执行文件:

```
>> mex sfun_han.c
```

注意,在编译时一定要给出源程序后缀名。如果程序本身没有错误,则将生成 sfun_han.mexw32 文件,该文件的作用和前面建立的 han_td.m 完全一致。

用同样的方法建立起扩张的状态观测器文件 sfun_eso.c 和控制器文件 sfun_ctr.c,限于篇幅,不再给出这些函数清单,但这些文件同样可以下载。由这两个 C 文件可以建立起动态链接连接库文件,将建立起如图 6-19 所示的控制系统框图,事实上,因为用 C 语言编写的 S-文件的接口与以前的 MATLAB S-函数完全一致,只需用新的 S-函数名替换图 6-14 中的即可。

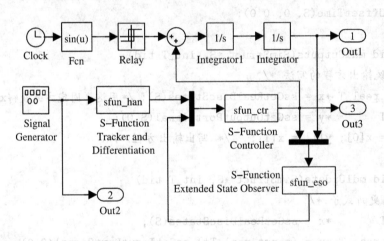

图 6-19   自抗扰控制器的仿真模型(C 版 S-函数文件名:ex_han3.mdl)

比较两个 Simulink 模型:

```
>> tic, [t,y]=sim('ex_han2'); toc % MATLAB 版 S-函数
   tic, [t,y]=sim('ex_han3'); toc % C 版 S-函数
```

可以发现两者耗时分别为 0.43 s 和 0.10 s。可见,对这个例子来说,用 C 语言的 S-函数执行起来速度比相应的 MATLAB 语言 S-函数快 4 倍。

由前面的例子可以看出,编写和调试 C 格式的 S-函数比编写同样的 MATLAB 格式的 S-函数复杂得多,所以在纯仿真中最好使用 MATLAB 格式编写。但在一些应用中,由于

MATLAB格式的S-函数不能转换成C语言程序,也不能生成独立文件,所以应该采用C语言编写S-函数。

6.3.5 S-函数模块的封装

我们知道,依照前面方法设计出的S-函数虽然可以带有附加参数,但模型参数输入较不方便,因为需要在附加参数栏中同时输入若干个参数,没有任何提示,所以可以用封装模块的方法来封装该S-函数,设计出相应的参数输入对话框。

例 6-22 仍以跟踪-微分器为例来演示参数输入对话框的设计。首先按照图6-12(b)所示的格式先建立起跟踪-微分器模型,右击该模块,在弹出的快捷菜单中选择Edit|Mask S-function命令封装该子系统,得出一个参数输入对话框,其设置部分如图6-20(a)所示,用这样的方法可以为所需的参数设置提示。

构造出封装模块后双击,则能打开如图6-20(b)所示的对话框,可以看出,该对话框允许以更容易的方式输入附加参数,因为每个参数都给出一个提示。

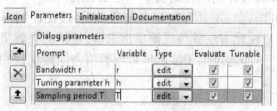

(a) 封装模块对话框内容   (b) 模块参数输入对话框

图6-20 封装的跟踪-微分器模块(文件名:han_td_m.mdl)

例 6-23 考虑例6-15中介绍的多阶梯信号发生器的S-函数,该函数有两个附加变量:tStep和yStep,如果封装该模块,则可以构造出如图6-21(a)所示的模块框图。封装此模块,可以设置两个向量tvec和uvec为参数对话框变量,并在封装初始化栏目给出如图6-21(b)所示的命令来计算模块绘图向量,并在Icon & Ports选项卡中输入plot(x,y)命令来绘制模块图标,这样封装就完成了。双击该模块则将打开如图6-21(c)所示的模块参数对话框,用户可以描述多阶梯输入信号,该模块会自动绘制出对应的图标。

(a) c6mstairs.mdl   (b) 封装参数对话框   (c) 模块对话框

图6-21 多阶梯输入模块的封装

6.4 仿真优化举例 — 控制系统最优控制器设计

所谓"最优控制",就是在一定的具体条件下,要完成某个控制任务,使得选定指标最小或最大的控制,这里所谓指标就是最优化中的目标函数,常用的目标函数可以选择为误差信号的积分型指标或时间最短、能量最省等指标。和最优化技术类似，最优控制问题也分为有约束的最优控制问题和无约束的最优控制问题。无约束的最优控制问题可以通过变分法[56,57]来求解，对于小规模问题，可能求解出问题的解析解，如二次型最优调节器设计问题就有直接求解公式。有约束的最优化问题则较难处理，需要借助于 Pontryagin 的极大值原理。在最优控制问题求解中，为使问题解析可解，研究者通常需要引入附加的约束或条件，这样往往引入难以解释的间接人为因素，或最优准则的人为性，例如，为使得二次型最优控制问题解析可解，通常需要引入两个加权矩阵 $\boldsymbol{Q}$ 和 $\boldsymbol{R}$，这样虽然能得出数学上较漂亮的状态反馈规律，但这两个加权矩阵却至今没有被广泛认可的选择方法，这使得系统的最优准则带有人为因素，没有足够的客观性。

　　MathWorks 提供 Simulink Design Optimization 模块集[58]，该模块集继承了早期非线性控制设计模块集（Nonlinear Control Design，NCD）的控制器设计功能，并提供了其他基于最优化的问题求解功能，如模型参数拟合与优化等，可以很好地解决相关的优化问题。然而对控制器最优设计问题来说，该模块集要求用户输入对超调量、调节时间和响应曲线形状等约束，一般用户不易很好地选择这些指标，且设计出的控制器不一定很客观。

　　随着像 MATLAB 这样强有力的计算机语言与工具普及起来之后，很多最优控制问题可以变换成一般的数值最优化问题，用数值最优化方法就可以简单地求解。这样的求解虽然没有完美的数学形式，但有时还是很实用的。下面通过例子演示依赖纯数值方法最优控制器的设计与应用。

6.4.1　伺服控制的最优性能指标选择

　　对于伺服控制问题，首先应该考虑什么样的性能指标更符合实际的需求。一般伺服控制反馈系统的基本框图如图 6-22 所示，其中控制的目标是使系统的输出信号 $y(t)$ 尽可能好地跟踪输入信号 $r(t)$，亦即使得跟踪误差 $e(t) = r(t) - \hat{y}(t)$ 尽可能小。误差信号 $e(t)$ 是一个动态信号，所以比较有意义的指标可以选择为该信号的积分型指标，如：

$$J_{\text{ISE}} = \int_0^\infty e^2(t)\mathrm{d}t, \ J_{\text{ITAE}} = \int_0^\infty t|e(t)|\mathrm{d}t \tag{6-4-1}$$

由于 J_{ISE} 指标同等地考虑各个时刻的误差信号，所以经常导致输出信号 $y(t)$ 的不必要振荡，而 J_{ITAE} 指标对误差信号进行时间加权，时间越大权值越大，这样会迫使误差信号尽快收敛到 0，所以 ITAE 指标比传统的 ISE 指标更有意义[24]。

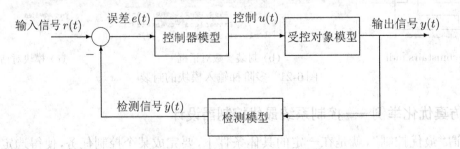

图 6-22　伺服反馈控制系统框图

6.4.2 目标函数编写及最优控制器设计

对线性系统来说, ISE 性能指标可以通过系统的 $\mathcal{H}_2$ 范数直接求得, 该指标有成型的代码, 比较易于直接求解。ITAE 指标只能通过对整个系统仿真的方式求解, 所以目标函数的编写应该建立在相应的 Simulink 仿真框图和结果上。下面通过例子演示如何针对感兴趣的系统编写出有意义的目标函数的问题。

例 6-24 考虑受控对象模型 $G(s) = \mathrm{e}^{-2s}/(s+1)^5$。如果想为其配备一个 PID 控制器, 则可以用 Simulink 搭建起仿真模型, 如图 6-23 所示。可以看出, 该模型下面的部分用于描述 PID 闭环控制系统, 上面的部分用于描述 ITAE 指标的计算, 输出端口 1 给出 ITAE 积分的信号。如果仿真时间选得足够长, 则该信号的最末一个值可用来近似 ITAE 准则的值, 即最优化问题的目标函数。该模型中, PID 控制器的参数是决策变量, 即 $\boldsymbol{x} = [K_{\mathrm{p}}, K_{\mathrm{i}}, K_{\mathrm{d}}]$。注意, 这里的 PID 控制器模块是 MATLAB R2010a 版开始提供的, 早期版本的用户可以自己从底层搭建带有驱动饱和的 PID 控制器模型。

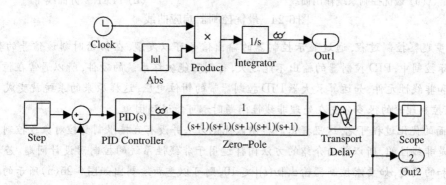

图 6-23 带 ITAE 指标的 Simulink 仿真模型 (文件名: c6moptim2.mdl)

由图 6-23 中给出的框图, 可以容易地写出最优化的目标函数 M-文件为:

```
function y=c6foptim2(x)
assignin('base','Kp',x(1)); assignin('base','Ki',x(2));
assignin('base','Kd',x(3)); [t1,x1,y1]=sim('c6moptim2',[0,30]); y=y1(end,1);
```

在该程序中, assignin() 函数用于将 $\boldsymbol{x}$ 向量的各个分量分派到 MATLAB 工作空间 (即 base), 这样 Simulink 框图就可以使用这些变量的值了。选定仿真中止时间为 30 s, 调用 sim() 函数, 通过 Simulink 框图将输出端口 1 的信号计算出来, 其最末值就可以用于近似 ITAE 指标了。

有了目标函数, 就可以用下面的语句直接进行最优化问题求解, 在求解过程中还可以打开系统的示波器, 观察最优化的进程。

```
>> x=fminunc(@c6foptim2,rand(3,1)), [t,xa,y]=sim('c6moptim2',[0,30]);
   plot(t,y(:,2)), figure, plot(t,y(:,1))
```

通过优化过程, 可以得出控制器的最优参数为 $K_{\mathrm{p}} = 0.7445$, $K_{\mathrm{i}} = 0.1807$, $K_{\mathrm{d}} = 1.2229$。在该控制器下的系统输出曲线如图 6-24(a) 所示, ITAE 积分曲线如图 6-24(b) 所示。可以看出, ITAE 积分曲线在 30 s 以后趋于平缓, 所以这里的中止时间选择得比较恰当。事实上, 中止仿真时间选择要求并不是很严格, 例如对于观察得出的 ITAE 积分曲线, 如果该曲线进入平缓区域的时刻为 t_1, 则中止时间选在 $(t_1, 2t_1)$ 这个区间对最优控制器搜索结果及控制效果的影响可以忽略[24], 太小则可能影响稳态响应区域的效果, 太大则可能影响暂态响应区域的效果。

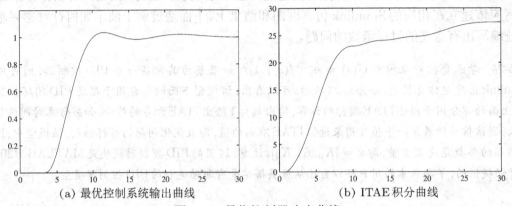

(a) 最优控制系统输出曲线　　　　　(b) ITAE 积分曲线

图 6-24　最优控制器响应曲线

　　进一步观察控制过程, 通过显示控制器的输出信号可以发现, 在初始时刻该信号的数值超过 100, 而实际控制中, PID 控制器的输出不能过大, 否则可能破坏系统的硬件, 所以通常在控制器后面加一个饱和非线性元件, 如运算放大器 PID 控制器带的钳位电压, 这样原来的系统就变成了非线性系统。现有控制理论的很多分支在处理非线性问题时都可能遇到困难。

　　从前面的优化过程可见, 这里提出的控制器优化方法并没有直接限制受控对象或控制器系统是线性的还是非线性的, 所以前面介绍的方法同样适用于非线性系统的控制器设计问题。若考虑控制器输出饱和的问题, 如要求控制器输出 $|u(t)| \leqslant 10$, 则可以重新绘制出如图 6-25(a) 所示的 Simulink 模型, 其中的 PID 控制器模块可以直接加饱和选项, 如图 6-25(b) 所示。这样的系统含有非线性环节, 用普通的设计方法难以设计控制器。

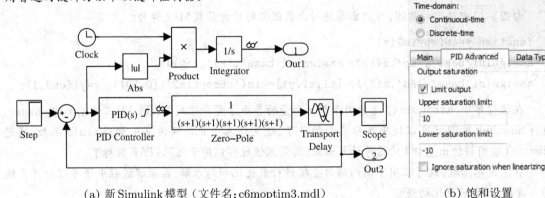

(a) 新 Simulink 模型 (文件名: c6moptim3.mdl)　　　　　(b) 饱和设置

图 6-25　带驱动饱和的 Simulink 仿真模型

仿照前面的过程, 可以重新写出最优化的目标函数 M- 文件为:

```
function y=c6foptim3(x)
assignin('base','Kp',x(1)); assignin('base','Ki',x(2));
assignin('base','Kd',x(3)); [t1,x1,y1]=sim('c6moptim3',[0,30]); y=y1(end,1);
```

用上面得到的最优控制器参数作为初值, 重新求解最优化问题, 则可以得出新的控制器参数为 $K_p = 0.7146$, $K_i = 0.1534$, $K_d = 1.1643$。在该控制器下的系统输出曲线如图 6-26(a) 所示, ITAE 积分曲线如图 6-26(b) 所示。这里的控制信号结果钳位限制在 $(-10, 10)$ 区间内, 而控制的效果基本上和前面得出的控制器差不多。

```
>> x=fminunc(@c6foptim3,x), [t,xa,y]=sim('c6moptim3',[0,30]);
   plot(t,y(:,2)), figure, plot(t,y(:,1))
```

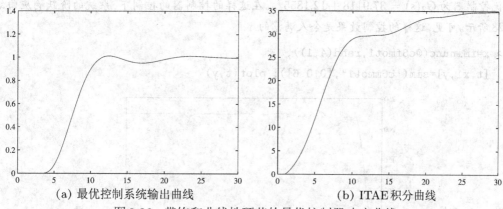

(a) 最优控制系统输出曲线　　　　　　(b) ITAE 积分曲线

图 6-26　带饱和非线性环节的最优控制器响应曲线

这里给出的设计方法比较规范, 所以可以根据该设计思路编写用户图形界面, 更好地解决相关问题。例如, 作者编写了专门解决最优控制器的设计问题的 OCD 程序界面[24], 还编写了一个图形界面, 用于解决 PID 控制器设计问题的 PID Optimizer[59], 因篇幅所限不能在这里列出程序清单, 这些程序随本书的代码包给出, 感兴趣的读者可以直接使用这些程序解决自己的控制器最优设计问题。

例 6-25　重新考虑例 4-3 给出的直流电机拖动系统框图, 该系统控制器选择的是串级 PI 方式。如果想得到最优的控制器, 则可以先将两个控制器设成待定参数的 PI 控制器, 如将内环控制器设置成 $K_{p1} + K_{i1}/s$, 外环控制器设置为 $K_{p2} + K_{i2}/s$, 这样, Simulink 仿真框图可以改写为如图 6-27 所示的形式。

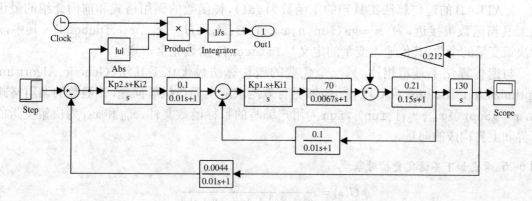

图 6-27　直流电机拖动系统仿真框图 (文件名: c6mmot1.mdl)

选定中止仿真时间为 0.6 s, 则可以编写出如下的目标函数文件:

```
function y=c6fmot1(x)
assignin('base','Kp1',x(1)); assignin('base','Ki1',x(2));
assignin('base','Kp2',x(3)); assignin('base','Ki2',x(2));
[t1,x1,y1]=sim('c6mmot1',[0,0.6]); y=y1(end,1);
```

给出项目的寻优命令, 则可以搜索出内环最优控制器模型为 $G_1(s) = 10.8489 + 0.9591/s$, 外环最优控制器为 $G_2(s) = 37.9118 + 12.1855/s$。在这样的控制器的控制下, 系统的阶跃响应曲线如图 6-28 所示。可见, 这样的控制效果是令人满意的。

```
>> x=fminunc(@c6fmot1,rand(4,1)),
   [t,x1,y]=sim('c6mmot1',[0,0.6]); plot(t,y)
```

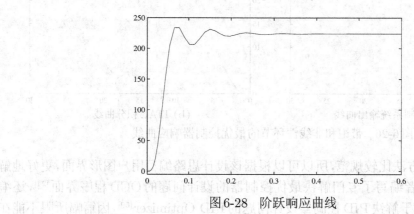

图 6-28　阶跃响应曲线

6.4.3　全局最优化方法

前面介绍的传统最优化求解方法是由选择的初值出发搜索最优控制器参数的方法, 该方法是否成功取决于初值的选择, 有时该方法还可能只得出局部最优解, 而不是全局最优解。这时应该引入更容易得出全局最优解的最优化求解算法, 进化类搜索方法是求解这样问题的首选方法。进化类算法效果比较好的包括遗传算法[60]、粒子群算法[61] 等, 这些方法都有相应的 MATLAB 函数直接使用[25,31], 无须用户了解很多算法底层的细节。

MATLAB 的遗传算法工具箱的主函数为 ga(), 该函数的调用格式和前面介绍的最优化工具箱函数很接近, 为 $x = \mathrm{ga}(\mathrm{fun}, n, x_0, A, B, A_{\mathrm{eq}}, B_{\mathrm{eq}}, x_{\mathrm{m}}, x_{\mathrm{M}}, \mathrm{funcons})$, 其中, n 为决策变量的个数, 其他输入变量的定义与 fmincon() 函数完全一致。

与遗传算法工具箱相比, 另一个免费的遗传算法最优化工具箱 (Genetic Algorithm Optimization Toolbox, GAOT)[62] 能够更有效地求解全局最优解问题, 该函数的调用格式为 $x = \mathrm{gaopt}([x_{\mathrm{m}}, x_{\mathrm{M}}], \mathrm{fun})$, fun 为用户编写的目标函数文件, x_{m} 和 x_{M} 为决策变量的下界和上界构成的向量。

例 6-26　考虑如下不稳定受控对象:

$$G(s) = \frac{s+2}{s^4 + 8s^3 + 4s^2 - s + 0.4}$$

若想为其设计最优控制器,则可以由 Simulink 搭建出如图 6-29(a)所示的仿真框图,饱和非线性环节 $|u(t)| \leqslant 5$。根据该框图可以写出最优化问题的目标函数:

```
function [x,y]=c6foptim5(x,opts)
assignin('base','Kp',x(1)); assignin('base','Ki',x(2));
assignin('base','Kd',x(3)); [t1,x1,y1]=sim('c6moptim4',[0,10]); y=-y1(end,1);
```

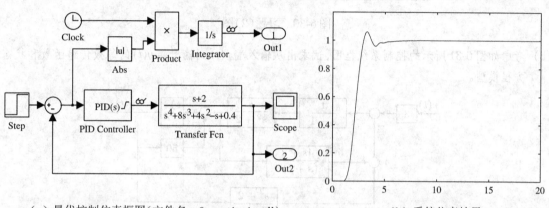

（a）最优控制仿真框图（文件名：c6moptim4.mdl）   （b）系统仿真结果

图 6-29　不稳定受控对象的最优 PID 控制器设计

如果想用传统优化算法设计出最优控制器,则需要首先选择一个合适的初始控制器。若选择的控制器并不能镇定原系统,则有时从该初始值出发并不能正常开始搜索过程。换句话说,这里选择的初值已经影响到最优控制器设计问题,所以这时应该考虑用进化类方法来搜索控制器参数。例如,采用遗传算法搜索最优控制器,则可以由下面语句直接求解,得出 $K_p = 77.0612$, $K_i = 0.1632$, $K_d = 87.1713$,在该控制器下得出的系统输出如图 6-29(b)所示。

```
>> x=gaopt([zeros(3,1) 100*ones(3,1)],'c6foptim5'),
   [t,xa,y]=sim('c6moptim4',[0,20]); plot(t,y(:,2))
```

6.5 习 题

(1) 已知一级倒立摆的数学模型为:

$$\begin{cases} \ddot{y} = \dfrac{f/m + l\theta^2 \sin\theta - g\sin\theta\cos\theta}{M/m + \sin^2\theta} \\[3mm] \ddot{\theta} = \dfrac{-f\cos\theta/m + (M+m)g\sin\theta/m - l\theta^2\sin\theta\cos\theta}{l(M/m + \sin^2\theta)} \end{cases}$$

其中,θ 为摆体与垂直方向的夹角（单位为 rad）, y 为小车的位移（单位为 m）, f 为电机对小车的作用力（单位为 N）, M 和 m 分别为小车和摆体的质量（单位为 kg）, l 为摆长的一半（单位为 m）, g 为重力加速度（$9.81\,\mathrm{m/s^2}$）。试建立起倒立摆的 Simulink 模型。若取 $m = 0.21\,\mathrm{kg}$, $M = 0.455\,\mathrm{kg}$, $l = 0.61/2\,\mathrm{m}$, 并取 f 为系统的输入信号, 试在平衡点 $y = \theta = 0$ 处对该系统进行线性化,并比较原系统和线性化系统的阶跃响应曲线。

(2) 试将图6-30中给出的非线性系统模型输入到 Simulink 环境中，并得出该系统在阶跃输入下的工作点及线性化模型。

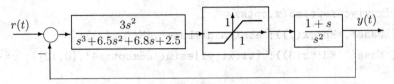

图6-30　习题(2)图

(3) 考虑如图6-31所示的控制系统框图，试求出从输入端 $r(t)$ 到输出端 $y(t)$ 的等效传递函数和状态方程模型。

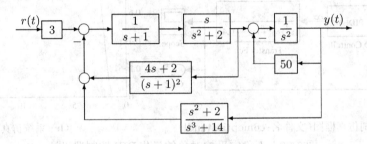

图6-31　习题(3)图

(4) 假设系统的开环传递函数为：
$$G(s) = \frac{1}{s^3 + a_1 s^2 + a_2 s + a_3}$$
可以按单位负反馈的方式构造出闭环系统，如图6-32所示。假设系统的输入为阶跃信号，则可以得出误差信号 $e(t)$，试选定ITAE和ISE指标，分别求出这些指标下的 a_1、a_2、a_3 参数。

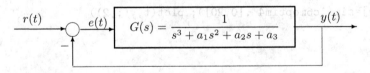

图6-32　习题(4)图

用同样的方法分别求出两个指标最小时的高阶系统
$$G(s) = \frac{1}{s^n + a_1 s^{n-1} + \cdots + a_{n-1} s + a_n}$$
的系数值，例如，可以取 $n = 1, 2, 4, 5, 6$。

(5) 微分-跟踪器可以对其输入的信号进行跟踪并计算出其数值微分信号，试观察该模块对受高频噪声污染的信号的跟踪与微分性能，并观察这样的性能和滤波参数 r、h 选择有何关系。

(6) 试用二级S-函数方式编写扩张状态观测器和自抗扰控制器模型。

(7) 阅读理解用C语言编写的S-函数格式，写出扩张状态观测器和自抗扰控制器的S-函数，这些函数对应的文件名为 sfun_eso.c 和 sfun_ctrl.c。另外，在自抗扰控制器一节总共编写了6个S-函数，其中3个是MATLAB编写的,3个是C语言编写的,试创建一个自抗扰控制器模块组,并将这6个S-函数进行封装,置于该模块组中。

(8) 假设有分段线性的非线性函数,该函数在第 i 段,即 $e_i \leqslant x < e_{i+1}$ 段,输出信号 $y(x) = k_i x + b_i$,若已知各段的分界点 $e_1, e_2, \cdots, e_{N+1}$,且已知各段的斜率与截距 $k_1, b_1, \cdots, k_N, b_N$,试用S-函数的形式描述该分段线性的非线性函数,并封装起该模块。

(9) 假设某可编程逻辑器件(PLD)模块有6路输入信号,分别为 A、B、W_1、W_2、W_3、W_4,其中,W_i 为编码信号,它们的取值将决定该模块输出信号 Y 的逻辑关系,具体逻辑关系由表6-3给出[63]。可见如果直接用模块搭建此PLD模块很复杂,试编写一个S-函数实现这样的模块。

表6-3 习题(9)中的逻辑关系表

W_1	W_2	W_3	W_4	Y	W_1	W_2	W_3	W_4	Y
0	0	0	0	0	1	0	0	0	$A\overline{B}$
0	0	0	1	AB	1	0	0	1	A
0	0	1	0	$\overline{A+B}$	1	0	1	0	$\overline{B}$
0	0	1	1	$AB+\overline{AB}=A\odot B$	1	0	1	1	$A+\overline{B}$
0	1	0	0	$\overline{A}B$	1	1	0	0	$\overline{A}B+A\overline{B}=A\oplus B$
0	1	0	1	B	1	1	0	1	$A+B$
0	1	1	0	$\overline{A}$	1	1	1	0	$\overline{A}+\overline{B}=\overline{AB}$
0	1	1	1	$\overline{A}+B$	1	1	1	1	1

(10) 如果对象模型为不稳定的二阶模型 $1/s(s-1)$,自抗扰控制器是否还能保持其良好的控制效果。如果受控对象变成了三阶模型 $1/(s^3+3s^2+2s+4)$,该控制器是否还有效。

(11) 例5-34中给出了一个系统实例,要求给带有状态变量输出的一般状态方程模型的封装模块加一个选项,使得其选中时有输出端口,没有选中时不显示该端口,试用C语言编写一个S-函数来实现这样的功能。

(12) 考虑大时间延迟受控对象模型 $G(s) = \dfrac{10}{2s+1}e^{-20s}$,试分析用自抗扰控制器能否直接控制该模型。如果不能直接控制,则考虑调整控制器的参数,观察控制效果,以得出合适的控制器。

(13) 考虑用自抗扰控制器是否能控制前面介绍的单级倒立摆系统,试进行仿真分析,并将结果用虚拟现实的方式显示出来。

(14) 在例6-15中设计了多阶梯信号发生器模块,试用该模块对自抗扰控制系统进行控制,观察不同输入幅值下系统的输出曲线和控制效果。

(15) 给定受控对象模型为 $G(s) = \dfrac{100}{s(s+10)(s+20)(s+30)}e^{-10s}$,试利用非线性设计模块集为其设计最优的比例加微分(即PD)控制器,并观察控制效果。如果受控对象模型发生变化,当时间延迟常数变化为8,用原来设计的控制器是否仍能较好地控制该对象?

(16) 试为受控对象模型[64] $G(s) = \dfrac{1+\dfrac{3e^{-s}}{s+1}}{s+1}$ 设计最优控制器。

(17) 已知受控对象为一个时变模型:

$$\ddot{y}(t) + e^{-0.2t}\dot{y}(t) + e^{-5t}\sin(2t+6)y(t) = u(t)$$

试设计一个能使得 ITAE 指标最小的 PI 控制器,并分析闭环系统的控制效果。设计最优控制器需要用有限的时间区间去近似 ITAE 的无穷积分,所以比较不同终止时间下的设计是有意义的,试分析不同终止时间下的 PI 控制器并分析效果。如果不采用 ITAE 指标而采用 IAE、ISE 等,设计出的控制器是什么,控制效果如何?

(18) 假设系统的受控对象模型为 $G(s) = 1/(s+1)^6$,试利用与 Simulink 结合的方法求出一个降阶模型 $G_r(s) = e^{-\tau s}/(Ts+1)$,使得其开环阶跃响应最接近原受控对象模型 $G(s)$。

(19) 试采用遗传算法为下面的受控对象设计最优 PID 控制器。

① 非最小相位系统: $G(s) = \dfrac{-s+5}{s^3 + 4s^2 + 5s + 6}$;

② 不稳定非最小相位系统: $G(s) = \dfrac{-0.2s+5}{s^4 + 3s^3 + 5s^2 - 6s + 9}$;

③ 不稳定采样系统: $H(z) = \dfrac{4z-2}{z^4 + 2.9z^3 + 2.4z^2 + 1.4z + 0.4}$。

第7章 工程系统建模与仿真

工程系统当然可以通过前面介绍的方法进行建模与仿真。也就是说,对于工程系统,可以首先建立起数学模型,然后再由底层模块将复杂的数学模型表示出来。对复杂的工程系统来说,这种底层建模方法是相当麻烦的,因为这不但需要研究者对所需研究领域有充足的理论知识,而且需要精通底层建模的方法。如果某个局部环节建模不理想,则将导致整个模型的不准确,甚至错误。另外,由于底层建立起来的模型结构上可能过于复杂,所以模型的检验和维护将相当困难,因此,对很多实际工程系统而言,底层建模并不是最好的建模方法。

Simulink 提倡并实践了的多领域物理建模理念为复杂工程与非工程系统提供了新的思路。诸多领域的学者都开发了自己专业领域的模块集,其中很多模块集是建立在 Simscape 框架下的,基本的思路都是根据所研究领域的硬件封装起自己的模块,允许用户像装配硬件系统那样将封装的部件组装(连接)起来,形成物理仿真模型。Simulink 根据这样的物理模型自动生成数学模型和仿真模型,可以直接对这样的模型直接仿真。该思路的优点是:可以按照硬件装配的模式用搭积木的方法建立起仿真模型,建立起来的模型易于检验,如果有错误很容易查出来,如果需要修改系统结构也可以用简单的方法直接完成。另外,这样的建模方法无须研究者有深厚的领域理论背景,只需要了解部件怎么连接就可以了,这使得跨学科的仿真研究成为可能。还有最重要的一点,就是整个模型是在 Simulink 统一框架下建立起来的,从系统仿真角度看,这样的建模方法是有优势的。

本章第 7.1 节首先给出多领域物理建模的概念,并介绍 Simscape 的入门知识。第 7.2 节介绍电气系统仿真模块集及基于该模块集的仿真系统构造方法。第 7.3～7.5 节分别介绍电子系统、电机与拖动系统、机械系统的建模与仿真方法,并给出一些建模实例。

7.1 物理系统建模仿真模块集 Simscape 简介

7.1.1 传统框图建模方法的局限性

前面所有的仿真问题都是在系统模型已知的前提下演示的,这些模型是利用传统建模步骤建立起来的。在传统建模方法中,往往可以根据物理规律写出数学方程,例如,电路系统可以根据 Kirchhoff 定律列出电路方程,而简单机械运动可以根据 Newton 运动定律列出系统模型。有了这些模型,再根据数学方程搭建出 Simulink 仿真模型,最后才能对系统进行仿真分析。

所以,若想对实际系统进行建模分析,需要很强的领域知识。如果研究者需要研究一个自己不熟悉的领域的建模问题,如一个电气工程师需要对某个包含机械系统在内的大系统进行建模与仿真分析,需要花大量时间先弄通机械领域的数学模型与建模方法,然后才能对整个系统进行建模,这无疑是很耗时的;另一方面,由于研究者对自己不熟悉的领域经验不足,可能建立起的模型可信度不高。此外,某些根据物理规律建模的方法会忽略很多"次要"的因素,而如果事实上这些因素不可忽略时,将产生巨大的建模误差,甚至有时建立的模型可能是错误的。

例 7-1 考虑如图7-1所示的简单R-L-C电路图,对3个回路可以分别写出电流方程。由于电容和电感可以分别表示为积分器和微分器,所以写出如下的Laplace变换方程组[65]:

$$\begin{cases} (2s+2)I_1(s) - (2s+1)I_2(s) - I_3(s) = V(s) \\ -(2s+1)I_1(s) + (9s+1)I_2(s) - 4sI_3(s) = 0 \\ -I_1(s) - 4sI_2(s) + (4s+1+1/s)I_3(s) = 0 \end{cases} \tag{7-1-1}$$

如果令输入电压为220V,频率为50Hz的交流电,则其数学表示为$V(t) = 220\sin 100\pi t$。因为原系统为线性的,所以电流信号也是正弦信号,其频率为50Hz,只是其幅值与初相不同于电压信号$v(t)$。由于建模本身的问题,这里给出的模型和得出的结论都有待检验。当然,这里给出的是简单电路,复杂电路按照这里给出的建模方法是很不方便的,如有几十个回路的电路将建立起几十个方程,它们的求解将异常繁琐,而建模过程稍有疏忽,可能漏掉其中某个回路,这样得出的仿真模型将是错误的,所以应该考虑更好的建模和仿真方法。

例 7-2 考虑如图7-2所示的弹簧阻尼系统,其中$x(t)$为滑块的位移,$f(t)$为外部的拉力。在该系统中,阻尼器的阻力和运动速度成正比。这样,根据Newton第二定律,可以立即写出数学模型:

$$M\ddot{x}(t) + f_v\dot{x}(t) + Kx(t) = f(t) \tag{7-1-2}$$

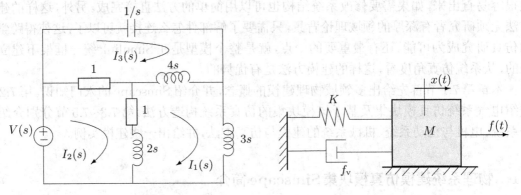

图7-1　简单电路图　　　　　　　图7-2　弹簧阻尼系统

简单系统模型当然可以通过Newton定律将数学模型建立起来,如果需要研究由几个弹簧阻尼模块构成的系统将更复杂,如果某个合力没有分析正确也将导致整体建模的失败,所以复杂力学系统直接建模是很繁琐的,需要很深厚的专业知识才能建立起来。同样,复杂系统的正确建模需要一个更强大的建模和仿真工具与方法。后面将介绍基于Simulink的高级建模与仿真方法。

鉴于上述原因,对复杂的工程系统建模应该考虑改换思路,考虑采用多领域物理建模的方法,即利用与装配硬件系统一样的方法将描述硬件元件的软件模块一个一个连接起来的方法建立仿真模型。MathWorks公司开发的Simscape及其他相关专业模块集是多领域物理建模的理想工具。利用该工具可以将多领域的系统在Simulink统一框架下建立起来,从而对其进行整体仿真,这是其他软件平台难以实现的。

7.1.2　Simscape 简介

Simscape 是 MathWorks 公司开发的全新的多领域面向对象的物理建模工具,用户可以在命令窗口中输入 `simscape` 命令或从 Simulink 模型库中直接打开 Simscape 模块集,如图 7-3 所示。

图 7-3　Simscape 模块集

目前,Simscape 模块集包括电、磁、力、热、液等在内的基础模块库(Foundation Library),还有更专业的、集成度更高的模块集,如电子线路与系统模块集(SimElectronics)、动力传动系统模块集(SimDriveline)、机械系统模块集(SimMechanics)和液压系统模块集(SimHydraulics)等,电气系统仿真模块集(SimPowerSystems)也可以看作其一个组成部分。这些模块集的目标是提供一系列部件模块,允许用户像组装实际硬件系统那样把相应的模块组装起来,构造出整个的仿真系统,而系统所基于的数学模型会在组装过程中自动建立起来。Simscape 及相关模块集是 Simulink 在物理模型仿真层次上进行的有意义的尝试。在建立模型时,不需要对相关领域的背景知识和数学模型等有深入的了解,所以,用户可以对自己不熟悉领域的研究对象进行直观建模和仿真分析。

此外,MathWorks 公司开发的 Simscape 语言还允许用户利用类似于 MATLAB 语言的基本语法,以面向对象的编程方式,自己定义新的可重用部件模块,这极大地丰富了Simulink 的多领域物理建模的功能。

7.1.3　Simscape 基础模块库简介

单击图 7-3 中的 Foundation Library 模块,则可以打开如图 7-4 所示的 Simscape 基础模块库。可见,该模块库包含电(Electrical)、力(Mechanical)、液压(Hydraulic)、气动(Pneumatic)、磁(Magnetic)和热(Thermal)等子模块组,还包含与物理信号及其转换相关的一个子模块组(Physical Signals)。

双击其中的电模块组,可以发现它有 3 个子模块组:电元件(Electrical Elements)、电输入源(Electrical Sources)和电传感器(Electrical Sensors)子模块组,其中的电元件子模块组的内容如图 7-5 所示。可见,该集包括电阻(Resistor)、电感(Inductor)、电容(Capacitor)、互感器(Mutual Inductor)、变压器(Ideal Transformer)和变阻器(Variable Resistor)等常用电路元件,也包括二极管(Diode)、运算放大器(Op-Amp)和旋转器(Gyrator)等电子元件,还包括机电转换器模块（Rotational Electromechanical Converter 和 Translational Electromechanical Converter）。此外，每个模块组都有自己的参照点模块，如电气模块组的参照点就是接地模块（Electrical Reference）。

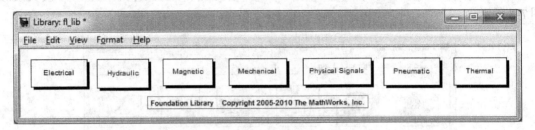

图7-4　Simscape基础模块库

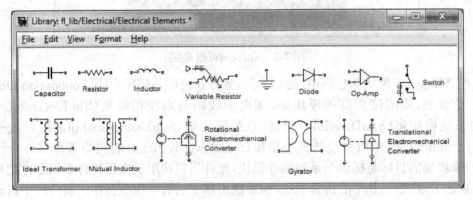

图7-5　Simscape基础模块库的电气元件子模块组

Simscape基础模块库还包括如下的其他重要的子模块组及模块。

- **力学模块组**：包含5个子模块组，如图7-6所示，分别为机构库（Mechanisms）、平动元件库（Translational Elements）、转动元件库（Rotational Elements）、输入源库（Mechanical Sources）和传感器库（Mechanical Sensors）。

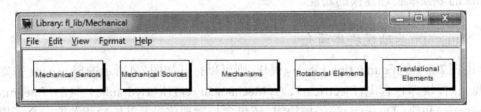

图7-6　Simscape基础模块库的力学子模块组

　　平动元件库的内容如图7-7所示，包括理想平动质量模块（Mass）、平动摩擦力模块（Translational Friction）、阻尼平动模块（Translational Damper）、平动弹簧模块（Translational Spring）和平动硬停模块（Translational Hard Stop）等，和其他元件库一样，平动元件库还提供了机械平动参考点模块（Mechanical Translational Reference）。因此，例7-2中给出的系统可以由该子模块组中的模块直接搭建。

　　此外,转动元件模块组包括转动惯量模块(Inertia)、弹簧模块(Rotational Spring)、摩擦力模块(Rotational Friction)、阻尼模块(Rotational Damper)和硬停模块(Rotational Hard Stop)等,机构库包括齿轮箱(Gear Box)、杠杆机构(Lever)和轮轴机构(Wheel and Axle)等。机械输入源库包括力(Ideal Force Source)、转矩(Ideal Torque Source)、角速度(Ideal Angular Velocity Source)和速度(Ideal Translational Velocity Source)等输入源,传感器库包括理想的力(Ideal Force Sensor)、转动(Ideal Rotational Motion Sensor)、转矩(Ideal Torque Sensor)和平动传感器(Ideal Translational Motion Sensor)。限于篇幅,这里不显示具体内容,用户可以双击相应的子模块组查看。

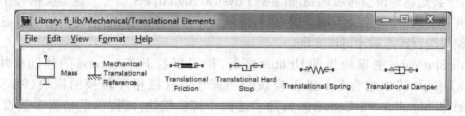

图7-7　平动元件子模块组

- 磁模块组:包括3个子模块组,分别为磁元件子模块组(Magnetic Elements)、磁输入源(Magnetic Sources)和磁传感器(Magnetic Sensors),其中磁元件子模块组包括磁阻模块(Reluctance)、电磁转换模块(Electromagnetic Converter)、磁阻力模块和变磁阻模块等,还提供了磁通输入源(Flux Source)、磁动势源(MMF Source)、可控输入源(Controlled Flux Source和Controlled MMF Source)以及磁通传感器(Flux Sensor)和磁动势传感器(MMF Sensor)。

- 热学模块组:包括的热元件模块组(Heat Element)有传导性热传递模块(Conductive Heat Transfer)、对流性热传递模块(Convective Heat Transfer)、辐射传热模块(Radiative Heat Transfer)和热质量模块(Thermal Mass)等。输入、输出模块组包括理想热流源模块(Ideal Heat Flow Source)和理想温度源模块(Ideal Temperature Source),并给出了理想热流传感器模块(Ideal Heat Flow Sensor)和理想温度传感器模块(Ideal Temperature Sensor)。

- 液压模块组:包括液压孔模块(Constant Area Hydraulic Orifice 和 Variable Area Hydraulic Orifice)、气动阻性管(Hydraulic Resistive Tube)、线性流体阻力(Linear Hydraulic Resistance)、液压-机械转换器(Translational Hydro-mechanical Converter 和 Rotational Hydro-mechanical Converter)、液压舱(Variable Hydraulic Chamber 和 Constant Volume Hydraulic Chamber)和液压滑阀舱(Hydraulic Piston Chamber)等,还包括液压压力源(Hydraulic Pressure Source)和液压流速源(Hydraulic Flow Rate Source),还提供了液压流速传感器模块(Hydraulic Flow Rate Sensor)和液压压力传感器模块(Hydraulic Pressure Sensor)。

- 气动模块组:包括气动孔模块(Constant Area Pneumatic Orifice 和 Variable Area Pneumatic Orifice)、隔热杯(Adiabatic Cup)、气动阻性管(Pneumatic Resistive Tube)、气动-机械转换器(Pneumatic-Mechanical Converter)、气动舱(Pneumatic Chamber)、旋转气动

滑阀舱(Rotational Piston Chamber),还包括气动压力源(Pneumatic Pressure Source)和气动流速源(Pneumatic Flow Rate Source)及可变源,以及气动质量-热流传感器模块(Pneumatic Mass & Heat Flow Sensor)和气动压力-温度传感器模块(Pneumatic Pressure & Temperature Sensor)。

7.1.4 两类信号及其相互转换

引入物理仿真框架后,在Simulink仿真框架下将出现两类信号,一类是常用的Simulink信号,另一类是物理模型对应的物理信号(Physical Signal,PS信号),这两类信号在仿真框图中是并存的,但由于定义不同,这些信号线不能相互直接连接,它们之间的混用需要调用相应的模块进行转换后才可以实现。

双击Simscape主模块集的Utilities图标,则可以打开Simscape的辅助模块组,如图7-8(a)所示,其中包含Simulink模块和物理信号直接相互转换的模块(PS-Simulink Converter和Simulink-PS Converter),除了这两个转换模块,还提供了仿真参数设置模块(Solver Configuration)、双向连接模块(Two-Way Connection)和连接端口模块(Connection Port),其中,Solver Configuration模块是仿真模型中必须给出的。

空白模型窗口当然可以通过选择File|New|Model命令打开,但如果需要在模型中添加Simscape基础模块库中的模块,则需要用户手工复制信号转换模块和仿真参数设置模块。如果采用 `ssc_new` 命令,则可以直接打开Simscape模块集,同时自动打开如图7-8(b)所示的模型窗口,用户可以由此窗口为起点开始物理建模。

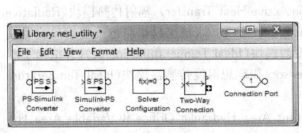
(a) Simscape的信号转换模块组

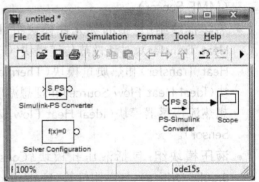
(b) 初始建模窗口

图7-8 Simscape初始建模窗口

例7-3 重新考虑例7-1中给出的电路模型,假设想测出电容两端的电压及电流I_1信号,则需要在相应的位置添加电压表和电流表,如图7-9(a)所示。若想建立起Simulink仿真模型,则需要首先调用ssc_new命令打开新模型窗口,该窗口将自动给出Simulink与物理信号之间转换的模块,这些是Simscape基础模块库所必需的模块。该窗口中还同时给出求解器模块,该模块是基础模块库系统仿真不可缺少的模块。

若想建立电路模型,需要将必要的模块复制到该窗口中,然后进行连线并按照要求修改参数,最终构造出如图7-9(b)所示的仿真模型。

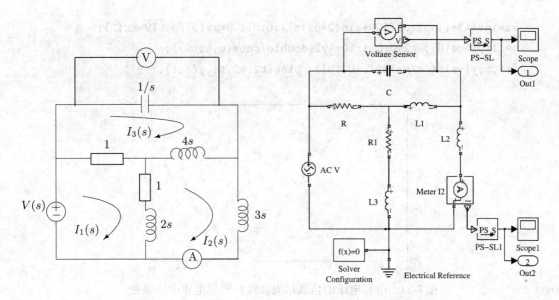

(a) 电路图　　　　　　　　　　(b) Simulink模型（文件名：c7mele1.mdl）

图7-9　电路图及仿真模型

　　双击电容模块,可以打开该模块的参数输入对话框,如图7-10(a)所示,用户可以根据需要输入电容器参数。从打开的对话框中可见,除了电容本身的参数外,还有其他的参数,如串联等效电阻(Series resistance)、并联电导(Parallel conductance)和电容初始电压(Initial voltage)。单击对话框中的View source for Capacitor超链接,可以打开如图7-10(b)所示的模型编辑窗口,该编辑窗口是用Simscape语言编写的电容模型,其主要参数及数学模型在该图中给出。另外,Simscape程序的parameters段落中,包含了4个参数的定义,这些参数和图7-10(a)中给出的对话框是完全对应的,这些量包含的数值与单位在代码中也用大括号的形式描述出来了。

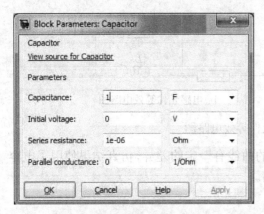

```
component capacitor<foundation.electrical.branch
  parameters
    c  = { 1e-6, 'F' };      % Capacitance
    v0 = { 0,  'V' };        % Initial voltage
    r  = { 1e-6, 'Ohm' };    % Series resistance
    g  = { 0,  '1/Ohm' };    % Parallel conductance
  end
  variables
    vc = { 0, 'V' };  % Internal variable for volt
  end
  equations
    v == i*r + vc;
    i == c*vc.der + g*vc;
  end
```

(a) 电容参数输入对话框　　　　　　(b) Simscape语言描述的电容模型

图7-10　电容模型参数及Simscape模型

　　运行仿真模型可以立即绘制出电容电压 $u(t)$ 的曲线。另外,由符号运算工具箱直接求解式(7-1-1)也可以得出该信号,仿真结果和理论求解曲线如图7-11所示。

```
>> syms t s; A=[2*s+2,-(2*s+1),-1; -(2*s+1),9*s+1,-4*s; -1,-4*s,4*s+1+1/s];
```

```
xx=inv(A)*[laplace(220*sin(2*pi*t));0;0]; U=xx(3)/s; I2=xx(2);
u=ilaplace(U); t2=0:0.1:10; y2=double(subs(u,t,t2));
[t1,x,y]=sim('c7mele1',[0,10]); plot(t2,y2,t1,y(:,1),'--')
```

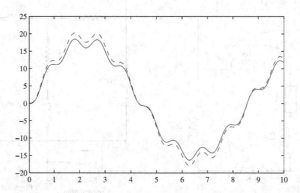

图7-11　电容电压的仿真结果曲线和理想电容电压曲线

事实上，由于新版的符号运算工具箱计算能力较弱，double()语句会需要极多的时间，我们可以采用MATLAB R2008a获得该解，并将该解传到MATLAB R2010b环境中后绘制曲线。另外，考虑到这里3个回路获得解析解所需的时间，很显然复杂电路不可能这样求解，所以仿真方法成为唯一可行的途径。

由Simscape语言描述的电容模块可见，其等效电路图如图7-12(a)所示，其中，r为串联等效电阻（Series resistance），g为并联电导（Parallel conductance）。理想情况下，$r = g = 0$。在某些场合下，这些参数不能忽略，所以采用等效电路可以更精确地对实际系统进行仿真研究。电感的等效电路如图7-12(b)所示，该模型有自己的串联等效电阻r和并联等效电导g。

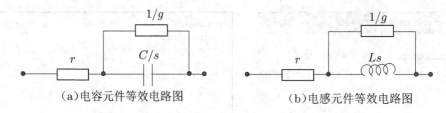

（a）电容元件等效电路图　　　　　　（b）电感元件等效电路图

图7-12　电容、电感元件等效电路图

从前面的例子中可以看出，用两种方法得出的曲线有一定的差异，仿真结果使用了电容元件，更接近于实际的模型，所以解的可信度更高。

7.1.5　Simscape模块定义语言入门

Simscape语言是物理建模的一种新的面向对象的计算机语言，用该语言可以定义出描述系统动态性能的新元件。Simscape语言编写文件的后缀名为ssc，文件应该置于MATLAB路径下的以＋引导的目录下。下面以电容模块为例介绍Simscape的模型结构：

```
component capacitor < foundation.electrical.branch % 引导语句
```

```
parameters   % 电容数值和物理量单位,定义参数输入对话框
    c = { 1e-6, 'F' };    % Capacitance
    v0 = { 0, 'V' };      % Initial voltage
    r = { 1e-6, 'Ohm' };  % Series resistance
    g = { 0, '1/Ohm' };   % Parallel conductance
end
variables
    vc={0,'V'};  % 电容两端的电压变量即单位
end
function setup   % 初始设置语句
    if C <= 0
        pm_error('simscape:GreaterThanZero','Capacitance')
    end
    ... % 其他参数检测语句,这里略去
    vc = v0;   % 内部变量初值赋值
end
equations
    v == i*r + vc;  i == C*vc.der + g*vc;
end
end
```

Simscape 语言描述的模型分为如下几个部分。

- **引导语句**:该模块是由 component 关键词引导的,后面的内容是模块所属的位置。Simscape 模型的首条语句还可以由 domain 关键词引导,这样就可以定义一个新的领域,相当于定义一个模块组。
- **对话框参数定义语句**:定义了引导语句后,可以用 parameters 模块定义该模块对话框变量参数和物理量单位,因为这里定义了 4 个参数,所以双击模块后得到如图 7-10(a) 所示的对话框,要求用户输入这 4 个参数及其单位。
- **变量声明语句**:由 variables 关键词引导,这里将电容电压 v_c 定义为模块变量。
- **初始设置与参数验证子函数**:function setup 首先检测输入的变量值 C 是不是正数,如果不是则给出错误信息。除了验证 C 的值以外,还应该有检验其他参数的语句,限于篇幅,这里不予介绍。遗憾的是,该错误信息不能在参数输入时给出,只能在仿真过程中给出。该子函数还给变量 v_c 赋初值。
- **模型方程定义**:由 equations 引导,该语句模块描述了电容的数学方程:

$$v = ir + v_c, \quad i = C\frac{\mathrm{d}v_c}{\mathrm{d}t} + gv_c \tag{7-1-3}$$

7.1.6 复杂电路网络建模与仿真

前面演示过,使用 Simscape 的基础模块库可以对一般电路进行仿真分析。这里给出一个利用 MATLAB 语句绘制 Simulink 模型的建模方法,用这样的方法可以容易地解决不易绘图的复杂电路建模与仿真问题。

例 7-4 考虑图 7-13 中给出的电阻网络模型,如果想求出 A、B 间的等效电阻,需要构建起这两点间电压和电流之间的关系。我们可以首先建立起仿真模型,然后通过线性化方法将电压和电流之间的关系得出来。由于网络较复杂,这里仍然采用基于命令的方法绘制 Simulink 模型。

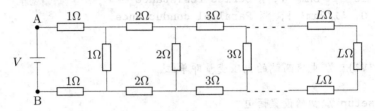

图 7-13 电阻网络电路图

使用 Simscape 模块及命令作图的难点有两个,一是如何知道电阻模块的库模块名及下属参数属性名称,二是端口的描述方法。最简单的方法是,用 fl_lib 命令打开 Simscape 的库窗口,将所需的电阻模块复制到空白模型窗口并存盘,然后用编辑程序打开生成的 mdl 文件,可以发现,其库模块名为 'fl_lib/Electrical/Electrical Elements/Resistor',电阻参数属性名为 R,而电阻左右端口的标识分别为 LConn1 和 RConn1。这样,如果 $L = 7$,则可以用下面的语句进行电阻网络建模:

```
>> L=7; M='ssss1'; new_system(M); open_system(M);
   for i=1:L, i1=int2str(i); i0=int2str(i-1);
      pos1=[100+(i-1)*70 50 125+(i-1)*70 70];
      pos2=pos1+[25 50 25 50]; pos3=pos1+[0 100 0 110];
      scr='fl_lib/Electrical/Electrical Elements/Resistor';
      add_block(scr,[M '/ra' i1],'Position',pos1,'R',i1)
      add_block(scr,[M '/rb' i1],'Position',pos2,'Orientation','down','R',i1)
      add_block(scr,[M '/rc' i1],'Position',pos3,'R',i1)
      add_line(M,['ra' i1 '/RConn1'],['rb' i1 '/LConn1'])
      add_line(M,['rb' i1 '/RConn1'],['rc' i1 '/RConn1'])
      if i>1,
         add_line(M,['ra' i0 '/RConn1'],['ra' i1 '/LConn1'])
         add_line(M,['rc' i0 '/RConn1'],['rc' i1 '/LConn1'])
   end, end
```

手工添加输入、检测模块并添加信号转换模块,可以构造出如图 7-14 所示的 Simulink 仿真框图。注意,Simscape 模块的仿真最好选用刚性微分方程求解算法,如 ode15s,且相对误差限选择一个很小的值,如 10^{-8} 甚至 eps。这样,由下面的语句可以直接求出 A、B 两端电压对电流的比值为 $R_1 = 2.8488\,\Omega$,该结果和理论值完全一致。

```
>> [a b c d]=linmod('c7fmr1'); R1=1/minreal(ss(a,b,c,d))
```

7.2 电气系统模块集简介

对电气系统仿真可以有几种途径,既可以用 Simscape 模块集基础模块库中的模块搭建系统仿真模型,也可以充分利用电气系统模块集中提供的模块进行仿真,还可以结合两者的优势来建模、仿真。本节将介绍电气系统模块集的一般内容,然后对一般电路、电力电子和电力拖动系统进行仿真研究。

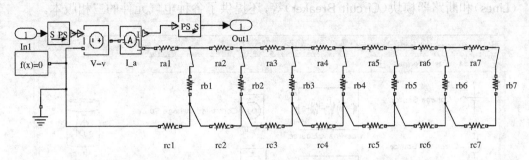

图 7-14　电阻网络的 Simulink 模型（文件名：c7fmr1.mdl）

Simulink 中可以使用的电气系统仿真模块集（曾称为 Power Systems Blockset,现名 SimPowerSystems）主要是由加拿大的 HydroQuébec 和 TECSIM International 公司共同开发的,其功能非常强大,可以用于电路、电力电子系统、电机系统和电力传输等过程的仿真,它提供了一种类似电路建模的方式进行模型绘制,在仿真前将自动将其变化成状态方程描述的系统形式,然后才能在 Simulink 下进行仿真分析。严格说来,SimPowerSystems 不属于 Simscape,描述模块的方式也是不同的,但模块的使用等和 Simscape 模块是一致的,所以在这里放在一起介绍。

在 MATLAB 命令窗口中输入 powerlib,则将得出如图 7-15 所示的模块集。当然,电气系统模块集中的器件还可以从 Simulink 模块浏览窗口中直接启动。可见,在该模块集中还有很多子模块组,双击每一个图标都将打开一个下级子模块组。

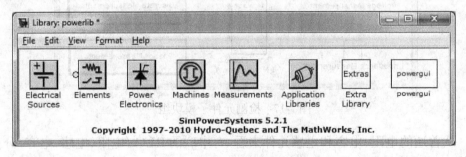

图 7-15　电气系统模块集

- **图形用户界面模块**：模块组中的 powergui 模块。在 Simulink 仿真框图中必须放置该模块,否则无法启动仿真过程。
- **电源子模块组**：双击 Electrical Sources 图标将打开如图 7-16 所示的电源子模块组,其中有直流和交流电源以及各种受控电流源和电压源等,还包括三相电源、三相可编程电源和电池模块等。
- **检测元件子模块组**：双击模块组中的 Measurements 图标,则将打开如图 7-17 所示的子模块组,其中有各种检测端口,如电流表、电压表和阻抗表,该组中还包括各种其他扩展的子模块组。

● **电路元件子模块组**：双击 Elements 图标，则将打开如图 7-18 所示的子模块组，其中既包含各种电阻、电容和电感元件，还包含各种变压器元件（Transformers）、传输线模块（Lines）和断路器模块（Circuit Breaker）等，还提供了各种电气元件的三相版本。

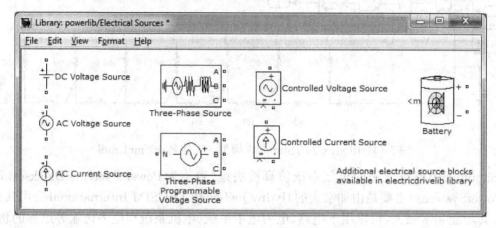

图 7-16　电源子模块组

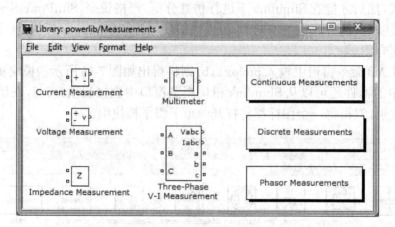

图 7-17　检测元件子模块组

　　从普通的电阻、电容和电感元件来看，有串联的 RLC（电阻、电感、电容）分支和并联的 RLC 分支以及它们的负载形式。

　　双击 Series RLC Branch（串联 RLC 分支）元件，则将打开如图 7-19（a）所示的对话框，在这其中适当地输入电阻、电容和电感的参数即可。注意，和以前介绍的纯数字仿真不同，这里填写电路参数时应该注意其单位。

　　这里的 RLC 元件是理想元件，没有像 Simscape 模块集中提供的模块那样考虑了其他非主要元素。该元件组没有直接提供单个的电阻、电感和电容元件，用户可以从如图 7-19（b）所示的 Branch type 列表框中选择元件类型。也可以从串联或并联的分支来定义单独的电路，单个电阻、电感、电容元件的参数设置在串联和并联分支中是不同的，具体请参见表 7-1。

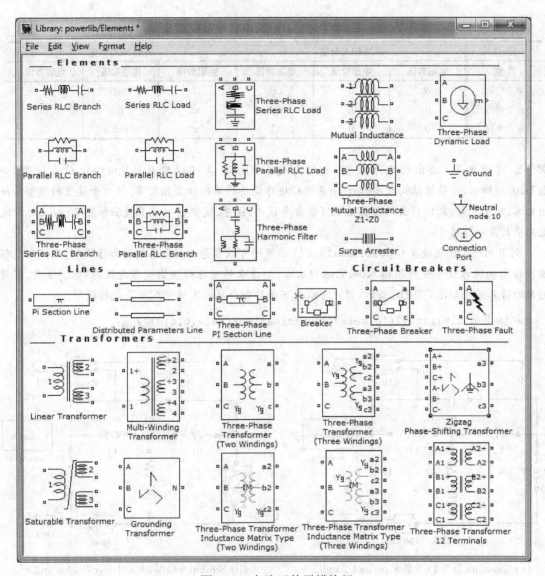

图7-18　电路元件子模块组

Parameters

Branch type: RLC

Resistance (Ohms):

1

Inductance (H):

1e-3

☐ Set the initial inductor current

Capacitance (F):

1e-6

☐ Set the initial capacitor voltage

Measurements　None

（a）串联RLC分支对话框

Parameters

Branch type: RLC

RLC
R
L
C
RL
RC
LC
Open circuit

Resistance (O

1

Inductance (H

1e-3

☐ Set the initial inductor current

（b）元件类型列表框

图7-19　串联RLC分支元件参数对话框

表 7-1　单个电阻、电感、电容参数设置表

元　件	串联 RLC 分支			并联 RLC 分支		
类　型	电阻数值	电感数值	电容数值	电阻数值	电感数值	电容数值
单个电阻	R	0	inf	R	inf	0
单个电感	0	L	inf	inf	L	0
单个电容	0	0	C	inf	inf	C

例 7-5　考虑例 7-3 给出的电路模型,利用电气系统模块集可以建立起 Simulink 仿真模型,如图 7-20(a)所示。该系统结构比 Simscape 基础模块库模块搭建的模型稍简单,但由于这里的模型为理想电容、电感元件,所以得出的仿真结果可能会有误差。注意,这里的电流表接法和实际相反,所以这里测量的是 $-I_1$ 信号。

利用电气系统模块集和 power_analyze() 函数还可以容易地提取系统的线性模型,线性化过程要求输出和输入信号分别用输入、输出端口表示,而原来的电源模块由受控电压源取代,注意,搭建起来的仿真模型如图 7-20(b)所示。用户可以由下面的命令提取出对应线性系统的模型:

```
>> [a b c d]=linmod2('c7mele3'); minreal(zpk(ss(a,b,c,d)))
```

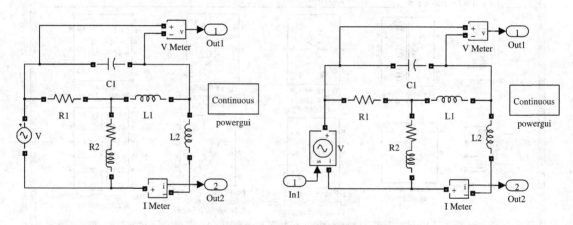

(a) Simulink 模型 1(文件名:c7mele2.mdl)　　　　(b) Simulink 模型 2(文件名:c7mele3.mdl)

图 7-20　电路仿真模型

得出的传递函数矩阵模型为:

$$\left[\frac{0.33333(s+0.08096)(s+1.544)}{(s+1.12)(s+0.0667)(s^2+0.06379s+0.558)},\ \frac{-0.33333(s+1)(s^2+0.25s+0.125)}{(s+1.12)(s+0.0667)(s^2+0.06379s+0.558)}\right]^{\mathrm{T}}$$

- **电力电子子模块组**:电气系统模块集中提供了电力电子系统仿真的功能,双击模块集的 Power Electronics 图标,将打开如图 7-21 所示的子模块组,在该模块组中提供了二极管(Diode)、晶闸管模块(Thyristor)、可关断可控硅(Gto)、场效应管(Mosfet)和绝缘栅二极管(IGBT)等模块。可以注意到,这里每个模块均有一个 m 输出端口,从该端口可以得出模块内部所有的信号,该信号可以直接连接到 Simulink 的输出模块上。

　　该模块组中的通用电桥模块(Universal Bridge)是一个很实用的模块,该模块左端

有三路电接口,右端有两路,如果左侧的接口作为输入,则该模块可以仿真整流器,如果右边作为输入,则可以仿真逆变问题。

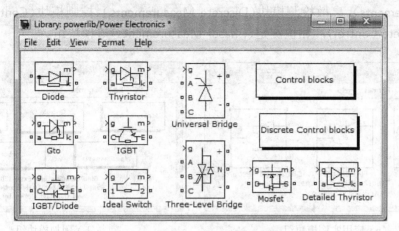

图 7-21　电力电子模块组

- **电机子模块组**:电气系统模块集还提供了一些常用的电机仿真模块,双击该模块集中的 Machines 图标,则将打开如图 7-22 所示的子模块组,其中包含了各种各样的电机模型,如直流机(DC Machines)、异步机(Asynchronous Machines)、同步机(Synchronous Machines)及其各种其他形式等。

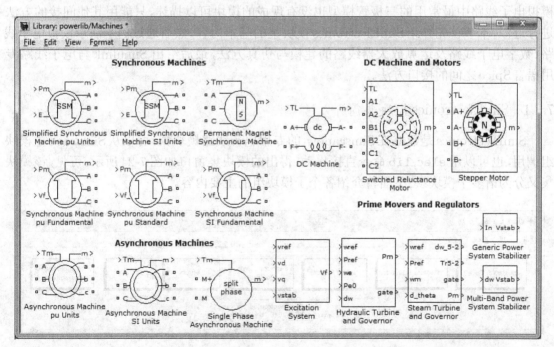

图 7-22　电机子模块组

- **应用模块组和附加模块组**:这两个模块组的内容如图 7-23(a)、图 7-23(b)所示,其中应用实例模块组(Application Library)包含电机拖动模块组(Electric Drive Library)、柔性交流输电系统模块组(Flexible AC Transmission Systems (FACTS) Library)、分布式资源库(Distributed Resources Library),附加模块集(Extras Library)包括检测模块(Measurements)、离散检测模块(Discrete Measurements)、控制模块(Control)、离散控制(Discrete Control)和相位测定(Phasor Measurements)等模块组。

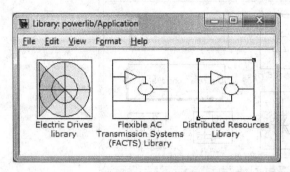
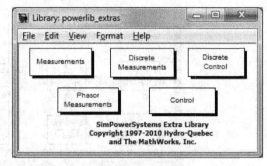

（a）应用实例模块组　　　　　　　　　　　（b）附加模块组

图 7-23　应用模块组和附加模块组

7.3　电子线路及其仿真

在 SimElectronics 出现之前,对电子线路进行仿真是很麻烦的事,因为在 Simulink 下连模拟电子线路中最常用的三极管模型也没有现成的模块可以描述,只能用其他间接的方法进行近似。本节首先介绍 SimElectronics 模块集的基本内容,然后通过例子演示模拟电子线路、数字电子线路及运算放大器线路的建模与仿真方法,最后给出 Simulink 与电子线路专用语言 Spice 之间的接口方法。

7.3.1　SimElectronics 模块集简介

SimElectronics 是建立在 Simscape 上的专用电子线路模块集,可以从 Simscape 主模块组调用,也可以用 elec_lib 命令直接启动,得出的模块集窗口如图 7-24 所示。可见,该模块集又分为诸多子模块组。下面将介绍各个子模块组的主要内容。

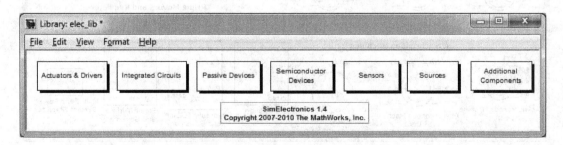

图 7-24　SimElectronics 模块集

- **半导体元件模块组**(Semiconductor Devices):该子模块组的内容如图 7-25 所示,包括二极管(Diode)、PND 和 NPN 型三极管(PNP Bipolar Transistor 和 NPN Bipolar

Transistor)、结型场效应管（JFET）、绝缘栅双极型晶体管（IGBT）和 MOS 场效应管（MOSFET）等,有了这些半导体元件模型,就可以容易地建立起电子线路和电力电子线路的 Simulink 仿真模型了。

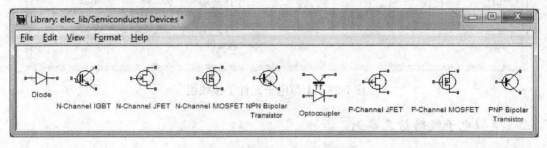

图 7-25　半导体元件子模块组

- **集成电路模块组**（Integrated Circuits）：该模块组的内容如图 7-26 所示,包括各种运算放大器模块,如比较器（Comparator）、有限增益运算放大器（Finite Gain Op-Amp）和有限带宽运算放大器（Band-Limited Op-Amp）,还包含逻辑元件组（Logic）和定时器模块（Timer）。

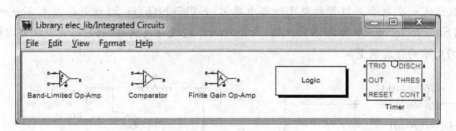

图 7-26　集成电路子模块组

精确的逻辑模块组中的元件如图 7-27 所示,其中包括各种 CMOS 逻辑元件和触发器模块（S-R Latch）,这些元件都考虑了实际逻辑模块的暂态指标。理想逻辑元件还可以通过 Simulink 数学模块组中的逻辑模块实现。有了这些模块,就可以建立起一般的数字电路了。

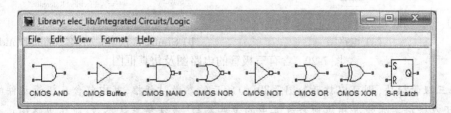

图 7-27　逻辑元件子模块组

- **无源电子元件组**（Passive Devices）：该子模块组的内容如图 7-28 所示。
- **附加模块组**：其中包含 Spice 语言支持模块的嵌入。

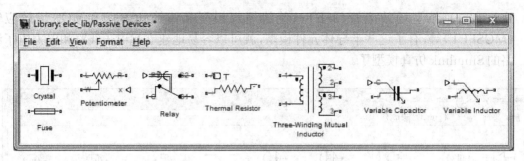

图 7-28　无源电子元件子模块组

7.3.2　模拟电子线路仿真举例

早期版本的 MATLAB/Simulink 不能直接仿真三极管等常用电子元件,只能通过第三方工具,如和 Spice 语言的接口来描述该模块。MATLAB 从 R2008b 版本开始,提供了全新的 SimElectronics 模块集,可以直接对这类电子线路进行仿真研究,同时也提供了更好的 Spice 语言接口,可以将已有的 Spice 模块嵌入仿真框图。下面将通过例子介绍三极管电路和运算放大器电路的建模与仿真方法。

例 7-6　假设有一个包含三极管的电子线路电路图,如图 7-29(a) 所示。该电路图中有一个三极管,需要使用 SimElectronics 中的 **NPN Bipolar Transistor** 来构造仿真模型,利用相关模块可以搭建起如图 7-29(b) 所示的仿真模型。

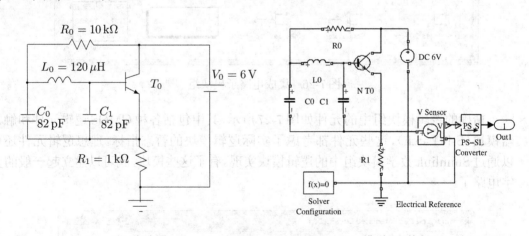

（a）电路图　　　　　　　　　　（b）Simulink 模型（文件名：c7mtri1.mdl）

图 7-29　含有三极管的电路图及仿真框图

双击三极管模块,则可以打开如图 7-30(a) 所示的参数对话框,其中包含三极管元件的各种参数,用户可以根据实际情况相应地修改其中的某些参数,或保持默认参数。对该电路图进行仿真研究,则可以得出如图 7-30(b) 所示的节点 1 电压仿真曲线。

如果想研究在非直流输入下的电路响应,则可以将图 7-31(a) 中给出的方式加一个输入源,例如,该图中给出的输入源是一个三角波信号,采用的模块是 **Repeating Sequence** 源模块,用户可以随意定义输入波形。在规定波形下系统的输出信号如图 7-31(b) 所示。

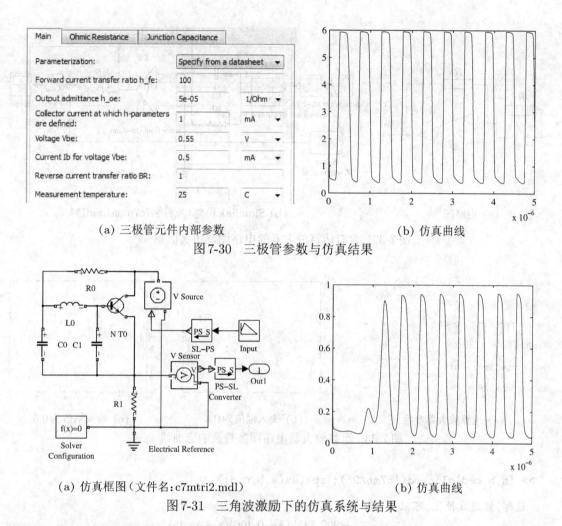

(a) 三极管元件内部参数   (b) 仿真曲线

图 7-30　三极管参数与仿真结果

(a) 仿真框图 (文件名:c7mtri2.mdl)   (b) 仿真曲线

图 7-31　三角波激励下的仿真系统与结果

例 7-7　运算放大器是控制系统中连续控制器实现的关键元件,由运算放大器可以容易地组建出微分控制器、积分控制器等常用的控制器结构。在控制理论研究中,通常认为运算放大器是具有无穷大增益的元件,但实际上理想的运算放大器并不存在,实际运算放大器增益是有限值。此外,运算放大器输出电压有一个范围,超出该范围会被自动饱和掉。所以实际的运算放大器和理想的运算放大器是不同的。

考虑如图 7-32(a) 所示的运算放大器电子线路,可以考虑采用运算放大器模块作为其核心,搭建出如图 7-32(b) 所示的仿真模型。从构造的模型可见,其表现形式是很直观、方便的。

双击运算放大器模块则可以打开其参数输入对话框,可以按照图 7-33(a) 给出的方式设置运算放大器参数。注意,这里设置该元件的钳位电压为 ±15 V。假设输入正弦信号 v_i 的幅值为 0.3 V,则该电路输出信号 v 可以通过仿真得出,如图 7-33(b) 所示。可见,输出信号出现了饱和现象。这时,运算放大器电路不再是线性系统模块了,而具有不可忽视的非线性特性。进一步增加正弦输入信号的幅值到 0.5 V,则得出如图 7-33(c) 所示的输出信号波形,可见这样得出的饱和非线性现象更不能忽略。

如果想获得该系统的整体线性模型,则可以用输入、输出端口模块替换现有的输入、输出模块,如图 7-34 所示。

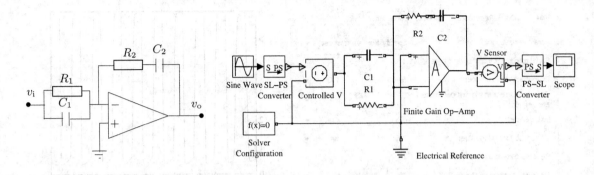

(a) 电路图　　　　　　　　　(b) Simulink 模型（文件名：c7moa1.mdl）

图7-32　含有运算放大器的电路图及仿真框图

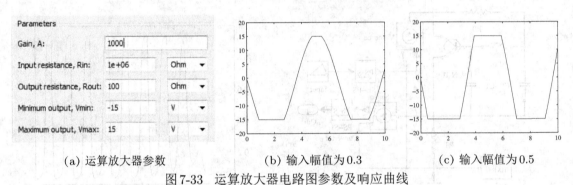

(a) 运算放大器参数　　　　(b) 输入幅值为0.3　　　　(c) 输入幅值为0.5

图7-33　运算放大器电路图参数及响应曲线

```
>> [a b c d]=linmod('c7moa2'); zpk(ss(a,b,c,d))
```

这样，经过线性化，可以得出相应的传递函数模型为：

$$G(s) = \frac{-999.5452(s+0.496)(s+45.45)}{(s+0.03571)(s+858.2)}$$

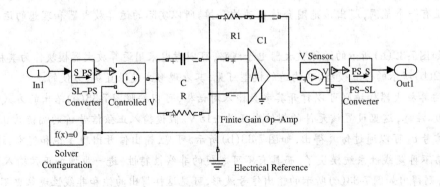

图7-34　运算放大器电路图的输入输出模型（文件名：c7moa2.mdl）

7.3.3 数字电子线路仿真举例

SimElectronics 模块集提供了大量的数字电子模块,可以直接用于数字电子线路的计算机仿真,除了该模块集外,Simulink 的逻辑与位运算模块组(Logic and Bit Operations)中提供了各种理想的逻辑模块,其部分逻辑类模块如图 7-35(a)所示,其中的逻辑模块(Logical Operator)对应的对话框如图 7-35(b)所示,可见,该模块既支持各种逻辑运算,也支持多路输入信号。该模块组提供的组合逻辑模块允许用户描述用真值表描述的电子线路模型。

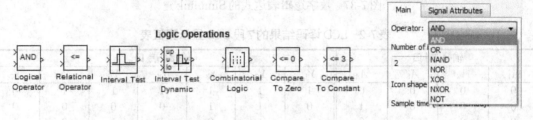

(a) 逻辑与位模块组部分逻辑模块 　　　　　　(b) 逻辑模块参数

图 7-35　Simulink 的逻辑模块组和参数设置

Simulink 附加模块组(Simulink Extra)的内容如图 7-36(a)所示,其中的触发器模块组(Flip-Flops)中给出了各种触发器模块,如图 7-36(b)所示,这些模块可以直接用于触发器线路的建模与仿真。

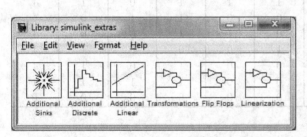
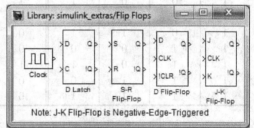

(a) Simulink 附加模块组 　　　　　　　　(b) 触发器模块组

图 7-36　Simulink 的附加模块组和触发器模块组

本节将给出若干实例演示数字电子线路的建模与仿真方法。

例 7-8 考虑逻辑关系式 $Z = \overline{A \cdot \overline{A \cdot B}} + B \cdot \overline{\overline{A \cdot B}}$,其中的 $\overline{A \cdot B}$ 为"与非门"(NAND),$\overline{A + B}$ 为"或非门"(NOR)。

利用理想逻辑模块可以容易地搭建出要求的逻辑关系式仿真模型,如图 7-37(a)所示。该模型是理想模型,不包含任何模块响应动态信息。如果想对某种实际逻辑模块搭建的电路进行精确仿真,则可以采用 SimElectronics 模块集中的逻辑模块搭建模型,如图 7-37(b)所示。

例 7-9 假设有 4 路二进制输入信号 A_1、A_2、A_3、A_4,需要搭建一个译码电路,将这 4 路输入信号构成的 BCD 码用 7 段发光二极管显示出来,译码逻辑规则可以由真值表描述,如表 7-2 所示[63],该真值表可以用矩阵表示,将该矩阵填写到组合逻辑的参数对话框中就可以完成译码模块的设置。

```
>> truTab=[1 1 1 1 1 1 0; 0 1 1 0 0 0 0; 1 1 0 1 1 0 1; 1 1 1 1 0 0 1;
```

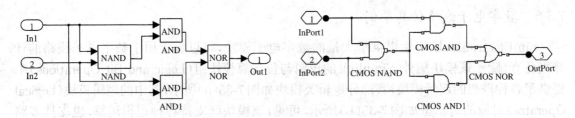

(a) 理想建模（文件名：c7mdig1.mdl）　　　　(b) CMOS建模（文件名：c7mdig2.mdl）

图7-37　数字逻辑表达式的Simulink建模

表7-2　LCD译码结果的7段LCD显示真值表

输入端口				输出端口						
A_1	A_2	A_3	A_4	Y_1	Y_2	Y_3	Y_4	Y_5	Y_6	Y_7
0	0	0	0	1	1	1	1	1	1	0
0	0	0	1	0	1	1	0	0	0	0
0	0	1	0	1	1	0	1	1	0	1
0	0	1	1	1	1	1	1	0	0	1
0	1	0	0	0	1	1	0	0	1	1
0	1	0	1	1	0	1	1	0	1	1
0	1	1	0	1	0	1	1	1	1	1
0	1	1	1	1	1	1	0	0	0	0
1	0	0	0	1	1	1	1	1	1	1
1	0	0	1	1	1	1	1	0	1	1
1	0	1	0	1	1	1	0	1	1	1
1	0	1	1	0	0	1	1	1	1	1
1	1	0	0	0	1	0	0	0	1	1
1	1	0	1	0	1	1	1	0	1	1
1	1	1	0	0	0	0	1	1	1	1
1	1	1	1	0	0	0	0	0	0	0

```
  0 1 1 0 0 1 1; 1 0 1 1 0 1 1; 0 0 1 1 1 1 1; 1 1 1 0 0 0 0;
  1 1 1 1 1 1 1; 1 1 1 1 0 1 1; 0 0 0 1 1 0 1; 0 0 1 1 0 0 1;
  0 1 0 0 0 1 1; 1 0 0 1 0 1 1; 0 0 0 1 1 1 1; 0 0 0 0 0 0];
```

　　这样可以搭建起如图7-38所示的仿真模型。在仿真模型中，译码器可以由组合逻辑模块描述，由于组合逻辑模块要求输入和输出均为数字型(Boolean)信号，而系统输入信号和LED显示器均要求模拟信号，故需要信号转换模块(Data Type Conversion)先进行转换才能正确连接。

例 7-10　控制系统辨识和通信系统中经常使用伪随机二进制信号发生器(Pseudo-Random Binary Sequence, PRBS, 又称M-序列)产生随机输入信号，该信号可以由如图7-39所示的电子线路直接生成。可见，该电路的核心是触发器模块。

　　由Simulink Extra组中的触发器模块直接表示可以构造出如图7-40所示的仿真模型，其中采用了6个D触发器，它们的时钟端口由时钟脉冲信号控制，默认的时钟周期为2s，和电路图不同的是，这里还需要给每个触发器引入使能信号。可以将该信号连接到所有触发器模块的使能端!CLR，逻辑模块也可以直接调用数学模块组中的Logical Operator模块搭建。

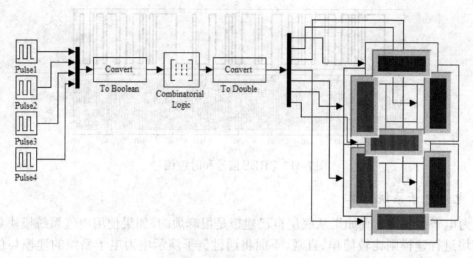

图 7-38 LCD 译码系统及数码管显示(文件名:c7mled.mdl)

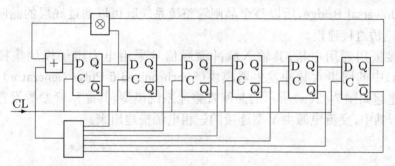

图 7-39 PRBS 序列信号发生器电路图

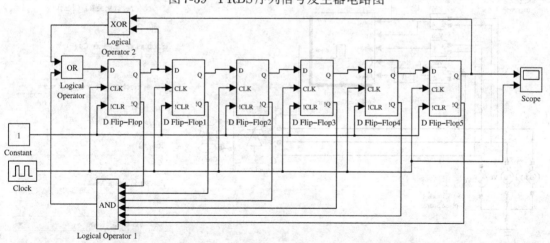

图 7-40 基于触发器的 PRBS 序列发生器仿真系统(文件名:c7mflip.mdl)

构造出系统的仿真框图后,就可以对其进行仿真研究,得出如图 7-41 所示的仿真曲线,其中该信号的周期为 63,亦即 126 s。可见,带有触发器的数字电路可以容易地用 Simulink 进行仿真,用示波器可以直接观察各个信号的时序曲线,为数字电路的分析提供了有力的手段。

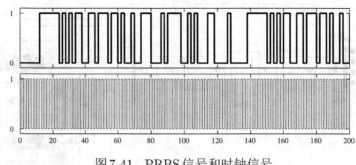

图7-41　PRBS信号和时钟信号

7.3.4　电力电子系统仿真

电力电子系统的仿真如果从底层自己建模是很麻烦的,如果使用电气系统模块集中提供的模块进行建模则比较简单、直观。下面将通过例子演示电力电子系统的建模与仿真方法。从给出的模块组内容可见,其中既有最底层的晶闸管模块Thyristor,也有集成度更高的通用电桥模块Universal Bridge,所以整个晶闸管整流系统既可以通过底层的晶闸管直接建模,也可以通过电桥直接建模。

本例中直接采用通用电桥,其输入脉冲激励信号采用电力电子模块集控制模块组(Control Blocks)中的同步六脉冲发生器模块(Synchronized 6-Pulse Generator)产生,这样可以容易地搭建起如图7-42(a)所示的晶闸管整流系统模型,其晶闸管参数设置对话框如图7-42(b)所示,其中,交流电源由Y型连接的三相电源搭建出来。

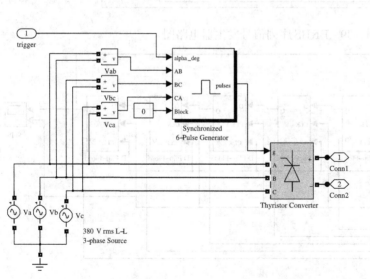

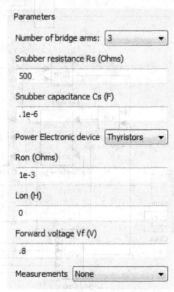

（a）晶闸管整流仿真框图（文件名：c7ma2d.mdl）　　　　　（b）晶闸管参数设置对话框

图7-42　晶闸管整流仿真框图

为了演示晶闸管整流系统的作用,可以考虑搭建如图7-43所示的仿真框图,其中,输入信号选择为常数模块,如选择30°,这样可以建立起如图7-43所示的仿真框图。注意,在整流系统的输出端应该连接负载,否则不能构成实际的回路。

有了仿真框图,则可以得出触发角为30°时,整流电压的曲线和三相电压曲线,如图7-44(a)所示。可见,在30°时,AB相导通,故整流电压与AB相完全一致,再经过30°以后,CB相导通,这时整流电压与BC电压的反相电压一致,可以按这样的方式理解整流效果。若选择触发角为50°,则可以得出如图7-44(b)所示的整流效果,用户可以根据整流曲线理解整流过程。

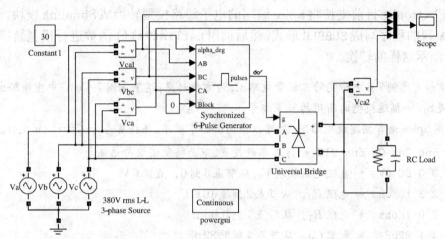

图7-43　晶闸管整流仿真实例框图(文件名:c7ma2d2.mdl)

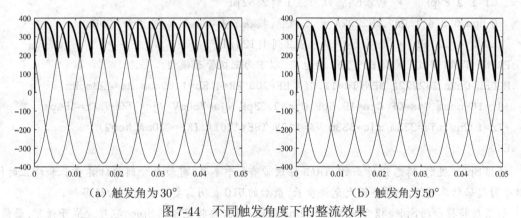

(a)触发角为30°　　　　　　　　　(b)触发角为50°

图7-44　不同触发角度下的整流效果

7.3.5　将Spice模块嵌入Simulink仿真模型

Spice语言是美国加州大学伯克利分校开发的电子线路仿真语言,PSpice是美国MicroSim公司为其编写的界面,支持在Windows界面下的电子线路设计,是目前电子线路设计最有影响、也是最常用的软件之一[66],在国内很多院校电子设计课程都采用该软件作为计算机辅助分析与设计工具。如果电路元件只是整个控制系统中的一个部分,那么用Spice就远远不够了。所以,将Spice电路转换为Simulink模块是相当必要的。本节将介绍这样的转换程序,使得在Simulink下可以直接调用由Spice设计的电路图进行仿真。

目前，能进行 Spice 到 MATLAB/Simulink 转换的有几个第三方工具，其中一个是将 Spice 文件(.cir)通过 MATLAB 下的动态连接技术直接运行，将结果传回到 MATLAB 工作空间。该软件的免费下载地址为 `http://ave.dee.isep.ipp.pt/~jcarlos/matlab`。

另一个软件称为 SLSP (Simulink Spice Interface)，可以将 .cir 文件嵌入到 Simulink 模型中进行仿真。显然这样的方法更具实际意义，但该软件不是免费软件。该软件发布者的地址为 `http://www.bausch-gall.de/prodss.htm`。

SimElectronics 目前支持将 Spice 编写的电子线路模型转换成 Simulink 模块，这里要求将 Spice 编写的程序写成 SUBBLK 形式，然后调用 `netlist2sl()` 函数进行模型转换，下面将通过例子演示这样的转换。

例 7-11 重新考虑例 7-6 中研究的三极管电路图，为方便起见，这里在图 7-45(a) 中重新给出，图中所标的数字是 Spice 描述模型时所用的节点编号。

如果用 Spice 语言描述该电路图，则可以编写出如下程序，并将其存为 c7ftri1.cir 文件。

```
.TRAN 5ns 2us 0s 5ns UIC  * 仿真参数设置，下面将叙述该句语法
   V0 3 0 DC 6V   * 直流电压模块V_0，从节点3到0，直流6V
   R0 2 3 10Kohm  * 电阻R_0，从节点2到3，10kΩ
   R1 1 0 1Kohm   * 电阻R_1，从节点1到0，1kΩ
   C0 4 1 82pF    * 电容C_0，从节点4到1，82pF
   C1 1 2 82pF    * 电容C_1，从节点1到2，82pF
   Q_npn_0 3 4 1 Qn2_2N2222A * 三极管，接在节点3、4、1上，见下面MODEL
   L0 2 4 120uH   * 电感L_0，从节点2到4，120μH
.PRINT TRAN V(1) * 输出节点1的电压，以下为三极管子模型：
.MODEL Qn2n_2N2222A NPN(Is=11.6fA BF=200 BR=4 Rb=1.69ohm Re=423mohm
+Rc=169mohm Cjs=0F Cje=19.5pF Cjc=9.63pF Vje=750mV Vjc=750mV Tf=454ps
+Tr=102ns mje=333m mjc=333m VA=113V ISE=170fA IKF=410mA Ne=2)
.END
```

根据 Spice 规则，瞬态分析函数 .TRAN 应该带有 5 个参数，前两个分别为计算步长和终止时间，第 3 个为起始仿真时间，第 4 个最大允许步长，最后的 UIC 表明需要用户指定初始条件。

如果想将得出的 Spice 模型嵌入 Simulink 框图，则需要将完整的 Spice 程序变成子模型，最简单的方式是在 .cir 文件最前面给出 .SUBCKT cir 3 1 语句来定义子电路，其中 3 和 1 分别表示嵌入模块的输入与输出节点。另外，考虑将直流电源语句删去，这样就能由外部信号来驱动此模型了。修改后的子程序保存为 c7mtri2.cir。

使用下面语句可以将 Spice 描述的子程序转换成 Simulink 模型，如图 7-45(b) 所示，其模型名就是 .SUBCKT 命令指定的 cir。值得指出的是，虽然这里通过自动翻译生成的 Simulink 框图在布线上不甚理想，但得出的仿真模型是可以直接使用的。

```
>> netlist2sl('c7mtri2.cir','myLib')
```

利用这样转换出来的模块 cir，可以搭建起如图 7-46(a) 所示的仿真框图，其中输入信号由 Simulink 常数信号源给出，其幅值为 6 V，得出的输出信号如图 7-46(b) 所示。

用这里给出的方法可以对更复杂的 Spice 程序直接翻译,嵌入 Simulink 框图,增加了 Spice 模型的可重用性以及 Simulink 对电子线路的仿真能力。

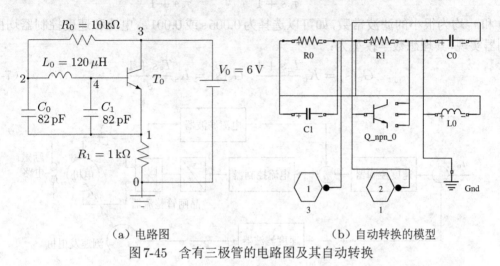

(a) 电路图　　　　　　　　　　　　(b) 自动转换的模型

图 7-45　含有三极管的电路图及其自动转换

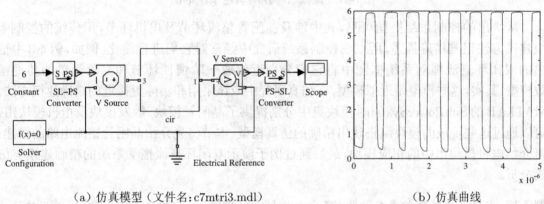

(a) 仿真模型(文件名:c7mtri3.mdl)　　　　　　(b) 仿真曲线

图 7-46　带有嵌入 Spice 模块的仿真模型与结果

7.4　电机拖动系统仿真

在电机拖动系统精确建模与仿真方法使用之前,一直采用线性模型近似的方法对其进行研究。人们通常采用一个二阶传递函数模型来近似电动机模型,而用滞后环节来近似可控硅整流环节。这样的近似和实际系统可能有很大差异,故应该采用物理建模方法来描述电机拖动系统。

7.4.1　直流电机拖动系统仿真

本节将以直流电机双闭环控制调速系统为例介绍 Simulink 建模与仿真的方法。考虑典型的直流电机拖动系统框图,如图 7-47 所示,其中,电流滤波器 $F_c(s)$ 和速度滤波器 $F_s(s)$ 的数学模型分别为：

$$F_c(s) = \frac{\beta}{\tau_c s + 1}, \quad F_s(s) = \frac{\alpha}{\tau_s s + 1} \tag{7-4-1}$$

且 τ_c 和 τ_s 均为很小的滤波常数，如可以选择为 $0.005\,\mathrm{s}$ 或 $0.001\,\mathrm{s}$。电流和速度控制器均由 PI 控制器实现，其理想数学模型为：

$$G_c(s) = K_c \frac{T_c s + 1}{s}, \quad G_s(s) = K_s \frac{T_s s + 1}{s} \tag{7-4-2}$$

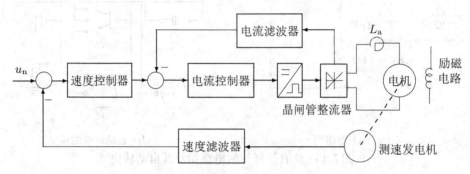

图 7-47　直流双环控制调速系统框图

　　从给出的控制系统框图可见，其中涉及晶闸管整流环节及电机环节，用传统的控制系统建模方法很难精确描述，所以在控制系统研究中经常对它们进行简化。例如，例 4-3 中给出的双闭环直流拖动系统框图中将它们分别近似成一阶惯性环节和二阶简单的传递函数模型。其实，这些模型是近似模型，在仿真研究中应该采用和实际更接近的精确建模方法。MATLAB 的 SimPowerSystems 模块集中分别提供了晶闸管模块、触发模块及电机模块组，可以通过这些现成的模块组搭建出精确的仿真模型。本节将先介绍晶闸管整流电路的搭建，再介绍电机模块组中的相应模块，最后通过例子演示双闭环直流拖动系统的精确建模与仿真分析。

　　例 7-12　假设某电机铭牌参数为[67]：额定电压 $U_N = 220\,\mathrm{V}$，额定电流 $I_N = 136\,\mathrm{A}$，额定转速为 $n_N = 1500\,\mathrm{r/min}$，$K_e = 0.228\,\mathrm{V/(r/min)}$，$\lambda = 1.5$，晶闸管装置的放大倍数为 $K_s = 62.5$，电枢回路总电阻 $R_a = 0.863\,\Omega$，电流反馈系数 $\beta = 0.028\,\mathrm{V/A}$，转速反馈系数为 $\alpha = 0.0041\,\mathrm{V/(r/min)}$，反馈滤波时间常数为 $\tau_c = \tau_s = 0.005\,\mathrm{s}$，已知两个控制器参数分别为 $K_c = 1.15$，$T_c = 0.028\,\mathrm{s}$，$K_s = 20.12$，$T_s = 0.092\,\mathrm{s}$，试构建起该调速系统的仿真模型，并绘制出电流与转速曲线。

　　根据给出的信息，可以很容易地设置出晶闸管通用电桥的参数，如图 7-48(a) 所示。双击图 7-49 中所示系统的直流电机模块图标，则可以打开如图 7-48(b) 所示的对话框，根据给出的条件可以换算出所需的对话框参数。例如，电枢电阻 R_a 已经直接给出，电感可以设置成较小的数值，因为其大部分电感值已经由前置的电感反映出来了。

　　该互感内容可以由下面的式子换算出来：

$$L_f = \frac{(U_N - P R_a / U_f) R_f}{n_N U_f} = 0.637\,\mathrm{H}$$

　　直流电机模型的内部结构可以通过右击电机模块，从弹出的快捷菜单中选择 Look under Mask 命令直接获得，如图 7-50 所示。可见，这样得出的模型包含了电机的电气和机械方程，其中还考虑了

Parameters		Configuration	Parameters	Advanced

Parameters

Number of bridge arms: 3

Snubber resistance Rs (Ohms)

500

Snubber capacitance Cs (F)

.1e-6

Power Electronic device   Thyristors

Ron (Ohms)

1e-3

Lon (H)

0

Forward voltage Vf (V)

.8

Measurements   None

Armature resistance and inductance [Ra (ohms) La (H)]

[0.863 0.001]

Field resistance and inductance [Rf (ohms) Lf (H)]

[220 136]

Field-armature mutual inductance Laf (H) :

0.637

Total inertia J (kg.m^2)

1

Viscous friction coefficient Bm (N.m.s)

0.1

Coulomb friction torque Tf (N.m)

1.9

Initial speed (rad/s) :

0.1

(a) 通用电桥参数对话框 　　　　　　　　　(b) 直流电机参数对话框

图7-48　相关模块的参数设置

电机中的摩擦等非线性因素。所以，该模型可以比直接的传递函数方法更精确地描述实际电机的运行过程。

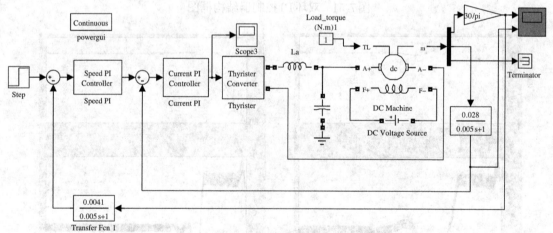

图7-49　双环直流电机控制仿真框图（文件名：c7mdcm.mdl）

　　在实际的电力拖动系统中，两个PI控制器的结构稍有差异，应该分别采用如图7-51(a)、7-51(b)所示的带积分饱和与输出饱和的典型PI控制器结构。在电流控制器和晶闸管整流器之间，电流控制信号应该有一个偏移并被反相。

　　采用Simulink对整个系统进行仿真，可以得出电机的转速与滤波后的电流曲线，如图7-52(a)所示。修改控制器参数，如通过试凑方法将速度环的PI控制器参数设置成$K_p = 15, K_i = 10$，则可以得出如图7-52(b)所示的控制效果，可见控制效果明显改善。可以看出，通过仿真的方式可以较好地进行控制器设计。

　　有了这一仿真框架，还可以轻易搭建出其他的仿真框图来分析相关问题。例如，如果想研究系统

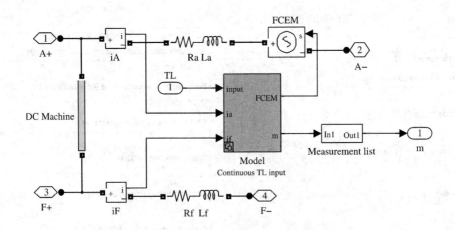

图 7-50   直流电机模型的内部结构

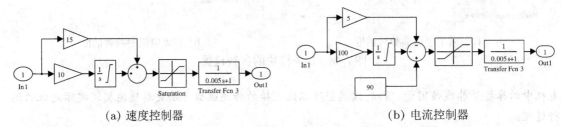

(a) 速度控制器   (b) 电流控制器

图 7-51   双环 PI 控制器结构框图

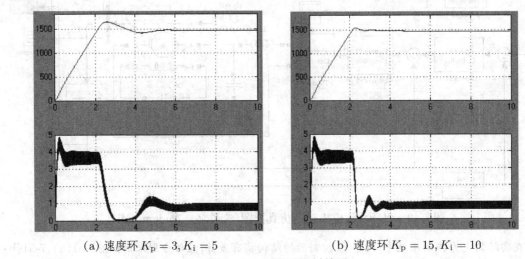

(a) 速度环 $K_p = 3, K_i = 5$ (b) 速度环 $K_p = 15, K_i = 10$

图 7-52   双闭环控制效果

抗负载扰动的性能,可以用一个阶跃环节来表示负载,得出如图 7-53 所示的仿真框图。

假设表示负载的阶跃环节的阶跃时刻设置为 6 s,初值为 1 N·m,终止值分别为 15 N·m 或 50 N·m,则表示开始负载为 1,自 6 s 时刻开始分别变成 15 或 50,这样可以得出如图 7-54(a)、7-54(b) 所示的仿真结果。可见,在给定的 PI 控制器的控制下,系统抗负载扰动的效果是很理想的,即使负载有较大的变化,仍能很快回复到额定转速。

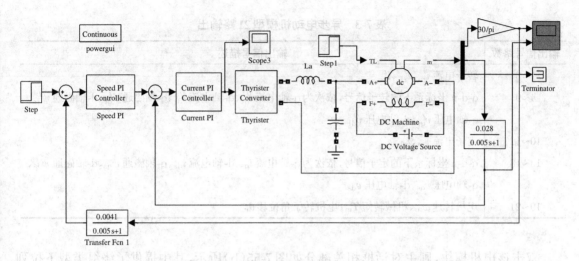

图 7-53　负载变化的双环直流电机控制仿真框图（文件名：c7mdcm1.mdl）

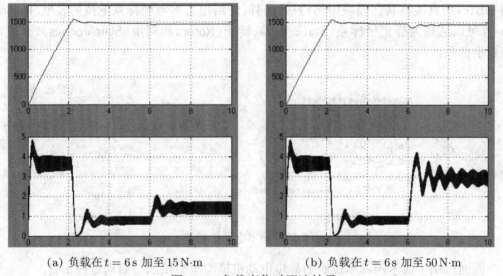

(a) 负载在 $t = 6\,\mathrm{s}$ 加至 $15\,\mathrm{N\cdot m}$　　　　(b) 负载在 $t = 6\,\mathrm{s}$ 加至 $50\,\mathrm{N\cdot m}$

图 7-54　负载变化时调速结果

7.4.2　交流电机拖动仿真

电气系统模块集中提供了 3 个异步电动机模块，重新在图 7-55(a) 中给出。其中包括了标幺值单位下的异步电动机模型（Asynchronous Machine pu Units）和国际单位制的模型（Asynchronous Machine SI Units），还提供了单相异步电机模型（Single Phase Asynchronous Machine）。

本节只介绍国际单位制的三相异步电动机，该模块有 4 个输入端口和 4 个输出端口，前 3 个输入端口 A、B、C 为电机的定子电压输入，一般可直接接三相电压，可以有星型和三角形两种解法。异步电动机模块提供了 4 路输出，第一输入端一般接负载，为轴上的机械转矩，该端口可以直接接 Simulink 信号。模块的输出端为 m 端口，它返回 21 路电机内部信号，定义在表 7-3 中给出。该模块的其他三路输出为电压 a、b、c。

表7-3　异步电动机模型21路输出

输出信号路数	输出信号描述
1~3	转子电流 i'_{ra}、i'_{rb}、i'_{rc}
4~9	q-d-n 坐标系下的转子信号,依次为 q-轴电流 i'_{qr}、d-轴电流 i'_{dr}、q-轴磁通 ψ'_{qr}、d-轴磁通 ψ'_{dr}、q-轴电压 v'_{qr}、d-轴电压 v'_{dr}
10~12	定子电流 i_{sa}、i_{sb}、i_{sc}
13~18	q-d-n 坐标系下的定子信号,依次为 q-轴电流 i_{qs}、d-轴电流 i_{ds}、q-轴磁通 ψ_{qs}、d-轴磁通 ψ_{ds}、q-轴电压 v_{qs}、d-轴电压 v_{ds}
19~21	电机转速 ω_{m}、机械转矩 T_{m}、电机转子角位移 θ_{m}

　　双击该电机模块,则主对话框相关部分如图7-55(b)所示,其中提供了绕组类型下拉列表框(Rotor type),可以选择绕线式(Wound)和鼠笼式(Squirrel-cage)两种,后者将不显示输出端a、b、c,而直接将其在模块内部短接。另外,还给出了参考坐标系下拉列表框(Reference frame),可以选择为静止坐标系(Stationary)、转子(Rotor)和同步(Synchronous),一般常选择静止坐标系。

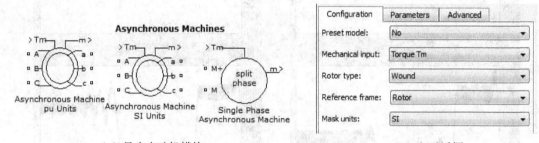

(a)异步电动机模块　　　　　　　　　　(b)主对话框

图7-55　异步电动机模块

　　下面通过例子演示国际单位制的异步电动机模型星型接法与启动过程仿真。

例 7-13　异步电机模块给出了若干常用的电机模型,这些模型的参数是已经存储好的,可以直接使用,用户可以调整其中部分参数来描述自己需要仿真的电机。双击电机模块,将得出该模块的主对话框,如图7-55(b)所示,选择 Parameters 选项卡,则可以按图7-56所示输入电机的参数。

　　例如用户可以输入电机的铭牌参数[67]:
- 额定参数　额定功率 $P_{\mathrm{n}}=5.5\,\mathrm{kW}$,线电压 $V_{\mathrm{n}}=380\,\mathrm{V}$,频率 $f_{\mathrm{n}}=50\,\mathrm{Hz}$。
- 定子(Stator)电阻 $R'_{\mathrm{s}}=0.0217\,\Omega$ 和漏感 $x'_{\mathrm{ls}}=0.039\,\Omega$。
- 转子(Rotor)电阻 $R_{\mathrm{r}}=0.0329\,\Omega$ 和漏感 $x_{\mathrm{lr}}=0.0996\,\Omega$。
- 互感(Mutual inductance) $L_{\mathrm{m}}=3.6493\,\Omega$。
- 转矩(inertia) $J=11.4\,\mathrm{kg\cdot m^2}$,摩擦系数 $F=0\,\mathrm{N\cdot m\cdot s}$,极对数 $P=2$。

　　这里电感参数由电抗的形式给出,需要用 $L=x/(2\pi f)$ 公式计算实际电感值。

　　常用的异步电动机接法一般有星型接法和三角形接法,分别如图7-57(a)、图7-57(b)所示。在本

图 7-56 电动机参数对话框

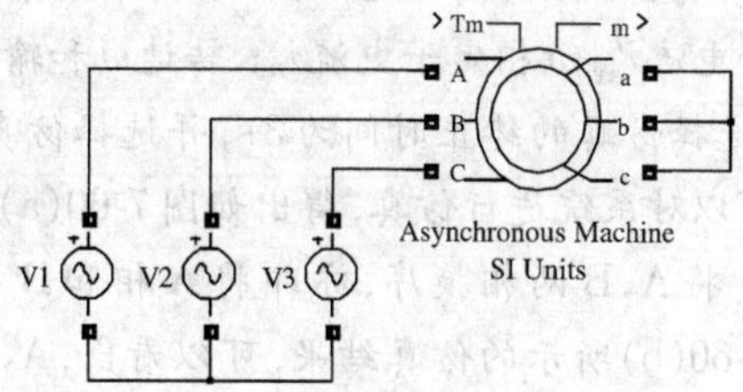

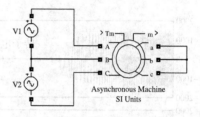

（a）星型连接（文件名：c7macm1.mdl）

（b）三角形连接（文件名：c7macm2.mdl）

图 7-57 常用电机接法

例中可以采用星型接法，在该结构下，3 路输入信号的初始相位应该分别设置为 0、120 和 240。

这样可以绘制出异步机仿真框图，如图 7-58 所示。这里电源采用了星型接法，可以将这 3 个交流电压源的电压值设成相电压 220 V，A、B、C 三相的相位分别设为 0、120、240。

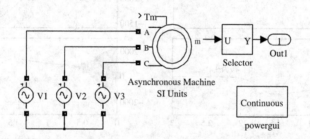

图 7-58 异步机起动过程仿真 Simulink 模型（文件名：c7macm4.mdl）

在该模型中有一个空闲的电流测试元件（Current Measurement），这是电气系统模块集所要求的，因为它要求至少有一个测量元件。另外，还需要从输出的信号中使用选路器模块（Selector）提取所需的信号，该模块的对话框如图 7-59 所示。

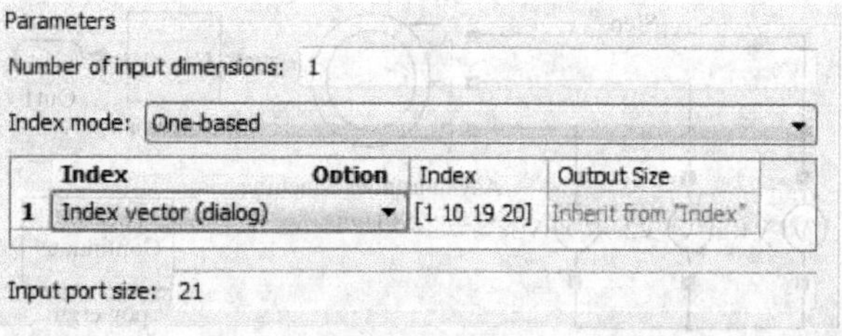

图 7-59 选路器参数对话框

　　由选路器设置可见,选择了其中的第1、10、19、20路信号,由表7-3可见,这样的设置选择了a相转子电流i'_{ar}、a相定子电流i_{as}、转速ω和输出转矩T,其中,转速信号需要乘以$-30/\pi$才能变成rpm单位。选择仿真的终止时间为3s,并选择仿真算法为ode15s,相对允许误差和绝对允许误差均为10^{-7},就可以对系统进行仿真,得出如图7-60(a)所示的仿真结果。

　　将A、B两相换序,亦即将A相和B相的相位移分别改成120和0,则再进行仿真就能得出如图7-60(b)所示的仿真结果,可以看出,A、B两相换序将使得电机反转。可以通过这样的方法对各种电机接法进行仿真分析。

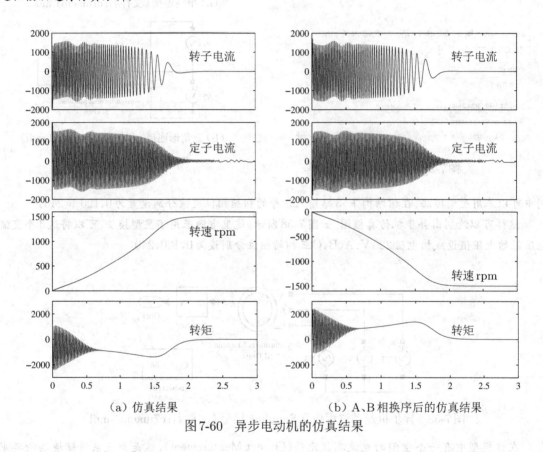

（a）仿真结果　　　　　　　　　　　（b）A、B相换序后的仿真结果

图7-60　异步电动机的仿真结果

例7-14　可以建立起如图7-61所示的启动仿真模型,该模型为电动机在0.2s时刻施加负载。

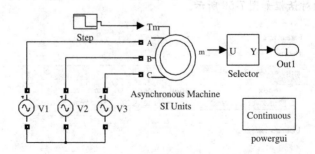

图7-61　带负载的异步机仿真Simulink模型(文件名:c7macm5.mdl)

Preset Motors 列表框提供了很多原型电机型号,如图7-62(a)所示。选择其中的第一个电机模型,即额定电压为460 V,频率为60 Hz,额定转速为1700 rpm的异步电动机,该预设电机的参数对话框如图7-62(b)、图7-62(c)所示。对该系统仿真,可以得出空载时的曲线,如图7-63(a)所示,在0.2 s时施加100 N·m的负载,则得出如图7-63(b)所示的曲线。

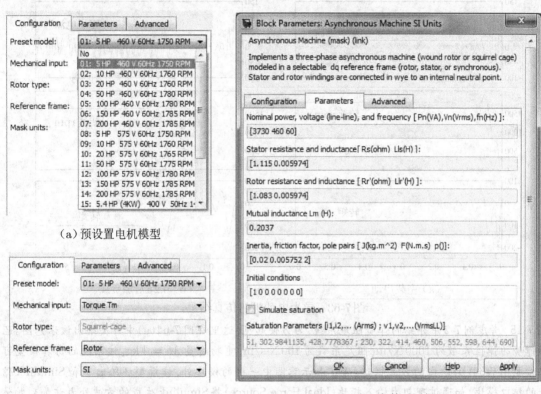

(a) 预设置电机模型

(b) 预设电机其他设置   (c) 参数对话框

图7-62 原型电机参数对话框

从得到的仿真结果可见,可以通过这样简单的方法直接"观察"一小段时间内电路中的信号,这是一般硬件实验所难以实现的,所以对电力电子系统进行"软实验"有其普通硬件实验无法企及的优势。

7.5 机械系统建模与仿真

前面介绍过,利用Simscape的基础模块库可以实现力学系统的建模与仿真。除了基础模块库之外,更复杂机械系统的建模与仿真可以使用更专业的SimMechanics来完成。下面首先介绍简单力学系统的建模与仿真,然后介绍SimMechanics及仿真方法。

7.5.1 简单力学系统的仿真

一般力学系统用Simscape的基础模块库就可以进行建模与仿真研究。下面通过例子介绍弹簧阻尼系统的建模与仿真问题求解。

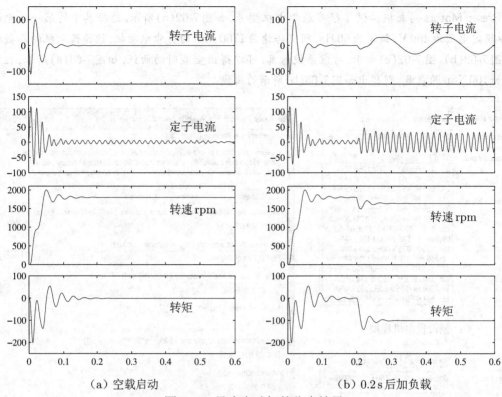

（a）空载启动　　　　　　　　　　　（b）0.2 s 后加负载

图 7-63　异步电动机的仿真结果

例 7-15　考虑例 7-2 中介绍的弹簧阻尼系统，为方便起见，这里在图 7-64(a) 中再次给出该示意图。已知弹簧的弹性系数为 $1000\,\mathrm{N/m}$，阻尼系数为 $100\,\mathrm{N\cdot s/m}$，重物质量 $M=1\,\mathrm{kg}$。该系统的仿真模型可以按照图 7-64(b) 给出的方式搭建。除了和示意图中一样的模块外，该模型还给出了和 Simulink 信号的接口模块，如通过理想力输入模块(Ideal Force Source)将 Simulink 生成的方波外力施加到物体上，而将重物的位移和速度通过理想平动检测模块(Ideal Translational Motion Sensor)测出并转换到 Simulink 环境。

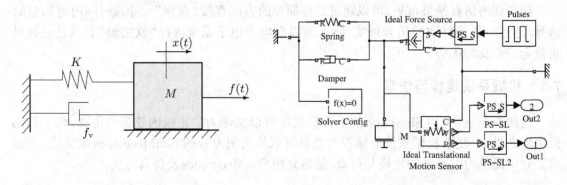

（a）弹簧阻尼系统示意图　　　　　（b）Simulink 仿真模型（文件名：c7mdamp1.mdl）

图 7-64　弹簧阻尼系统模型与仿真模型

假设方波信号的外力为 $1\,\mathrm{N}$，方波周期为 $5\,\mathrm{s}$，占空比为 40%，则可以得出位移和速度曲线如图 7-65(a) 所示。如果将弹性系数修改为 $100\,\mathrm{N/m}$，则重物的位移和速度如图 7-65(b) 所示。

注意,这里的运动分析前提条件是重物与光滑平面之间没有摩擦力,如果需要考虑摩擦力,则问题比较麻烦,因为重物 M 经常变换方向,又需要经常克服静态摩擦力,所以比较好的方法是采用 Stateflow 来考虑静摩擦力,后面将给出 Stateflow 及有限状态机的建模与仿真问题。

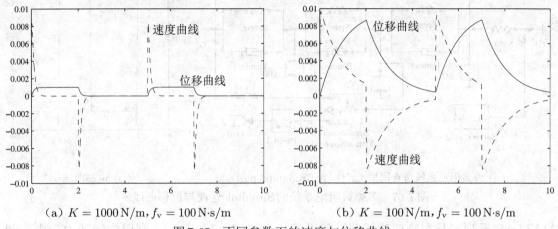

(a) $K = 1000\,\text{N/m}, f_\text{v} = 100\,\text{N·s/m}$ (b) $K = 100\,\text{N/m}, f_\text{v} = 100\,\text{N·s/m}$

图 7-65 不同参数下的速度与位移曲线

例 7-16 由 Newton 定律,前面简单的弹簧阻尼系统可以容易地写出其数学模型,然后进行仿真研究,当然用 Simscape 模块建模更直观、方便。现在考虑图 7-66 给出的复杂弹簧阻尼系统模型,该模型通过直接建模的方法是很难构造出仿真模型的。

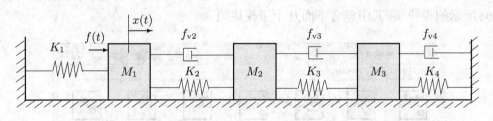

图 7-66 多弹簧阻尼系统

假设 3 个阻尼器的阻尼系数均为 $f_\text{v1} = f_\text{v2} = f_\text{v3} = 100\,\text{N·s/m}$,弹性系数 $K_1 = K_2 = 1000\,\text{N/m}$,$K_3 = K_4 = 400\,\text{N/m}$,$M_1 = M_2 = M_3 = 1\,\text{kg}$。如果拉力 $f(t)$ 选为幅值为 4 N 的方波信号,则可以按图 7-67(a) 中给出的方式搭建起仿真模型,对其仿真则可以得出如图 7-67(b) 所示的位移曲线。由仿真模型还可以观察不同参数下系统的响应。

通过下面语句还可以得出系统的线性化模型为:

$$G(s) = \frac{100(s + 195.9)(s + 10)(s + 4.083)}{(s + 318.2)(s + 145.2)(s + 8.486)(s + 4.082)(s^2 + 24.01s + 699.6)}$$

```
>> [a b c d]=linmod('c7mdamp2'); G=minreal(zpk(ss(a,b,c,d)))
```

7.5.2 SimMechanics 简介

MathWorks 公司于 2001 年 10 月推出了机构系统模块集(SimMechanics Blockset),借助于 MATLAB/Simulink 及其三维动画工具,允许用户对机构系统进行仿真,这表明

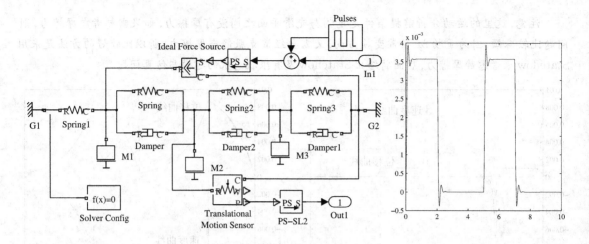

(a) 弹簧阻尼系统仿真模型（文件名：c7mdamp2.mdl）　　　　　　（b) 位移曲线

图 7-67　多弹簧阻尼系统的 Simulink 建模与位移曲线

MATLAB 系列产品在物理建模领域前进了一大步。SimMechanics 利用牛顿动力学中力和转矩等基本概念，可以对各种运动副连接的刚体进行建模与仿真，实现对机构系统进行分析与设计的目的。

　　作为 Simulink 下的一个应用程序，可以从 Simulink 浏览器中直接打开 SimMechanics 模块集，也可以在 MATLAB 命令窗口中由 mechlib 命令打开该模块集，后者将打开如图 7-68 所示的模块集，其中包含下面几个子模块组。

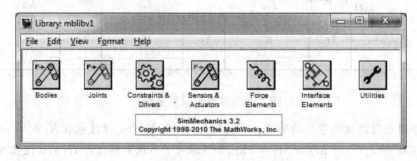

图 7-68　SimMechanics 模块集

- **刚体子模块组**（Bodies）：双击该模块组图标，则将打开如图 7-69 所示的模块组内容。可见，该模块组中有两个主要模块，即机架（Ground）和刚体（Body），其中，前者有一个连接端，后者有两个连接端，B 端称为主动端（base），F 端称为从动端（follower）。按照传统系统仿真的概念，也可以将 B 端理解为输入端，F 端为输出端。

　　另外，该模块组还有机器变量设置模块（Machine Environment）和共享变量设置模块（Shared Environment），这些模块可以设置诸如重力加速度在内的机械参数和求解算法参数等。

- **接口元件模块组**（Interface Elements）：如图 7-70 所示，包括平动接口模块（Prismatic - Translational Interface）和转动接口模块（Revolute - Rotational Interface），这里的接口主

要用于 SimMechanics 和 Simscape 基础模块库之间的连接。

- **力模块组**(Force Elements):如图 7-71 所示,包括刚体弹簧阻尼器(Body Spring & Damper)和关节刚体阻尼器(Joint Spring & Damper),前者是连接两个平动刚体的弹簧阻尼器,后者是连接到关节上的弹簧阻尼器。

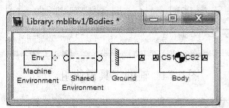

图 7-69 刚体模块组

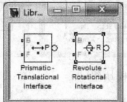

图 7-70 接口模块组

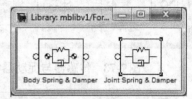

图 7-71 力模块组

- **约束与驱动模块组**(Constraints & Drivers):双击该图标则打开如图 7-72 所示的内容。在该模块组中有静力学约束的模块,如齿轮约束(Gear Constraint)、平行约束(Parallel Constraint)和曲线约束(Point-Curve Constraint),另外还包含各种传动模块。

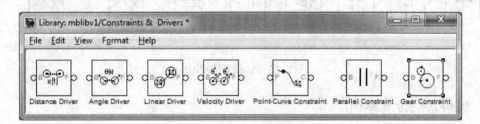

图 7-72 约束与驱动子模块组

- **检测与促动模块组**(Sensors & Actuators):如图 7-73 所示,其中的模块用来和普通的 Simulink 模块交互信息。例如,可以将刚体检测模块(Body Sensor)连接到刚体的附加输出端,用以检测刚体的线速度、角速度、位置和加速度等信息,将其输出端连接到示波器上显示出来。驱动模块用来给机构添加 Simulink 输入量,例如,用户可以用普通的 Simulink 模块搭建一个力信号,然后通过刚体驱动模块(Body Actuator)将该力信号施加到相应的刚体上。这个过程看起来较复杂,事实上,要想使 SimMechanics 模块和普通 Simulink 模块进行数据交换,就必须使用这样的中间环节。
- **辅助工具模块组**(Utilities):如图 7-74 所示,这里的模块允许在其他模块中添加节点,或将信息转换成虚拟现实工具箱用的数据。
- **运动副模块组**(Joints):如图 7-75 所示,提供了各种运动副的图标,可以用这些运动副来连接刚体,构造所需的机构,包括平动运动副(Prismatic)、单自由度的转动副(Revolute)、单自由度移动副(Prismatic)、三自由度球面副(Spherical)、平面副(Planar)、万向轴节(Universal)、圆柱副(Cylinderical)、焊接连接(Weld)、螺旋副(Screw)及六自由度(Six-DoF)等。

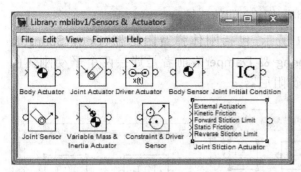

图 7-73　传感器与促动器模块组

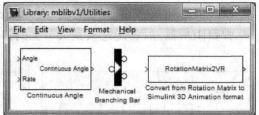

图 7-74　辅助工具模块组

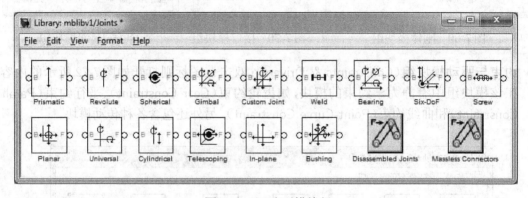

图 7-75　运动副模块组

7.5.3　机构系统仿真举例

机构系统仿真是很重要的,例如,机器人系统的机械部分经常可以简化成机构系统的仿真[68],SimMechanics 和 MATLAB/Simulink 之间的有机结合又允许将机构系统和电控部分在同一仿真框架下同时进行,这样就使整个系统仿真的工作更容易、有效。

本节将以平面四连杆机构的建模与仿真为例,介绍 SimMechanics 在机构系统建模与仿真中的应用。通过这个例子,相信读者会对解决类似的问题有一定的认识,可以更好地利用这一工具求解其他的机械系统建模与仿真问题。

例 7-17　考虑如图 7-76 所示的平面四连杆机构的运动简图[69],整个连杆机构的几何尺寸在图中给出。从该机构运动简图可见,整个系统有两个固定机架,3 个刚体的连杆通过 4 个单自由度转动副和这两个固定机架相连。假设连杆 AB 沿 A 轴以 ω 的角速度旋转,可以取其为正弦信号,试分析 C 点的运动轨迹。在该机构中,虚线表示的 AD 线可以认为是一个固定的杆,故这样的机构称为四连杆机构。

暂时假设 ω = 0。对四连杆机构,我们将分以下几个步骤来建模仿真分析:

(1) 仿真框图绘制

利用 SimMechanics 中提供的模块,不难建立起该系统的 Simulink 框图的原型,如图 7-77 所示。在该框图中,首先需要绘制出两个固定机架,可以采用刚体模块组中的 Ground 模块来表示,然后从 Joints 模块组中复制 Revolute 模块,构造出第一个转动副,再从 Body 模块组中复制 Body 模块,依此类推,就可以将所需的模块都复制到此模型窗口中。复制完模块后,用类似于普通 Simulink 模块连接

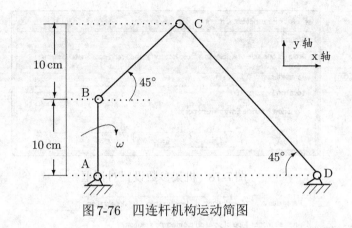

图 7-76　四连杆机构运动简图

的方法,就可以将这些模块连接起来。在建立该框图时,我们只是将相应的模块按照示意图中指定的方式堆砌起来,并未设置各个模块的参数及与 MATLAB/Simulink 进行信息交换的方式。

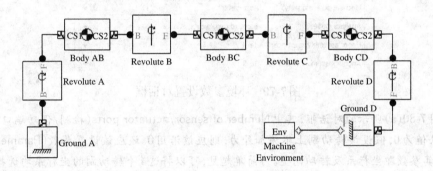

图 7-77　平面四连杆机构的 SimMechanics 表示(文件名:c7mmech4.mdl)

机构系统的世界坐标系设置类似于前面介绍的虚拟现实工具箱中的设置,如图 5-69(a)所示,每个坐标轴的旋转方向也遵从图 5-69(b)中所示的右手法则。所以在平面四连杆机构仿真中,可以认为该系统的 x、y 轴如图 7-68 所示,这样从纸面向上的方向即为 z 坐标轴的正方向,可以将该坐标系设置为世界坐标,所以这 4 个转动副均应该依 z 轴做正方向旋转。

(2) 模块参数设置

① 机架参数设置。假设 A 点为世界坐标系的坐标原点,则左侧机架的坐标为 $(0,0,0)$ cm,右侧机架的坐标可以算出为 $(30,0,0)$ cm。

双击机架 Ground D 模块,则可以打开如图 7-78 所示的对话框,可以在其中的 Location [x,y,z] 文本框中输入机架的位置 D,即其坐标 $[30,0,0]$,单位选择 cm。另外,如果需要连接环境变量设置模块 Machine Environment,则需要选中 Show Machine Environment port 复选框。

② 环境变量模块的参数设置。双击 Machine Environment 模块,则可以打开如图 7-79 所示的对话框,允许用户输入机构系统所需的仿真控制参数。例如,在该对话框中需要输入各个坐标轴的重力加速度向量(Gravity vector)。不难理解,对本例来说应该设置重力加速度向量为 $[0,-9.81,0]$,表示在 x 和 z 轴上的重力加速度为 0,y 轴上的为 $-9.81\,\text{m}/\text{s}^2$。

③ 转动副参数设置。现在考虑转动副参数设置,首先考虑图中转动副 A 的参数,双击该模块,则

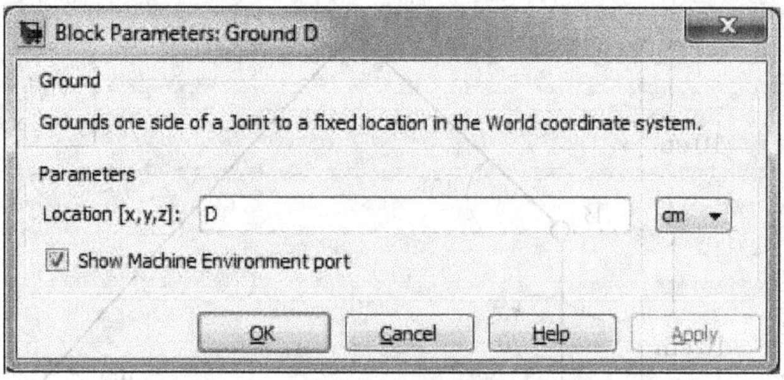

图 7-78　机架参数设置对话框

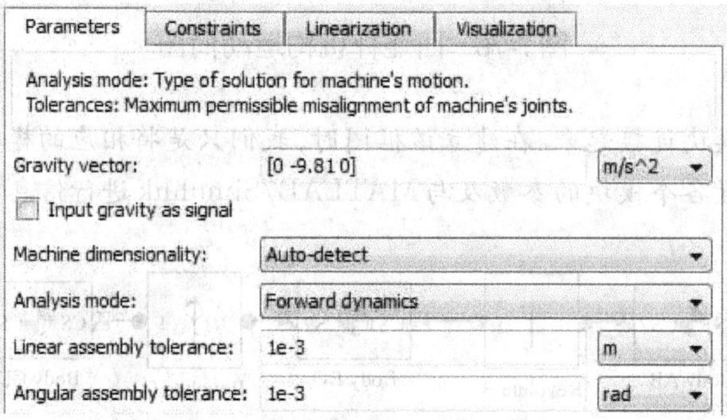

图 7-79　环境参数设置对话框

将打开如图 7-80(a) 所示的对话框,其中 Number of sensor/actuator ports(检测/促动端口个数)文本框中的默认值为 0,假设该转动副上不施加外力,则应该沿用 0。还应该设置参数(Parameters),对转动副来说,其参数即坐标系及转动向量。为简单起见,可以将这 4 个转动副的坐标系均选择为世界坐标(World),另外,由于这些转动副均只绕 z 轴正方向旋转,所以其方向向量 Axis of Action(转轴)应该取作 $[0,0,1]$。

④ **连杆参数设置。** 通过简单运算可以分别计算出 3 段连杆的杆长为 $l_{AB} = 10 \, \text{cm}$, $l_{BC} = 10\sqrt{2} = 14.14 \, \text{cm}$, $l_{CD} = 20\sqrt{2} = 28.28 \, \text{cm}$,还可以计算出 B、C 点的世界坐标分别为 $(0, 10, 0) \, \text{cm}$、$(10, 20, 0) \, \text{cm}$。现在需要输入连杆刚体的有关参数,双击该模块可以打开如图 7-80(b) 所示的对话框,从其中可以看出,需要输入的刚体参数有如下几个。

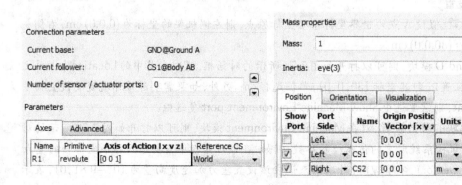

(a) 转动副对话框参数　　　　　　　　(b) 刚体对话框参数

图 7-80　模块参数对话框

- **连杆长度**: 虽然该对话框中并不显含长度指标,但在质量、惯性力及位置计算中都要遇到每个连杆的长度。

- **刚体质量**(Mass): 假设各个连杆都是均匀的圆柱形铁杆,直径为 $1\,\mathrm{cm}$,这样,单位长度上的质量为 $7.8\pi r^2 = 6.13\,\mathrm{g/cm}$。因为连杆长度都已知,所以可以立即求出各个连杆的质量。

- **转动惯量矩阵**(inertia tensor): 该矩阵是连杆的一个重要参数,对圆杆来说该矩阵为对角矩阵

$$\boldsymbol{T} = \begin{bmatrix} mL^2/2 & & \\ & mr^2/12 & \\ & & mL^2/12 \end{bmatrix}$$

式中,m 为杆的质量,r 为截面的半径,L 为杆长。注意,应该将其单位变换成 $\mathrm{kg\cdot m^2}$。其他形状的刚体转动惯量矩阵计算较麻烦,通常需要求解数值积分。

综上所述,可以将下面的命令输入到 MATLAB 工作空间:

```
>> r=0.5; gg=7.81*pi*r^2; L1=10; L2=10*sqrt(2); L3=20*sqrt(2);
   B=[0,10,0]; C=[10,20,0]; D=[30,0,0]; M1=L1*gg*1e-9;
   M2=L2*gg*1e-9; M3=L3*gg*1e-9; T1=diag([r^2/2,L1^2/12,L1^2/12])*M1;
   T2=diag([r^2/2,L2^2/12,L2^2/12])*M2; T3=diag([r^2/2,L3^2/12,L3^2/12])*M3;
```

- **连杆质心位置**(Center of gravity, CG): 因为假设连杆是均匀的,所以连杆的质心即为连杆的中点,它们可以容易地计算出来。质心的设置仍然可以选择为世界坐标系或连杆坐标系,所以在设置上应该注意它们的设置是不同的。对本系统来说,这 3 个连杆的质心分别为 B/2、(C-B)/2 和 (D-C)/2。

- **刚体坐标系**(Coordinate system, CS): 在 SimMechanics 中描述位置时,同时还应该给出相对的坐标系,在模型 c7mmech4.mdl 中均采用世界坐标系。其实在机构系统研究中,全部采用世界坐标系并非科学的方法,对不同的连杆应该采用不同的坐标系。

在这里的四连杆机构中,可以对每个连杆分别建立自己的坐标系,并以其主动端为其坐标系的原点。首先修改连杆 AB 的参数,双击该刚体模块则可以打开如图 7-81 所示的对话框。因为

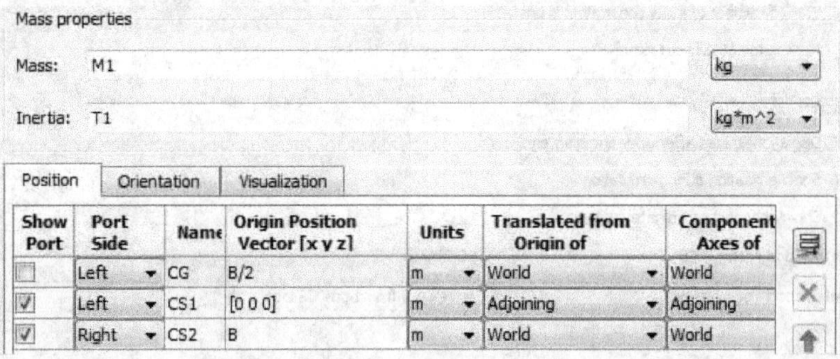

Mass properties							
Mass:	M1					kg	▾
Inertia:	T1					kg*m^2	▾

Position	Orientation	Visualization

Show Port	Port Side	Name	Origin Position Vector [x y z]	Units	Translated from Origin of	Component Axes of	
☐	Left ▾	CG	B/2	m ▾	World ▾	World	見
☑	Left ▾	CS1	[0 0 0]	m ▾	Adjoining ▾	Adjoining	✕
☑	Right ▾	CS2	B	m ▾	World ▾	World	⬆

图 7-81 连杆 AB 的参数设置对话框

每个连杆的主动端 B 均和其他元件直接连接,所以主动端在 Translated from Original of 列中选择 Adjoining,并将 Origin Position Vector 设为 [0,0,0]。在质心列输入 B/2,选择世界坐标系。对

连杆AB来说,从动端选择世界坐标系,并将其坐标B填写到相应的栏目中。对每个模块来说,还应该将质量和转动惯量矩阵填写到对话框中。

再考虑连杆BC,主动端设置成Adjoining、[0,0,0],从动端选择世界坐标系,位置为C,质心位置为世界坐标系中的(C-B)/2,如图7-82(a)所示。连杆CD由于主动和从动端都连到了已经设置位置的元件,所以均可以设置成Adjoining、[0,0,0],质心位置为世界坐标系中的(D-C)/2,如图7-82(b)所示。

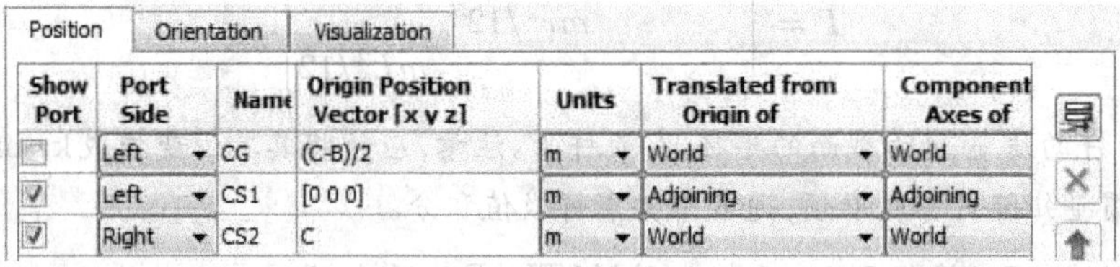

Position	Orientation	Visualization				
Show Port	Port Side	Name	Origin Position Vector [x y z]	Units	Translated from Origin of	Component Axes of
☐	Left	CG	(C-B)/2	m	World	World
☑	Left	CS1	[0 0 0]	m	Adjoining	Adjoining
☑	Right	CS2	C	m	World	World

(a)连杆BC

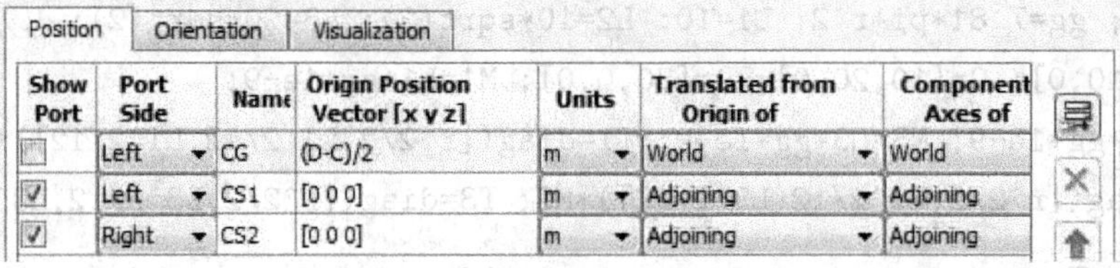

Position	Orientation	Visualization				
Show Port	Port Side	Name	Origin Position Vector [x y z]	Units	Translated from Origin of	Component Axes of
☐	Left	CG	(D-C)/2	m	World	World
☑	Left	CS1	[0 0 0]	m	Adjoining	Adjoining
☑	Right	CS2	[0 0 0]	m	Adjoining	Adjoining

(b)连杆CD

图7-82　其他连杆的位置参数设置

(3) 仿真参数设置

在机构系统仿真中,除了设置一般的Simulink仿真控制参数外,还应该设置其他附加参数。安装了该模块集后,就会在Simulation|Configuration Parameters菜单中多出Simscape|SimMechanics选项,其对应的对话框内容如图7-83所示。如果想用动画形式显示仿真结果,则可以选择Show animation during simulation选项。

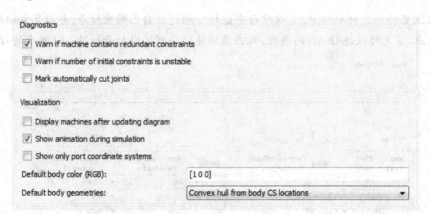

图7-83　机构系统仿真参数设置对话框

(4) 系统仿真分析

完全设置完成后,选择Simulation|Start命令,可以启动仿真过程,得出仿真结果。例如,在当前设置下可以立即得出如图7-84所示的仿真结果。可见,原来看起来很复杂的机构系统仿真问题利用

SimMechanics 和 MATLAB 环境可以轻而易举地解决。利用我们专门为本例制作的虚拟现实动画演示,可以得出漂亮的虚拟现实显示,用户可以自己理解机构系统仿真的动画设置方法。

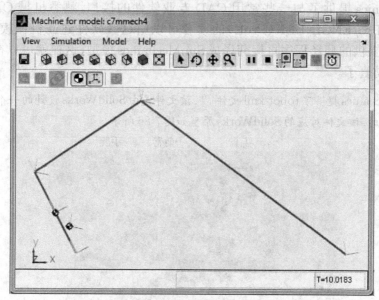

图7-84　仿真结果的动画显示

如果 $\omega \neq 0$,则需要专门模块将其添加到系统中。双击 A 转轴模块,在打开的对话框中把 **Number of sensor/actuator ports** 的值设置为 1,则会在该模块上添加一个接口,可以给该接口接一个 Joint Actuator 模块,然后连一个 Simulink 输入模块,如幅值为 $0.1\,\text{N·m}$ 的正弦信号,则可以构造出如图7-85 所示的仿真框图,由该框图可以得出在外部转矩驱动下的四连杆系统运动情况。

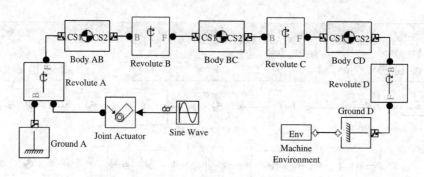

图7-85　添加外部控制的仿真框图(文件名:c7mmech4a.mdl)

7.5.4　Simulink 与其他 CAD 软件的接口

前面介绍了基于 SimMechanics 和 Simscape 的机械系统建模与仿真方法,应该指出的是,目前这种方法不是机械领域最好的仿真方法,但考虑到整个仿真模型中除了机械系统外还可能有其他的子系统,如电气子系统、控制子系统或通信子系统等,所以建立在基于 Simulink 框架下的大系统仿真是唯一解决的方案,这就需要将其他专业软件下建立的模型嵌入到 Simulink 模型中。目前有两种方式实现这样的解决方案,其一是将其他专业软件中的模型转换成 Simulink 能直接使用的模型,其二是建立起 Simulink 和其他专业软件的联合仿真机制。

    SimMechanics 提供了与一些常用 CAD 专业软件的接口,熟悉机械 CAD 专业软件 SolidWorks 或 Pro/ENGINEER(ProE)的读者可以用这些软件建立机械模型,然后利用 SimMechanics 提供的翻译程序直接翻译成 SimMechanics 模型,这样就可以在 Simulink 下直接对其进行仿真了。

例 7-18 SimMechanics 提供了 robot.xml 文件[70],该文件是由 SolidWorks 设计的一个机械手模型原型文件转换出来的,该文件对应的 SolidWorks 原型如图 7-86 所示。

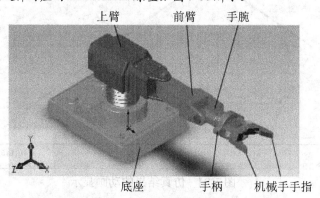

图 7-86   SolidWorks 设计的机械手原型图示

    MATLAB 提供的 `mech_import('robot.xml')` 函数可以将 robot.xml 文件读入到 MATLAB 环境并自动生成 SimMechanics 框图,如图 7-87 所示,为排版需要手工对该模型做了简单手工转换。读者可以根据自己的需要给模型添加传感器模块和促动器模块,从而直接实现原型机械系统的检测与控制。

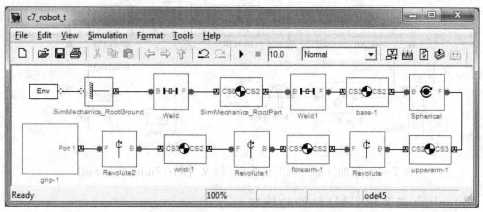

图 7-87   自动生成的 SimMechanics 框图(文件名:c7_robot_t.mdl)

    ADAMS[71]是由 MDI 公司开发的机械系统动力学自动分析软件(Automatic Dynamic Analysis of Mechanical Systems),该软件可以用于机械系统的建模并可以进行虚拟样机开发与测试。由于该软件带有很好的三维动画显示功能,所以在机械系统仿真中也可以直接使用。另外,ADAMS 与 Simulink 有较好的接口,可以和 Simulink 一起联合仿真[72]。

7.6 习 题

(1) 利用模块封装技术,由给定的 RLC 串联模块拆分出单个的电阻、电感和电容元件,并将其写入一个新的模块组。

(2) 考虑如图 7-88 所示的电路,假设已知 $R_1 = R_2 = R_3 = R_4 = 10\Omega$, $C_1 = C_2 = C_3 = 10\mu\mathrm{F}$,并假设输入交流电压 $v(t) = \sin(\omega t)$,并令 $\omega = 10$,试对该系统进行仿真,求出输出信号 $v_c(t)$,并求出其解析解。可以用两种方法绘制出该系统的 Bode 图:① 求出系统的线性模型,然后用 bode() 函数绘制;② 选择一系列不同的频率值 ω_i,在每一个频率值下求出解析解的幅值与相位,然后用描点的方法绘制出 Bode 图,请问两者是否一致。

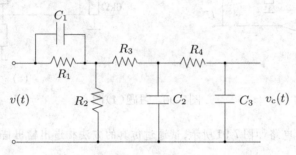

图 7-88 习题(2)图

(3) 试建立起如图 7-89(a)、图 7-89(b) 所示的三极管放大电路电路图的仿真模型,并绘制出各种信号控制下的电路信号响应曲线。

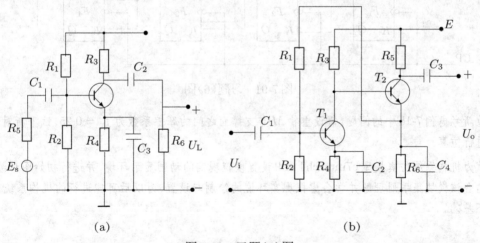

(a)   (b)

图 7-89 习题(3)图

(4) 试建立起如图 7-90(a)、图 7-90(b)、图 7-90(c) 所示的运算放大器放大电路电路图的仿真模型,绘制出各种信号控制下的电路信号响应曲线,并试图提取放大倍数的传递函数模型。另外,试通过仿真分析当运算放大器增益为 10^4、10^6 及无穷大时输出信号的区别。

(5) 请用 Simulink 搭建出下面的数字逻辑电路,并通过信号验证它们是等价的。

① $Z_1 = A + B\overline{C} + D$,   ② $Z_2 = AB(C + D) + D + \overline{D}(A + B)(\overline{B} + \overline{C})$

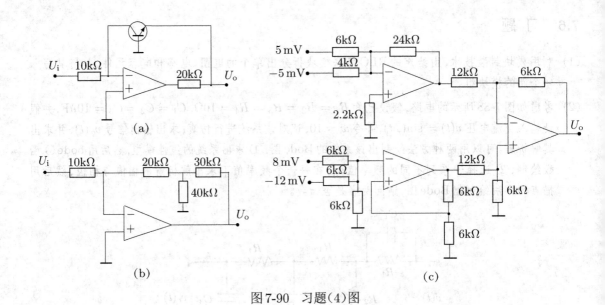

图 7-90　习题(4)图

(6) 假设某触发器逻辑电路如图 7-91 所示,试通过仿真的方法构造出输出信号的时序图。

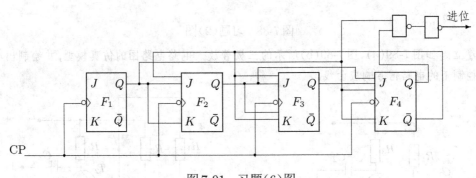

图 7-91　习题(6)图

(7) 重新考虑例 7-15 中的问题,假设重物 M 与支撑面之间的摩擦系数为 $f_v = 0.25$,试重新对该问题进行仿真。

(8) 试为机构系统仿真模型 c7mmech4.mdl 设置虚拟现实的动画显示环境,并进行初始图形绘制,试结合该模块集手册理解并学会虚拟现实环境的绘制与设置,为以后可能进行的机构系统仿真打下基础。

第8章 非工程系统的建模与仿真

前面已经介绍过，MATLAB/Simulink 提供了各种各样的工程系统模块集，可以直接对工程系统进行建模与仿真。对非工程系统来说，也存在很多的模块集，另外还有一些学者自行研发的模块集，都可以对系统直接建模与仿真分析，用户还可以根据自己的领域知识自己建立模块集。

本章第 8.1 节将介绍药物动力学系统的建模仿真方法，首先简要介绍舱室建模方法，然后介绍基于器官的生理建模方法，以及麻醉的非线性广义预测控制器仿真方法。第 8.2 节将介绍基于 MATLAB/Simulink 的图像和影像处理方法，以及 MATLAB 的图像处理工具箱和图像影像模块集的模型搭建方法，并探讨实时影像处理系统搭建问题的解决方法。第 8.3 节将介绍应用于有限状态机下的 Stateflow 建模与仿真问题，该工具主要用于复杂监控过程建模与仿真方面，给 Simulink 本身建模提供了新的方法和策略，扩大了 Simulink 本身的功能；还将介绍在仿真流程中常用的条件模块和循环模块的 Simulink/Stateflow 实现。第 8.4 节将介绍一般离散事件系统的建模与仿真方法，并通过一个排队服务系统例子来演示 SimEvents 模块集在离散事件系统建模与仿真中的应用。

8.1 药物动力学系统建模与仿真

本节首先给出药物动力学（pharmacokinetics，PK）和药效学（pharmacodynamics，PD）的基本定义，然后介绍相应的建模与控制问题。在建模领域先考虑最基本的舱室模型，再讨论基于生理建模（physiologically based modelling，PB）的药物动力学建模方法，并给出麻醉剂的 Simulink 模型及传递函数模型，最后介绍麻醉过程广义预测控制方法。

8.1.1 药物动力学系统简介

药物动力学是药学与数学、动力学结合的一门较新的学科，开始于 20 世纪 80 年代，该学科主要研究药物进入体内（如通过静脉注射、滴注、口服）后吸收、分布、代谢、排泄的规律，尤其侧重于研究药物在血液中浓度随时间的变化规律。药物动力学又常称为药代动力学或药物代谢动力学等。药效学主要研究药物对机体的生理影响、药物作用机制和药物浓度与效果之间的关系等。药物动力学和药效学的关系如图 8-1 所示，其中 $C_p(t)$ 是药物在血浆中的浓度，而 $C_e(t)$ 是药物的效果。

如果将反馈控制思路引入该流程，则可以考虑为其设计一个控制器来控制药物输入的方式，达到最好的药效。例如，对麻醉控制来说，可以考虑控制静脉注射泵的注射剂量与速度，达到最好的麻醉效果。

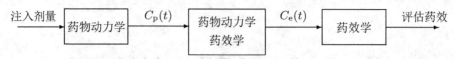

图8-1 药物动力学和药效学关系示意图

8.1.2 药物动力学系统的舱室模型

药物动力学实验表明,药物在血浆中的浓度一般为若干个加权的指数函数之和[73]:

$$c = \sum_{i=1}^{n} c_i e^{-\lambda_i t} \tag{8-1-1}$$

其中,c_i 和 λ_i 为待定系数,n 为指数项的个数。为使得模型易于描述与处理,n 的值不适合取得太大,通常取2和3即可[74]。舱室模型(compartment model)是利用这样的思路研究药物在血浆中浓度随时间变化规律的一种简易模型。舱室模型将人体看作是由一个或多个相互连接的舱室构成的,该模型中舱室是基本的建模单元,各个舱室之间有相互的关联关系,如图8-2所示。其中,变量 k_{ij} 表明从舱室 j 流向舱室 i,下标为0表示和外界世界的关联。整个系统的数学模型可以表示为:

$$\frac{\mathrm{d}x_i}{\mathrm{d}t} = \sum_{j=1,j\neq i}^{n} k_{ij}x_j - \sum_{j=1,j\neq i}^{m} k_{ji}x_i - k_{0i}x_i + u_i(t),\ i=1,2,\cdots,n \tag{8-1-2}$$

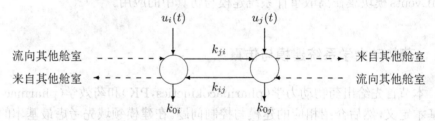

图8-2 两个舱室之间的关联

舱室模型是线性常微分方程组的一种特殊形式,其矩阵形式可以写成:

$$\begin{bmatrix} \dot{x}_1 \\ \dot{x}_2 \\ \vdots \\ \dot{x}_n \end{bmatrix} = \begin{bmatrix} a_{11} & a_{12} & \cdots & a_{1n} \\ a_{21} & a_{22} & \cdots & a_{2n} \\ \vdots & \vdots & \ddots & \vdots \\ a_{n1} & a_{n2} & \cdots & a_{nn} \end{bmatrix} \begin{bmatrix} x_1 \\ x_2 \\ \vdots \\ x_n \end{bmatrix} + \boldsymbol{B}u \tag{8-1-3}$$

其中

$$a_{ij} = k_{ij},\ j \neq i,\ \text{且}\ a_{jj} = \sum_{i=1,j\neq i}^{n} k_{ij} - k_{0j} \tag{8-1-4}$$

0下标表示外部世界,且

$$a_{jj} \leqslant 0,\ a_{i,j} \geqslant 0\ (i \neq j),\ k_{0j} = 0,\ |a_{jj}| \geqslant \sum_{i=1,i\neq j}^{n} k_{ij} \tag{8-1-5}$$

特别地,如果采用两个舱室和3个舱室的模型,还可以使用下面的简化形式:

$$\begin{bmatrix} \dot{x}_1(t) \\ \dot{x}_2(t) \end{bmatrix} = \begin{bmatrix} -(c_1 + c_2) & c_3 \\ c_2 & -c_3 \end{bmatrix} \begin{bmatrix} x_1(t) \\ x_2(t) \end{bmatrix} + \begin{bmatrix} 1 \\ 0 \end{bmatrix} u(t), \ y(t) = c_1 x_1(t) \tag{8-1-6}$$

$$\begin{bmatrix} \dot{x}_1(t) \\ \dot{x}_2(t) \\ \dot{x}_3(t) \end{bmatrix} = \begin{bmatrix} -(c_1 + c_2) & c_3 & 0 \\ c_2 & -(c_3 + c_4) & c_5 \\ 0 & c_4 & -c_5 \end{bmatrix} \begin{bmatrix} x_1(t) \\ x_2(t) \\ x_3(t) \end{bmatrix} + \begin{bmatrix} 1 \\ 0 \\ 0 \end{bmatrix} u(t), \ y(t) = c_1 x_1(t) \tag{8-1-7}$$

如果这些系数已知,则可以用 Simulink 下的状态方程模块直接描述,从而搭建整个模型。Wada 开发了一个舱室模型模块集[75],其中包括单舱模块、双舱和三舱模块,如图 8-3 所示。模块集中还包含分流模块(Branch)和汇流模块(Juncture),分流模块具体分流方法由分流系数(第二输入端口)直接控制。这些模块可以用于直接建模。

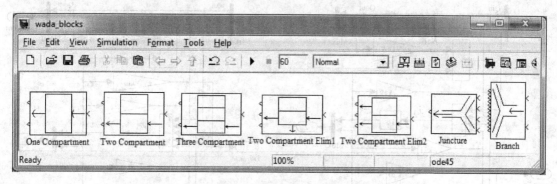

图 8-3　Wada 模块集(模块集名:wada_blocks.mdl)

右击 Two Compartment 模块,在弹出的快捷菜单中选择 Look under Mask 命令,则可以得出如图 8-4(a)所示的模型内部结构,双击该模块将打开如图 8-4(b)所示的参数对话框。由图 8-4(a)所示的框图还可以写出对应的双舱模型数学方程为:

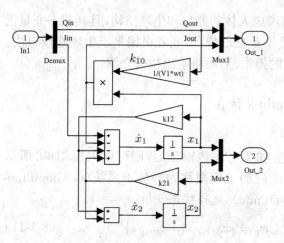

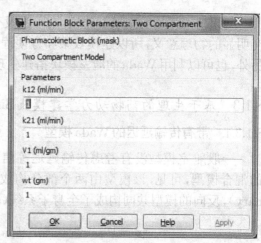

(a) 双舱模型内部结构　　　　　　　　　(b) 双舱模型对话框参数

图 8-4　双舱封装模型及参数

$$\begin{bmatrix} \dot{x}_1 \\ \dot{x}_2 \end{bmatrix} = \begin{bmatrix} -(k_{12} + k_{10}) & k_{21} \\ k_{12} & -k_{21} \end{bmatrix} \begin{bmatrix} x_1 \\ x_2 \end{bmatrix} + \begin{bmatrix} 1 \\ 0 \end{bmatrix} u, \ \boldsymbol{y}_2 = \boldsymbol{x} \tag{8-1-8}$$

其中，$k_{10} = 1/(Vw)$，w 为舱室质量，V 为舱室容积。

另外，两个双舱模型的内部结构分别如图 8-5（a）、图 8-5（b）所示，它们都带有附加输出端口（端口 3），但对应的数学模型是不同的，分别为：

$$\begin{bmatrix} \dot{x}_1 \\ \dot{x}_2 \end{bmatrix} = \begin{bmatrix} -(k_{12}+k_{10}) & k_{21} \\ k_{12} & -k_{21} \end{bmatrix} \begin{bmatrix} x_1 \\ x_2 \end{bmatrix} + \begin{bmatrix} 1 \\ 0 \end{bmatrix} u, \ \boldsymbol{y}_2 = \boldsymbol{x}, \ y_3 = k_{20}x_2 \tag{8-1-9}$$

$$\begin{bmatrix} \dot{x}_1 \\ \dot{x}_2 \end{bmatrix} = \begin{bmatrix} -(k_{12}+k_{10}) & k_{21} \\ k_{12} & -k_{21} \end{bmatrix} + \begin{bmatrix} x_1 \\ x_2 \end{bmatrix} + \begin{bmatrix} 1 & k_{10} \\ 0 & 0 \end{bmatrix} \begin{bmatrix} u_1 \\ u_2 \end{bmatrix}, \ \boldsymbol{y}_2 = \boldsymbol{x}, \ y_3 = k_{10}x_1 \tag{8-1-10}$$

可见后者为双输入模型，且两者代谢或排泄输出定义不同。

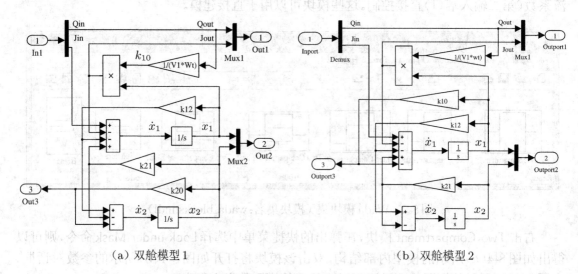

(a) 双舱模型 1　　　　　　　　　　　　　　　　(b) 双舱模型 2

图 8-5　带有附加代谢输出的双舱封装模型

如果单纯采用舱室模型建模，则因为没有考虑人体的器官和生理结构，且其状态变量没有明显的物理意义，所以建模效果和方便程度不是很理想，研究者更偏重于生理建模方法。另外，也可以利用 Wada 的舱室模块搭建生理的模型，后面将给出相关介绍。

8.1.3　基于生理的药物动力学建模及 Simulink 仿真

8.1.3.1　带有传输延迟的 Wada 模型

一般舱室模型没有考虑传输延迟等信息，如果考虑传输延迟，则可以采用图 8-6 所示的混合模型，可见，该模型由两个部分构成，前向的子模型称为心肺子系统（cardiopulmonary），反向的模型共同构成了全身子系统（systemic）。选择状态变量：

$$\boldsymbol{x}_{\mathrm{p}} = [x_{\mathrm{LH}}, x_{\mathrm{LB}}, x_{\mathrm{LT}}, x_{\mathrm{RH}}]^{\mathrm{T}}, \ \boldsymbol{x}_{\mathrm{s}} = [x_{\mathrm{VRG}}, x_{\mathrm{M}}, x_{\mathrm{F}}, x_{\mathrm{R}}]^{\mathrm{T}} \tag{8-1-11}$$

则可以得出如下的延迟状态方程模型为[76]：

$$\begin{cases} \dot{\boldsymbol{x}}_{\mathrm{p}} = \boldsymbol{A}_{\mathrm{p}}\boldsymbol{x}_{\mathrm{p}} + \boldsymbol{B}_{\mathrm{p}}[Q\boldsymbol{c}_{\mathrm{v}} + u(t-\tau_{\mathrm{i}})] \\ c_{\mathrm{a}}(t) = \boldsymbol{C}_{\mathrm{p}}\boldsymbol{x}_{\mathrm{p}}(t-\tau_{\mathrm{p}}) \end{cases} \quad \begin{cases} \dot{\boldsymbol{x}}_{\mathrm{s}} = \boldsymbol{A}_{\mathrm{s}}\boldsymbol{x}_{\mathrm{s}} + \boldsymbol{B}_{\mathrm{s}}Q\boldsymbol{c}_{\mathrm{a}} \\ c_{\mathrm{v}}(t) = \boldsymbol{C}_{\mathrm{s}}\boldsymbol{x}_{\mathrm{s}}(t-\tau_{\mathrm{r}}) \end{cases} \tag{8-1-12}$$

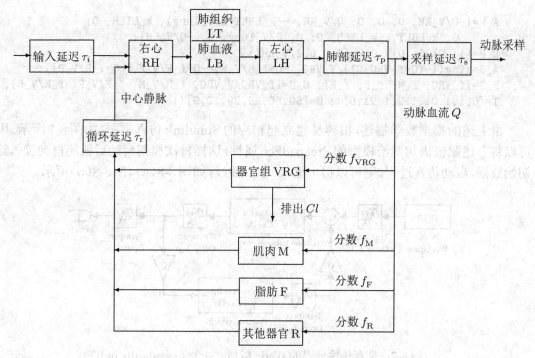

图 8-6 Wada 传输延迟建模示意图

其中,状态变量 $\boldsymbol{x}_\mathrm{p}$ 和 $\boldsymbol{x}_\mathrm{s}$ 分别为心肺子系统中的药物质量和全身子系统的药物质量。各个器官的容积用 V 表示,状态方程对应的矩阵为:

$$\boldsymbol{A}_\mathrm{p}=\begin{bmatrix} -\dfrac{Q}{V_\mathrm{RH}} & 0 & 0 & 0 \\ \dfrac{Q}{V_\mathrm{RH}} & -\left(k_\mathrm{LB,LT}+\dfrac{Q}{V_\mathrm{lung}}\right) & k_\mathrm{LB,LT} & 0 \\ 0 & k_\mathrm{LB,LT} & -k_\mathrm{LT,LB} & 0 \\ 0 & \dfrac{Q}{V_\mathrm{lung}} & 0 & -\dfrac{Q}{V_\mathrm{LH}} \end{bmatrix},\ \boldsymbol{B}_\mathrm{p}=\begin{bmatrix} 1 \\ 0 \\ 0 \\ 0 \end{bmatrix},\ \boldsymbol{C}_\mathrm{p}^\mathrm{T}=\begin{bmatrix} 0 \\ 0 \\ 0 \\ \dfrac{1}{V_\mathrm{LH}} \end{bmatrix} \quad (8\text{-}1\text{-}13)$$

且

$$\boldsymbol{A}_\mathrm{s}=\begin{bmatrix} -\dfrac{Qf_\mathrm{VRG}+Cl}{V_\mathrm{VRG}} & 0 & 0 & 0 \\ 0 & -\dfrac{Qf_\mathrm{M}}{V_\mathrm{M}} & 0 & 0 \\ 0 & 0 & -\dfrac{Qf_\mathrm{F}}{V_\mathrm{F}} & 0 \\ 0 & 0 & 0 & -\dfrac{Qf_\mathrm{R}}{V_\mathrm{R}} \end{bmatrix},\ \boldsymbol{B}_\mathrm{s}=\begin{bmatrix} f_\mathrm{VRG} \\ f_\mathrm{M} \\ f_\mathrm{F} \\ f_\mathrm{R} \end{bmatrix},\ \boldsymbol{C}_\mathrm{s}^\mathrm{T}=\begin{bmatrix} \dfrac{f_\mathrm{VGR}}{V_\mathrm{VGR}} \\ \dfrac{f_\mathrm{M}}{V_\mathrm{M}} \\ \dfrac{f_\mathrm{F}}{V_\mathrm{F}} \\ \dfrac{f_\mathrm{R}}{V_\mathrm{R}} \end{bmatrix} \quad (8\text{-}1\text{-}14)$$

Wada 给出了一组实际的模型参数[76]:

```
>> T_i=5/60; T_s=5/60; T_p=5/60; T_r=30/60; Q=5.5; V_RH=0.26; V_lung=0.45;
   V_LH=0.26; k_LBLT=8.0; k_LTLB=2.3;  Cl=0.64; rho=0.63; V_VRG=5.5;
   f_VRG=0.7; V_M=13.2; f_M=0.05; V_F=36.7; f_F=0.04; V_R=14.9; f_R=0.21;
```

```
A_P=[-Q/V_RH, 0, 0, 0; Q/V_RH, -(k_LBLT+Q/V_lung), k_LTLB, 0;
      0, k_LBLT, -k_LTLB, 0; 0, Q/V_lung, 0, -Q/V_LH];
B_P=[1; 0; 0; 0]; C_P=[0,0,0,1/V_LH];
A_S=diag([-(Q*f_VRG+Cl)/V_VRG, -Q*f_M/V_M, -Q*f_F/V_F, -Q*f_R/V_R]);
B_S=[f_VRG; f_M; f_F; f_R]; C_S=[f_VRG/V_VRG, f_M/V_M, f_F/V_F, f_R/V_R];
T=[0,1,1.01,1.2,1.21,5]'; U=[50,50,29,29,10,9]';
```

由上述的模型数学描述,很容易建立起相应的Simulink仿真框图,如图8-7所示。用户可以将上述赋值语句赋给模型的PreLoadFcn属性,这样每次模型启动后就能自动读入这些初始数据。启动仿真过程,则可以得出输入、输出曲线,如图8-8(a)、图8-8(b)所示。

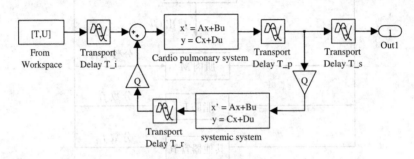

图8-7　带有传输延迟的Wada模型(文件名:wada_dly.mdl)

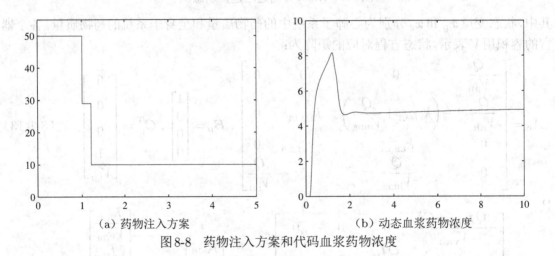

(a) 药物注入方案　　　　　　　　(b) 动态血浆药物浓度

图8-8　药物注入方案和代码血浆药物浓度

8.1.3.2　药物动力学工具箱和Simulink模型

Wada的药物动力学工具箱是解决麻醉剂建模的实用工具[75],该工具箱除了如图8-3所示的Simulink模块集外,还给出了基于生理建模的药物动力学Simulink仿真模型,如图8-9所示[75],模型中对应的各个器官由舱室模块构成,这些舱室模块可以由Wada模块集直接搭建。该工具箱还编写了程序来设置各个模块的参数。例如,试验鼠在芬太尼麻醉剂(fentanyl)作用下的模型参数由fentanyl.m文件直接设置,而该麻醉剂在人体内的模型参数由fent_hum.m文件设置。打开wada_model.mdl模型,运行相应的参数设置程序即可对Simulink模型进行参数赋值。

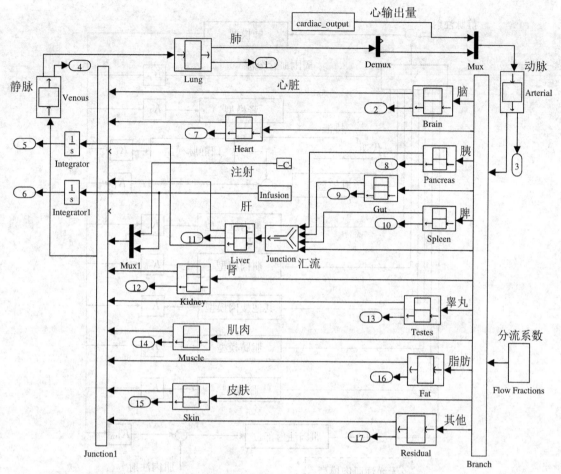

图 8-9　基于生理的药物动力学的 Simulink 模型（文件名：wada_model.mdl）

8.1.3.3　Mapleson 模型、代码与框图

这里主要研究麻醉剂对人体的影响与控制问题，在这个领域生理建模比较成型的模型还有 Mapleson 模型[73]，该模型和前面介绍的 Wada 模型有区别。该模型认为描述人体各个器官对药物的响应可以由图 8-10 给出的示意图表示，图中 K_x 为每一个分支的分流系数，肾脏和肝脏两个模块分别对外部通过排泄和代谢输出药物。Higgins 在该模型基础上编写了芬太尼麻醉剂下 Mapleson 模型参数设置和仿真的程序[77]。

遗憾的是，Higgins 的模型中只给出了 C 语言代码，我们在该代码的基础上进行了二次开发，编写了该代码与 MATLAB 语言的接口，可以将仿真结果调入 MATLAB 环境，并识别出各个环节的近似线性传递函数，最后构造出如图 8-11 所示的 Simulink 框图，其中系数 336.6 是将该原模型中 μmol 单位变换成 ng 的比例值。从得出的框图还可以看出，由于该框图直接采用了传递函数对象，所以系统结构和参数处理远比 Wada 舱室模型更简单。

研究结果还表明[78,79]，药物在各个器官中的浓度和体重、心输出量（cardiac output）等参数的关系可以通过线性插值的方法比较准确地估算出来。这里只给出相关代码的调用方法，不具体列出代码清单：

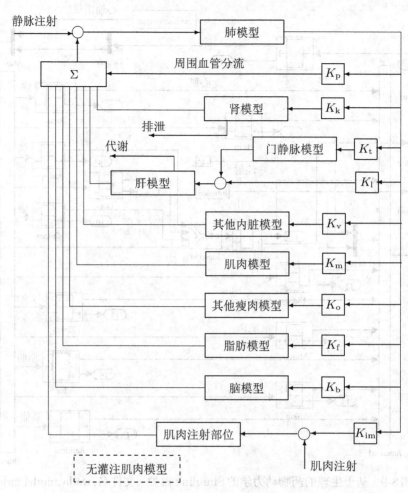

图 8-10　Mapleson 生理建模示意图

> 输入参数：bd_wt, t_f, DT, card_out, FenDose, DoseDur
> get_higgins_new, % 调用 higginsm.mexw32 程序进行仿真
> ident_tf　　　　　% 这里将由仿真结果辨识出各个子传递函数模型

其中，变量 bd_wt 为体重(kg)，card_out 为心输出量(L/min)，t_f 为终止仿真时间(s)，DT 为计算步长(s)，FenDose 和 DoseDur 分别为注射剂量(μg)和时间段(s)。

例 8-1　假设某人体重为 60 kg，心输出量为 6.8 L/min，仿真时间段为 3600 s，计算步长为 1 s，总剂量为 100 μg，注射时间段为 60 s，且均匀注射，这时可以首先输入参数，然后调用改进的 Higgins 程序计算各个器官的药物浓度，最后通过辨识程序识别出各个器官的传递函数模型。

```
>> bd_wt=60; card_out=6.8; FenDose=100; DoseDur=60; t_f=3600; DT=1;
   get_higgins_new; ident_tf
   G_Brain, G_Lungs      % 提取出各个传递函数子模型
```

调用函数后,可以得出各个传递函数的辨识模型,如脑模型和肺模型分别为:

$$G_{\text{brain}}(s) = \frac{6.14 \times 10^{-5}}{s + 0.2988}, \quad G_{\text{lungs}}(s) = \frac{0.3995s + 153.8}{s^2 + 9.966s + 31.16}$$

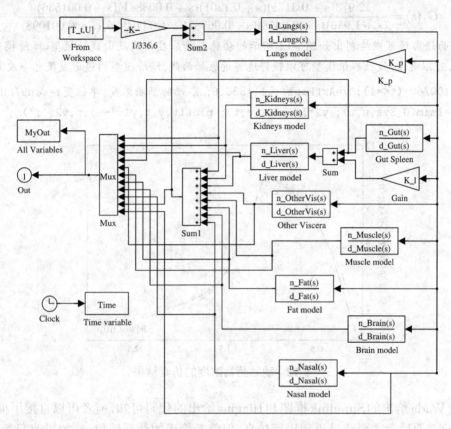

图 8-11 生理药物动力学的 Simulink 模型(文件名:hig_simu0.mdl)

除了这些传递函数模型外,还可以得出其他的浓度数据,如 ArtPool(:,1) 存储动脉浓度数据 (μmol/L),其他各个器官的浓度也将返回到 MATLAB 工作空间,可以用 who 命令查询。

得出了各个子传递函数,则可以得出从静脉注射输入端到某个器官药物浓度间总的传递函数模型。例如,从注射端到动脉药物浓度之间的等效模型可由下面的语句直接求出:

```
>> G_Fdbk=K_p+G_Kidneys+(G_Gut+K_l)*G_Liver+G_OtherVis+G_Muscle+...
        G_Fat+G_Nasal+G_Brain;    % 求反向回路总传递函数
    G_Sys=zpk(feedback(G_Lungs,G_Fdbk,1))
```

得出的全阶模型为:

$$G(s) = \frac{\begin{matrix} 0.39945(s+385.1)(s+1.425)(s+1.26)(s+0.8064)(s+0.8043)(s+0.2988) \\ (s+0.1894)(s+0.1757)(s+0.1625)(s+0.1069)(s+0.008874)(s+0.001536) \end{matrix}}{\begin{matrix} (s+1.261)(s+1.015)(s+0.8103)(s+0.8063)(s+0.2984)(s+0.1927)(s+0.1626) \\ (s+0.1495)(s+0.06935)(s+0.004999)(s+0.001113)(s^2+10.42s+30.86) \end{matrix}}$$

还可以利用最优降阶方法得出 5 阶模型[80]:

```
>> G1=opt_app(G_Sys,4,5,0); for i=1:3, G1=opt_app(G_Sys,4,5,0,G1); end
```

其中, opt_app() 函数[24]可以和本书其他程序一起下载, 不过由于程序较长, 所以清单不在这里给出。经过几次迭代可以得出最优降阶模型为:

$$G_1(s) = \frac{12.973(s+0.3171)(s+0.1201)(s+0.008881)(s+0.001536)}{(s+1.956)(s+0.2878)(s+0.06987)(s+0.004935)(s+0.001098)}$$

由下面语句还可以绘制出如图 8-12 所示的动脉药物浓度曲线及由线性模型、降阶模型计算出来的曲线, 可以看出, 线性辨识模型可以较好地逼近原始曲线, 降阶模型的逼近效果也令人满意。

```
>> u=100/60*(t<=1); y=ArtPool(:,1)*336.6; % 动脉药物浓度,单位变换成 ng/ml
   y1=lsim(G_Sys,u,t); y2=lsim(G1,u,t); plot(t,y,t,y1,'--',t,y2,':')
```

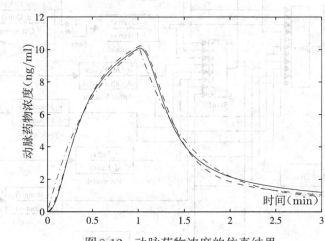

图 8-12　动脉药物浓度的仿真结果

比较 Wada 给出的 Simulink 框图和 Higgins 给出的代码可知, 前者可以直接用框图的形式进行仿真, 而后者需要通过语句进行仿真。但前者给出的数据较单一, 如果改变参数, 如个体的体重和心输出量等, Wada 模型无能为力, 而 Higgins 代码则可以很好地解决问题。我们给出的 Higgins 代码到 Simulink 模型的转换正好弥补了 Higgins 模型的不足, 可以直接得出意义更清晰的 Simulink 仿真模型。

8.1.4　药效学建模

麻醉剂的药效学定义通常采用下面两个指标:

$$C_{e1}(t) = \frac{C_b^\gamma(t)}{EC_{50}^\gamma + C_b^\gamma(t)}, \quad C_{e2}(t) = E_0 - \frac{C_b^\gamma(t)}{EC_{50}^\gamma + C_b^\gamma(t)} E_{max} \qquad (8\text{-}1\text{-}15)$$

其中, EC_{50} 为 50% 药物效应时效应位置的浓度, 对不同的药物其值是不同的, 即使对相同的药物, 如芬太尼, 在不同文章中定义的不同, 这里取其值为 $7.8\,\mathrm{ng/ml}$。$C_{e1}(t)$ 方程称为 Hill 方程, γ 又称为 Hill 方程的陡度, 浓度 $C_{e1}(t)$ 可以通过脑电图直接测出, $C_b(t)$ 是脑中药物的浓度。$C_{e2}(t)$ 方程是用频率响应形式定义的, 这里常数 $E_0 = 20\,\mathrm{Hz}$, 最大药效时的频率定义为 $E_{max} = 15\,\mathrm{Hz}$。浓度 $C_{e2}(t)$ 可以用频谱方式测出。

根据这两个药效学指标,可以建立如图8-13(a)所示的Simulink框图,对该模型进行封装,则可以定义出如图8-13(b)所示的参数输入对话框,封装的模块如图8-13(c)所示,该模块可以直接由药物动力学-药效学(PK/PD)模型建模。

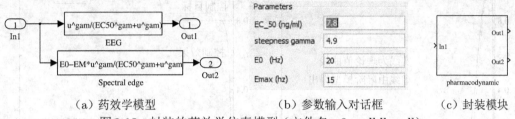

（a）药效学模型　　　　　　　　（b）参数输入对话框　　　　（c）封装模块

图8-13　封装的药效学仿真模型（文件名:c8mpdblk.mdl）

8.1.5　麻醉过程的非线性广义预测控制

作者用C语言编写了麻醉过程的控制仿真程序,其中嵌入了Higgins的药物动力学、药效学模型和非线性广义预测控制器模型,并为MATLAB语言设置了Mex接口,提供了nln_gpcx.mexw32可执行文件,可以在MATLAB中直接调用。同时,作者还编写了集建模、仿真与控制于一体的图形用户程序higmodel.m,可以在MATLAB下直接运行。用户可以执行 `higmodel` 命令启动程序,得出如图8-14(a)所示的程序界面。选择Model|Parameters命令,则可以打开如图8-14(b)所示的对话框,用户可以输入相关的参数,再单击Confirm按钮接受参数,关闭对话框,这样就可以开始建模与仿真研究了。

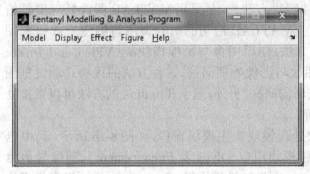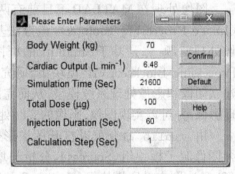

（a）程序主界面　　　　　　　　　　　（b）参数输入对话框

图8-14　麻醉仿真系统图形用户界面

参数输入完成后,用户可以选择Model|Run algebraic model命令来运行Higgins模型,获得各个器官的药物浓度仿真结果,然后利用Model|Identification命令来辨识各个子传递函数模型。辨识结果可以由Display菜单显示出来,该模型还可以选择性显示药物在各个器官中的浓度、子模型及整体模型、降阶模型等信息。

Simulink模型参数可以由直接辨识的方法获得,也可以由三维插值的方法获得。这可以由选择Model|Establish Simulink model命令进行设置,建议用户选择辨识的方法获得系统模型,以期获得更精确的结果。

Effect|EEG命令允许用户分析药效学曲线,Effect|NLGPC control命令还允许用户对药效的期望目标进行非线性广义预测控制并进行仿真,计算出静脉注射泵的给药曲线,这两个

操作得出的结果分别如图8-15(a)、图8-15(b)所示,可见,采用广义预测控制可以将药效控制在令人满意的水平。

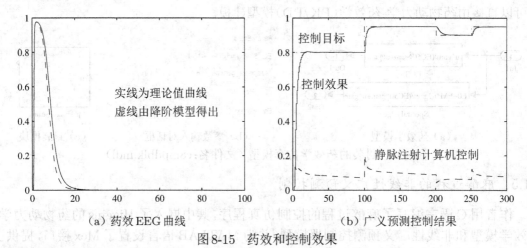

(a) 药效 EEG 曲线   (b) 广义预测控制结果

图 8-15   药效和控制效果

8.2   影像与图像处理系统

数字图像处理是利用计算机技术对图像进行降噪、分割、恢复、压缩的技术,图像处理领域的基本问题可以由MATLAB和Simulink提供的工具直接求解,这里只对图像处理问题做一个简单介绍。

图像处理在MATLAB下目前有两种解决方法,一是采用MATLAB图像处理工具箱(Image Processing Toolbox),该方法基于MATLAB语句的函数调用与编程方式研究图像处理问题;二是基于Simulink的框图方法,使用图像与影像模块集(Video and Image Processing Blockset,VIP 模块集)研究图像与影像处理问题。这种方法的优势是通过框图建立图像和影像处理系统模型,从而完成所需研究。另外,基于Simulink的方法可以直接处理影像,并可以实现图像、影像的实时处理。

由 `viplib` 命令可以打开图像影像处理模块集主模块窗口,如图 8-16 所示,其中包含图像源子模块组(Sources)、分析与增强模块组(Analysis & Enhancement)、图像显示池(Sinks)、图文叠印模块组(Text & Graphics)、图像转换模块组(Conversions)、图像变换模块组(Transforms)、形态学模块组(Morphological Operations)和滤波器模块组(Filtering)等常用模块组,并提供了实例丰富的演示模块组(Demos)。

8.2.1   图像与影像读取

Simulink 环境提供了各种各样的图像和影像输入模块,图像与影像源模块组的内容如图8-17所示,下面分别进行介绍。

- **图像文件读入模块**:该工具箱允许从多个途径读入图像,例如,可以从MATLAB工作空间读入图像,也可以从图像文件读入图像,目前支持的图像包括bmp、jpg、jpeg、png、tif、tiff各类文件。该模块后接图像处理模块或图像处理系统进行图像处理。静态图像文件读入还可以通过图像处理工具箱的 `imread()` 函数完成。

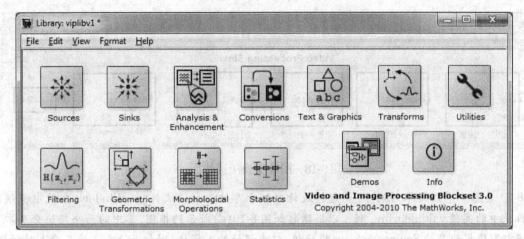

图 8-16　图像与影像处理模块集

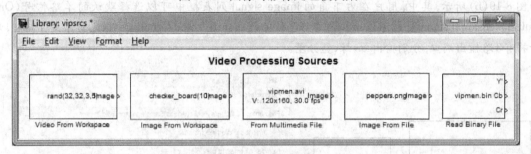

图 8-17　图像与影像读取模块

- **多媒体文件读入**：该模块能读入视频文件和音频文件，支持的视频文件类型包括 avi、mp4、wmv 等，音频文件类型包括 wav、wma、mp3 等。这样读入的影像和音频文件可以直接在 Simulink 环境中进行处理。利用 MATLAB 的 mmreader() 函数也可以读入多媒体文件，值得注意的是，该函数只能一次性读入整个多媒体文件，对大型多媒体文件来说，这样做需要耗费大量的存储空间，而框图模块只需逐帧读入逐帧处理。

- **摄像头实时输入**：除了该模块组提供的文件外，MATLAB 还提供了图像采集工具箱（Image Acquisition Toolbox），该工具箱有一个 Simulink 模块，可以直接将摄像头采得的视频输入到 Simulink 环境中。有了这样的实时输入，进入 Simulink 的影像可以和影像文件读入的一样处理，所以可以构造影像实时处理问题。

8.2.2　图像与影像的显示与输出

图像显示模块组的内容如图 8-18 所示。该库中模块支持各种模块输出方法，如可以将影像信号存成影像文件（To Multimedia File），也可以返回 MATLAB 工作空间（Video To Workspace），还可以利用影像播放器（Video Viewer 或 To Video Display）直接播放。另外，可以将影像存入二进制文件（To Binary File）。

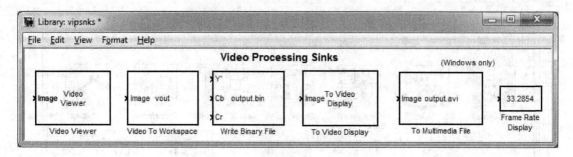

图8-18　图像变换子模块组

例 8-2　考虑一个最简单的例子：要想播放计算机中存储的影像文件，如 Windows 系统中视频演示目录中的高清 wildlife.wmv，则可以搭建起如图 8-19(a) 所示的框图，其中的两个模块分别取自图像与影像模块集的 Sources 和 Sinks 模块组，双击视频输入模块，则打开一个文件名输入对话框，如图 8-19(b) 所示，其中，用户在右下角的 Image signal 列表框中可以选择默认的单路信号(One multidimensional signal)，也可以选择多路彩色信号(Separate color signal)。对彩色影像文件而言，后者将有 3 路输出端口，分别输出红、绿、蓝分量。

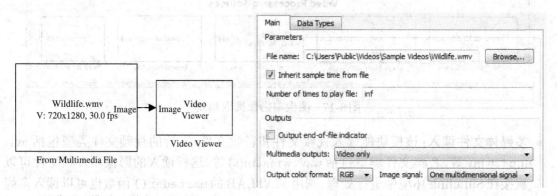

(a) 影像显示模型(文件名：c8mvip1.mdl)　　　　　(b) 文件输入对话框

图8-19　简单影像文件显示系统

　　遗憾的是，上面的演示程序并不完整，因为多媒体文件除了影像之外还应有声音，而 Video Viewer 模块只能显示影像，不能播放声音。双击 Simulink 框图中的多媒体文件源模块，在 Multimedia output 下拉列表框中除了有 Video only 选项外，还有 Video and audio 选项，如图 8-20(a) 所示，选择该选项后，多媒体模块将有两个输出端口，一个已经连接了 Video Viewer 模块，另一个悬空。数字信号处理模块组的 Sinks 组中提供了 To Audio Device 模块，可以直接和该端口连接，构造出如图 8-20(b) 所示的多媒体文件播放系统模型。

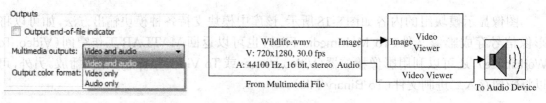

(a) 输出形式列表框　　　　　(b) 多媒体文件播放模型(文件名：c8mvip1a.mdl)

图8-20　多媒体文件播放系统

利用 MATLAB 命令 mmreader() 一次性读入上述整个影像文件难度较大, 因为需要占用大量的存储空间, 所以这里演示读入小型的影像文件 vipmen.avi。读入 MATLAB 工作空间后得到的是结构体型数据, 其 NumberOfFrames 属性为该影像文件的总帧数。依次用下面的语句进行转换, 最终用 movie() 函数可以显示该影像文件。

```
>> W=mmreader('vipmen.avi'); nF=W.NumberOfFrames;
   W1(1:nF)=struct('cdata',zeros(W.Height,W.Width,3,'uint8'),'colormap',[]);
   for i=1:nF, W1(i).cdata=read(W,i); end
   h=figure; set(h,'Position',[100 100 W.Width W.Height])
   movie(h,W1,1,W.FrameRate);
```

MATLAB 图像处理工具箱提供了图像文件的显示与处理函数 imtool(), 该函数除了能直接显示图像外, 还可以给出其他的相关信息, 也可以进行放大、缩小等处理。

例 8-3 用 imread() 函数将 tiantan.jpg 文件或任何其他的 MATLAB 路径上的图像文件读入工作空间, 再用 imtool() 函数将其显示出来, 如图 8-21(a) 所示。

```
>> W=imread('tiantan.jpg'); imtool(W)
```

可见, 该显示窗口带有自己的工具栏, 可以对该图像进行简单处理, 例如, 单击 按钮, 则将打开如图 8-21(b) 所示的工具框, 将目前选择区域内的各个像素的颜色值直接显示出来。用户可以移动选择区域, 这时像素显示工具框也将显示出最新区域的像素值。利用这样的辅助工具用户可以得出图像的一些信息, 如颜色变换区域(对象边缘)的像素值变化情况等, 为以后边缘检测提供有意义的信息。

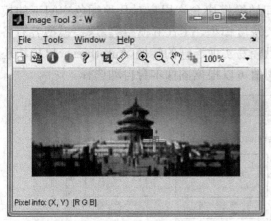
（a）图像显示

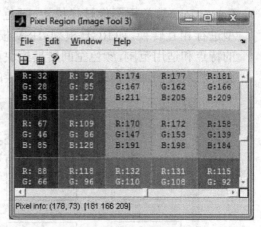
（b）像素值显示工具框

图 8-21　图像显示

8.2.3　图像处理基本模块介绍

图像与影像模块组提供了大量的图像和影像处理模块, 图像处理的常用子模块组和重要模块如下。

- **图像分析与增强子模块组**: 该模块组的内容如图 8-22 所示,包括直方图均衡化模块(Histogram Equalization)、模板匹配模块(Template Matching)、边缘检测模块(Edge Detection)、中值滤波模块(Median Filter)和角点检测模块(Corner Detection)等常用的图像处理模块,使用这些模块可以对图像进行直接研究。这些模块是图像处理领域最常规的一些基本模块。另外,每个模块还可以设置不同的参数、选择不同的算法、实现不同的功能。图像处理工具箱提供了其中部分功能的 MATLAB 实现,如 edge()、histeq()、medfilt2()、imadjust() 等。

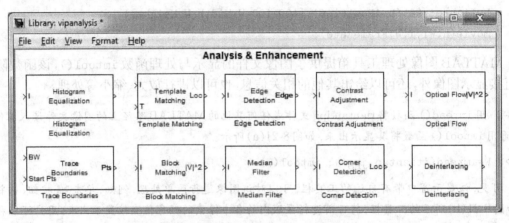

图 8-22　图像分析与增强子模块组

- **图像转换子模块组**: 该模块组的内容如图 8-23 所示,其中包括色度重采样模块(Chroma Resampling)、颜色空间转换模块(Color Space Conversion)、γ 校正模块(Gamma Correction)等常用图像转换模块。颜色空间转换模块允许用户对几种颜色空间下的模型进行相互转换,如 RGB 模型、HSV 模型、灰度模型、YCrCb 模型等,这些模型各有各的特点和适用范围,颜色空间转换模块可以轻易实现这样的转换。Autothreshold 模块还允许将灰度图像转换成黑白图像,转换的阈值可以根据图像本身自动选择。

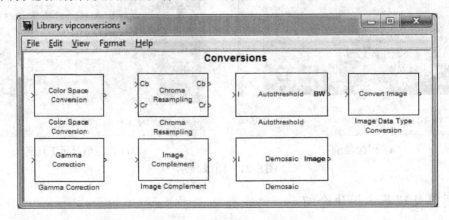

图 8-23　图像转换子模块组

对图像变量来说,可以采用图像处理工具箱中的 rgb2gray()、rgb2hsv() 等函数进行图像颜色空间转换,im2bw() 函数可以将一般图像转换成黑白图像,但阈值只能用选定的值。可以用 `imadjust()` 等函数进行图像校正,包括 γ 校正。

- **图像变换子模块组**:该模块组的内容如图 8-24 所示,包括对图像和影像的各种变换方法,如二维离散 Fourier 变换(2D FFT、2D-IFFT)、二维 Fourier 余弦变换(2D-DCT 和 2D-IDCT)及 Hough 变换模块。滤波器主要从频域方面对图像进行处理,通常可以采用滤波器滤去图像上的各种噪声,而 Hough 变换则可以从黑白图像上识别直线信息。

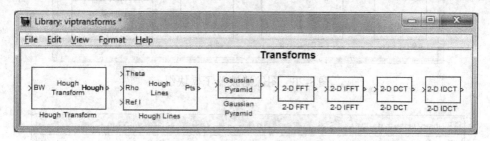

图8-24   图像变换子模块组

MATLAB 及其图像处理工具箱提供了一些相应的函数,如二维离散 Fourier 变换和余弦变换可以分别由 `fft2()`、`ifft2()`、`dct2()`、`idct2()` 处理,Hough 变换及直线提取可以通过 `hough()`、`houghlines()` 函数实现。

- **形态学模块组**:该模块组的内容如图 8-25 所示,包括对图像问题识别的膨胀(Dilation)和腐蚀(Erosion)模块是处理某类图像问题常用的模块。对图像中模糊不清的内容,可以通过采用相应几何形状的结构元素进行膨胀等方法将某些特征显露出来,还可以通过腐蚀的方法将某个实体图像的骨架提取出来。对黑白图像来说,可以采用图像处理工具箱中的 `imdilate()` 和 `imerode()` 等函数来实现膨胀和腐蚀处理,彩色图像也可以用相应的方法进行处理。

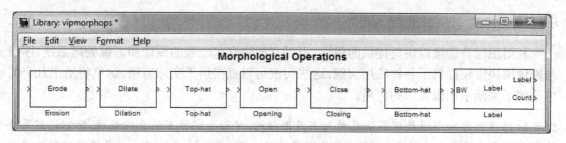

图8-25   形态学子模块组

- **图像滤波器模块组**:该模块组的内容如图 8-26 所示,提供了二维 FIR 滤波器模块(2-D FIR Filter)、二维卷积运算模块(2-D Convolution)、中值滤波器模块(Median Filter)和 Kalman 滤波器模块(Kalman Filter),这些模块可以对影像进行直接处理。

    图像处理工具箱提供了卷积函数 `convmtx2()`,还提供了一些 FIR 滤波器的函数,如 `ftrans2()`、`fwind1()`、`fwind2()`,中值滤波可以由 `medfilt2()` 函数直接处理。

- **形状、文字添加与合成子模块组**(Text & Graphics):该模块组内容如图 8-27 所示,其中的模块允许在现有的图像和影像上叠印形状(Draw Shapes)、叠印文字(Insert Text)、叠印标记（Draw Markers），也允许两路影像的合成（Compositing）。这些模块在图像影像的后处理中是很有用的。

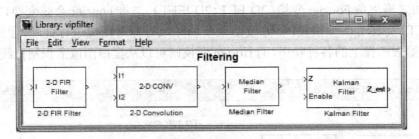

图8-26　图像滤波器子模块组

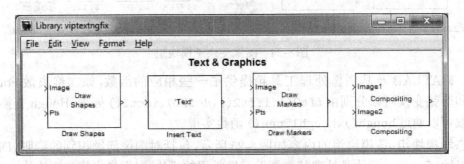

图8-27　形状、文字添加与合成子模块组

- 演示与应用文件（Demos）：图像与影像模块集提供了大量的图像及影像处理应用演示模型，包括自动驾驶和自主导航、图像拼接与角点检测、对象识别与跟踪、自动监控录像及影像去抖动等。

8.2.4　图像与影像的处理入门

利用图像与影像模块集提供的模块，可以立即建立起一般的图像和影像处理系统。图像与影像模块集还提供了各种应用实例，这些实例可以直接用于实际应用。这里将给出几个简单的例子来演示图像处理的应用。

例8-4 很多图像和影像处理算法是针对灰度图像的，对彩色图像不能直接处理，所以通常需要将彩色图像转换成灰度图像，然后对灰度图像进行处理。考虑MathWorks公司提供的影像文件vipmen.avi，由于该文件在MATLAB的搜索路径下，所以无须用户指定路径名。

用户可以打开一个模型窗口，将From Multimedia File复制到该窗口中，在对话框中设置文件名为vipmen.avi。复制Color Space Conversion模块到该窗口，从转换列表中选择RGB to Intensity选项，则可以将该影像信号转换成灰度信号。在灰度信号后面接一个Edge Detection模块，则可以对原影像信号进行边缘检测，生成一个二值影像文件流，该信号后接影像显示器（Video Viewer），则可以在该显示器上直接显示提取的边缘。这样构造出的Simulink模型如图8-28所示。

原始的影像最后一帧如图8-29(a)所示，对其进行边缘检测则得出如图8-29(b)所示的边缘图像，该图像是使用的Sobel算子得出的，若采用Canny算子则得出如图8-29(c)所示的边缘图像。从

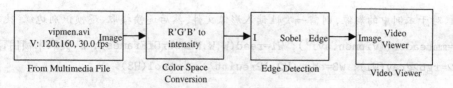

图 8-28　影像处理系统框图（文件名：c8mvip2.mdl）

结果对比可以看出，Canny 算子提取的细节更多，有时可能包含更多不必要的边缘信息。如果采用 Roberts 算子，则提取的边缘结果如图 8-29(d) 所示。

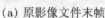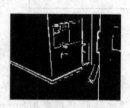

（a）原影像文件末帧　　　（b）Sobel 算子结果　　　（c）Canny 算子结果　　　（d）Roberts 算子结果

图 8-29　边缘检测结果

如果想让提取的边缘和原灰度图像叠加到一起显示，则可以采用 Text & Graphics 模块组中的 composition 模块进行叠加处理，这样可以构造出如图 8-30 所示的新影像处理系统。

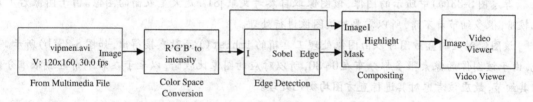

图 8-30　新影像处理系统框图（文件名：c8mvip4.mdl）

为了能正常连接并实现影像合成，则可以双击 composition 模块，打开如图 8-31(a) 所示的对话框，其中 Operation 可以设置为 Highlight selected pixels，这样对该影像进行处理，则可以得出如图 8-31(b) 所示的处理结果。可见，该方法实现了原影像和识别出边界的自动叠加。

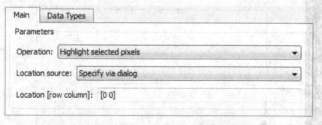

（a）composition 模块对话框参数　　　　　　（b）Sobel 算子的叠加结果

图 8-31　图像合成处理及结果

如果想将检测出来的边缘和原始的彩色影像相叠加，则可以搭建起如图 8-32 所示的 Simulink 仿真模型，该模型可以直接合成彩色影像。

静态图像可以使用图像处理工具箱中的函数来完成处理任务，例如，可以用 imread() 来读入图像文件，用 rgb2gray() 将彩色图像转换成灰度图像，用 edge() 进行边缘检测，用 imtool() 将图像显示出来。对于本例中的影像,则需一次性读入影像文件,然后逐帧提取、逐帧识别边缘,比较麻烦。

```
>> W=mmreader('vipmen.avi'); W1=read(W,W.NumberOfFrames); % 提取末帧图像
   W2=rgb2gray(W1); W3=edge(W2,'Prewitt'); imtool(W3)
```

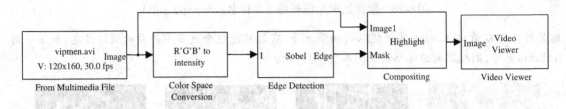

图 8-32　彩色影像的边缘检测与合成系统 (文件名:c8mvip6.mdl)

这里只给出末帧图像的边界提取方法,若需对整个影像进行处理,则相应地采用循环结构,所以影像文件的处理采用 Simulink 框图的方式更合适。

例 8-5 在照相与摄像过程中,经常出现过曝光或欠曝光的现象。在图像处理领域这样的现象可以认为是直方图失衡,这类影像一般需要通过直方图均衡化的方法进行校正。即使有的影像不属于直方图失衡的状况,有时为得到图像的某些细节,也需要对其均衡化处理。

考虑图 8-33(a) 中所示的图像,该图像取自参考文献 [81],是火星表面的图像。由于图像右下角比较暗,很多细节看不清,所以需要对该图像进行处理。

该图像对应的直方图可以由图像处理工具箱的 imhist() 函数直接得出,如图 8-33(b) 所示。可见,由于该图像的像素很多都分布在0~30,所以对应的图像比较暗,以至于在右下角区域很难分辨出其细节,故应该考虑对其进行直方图均衡化处理。

```
>> W=imread('c8fvid1.tif'); imtool(W); figure; imhist(W)
```

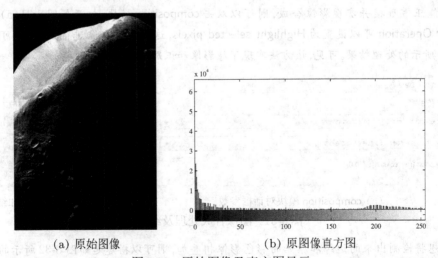

(a) 原始图像　　　　　　　　(b) 原图像直方图

图 8-33　原始图像及直方图显示

利用图像与影像模块集,可以搭建出如图 8-34(a) 所示的 Simulink 系统框图,该框图采用图像文件模块作为输入源,后面直接连接直方图均衡化模块,然后接图像显示模块,该模块得到的处理后的

图像如图8-34(b)所示。可见,经过处理,得到图像的细节能更好地显示出来,上述的结果用图像处理工具箱中的histeq()函数也可以得出。

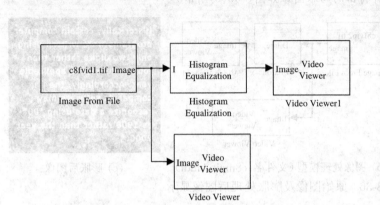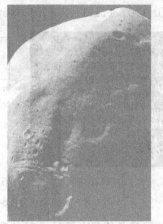

(a) 图像均衡化系统(文件名:c8mvip3.mdl)　　　　　(b) 直方图均衡化图像

图8-34　直方图均衡化模型与均衡化效果显示

```
>> W1=histeq(W); imshow(W1); figure; imhist(W1)
```

上述命令还可以得出处理后图像的直方图,如图8-35(a)所示。可见,这样得出的直方图也基本保持均衡。MATLAB的图像处理工具箱还提供了自适应直方图均衡化函数adapthisteq(),用下面语句对原始图像处理则可以得出如图8-35(b)所示的均衡化结果和如图8-35(c)所示的图像直方图。由结果可见,这样处理后的图像既保持了原来的特性,又有较好的细节描述。

```
>> W2=adapthisteq(W,'Range','original','Distribution','uniform','clipLimit',.2)
   imtool(W2); figure; imhist(W2)
```

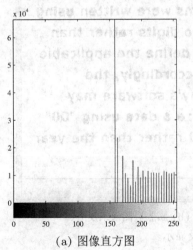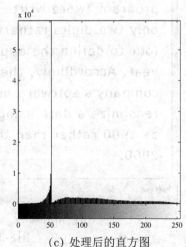

(a) 图像直方图　　　　　(b) 自适应均衡化图像　　　　　(c) 处理后的直方图

图8-35　图像的自适应直方图均衡化处理效果

前面描述的Simulink某些可以直接用于影像文件的处理,另外,自适应直方图均衡化方法目前在图像与影像模块集没有现成的模块实现,如果需要可以考虑自己编写相应的模块。

例 8-6 考虑如图 8-36(a) 所示的图像[81]，该图像本身不是特别清晰，需要用膨胀的方法处理一下。利用膨胀方法建立的 Simulink 模型如图 8-36(b) 所示，其中的结构元素 (Structuring element) 矩阵设置为 [0,1,0; 1,1,1; 0,1,0]，这样得出的膨胀图像如图 8-36(c) 所示。

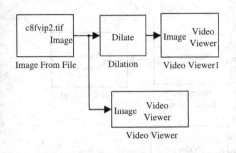

(a) 原图像   (b) 图像处理模型 (文件名：c8mvip7.mdl)   (c) 膨胀后图像

图 8-36　原始图像及膨胀处理后图像显示

图像的膨胀与腐蚀还可以用图像处理工具箱中的 imerode() 和 imdilate() 直接得出。同样选择膨胀矩阵 $A = [0,1,0; 1,1,1; 0,1,0]$，则用下面语句可以分别得出膨胀前后的求反图像，如图 8-37 所示。可以看出，求反的图像更能演示出膨胀处理的效果。

```
>> W=imread('c8fvip2.tif'); imtool(~W); figure;              % 直接求反显示
   A=[0 1 0; 1 1 1; 0 1 0]; W1=imdilate(W,A); imtool(~W1)  % 膨胀并求反
```

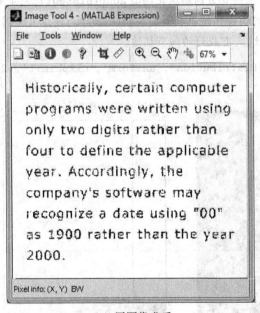
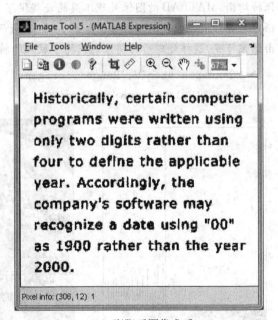

(a) 原图像求反   (b) 膨胀后图像求反

图 8-37　原始图像及膨胀后图像求反显示

和前面介绍的一样，这些函数只能用于单幅图像的处理，对影像文件来说，可以考虑用循环方法对每帧图像单独处理，但过程比 Simulink 模型麻烦。

例 8-7 MATLAB 的图像处理工具箱提供了基于形态学的图像处理函数 bwmorph()，该函数支持黑

白图像的细化、边缘检测、骨架提取等一系列操作。考虑图 8-38(a) 给出的黑白图像,用 bwmorph() 函数可以容易地得出图像的轮廓和骨架,如图 8-38(b)、图 8-38(c) 所示,其中,由于图像边框的干扰,提取的骨架不是特别理想。如果在 bwmorph() 函数中使用 'thin' 选项,则可以得出细一点的图像线,反复调用该函数,如循环 50 次,则可以得出更好的骨架,如图 8-38(d) 所示。bwmorph() 函数还有众多选项,读者可以使用 doc bwmorph 命令显示该函数的各种功能。

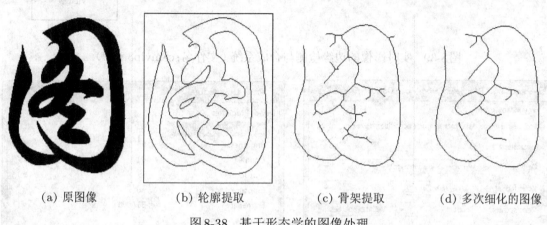

(a) 原图像　　　　(b) 轮廓提取　　　　(c) 骨架提取　　　　(d) 多次细化的图像

图 8-38　基于形态学的图像处理

```
>> W=imread('c8fvip3.bmp'); imtool(W)              % 显示原图像
   W1=bwmorph(W,'remove');  imtool(~W1)            % 轮廓提取
   W2=bwmorph(~W,'skel',inf); imtool(~W2)          % 骨架提取
   W3=~W; for i=1:50, W3=bwmorph(W3,'thin'); end, imtool(~W3) % 反复细化
```

　　图像处理工具箱和图像与影像模块集中都提供了大量的演示实例,这些实例可以直接借鉴,用户可以根据这些实例构造出针对自己问题的影像处理系统。数字图像处理领域的深入问题可以参见参考文献 [81,82]。

8.2.5　图像影像的实时处理

　　MATLAB 图像采集工具箱(Image Acquisition Toolbox)下提供了图像采集模块(From Video Device),可以直接用来提供输入信号源。该模块是将摄像头采集的影像直接读取到 Simulink 环境的模块,可以用其他模块对其采集的视频影像进行实时处理。

例 8-8　考虑图 8-32 中给出的图像处理系统,将其中的读影像文件模块替换成图像采集模块,并添加一个显示原始图像的模块,则可以构造出如图 8-39 所示的实时图像处理系统。

　　双击图像采集模块,可以得到如图 8-40(a) 所示的对话框,可见,当前计算机连接的 winvideo1 (Built-in iSight) 摄像头已被自动识别,用户可以通过对话框的 Video format 下拉列表框设置摄像头的分辨率。该摄像头的进一步设置可以单击 Edit properties 按钮,在打开的如图 8-40(b) 所示的对话框进行,采集效果还可以通过单击 Preview 按钮来预览。

　　启动该仿真框图,就可以对现场影像直接进行边缘检测及影像合成了。

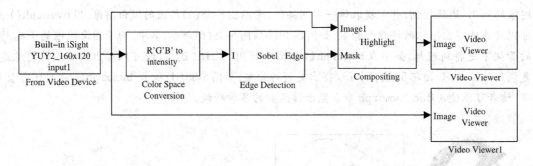

图 8-39　实时影像的边缘检测与合成系统（文件名:c8mvip8.mdl）

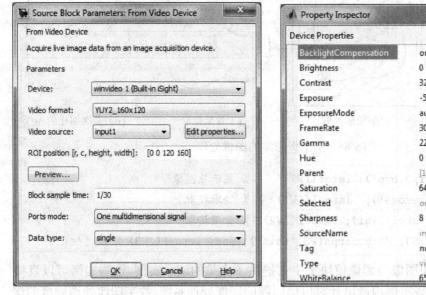

（a）摄像头对话框　　　　　　　　　　　　（b）摄像头属性

图 8-40　摄像头对话框及属性

8.3　有限状态机仿真及 Stateflow 应用

Stateflow 仿真的原理是有限状态机（Finite State Machine,FSM）理论。所谓有限状态机,就是指在系统中有可数的状态,在某些事件发生时,系统从一个状态转换成另一个状态,所以有限状态机系统又称为事件驱动的系统。在有限状态机的描述中,可以设计出从一个状态到另一个状态转换的条件,在每对相互可转换的状态下都设计出状态迁移的事件,从而构造出状态迁移图。

Stateflow 是有限状态机的图形实现工具,它可以用于解决复杂的监控逻辑问题,用户可以用图形化的工具来实现各个状态之间的转换。Stateflow 生成的监控逻辑可以直接嵌入到 Simulink 模型下,从而实现两者的无缝连接。事实上,在仿真初始化过程中,Simulink 将自动启动编译程序,将 Stateflow 绘制的逻辑框图变换为 C 格式的 S-函数,从而在仿真过程中直接调用相应的动态链接库文件,将两者构成一个仿真整体。

8.3.1 有限状态机简介

在 Stateflow 中提供了图形界面支持的设计有限状态机的方法,它允许用户建立起有限的状态,并用图形的形式绘制出状态迁移的条件,从而构造出整个有限状态机系统。所以在 Stateflow 下,状态和状态转换是其最基本的元素,有限状态机的示意图如图 8-41 所示。所谓有限,是指其中的状态或模态的个数是可数的,故而能用这样的示意图表示出来。在本示意图中有 4 个状态,这几个状态直接的转换是有条件的,其中有的是状态之间相互转换的,还有 A 状态自行转换。在有限状态机的表示中,还应该表明这些状态迁移的条件或事件。

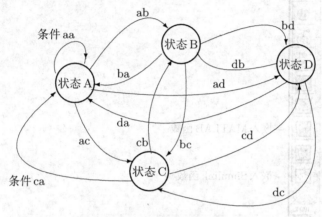

图 8-41   有限状态机示意图

Stateflow 模型一般是嵌在 Simulink 模型下运行的,Stateflow 图是事件驱动的,这些事件可以在同一个 Stateflow 图中,也可能来自 Simulink。

8.3.2   Stateflow 应用基础

在 MATLAB 的命令窗口提示符下输入 `stateflow` 命令,将打开如图 8-42 所示的界面,其中左边的窗口为 Stateflow 库,右边的窗口中为 Simulink 窗口,右边窗口中的 Charts 为空白的 Stateflow 模块图标,在 Simulink 模型中可以直接嵌入 Stateflow 模块。

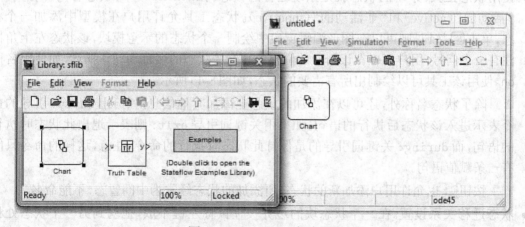

图 8-42   Stateflow 启动界面

双击其中的Stateflow模块Chart,将打开如图8-43所示的编辑界面,用户可以在此窗口中编辑所需的Stateflow模型。Stateflow提供了强大的框图编辑功能,可以描述很复杂的逻辑关系式。应该指出的是,Stateflow框图的输出可以为状态,且状态的值是可枚举的。

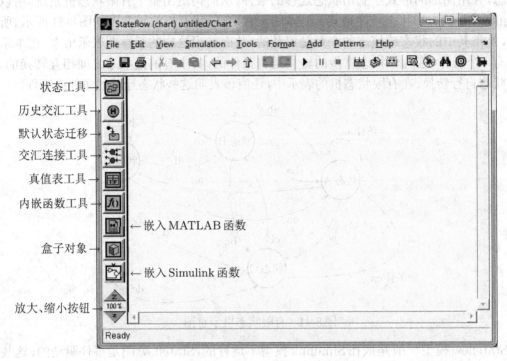

图8-43　Stateflow图形编辑程序界面及工具栏

在Stateflow编辑界面内右击,将打开如图8-44(a)所示的快捷菜单,选择Properties命令将打开如图8-44(b)所示的对话框,用户可以在其中设置整个模型的属性。

在该Stateflow模型编辑界面的左侧有一些编辑工具,可以利用这些编辑工具绘制出Stateflow图形。下面介绍绘制Stateflow流程图的方法:

- **使用状态工具**。系统的状态就是系统运行的模态。在Stateflow下,状态有两种行为,即"活动的"(active)和"非活动的"(inactive)。状态工具允许用户在模型中添加一个状态,单击 按钮,则可以在图形编辑窗口中绘制一个状态的示意模块,该状态左上角标注有一个问号,用户可以在该问号的位置填写有关状态的名称和动作描述,如使用名称on。使用该工具可以绘制出所有需要的状态,如图8-45所示。

    除了状态名称外,还可以在添加的状态上添加其他信息,如给出 entry: 引导的命令表示进入该状态后执行的语句。如果用关键词引导 exit: 则表示退出此状态时执行的语句,而 during: 关键词引导的是保持此状态时执行的命令。注意,这样的命令只能有一条赋值语句。

    按钮 也允许用户添加新的状态,所添加的状态经常为中间暂态,不能命名。

- **状态迁移关系设置**。在一个状态块的边界按住鼠标左键不放,拖动到另一个状态处释放,则可以绘制出从一个状态迁移到另一个状态的连线。状态迁移线上方用?标记,用户

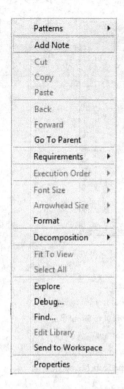

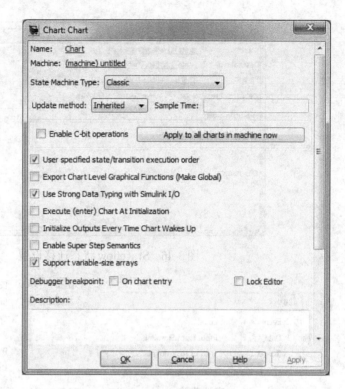

（a）快捷菜单　　　　　　　　（b）属性设置对话框

图8-44　Stateflow整体设置

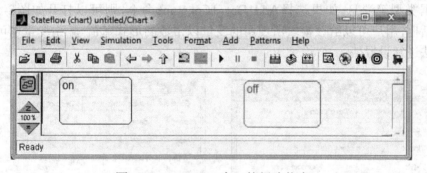

图8-45　Stateflow窗口的新建状态

可以单击该标记修改状态迁移条件和回调函数。还可以右击这条状态迁移线，在弹出的快捷菜单中选择Properties命令，将打开如图8-46所示的对话框，在其中的Label文本框中可以添加状态迁移的关系式，还可以调用相应的下级函数。

- **事件与数据设置**。Stateflow提供了一个Add菜单，其内容如图8-47（a）所示。用户可以从中选择适当的事件与数据定义，例如，可以从Simulink输入事件。Stateflow框图还允许用户与Simulink环境交互数据，这时应该选择如图8-47（b）所示的菜单项。

- **输入、输出设置**。选择Add|Data|Input from Simulink命令可以打开如图8-48（a）所示的对话框，这样的设置将给Stateflow模块添加输入端口。用户可以给该端口设置变量名

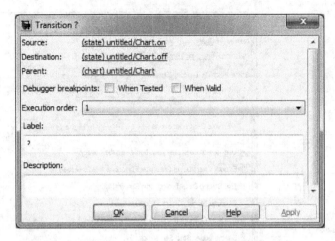

图8-46　Stateflow状态迁移设置

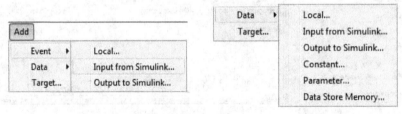

（a）事件菜单　　　　　　　　　（b）数据菜单

图8-47　Add菜单内容

和数据类型等消息。如果选择Add|Data|Constant命令,则可以打开如图8-48(b)所示的对话框,用户可以给该模块所使用的变量以常数的形式赋值。输出变量也可以用相应的方法进行设置。

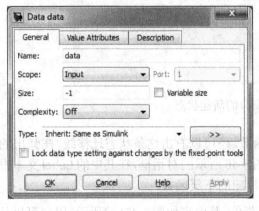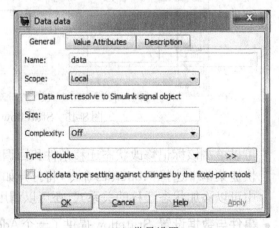

（a）输入信号设置　　　　　　　　（b）常量设置

图8-48　输入循环与常量设置对话框

- Stateflow还允许在其逻辑流程图内嵌入MATLAB代码、子Stateflow流程图、Simulink模块或组合各种内容的盒子模块,也可以利用状态迁移的方式容易地描述各种流程控制,如循环和转移流程。

Stateflow框图的各个模块及其参数可以通过选择Tools|Explorer命令,在打开的如图8-49所示的对话框中进行设置。

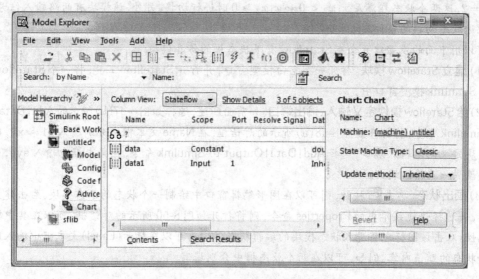

图8-49 Stateflow内容分析界面

8.3.3 Stateflow的常用命令

前面介绍过,`stateflow`命令可以打开Stateflow主界面,可以使用该命令来启动Stateflow编辑环境,开始Stateflow流程图的绘制。还有如下一些命令可以用来进行Stateflow工具的使用。

* `sfnew`命令:可以创立一个新的带有Stateflow模块的Simulink模型。由 `sfnew fnm` 语句可以建立起一个名为fnm的Simulink模型,其中包含一个空白的Stateflow模块。
* `sfexit`命令:将关闭所有包含Stateflow建模的窗口,并退出Stateflow环境。
* `sfsave`命令:允许用户将绘制出的Stateflow模型用文件的形式保存起来。
* `sfprint`命令:将打印绘制的Stateflow模型。

8.3.4 Stateflow应用举例

下面将通过几个例子来演示Stateflow的建模与应用。首先考虑切换微分方程的求解问题,将切换条件看作状态迁移条件,用Stateflow将其仿真模型绘制出来,然后演示摩擦力问题的Stateflow建模与仿真方法,最后将演示一个基于视觉的乒乓球裁判系统(Stateflow部分)的建模与仿真的方法。

例8-9 考虑例5-22中给出的切换微分方程模型$\dot{x} = A_i x$,其中

$$A_1 = \begin{bmatrix} 0.1 & -1 \\ 2 & 0.1 \end{bmatrix}, A_2 = \begin{bmatrix} 0.1 & -2 \\ 1 & 0.1 \end{bmatrix}$$

且系统的初始状态变量为$x_1(0) = x_2(0) = 5$。选择切换条件为:若$x_1 x_2 < 0$切换到系统A_1,若

$x_1x_2 \geqslant 0$ 切换到 A_2，该切换系统还可以用有限状态机的方式建模。该系统有两个不同的状态[1]，状态 1 和状态 2，可以考虑给 Stateflow 模块设置一路输出为 sys，对应于这两个状态分别设置为 sys = 1 和 sys = 2，这两个状态在满足 $x_1x_2 < 0$ 和 $x_1x_2 \geqslant 0$ 时进行切换。另外，该模块有两路输入信号 x_1 和 x_2 来描述状态切换的条件。

可以用下面的步骤建立含有 Stateflow 有限状态机的仿真模型：

(1) **建立 Stateflow 模块。**打开一个空白模型窗口，并打开 Stateflow 工具，将一个 Stateflow 模块复制到 Simulink 模型窗口中。

(2) **给 Stateflow 模块定义输入、输出端口。**如前面所述，选择如图 8-47(b) 所示的 Add|Data|Input from Simulink 命令，将打开如图 8-48(a) 所示的对话框，在 Name 文本框中分别输入 x1 和 x2，则可以给该模块定义两路输入端口；选择 Add|Data|Output to Simulink 命令，在文本框中输入 sys，则可以给模块设置一路输出端口。

(3) **画出状态。**单击 ⌷ 按钮，则可以在图形编辑窗口中绘制一个状态的示意模块。右击建立的状态图标，并选择快捷菜单中的 Properties 命令，则将打开如图 8-50 所示的对话框，可以在其中输入状态的属性。双击该图标也将进入状态模块的编辑状态。例如，可以在标示(Label)文本框中输入所需的标示和状态的赋值内容。例如，可以在两个状态框中分别填写：

con1/　　　　　　　　　　　　　　　　　　con2/

entry: sys=1;　　　　　　　　　　　　　　entry: sys=2;

其中，con1 和 con2 为状态名称，entry: 关键词后面的语句表示进入该状态后自动执行的语句，即进入这两个状态后分别将变量 sys 的值设置置为 1、2。更简单地，单击状态图标内的文字也可以直接修改状态内容与赋值语句。

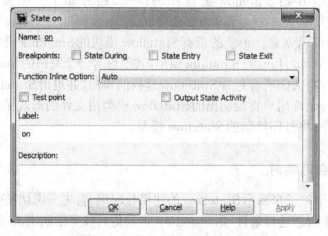

图 8-50　状态属性设置对话框

(4) **定义状态迁移条件。**将鼠标指针移动到一个状态框的边界上，则光标指示变成十字，拖动鼠标到另一个状态框上并释放鼠标，则会自动绘制出一条带箭头的状态迁移线，并在上方给出一个问号。单击该问号标记则允许用户标记状态迁移条件。例如，若想描述系统在 $x_1x_2 < 0$ 时从状态 1 迁移

---

[1] 由于本例中两个地方都用到了"状态"一词，容易混淆，所以这里状态特指 Stateflow 中的状态，而状态方程的状态 x_1、x_2 改称状态变量，以示区别。

到状态2,则需要将迁移条件修改为[x1*x2<0]。

(5)**定义默认状态**。单击 按钮则可以指定默认的状态,注意,这个步骤不能省略。

最终构造出来的Stateflow框图如图8-51(a)所示,同时还可以用开关方式建立起切换系统的Simulink仿真框图,如图8-51(b)所示,其中需要将开关的阈值设置成(1,2)区间内的值,如1.5,这样就可以在事件x_1x_2符号发生变化时驱动整个系统了。

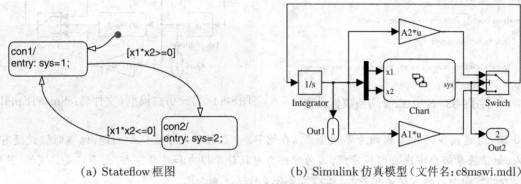

(a) Stateflow框图   (b) Simulink仿真模型（文件名:c8mswi.mdl）

图8-51 切换系统的仿真模型

对该系统进行仿真则可以得出如图8-52所示的状态变量曲线,和例5-22中给出的结果完全一致。该图还给出了x_1x_2随时间变化的表示形式,由得出的曲线可以看出状态切换的过程。在仿真过程中如果打开Stateflow窗口,则可以看出状态切换的过程,其中当前状态在仿真过程中颜色总在闪烁,说明内部在进行状态的切换。注意,仿真算法选择的不同会使仿真结果略有不同,对本例来说选择ode23s比较合适,选择ode45和ode15s求解算法将得出不精确的结果。和例5-22中给出的求解方法相比,基于Stateflow默认设置的求解方法对连续系统的模拟并不是很理想,因为基于Stateflow计算出来的状态切换变量x_1x_2的过零点不是很准确,所以应该针对连续系统设置过零点检测方法。

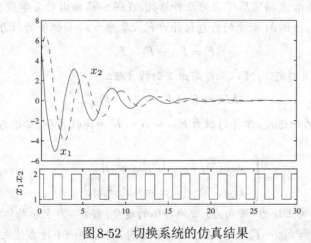

图8-52 切换系统的仿真结果

在Stateflow流程图中右击,在弹出的快捷菜单中选择Properties命令,可以打开属性对话框,其中上部的Update method下拉列表框中有多个选项,应该选择其中的Continuous选项,如图8-53所示。这样选择后将在下面出现Enable zero-crossing detection复选框,将其选中,如图8-53所示,就可以精确检测切换点,得出正确的仿真结果。

如果用常规Simulink模块则可以搭建出如图8-54所示的仿真模型,该模型用常规仿真算法即可对原系统进行精确仿真。

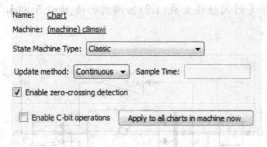

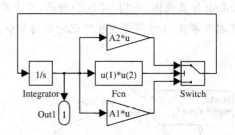

图8-53　Stateflow切换属性设置　　　　　图8-54　另一仿真模型(文件名:c8mswi1.mdl)

例 8-10 考虑图8-55中给出的力学模型[83]。在例7-2中已经研究了类似的问题,但当时假设没有摩擦力。如果将摩擦力考虑在内较麻烦,因为摩擦力包括静摩擦力和动摩擦力,大小不是固定的,另外,摩擦力的方向和运动方向是相关的,所以需要分多种情况来考虑。

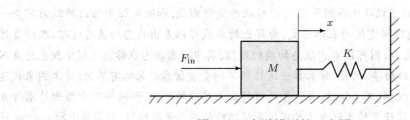

图8-55　力学模型的示意图

这里试用Stateflow来描述摩擦力的几种情况。在图8-55给出的力学模型中,重物 M 在外力 F_{in} 的作用下运动,这样,物体 M 所受的力包括外力 F_{in}、摩擦力 F_f 和弹簧的拉力 F_{str},得出合力为:

$$F = F_{in} - F_f - F_s \tag{8-3-1}$$

根据Newton第二运动定律,可以立即写出下面的方程:

$$M\ddot{x} = F = F_{in} - F_f - F_{str} \tag{8-3-2}$$

其中,x 为位移,所以 $\ddot{x}$ 为加速度。弹簧的拉力 $F_{str} = Kx$,K 为弹性系数,摩擦力 F_f 可以由下面的公式计算出来:

$$F_f = \begin{cases} \operatorname{sign}(\dot{x})\mu F_n, & |F_{sum}| > \mu F_n \\ F_{sum}, & \dot{x}=0\,且\,|F_{sum}| \leqslant \mu F_n \end{cases} \tag{8-3-3}$$

其中,μ 为摩擦系数,F_n 为正压力(法向力),$\dot{x}$ 为物体的速度,当 $\dot{x}=0$ 表示物体静止。F_{sum} 为静止状态下的受力,满足 $F_{sum} = F_{in} - F_{sliding}$。当速度为非零时,将需要一个冲力使之瞬时回零,该冲力往往超过最大的允许限度 $F_{sliding}$。当物体的速度已经为0,则 F_{sum} 力将维持该物体的加速度为0。摩擦力一般可以再分为静摩擦力和动摩擦力,这主要取决于物体是否运动而言,亦即:

$$\mu F_n = \begin{cases} \mu_{static}F_n = F_{static}, & \dot{x}=0 \\ \mu_{sliding}F_n = F_{sliding}, & \dot{x}\neq 0 \end{cases} \tag{8-3-4}$$

其中，μ_{static} 和 μ_{sliding} 分别为静摩擦系数和滑动摩擦系数，综合考虑上述两个条件式，则可以由下面的式子求出摩擦力：

$$F_{\text{f}} = \begin{cases} \text{sign}(\dot{x})F_{\text{sliding}}, & \dot{x} \neq 0 \\ F_{\text{sum}}, & \dot{x} = 0 \text{ 且 } |F_{\text{sum}}| < F_{\text{static}} \\ \text{sign}(F_{\text{sum}})F_{\text{static}}, & \dot{x} = 0 \text{ 且 } |F_{\text{sum}}| \geqslant F_{\text{static}} \end{cases} \tag{8-3-5}$$

可见，物体 M 共有两个状态，即运动与静止。可以给其状态设置一个标志变量 stuck。从式 (8-3-3) 中可以看出，在 $|F_{\text{sum}}| > F_{\text{static}}$ 时，物体处于运动状态，故这时设置 stuck 标志为 0，若上述条件不满足，且物体处于静止状态，可以令 stuck 标志为 1，通过这样的方法可以设置摩擦的状态。根据这样的逻辑描述，可以构造出一个 Stateflow 框图，如图 8-56(a) 所示。在该 Stateflow 框图下，定义合力 Fsum、零速度检测信号 novelocity 和静态摩擦力 Fstatic 为来自 Simulink 的输入信号，再令标志状态 stuck 为输出到 Simulink 的信号。

另外，根据式 (8-3-5)，可以建立起摩擦力 F_{f} 的子系统模型，如图 8-56(b) 所示。在该系统中使用了两个开关模块来描述 3 个条件。

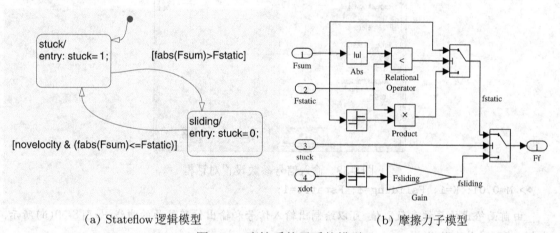

(a) Stateflow 逻辑模型   (b) 摩擦力子模型

图 8-56   摩擦系统子系统模型

有了这两个模块，就可以最终搭建出整个系统的 Simulink 模型，如图 8-57 所示。在此模型中，Hit Crossing 模块用于检测速度过零点。另外，采用了双积分器的方式来描述式 (8-3-2) 中表示的数学模型。注意，这样绘制的模型和参考文献 [83] 中给出的不完全一致，从结构来说更易于理解。

在 Simulink 模型中，速度信号不是取自第一积分器的输出，而是取自其状态，这就需要将该积分器的 Show state port 复选框选中，这样做是为了避免代数环的现象。另外，还需要用 stuck 信号来复位该积分器。

在仿真系统中，可以选择三角波信号作为系统的外力输入。选择输入源模块组中的 Repeating Sequence 图标，双击该图标则可以打开如图 8-58 所示的参数输入对话框。该参数组的含义是生成周期为 10s 的重复信号，使得时间等于 5 时达到其峰值 5。

由于该系统属于刚性系统，所以仿真算法应该选择 ode15s，并将相对误差限 Relative tolerance 设置为 10^{-6}，这样就可以较可靠地对原系统进行仿真了。

建立起系统的仿真模型后，可以用下面的语句将有关参数输入到 MATLAB 的工作空间：

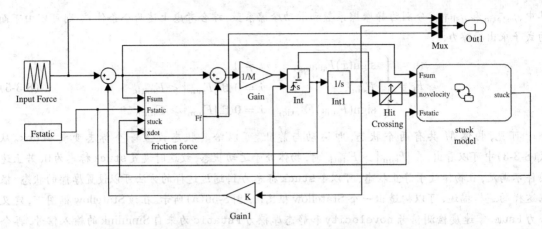

图8-57 摩擦系统的Simulink模型（文件名：c8fstr1.mdl）

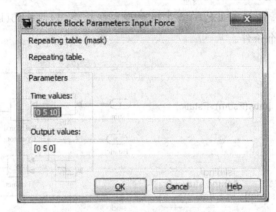

图8-58 输入信号参数设置对话框

```
>> M=0.01; K=1; Fsliding=1; Fstatic=1;
```

由前面给出的系统参数取值，可以绘制出输入信号和输出位移信号的曲线，如图8-59(a)所示，其中三角波为输入信号。

另外，还可以改变原始的系统模型参数，例如，由下面的MATLAB语句设置新的模型参数，再启动仿真模型，则将得出如图8-59(b)所示的曲线。

```
>> M=0.1; Fsliding=0.1;
```

例8-11 前面两个例子都是连续系统的例子，不用Stateflow也可以进行仿真，且可能更直观、方便。这里将考虑一个真正的事件驱动例子。考虑某基于视觉的乒乓球裁判系统，其中视频部分产生了几个输出信号，可以利用这几个信号来驱动用Stateflow搭建的裁判系统模型[84]。

相关的Stateflow框图有4路输入信号P_l、P_r、P_n、sA，两路输出信号score_A、score_B。其中，输入信号P_l表示本回合乒乓球落在左侧球台的次数，P_r表示落到右侧球台的次数，P_n表示是否擦网（只在发球时有效），sA为本局发球方标志，其值为1表示A方发球，为0表示B方发球。输出信号score_A表示A方得分，score_B表示B方得分。为了便于描述迁移状态，需要通过变换定义两个新的信号Q_s和Q_r，分别表示落在发球方球台的次数和落在接发球方球台的次数，这两个变量在换发球时更新。

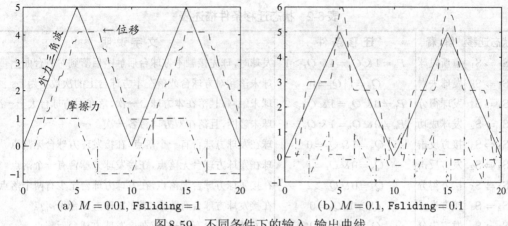

(a) $M = 0.01$, Fsliding $= 1$　　　　(b) $M = 0.1$, Fsliding $= 0.1$

图8-59　不同条件下的输入、输出曲线

可以为裁判系统设置6个状态,$S_i, i = 1, 2, \cdots, 6$,如表8-1所示,根据这6个状态的相互迁移关系可以绘制出裁判系统的状态迁移示意图,如图8-60所示。

表8-1　状态的设置

状　态	名　称	状态名
S_1	发球状态	serve
S_2	接发球方反击状态	receiver_return
S_3	发球方反击状态	server_return
S_4	发球方得一分状态	server_score
S_5	接发球方得一分状态	receiver_score
S_6	本局比赛结束状态	end_game

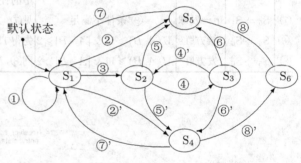

图8-60　状态迁移示意图

状态迁移的规则在表8-2中列出。由给出的状态迁移条件可见,有些很容易由Stateflow描述,有些条件不大容易描述,需要再分一些子关系讨论,如迁移条件⑦,这往往需要搭建Stateflow框图或由内嵌函数表示。

仿真系统搭建可以采用下面几个步骤:

(1) Stateflow框图绘制。根据前面的分析,依照图8-60中给出的逻辑流程关系可以容易地建立起Stateflow主框图,如图8-61所示,该框图中描述了状态迁移条件和迁移时调用的回调函数,采用的具体格式为 [st_conditions]{callbacks},其中,方括号 [] 括起来的st_conditions用于描述状态迁移的条件,该条件可以由逻辑运算,如与或非等符号连接。大括号 {} 括起来的callbacks为状态迁移时的回调函数,包括MATLAB命令、下级MATLAB函数及内嵌的Stateflow子框图。调用内嵌函数时可以直接使用函数名,调用MATLAB函数时则应在函数名前添加ml.前缀。

由给出的Stateflow框图可见,一个状态模块可以接若干的状态迁移线,例如,server_score状态有两条向外的状态迁移线,自动编号为1、2,其中,1号状态线有对应的迁移条件,第二条没有,说明在第一条迁移线对应的迁移条件

[(score_A >= 11 | score_B >= 11) & ml.abs(score_B-score_A) >= 2]

表 8-2　状态迁移条件描述表

序	状态迁移	解 释	迁 移 条 件	文 字 说 明
①	$S_1 \Rightarrow S_1$	重新发球	$P_n = 1 \,\&\, Q_s = 1 \,\&\, Q_r \geqslant 1$	发球时,球先接触本方球台后触网后落到对方台面上
②	$S_1 \Rightarrow S_5$	发球失误	$Q_s \neq 1 \,|\, Q_r = 0$	球未落到对方球台或落在本方球台上的次数不为 1
②'	$S_1 \Rightarrow S_4$	发球得分	$P_n \neq 0 \,\&\, Q_s = 1 \,\&\, Q_r \geqslant 2$	球未触网,且落在本方球台一次,落在对方球台大于一次
③	$S_1 \Rightarrow S_2$	发球成功	$P_n \neq 0 \,\&\, Q_s = 1 \,\&\, Q_r = 1$	球未触网,且落在双方球台各一次
④	$S_2 \Leftrightarrow S_3$	接方反击	$Q_s = 1 \,\&\, Q_r = 0$	球在发球方球台有一个落点,在接发球方球台无落点
④'	$S_3 \Leftrightarrow S_2$	发方反击	$Q_s = 0 \,\&\, Q_r = 1$	球在发球方球台无落点,在接发球方球台有一个落点
⑤	$S_2 \Rightarrow S_5$	接方得分	$Q_r = 0 \,\&\, Q_s \geqslant 2$	在接发球方球台无落点,在发球方球台至少有两个落点
⑤'	$S_2 \Rightarrow S_4$	接方失分	$Q_r \geqslant 1 \,|\, Q_s = 0$	在接发球方球台有落点,或在发球方球台无落点
⑥	$S_3 \Rightarrow S_5$	发方失分	$Q_s \geqslant 1 \,|\, Q_r = 0$	在发球方球台有落点,或在接发球方球台无落点
⑥'	$S_3 \Rightarrow S_4$	发方得分	$Q_s = 0 \,\&\, Q_r \geqslant 2$	在发球方球台无落点,在接发球方球台至少有两个落点
⑦	$S_4 \Rightarrow S_1$	下一发球	⑧条件不满足	是轮换发球状态吗;该局比赛达到 10 分钟,并且至少有一方的分数低于 9 分;双方比分达 10 平。满足以上 3 种情况中的任一种要进行轮换发球,否则按正常次序发球
⑦'	$S_5 \Rightarrow S_1$	下一发球	⑧'条件不满足	见⑦
⑧	$S_4 \Rightarrow S_6$	接方胜	$M(A, B) \geqslant 11 \,\&\, |A - B| \geqslant 2$	先得 11 分的一方为胜方;10 平后,先多得 2 分的一方获胜
⑧'	$S_5 \Rightarrow S_6$	发方胜	$M(A, B) \geqslant 11 \,\&\, |A - B| \geqslant 2$	同⑧,$M(A, B) = \max(A, B)$

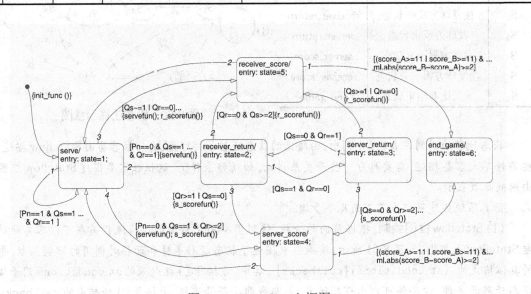

图 8-61　Stateflow 主框图

表示两者有一方先到 11 分且双方分差大于或等于 2 满足时,迁移到 end_game 状态,仿真结束;而当该条件不满足时,自动实现状态迁移线 2 的迁移,迁移到状态 server 状态,继续发球。

(2) **内嵌函数的绘制与编写**。首先考虑默认的状态迁移,该状态迁移线自动调用 init_func() 函数,该函数是用 Stateflow 绘制出来的内嵌函数。用户可以单击 Stateflow 工具栏中的 fn 按钮,在给出的框架内绘制内嵌函数。例如,可以按图 8-62 给出的方式绘制内嵌函数流图,其中的小圆圈表示状态,是由 按钮生成的,其作用和按钮 生成的状态基本一致。状态迁移线和迁移条件的定义与描述方法和Stateflow主框图完全一致。

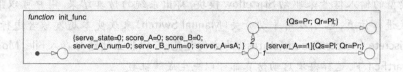

图8-62 初始化函数init_func()子框图

除了初始化内嵌函数外,还应该编写其他几个内嵌函数,如图8-63所示。例如,图8-63(c)给出的发球函数servefcn()用于建立起P变量到Q变量的映射,使建模变得更简单。

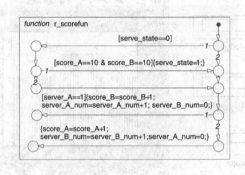 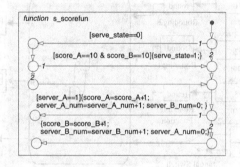

(a) 接发球方得分函数r_scorefcn()　　　(b) 发球方得分函数s_scorefcn()

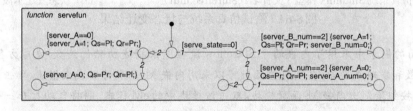

(c) 发球函数servefcn()

图8-63 其他内嵌函数子框图

(3) **局部变量和接口变量的设置**。前面的Stateflow模型和Simulink有几个接口,从Simulink到Stateflow设计了4个接口,分别为Pl、Pr、Pn和sA,前3路对应于P_l、P_r、P_n信号,sA表示本局发球方。该模型返回Simulink有3路信号,前两路score_A和score_B表示A、B双方的得分,第三路输出信号为state,为状态的值。这些信号需要由Add|Data|Input from Simulink和Output to Simulink命令来设置。其他变量,如serve_state等需要由Add|Data|Local命令来设置。注意,所有用到的其他变量都应该设置为局部变量,否则仿真过程会出现错误。

(4) **仿真系统Simulink模型搭建**。用下面命令可以生成一系列测试数据:

```
>> t=sort(unique(0.01*round(rand(1000,1)*2000))); % 事件发生时刻变量
   u1=round(2*rand(size(t))); u2=round(2*rand(size(t)));
   u3=round(0.6*rand(size(t))); U1.time=t; U1.signals.values=u1;
```

U2.time=t; U2.signals.values=u2; U3.time=t; U3.signals.values=u3;

根据这些数据可以生成乒乓球比赛仿真系统的模型,如图8-64(a)所示。其中采用了工作空间数据模块作为模型的输入信号来驱动Stateflow模块,得出系统的仿真结果。用户可以用上述命令重新生成随机数进行仿真,也可以用手动开关(Manual Switch)来改变本局发球者进行仿真。仿真算法应该选择Discrete (no continuous states)。为方便起见,可以将上述语句存入File|Model Properties|Callbacks|StartFcn下,这样每次启动仿真都可以先生成随机数。

通过仿真可以得出状态变量的输出示波器显示,如图8-64(b)所示。由于测试信号为随机信号,且该信号是在每次仿真之前生成的,所以每次仿真结果是不同的。

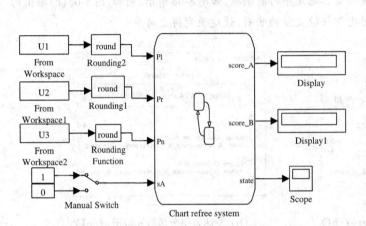 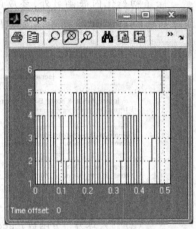

(a) 测试仿真系统Simulink模型(文件名:c8mrefree.mdl)   (b) 状态变迁示波器显示

图8-64 测试仿真系统与状态变迁结果

例8-12 前面的例子中采用了内嵌的子Stateflow流程图来描述初始化函数、发球方得分函数、接球方得分函数和发球函数等,其实这些函数可以采用内嵌M-函数的形式来描述。单击Stateflow工具栏上的 ![button] 按钮绘制出内嵌M-函数模块。双击该模块中的eM标志,则将自动打开一个MATLAB函数编辑器,用户可以在编辑器中编写M-函数来描述状态迁移关系。新构建起来的仿真模型c8mrefree1.mdl从表面形式上看和图8-64(a)中给出的完全一致,但内部的Stateflow模型已经替换成了如图8-65所示的形式。其中,4个内嵌MATLAB函数的清单如下:

```
function init_func
serve_state=0; score_A=0; score_B=0; server_A_num=0;
server_B_num=0; server_A=sA;
if server_A==1,Qs=Pl; Qr=Pr; else, Qs=Pr; Qr=Pl; end
function s_scorefun
if serve_state==0 & score_A==10 & score_B==10, serve_state=1; end
if server_A==1,
    score_A=score_A+1; server_A_num=server_A_num+1; server_B_num=0;
else
    score_B=score_B+1; server_B_num=server_B_num+1; server_A_num=0;
```

```
end
function r_scorefun
if serve_state==0 & score_A==10 & score_B==10, serve_state=1; end
if server_A==1,
    score_B=score_B+1; server_A_num=server_A_num+1; server_B_num=0;
else
    score_A=score_A+1; server_B_num=server_B_num+1;server_A_num=0;
end
function servefun
if serve_state==0
    if server_B_num==2, server_A=1; Qs=Pl; Qr=Pr; server_B_num=0;
    elseif server_A_num==2, server_A=0; Qs=Pr; Qr=Pl; server_A_num=0; end
else, server_A=~server_A;
    if server_A==1, Qs=Pl; Qr=Pr; else, Qs=Pr; Qr=Pl; end
end
```

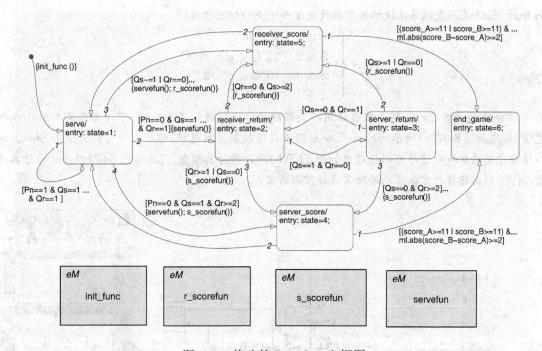

图8-65 修改的Stateflow主框图

关于这里的内嵌MATLAB函数有两点值得特别说明,首先这里的内嵌函数不对应任何.m文件,这些内嵌函数的内容都已经嵌入模型本身,其次,由于这里所用的变量已经在Add|Data菜单中定义,所以在内嵌函数中这些变量自动被识别,无须在函数的输入、输出变量列表中再定义。新仿真框图的效果与原仿真框图完全一致。

8.3.5　用Stateflow描述流程

用MATLAB语句实现流程控制是很简单的,但在Simulink下实现流程控制比较麻烦,虽然子系统模块组中提供了这类模块,但使用方法不太直观,使用Stateflow则可以容易地构造出循环及条件转移的流程结构。

如果想描述 `if cond1, statements1, else, statements2, end` 的条件表达式,可以绘制出如图8-66(a)所示的Stateflow流程图,这种流程图是手画出来的,如果想让流程图更规整些,也可以单击 按钮添加暂态,绘制出如图8-66(b)所示的状态迁移关系。

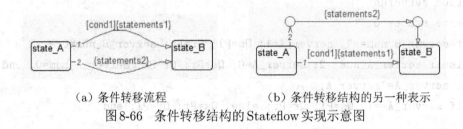

（a）条件转移流程　　　　　　　　　（b）条件转移结构的另一种表示

图8-66　条件转移结构的Stateflow实现示意图

例 8-13　假设某温度调节系统根据室温设定了如下多种控制方案:

$$y = \begin{cases} 方案1, & u \geqslant 30°C \\ 方案2, & 22°C \leqslant u < 30°C \\ 方案3, & 10°C \leqslant u < 22°C \\ 方案4, & u < 10°C \end{cases}$$

该分段函数描述的控制方案选择用模块搭建的方法构造起来很麻烦,可以考虑采用Stateflow建模,搭建如图8-67(a)所示的Stateflow框图来描述控制方案选择,该模型中可以设置和Simulink的接口分别为u和y,这样可以搭建起如图8-67(b)所示的仿真模型,得出如图8-67(c)所示的仿真结果,可见,利用这样的方法可以按所需选择控制方案。

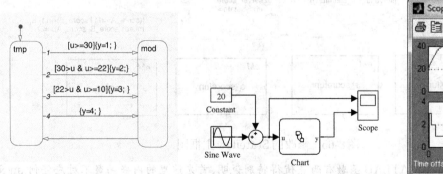
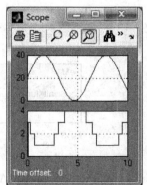

（a）Stateflow流程图　　　　（b）仿真模型（文件名:c8mtemp.mdl)　　　（c）示波器显示

图8-67　条件转移结构的Stateflow实现示意图

8.4　基于 SimEvents 的离散事件系统仿真方法

8.4.1　离散事件动态系统基本概念

在日常生活中通常遇到的很多问题不太容易利用前面介绍的连续变量系统建模方法进行研究。例如,某人进入电梯并按下 15 楼按钮,这是一个独立的事件,该事件发生的时间和内容与电梯系统和电梯内其他人的选择都没有关系,这样问题的求解显然已经超出了前面叙述的连续变量系统的范畴。这样的系统是事件驱动的,称为离散事件动态系统(discrete-event dynamic systems,DEDS),或简称离散事件系统(DES)[85]。在真实世界中,有很多系统都是事件驱动的离散系统,如服务系统、生产调度系统、计算机网络系统和交通管理系统等。

研究离散事件系统的方法多种多样,既可以用前面介绍的有限自动机理论与 Stateflow 工具进行仿真研究,也可以通过极大代数或 Petri 网模型进行理论研究。SimEvents 是建立在 Simulink 下的另一类离散事件系统的仿真工具,也可以利用该工具对离散事件系统进行仿真研究。本节首先介绍离散事件系统中几个常用的基本概念及 SimEvents 模块集的简单内容,再通过排队服务例子介绍离散事件系统的仿真方法。

离散事件系统中有两个重要的概念:实体(entity)和事件(event)。实体用来描述系统中的对象,事件用于描述系统状态发生变化的驱动条件。实体分为临时实体和永久实体,在排队服务模型中,服务台是驻留在系统中的永久实体,排队的顾客是临时的实体。临时实体在某个时刻进入系统,在系统中驻留一段时间,并与其他实体相互作用后离开系统;永久实体是一直驻留在系统中的实体。系统中临时实体的到达、离开及与其他实体的相互作用构成了系统内部状态的变化[86]。每个实体有自己的状态、属性。

事件是引起系统内状态变化的条件。对排队服务系统来说,经常使用的事件有实体(顾客)到达、服务开始、服务结束和实体离开等。

离散事件系统可以用 Stateflow 直接建模,因为 Stateflow 可以很容易地建立起系统的状态,并可以定义系统状态发生迁移的条件。整个仿真模型由系统状态迁移的条件(或事件)直接驱动。离散事件动态系统还可以由 SimEvents 模块集中提供的专门模块搭建模型。这里主要介绍基于 SimEvents 的离散事件系统建模与仿真的方法。

8.4.2　SimEvents 模块集简介

用户可以直接从 Simulink 模块库中双击 SimEvents 图标或执行 `simevents` 命令将 SimEvents 模块集打开,其内容如图 8-68 所示。

可见该模块集包含各类子模块组,如发生器模块组(Generators)、SimEvents 输出池模块组(SimEvents Sinks)、实体管理模块组(Entity Management)、属性模块组(Attributes)、队列模块组(Queues)、信号管理模块组(Signal Management)、服务器模块组(Servers)、SimEvents 端口和子系统模块组(SimEvents Ports & Subsystems)、定时模块组(Timing)及路径选择模块组(Routing)等,用这里给出的模块可以搭建出离散事件系统的仿真模型。

双击发生器模块组可以打开下一级的模块组,如图 8-69(a)所示。该模块组包含实体发生器模块组(Entity Generators)、事件发生器模块组(Event Generators)和信号发生器模块组(Signal Generators),其中,实体发生器模块组的内容如图8-69(b)所示,包括基于时间的实体发生器(Time-Based Entity Generator)和基于事件的实体发生器(Event-Based Entity Generator)两个子模块。

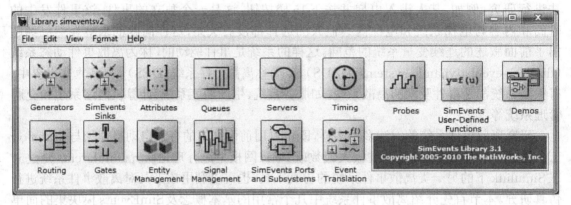

图8-68 SimEvents模块集

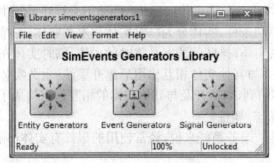

(a) SimEvents发生器模块组

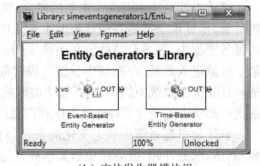

(b) 实体发生器模块组

图8-69 SimEvents发生器模块组

事件发生器和信号发生器模块组的内容可以通过双击模块组相应的图标直接打开,如图8-70(a)、图8-70(b)所示,其中,事件发生器包括基于信号的事件发生器模块(Signal-Based Function-Call Event Generator)和基于实体的事件发生器模块(Entity-Based Function-Call Event Generator);信号发生器包括基于事件的随机数发生器模块(Event-Based Random Number)和基于事件的序列模块(Event-Based Sequence),可以直接用这些模块产生所需的事件和信号,驱动仿真模型。

SimEvents的输出池模块组具体内容如图8-71所示,该模块组提供了实体输出模块(Entity Sink)、信号示波器模块(Signal Scope、X-Y Signal Scope)和属性示波器模块(Attribute Scope、X-Y Attribute Scope)等,并提供将离散事件信号写入MATLAB工作空间的模块(Discrete Event Signal to Workspace),用户可以利用这些模块显示仿真的结果。

SimEvents的队列模块组如图8-72(a)所示,包括先到先服务队列模块(FIFO Queue)、后到先服务模块(LIFO Queue)和优先级队列(Priority Queue)等,用这些模块可以容易地为等待服务的实体建立相应的队列。

SimEvents的服务台模块组内容如图8-72(b)所示,包括单服务台模块(Single Server)、多服务台模块(N-Server)和无穷服务台模块(Infinite Server)等,利用这些模块可以建立排队服务模型、评估服务状态等。

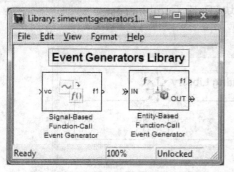

（a）事件发生器

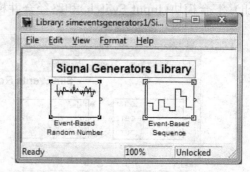

（b）信号发生器

图8-70　事件发生器和信号发生器

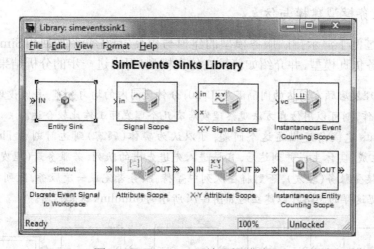

图8-71　SimEvents输出池模块组

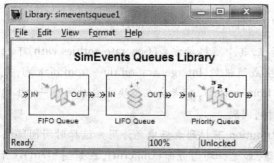

（a）队列模块组

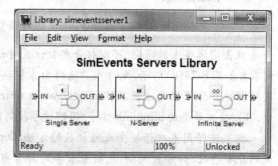

（b）服务器模块组

图8-72　队列模块组和服务器模块组

由SimEvents模块集可见,在SimEvents模块中通常采用两类信号端口,一类是普通的

Simulink端口,另一类标注为➛的信号为SimEvents模块集专用信号,通常用来描述实体,这种信号需要用实体检测模块检测出来。SimEvents还提供了路径选择模块组来实现这种信号的分支与汇合,如图8-73所示,该模块组包括复制模块(Replicate)、分路模块(Output Switch)、汇合模块(Input Switch)和路径合并模块(Path Combiner)。

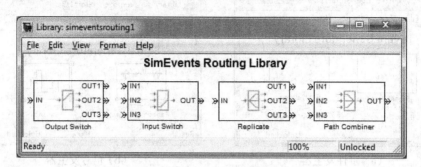

图8-73 路径选择模块组

8.4.3 排队服务模型建模与仿真

本节将通过例子演示排队服务模型的建模与仿真。首先介绍如何用SimEvents搭建最简单的排队服务仿真模型,并介绍如何扩充仿真模型,得出进一步的分析结果。

例 8-14 假设某理发店顾客到达的间隔满足$(0, 20)$分钟区间内的均匀分布,并假设理发师15分钟能完成一次理发工作,则可以用仿真方法观察理发店有几个理发师工作比较合适。

从SimEvents建模角度描述这个问题,可以认为实体(顾客)到达时刻由Time-Based Entity Generator模块生成,实体生成并到达后,直接进入先进先出的队列,若服务者(理发师)处于空闲状态,则可以直接接受服务(理发),否则将在队列中等待。服务者完成一次服务,队列中下一个实体就开始被服务。根据这样的思路可以建立起如图8-74所示的Simulink仿真框图。

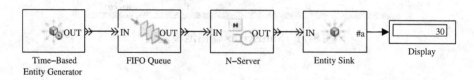

图8-74 SimEvents仿真模型(文件名:c8mqueue1.mdl)

双击实体发生器模块,可以打开参数设置对话框,其中随机数方式(Generate entities with)下拉列表框如图8-75(a)所示,允许用户选择由本模块生成随机数(Intergeneration time from dialog),或选择由外部信号生成随机数(Intergeneration time from port t),后者会在模块上自动添加一个t端口,可以接收外部的Simulink信号,用该信号控制时间间隔。

这里选择用本对话框生成随机数的方法。Distribution下拉列表框中允许用户选择时间间隔生成的分布情况,如常数间隔、指数分布和均匀分布等,如选择均匀分布(Uniform),在如图8-75(b)所示的对话框中设置随机数区间。

仿真框图中还使用了FIFO Queue模块描述先进先出队列,N-Server模块可以表示N个服务者,其对话框如图8-76(a)所示,服务者的个数可以通过双击该模块的方式选择,服务时间可以直接设

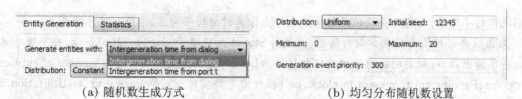

(a) 随机数生成方式　　　　　　　　(b) 均匀分布随机数设置

图 8-75　实体发生器参数设置对话框

置,也可以通过外部信号产生。如这里将时间设置成常数15。

双击 Entity Sink 模块,打开如图 8-76(b) 所示的对话框,设置 Number of entities arrived, #a 为 on,则会给该模块增加一个输出端口,将实体池中实体的个数输出出来。

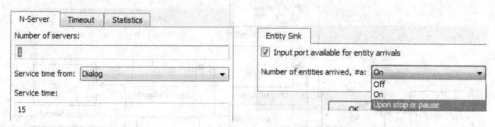

(a) 服务者参数设置　　　　　　　　(b) 实体输出池参数

图 8-76　服务者和实体输出池参数设置对话框

对该系统进行仿真可以发现,选择单个理发师在8小时内可以为30个顾客理发,两个、3个或更多理发师在这段时间内都能为48个顾客理发,所以该理发店有两个理发师就够了。

前面给出的模型可以很好地评价方案,但一些重要参数分析结果,如平均等待时间等不能直接得出,需要通过修改仿真模型才能做到。

例 8-15　前面介绍的每个 SimEvents 模块除了默认的输入、输出端口外,还可以带有更多的选择性端口,如双击 FIFO Queue 模块,选择 Statistics 选项卡,如图 8-77(a) 所示,其中每个选择框将对应一个

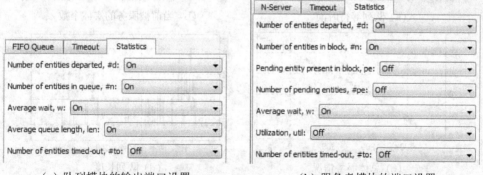

(a) 队列模块的输出端口设置　　　　　(b) 服务者模块的端口设置

图 8-77　队列和服务者输出端口设置对话框

输出端口。相应的端口包括 Number of entities departed, #d (离开实体的个数)、Number of entities in queue, #n (队列中实体的个数)、Average wait, w (平均等待时间)、Average queue length, len(平均队列长度)和 Number of entities time-out, #to(暂停实体个数)等,注意,这里所谓的"平均"是指当前

时刻之前的平均值,全程的平均值是指曲线在终止仿真时刻的平均值,该值有统计意义。

　　双击服务者模块打开其常数对话框,并选择Statistics选项卡,如图8-77(b)所示,每个选项依然对应一个输出端口,相关的输出端口选项包括Number of entities departed, #d、Number of entities in block, #n、Pending entity present in block, pe (模块中等待实体数)、Average wait, w、Utilization, util (利用率)和Number of entities time-out, #to 等。

　　基于这样的模块输出端口设置,可以重新建立起如图8-78所示的仿真框图,通过这样的框图还可以仿真得出其他参数,这些参数的仿真结果如图8-79所示。

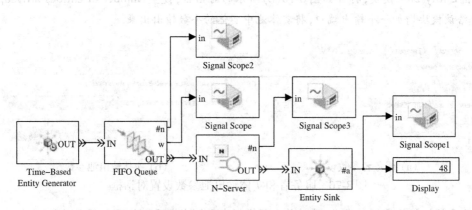

图8-78　新仿真框图(文件名:c8mqueue2.mdl)

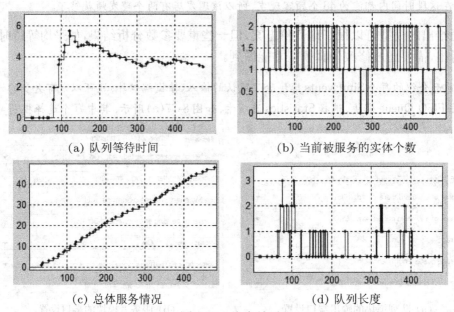

(a) 队列等待时间　　　　　　　　　(b) 当前被服务的实体个数

(c) 总体服务情况　　　　　　　　　(d) 队列长度

图8-79　仿真结果

　　从图8-79(a)给出的仿真结果看,顾客的平均等待时间为3.35分钟。如果有3个理发师,则平均等待时间将缩短到0.3分钟左右,但总共能服务的顾客个数仍然为48。

例8-16　前面介绍的理发师服务时间选择了固定的15分钟,如果假设理发师为每个顾客的服务时间满足(12,18)分钟区间内均匀分布,则可以构造出如图8-80所示的仿真框图。在构造出来的框图中,N-Server模块多了一个t输入端口,这是由图8-81(a)中所示的服务者模块对话框的Service time from下拉列表框选择为Signal port t选项后自动添加的,可以用一个实际信号发生器模块Event-Based Random Number Generator直接驱动,该模块的相关内容如图8-81(b)所示。选择Distribution为Uniform(均匀分布),并选择随机数上下界分别为12和18,用这样的方法就可以通过设置(12,18)区间内均匀分布随机数来设置每次服务时间。

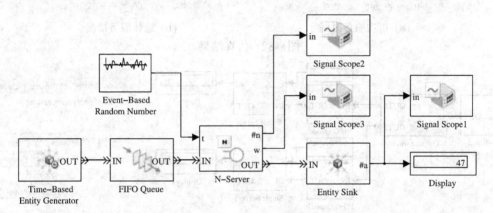

图8-80　新仿真框图（文件名:c8mqueue3.mdl）

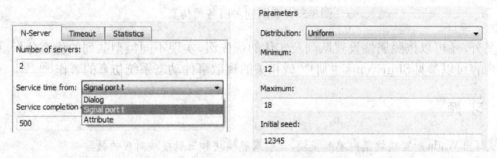

(a) N-Server模块参数　　　　　　　　(b) 随机信号发生器参数

图8-81　参数对话框设置

在新系统中启动仿真过程,则可以得出服务人次为47,并可以获得每次服务所需的时间,如图8-82(a)所示,可见每次服务时间是随机的。仿真结果还可以显示出实体的仿真结果,如图8-82(b)所示。如果理发师的个数增加,对本例来说总的服务次数也是47次。

前面假设的多服务员系统是由一个模块直接模拟的,利用SimEvents还可以对多队列、多服务员系统进行建模与仿真,下面将通过例子演示具体的建模方法。

例8-17　如果想将进入理发店的顾客均匀地排成两个队列,等待两个理发师的服务,则可以搭建起如图8-83(a)所示的仿真模型,其中采用了Output Switch来管理两个队列,双击该模块则打开如图8-83(b)所示的对话框,允许用户选择实体输出端口数(Entity output ports),并指定队列分配方式(Switching criterion),如这里选择等分(Equiprobable)方式。可见,这里得出的仿真结果与前面得出的结果是一致的。

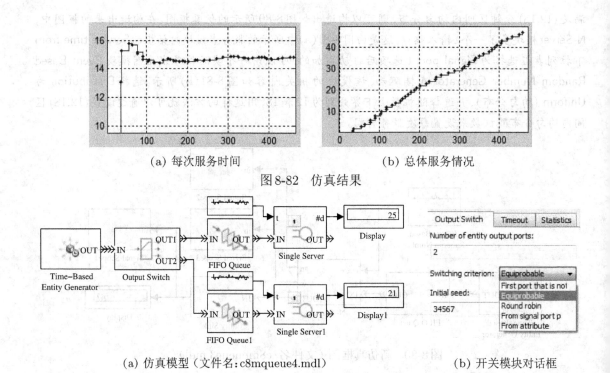

(a) 每次服务时间　　　　　　　(b) 总体服务情况

图 8-82　仿真结果

(a) 仿真模型 (文件名:c8mqueue4.mdl)　　　　　　(b) 开关模块对话框

图 8-83　多队列多服务员仿真

　　另外,还可以按照属性设置队列及实体的优先级,实现不同类型队列的仿真分析。更详细的内容可以参见 SimEvents 手册[87]或相关的离散事件动态系统仿真的著作[85, 86]。

8.5　习　题

(1) 试写出 Wada 舱室模块集内单舱模块、一般双舱模块和三舱模块对应的数学模型。

(2) 前面给出了麻醉剂控制与仿真的界面。遗憾的是,给出的广义预测控制器和整个系统的仿真完全用 C 语言编写,并未改编成 Simulink 模块,其实该模块可以用 S-函数重新编制,使得整个仿真过程模块化。试将该代码中广义预测控制器写成 S-函数,并绘制出整个系统的仿真框图。

(3) 由例 8-5 可以看出,在处理某些图像时,自适应直方图均衡化算法明显优于一般的直方图均衡算法。遗憾的是,在图像影像模块集中给出的直方图均衡模块没有配有该算法,而图像处理工具箱中的自适应直方图均衡函数 adapthisteq() 只能处理图像,不能处理影像。试将 adapthisteq() 函数扩展成可以直接使用的 Simulink 模块,用于影像文件的直接处理。

(4) 考虑如何用 Stateflow 搭建循环结构和开关结构。

(5) 前面给出了 7 段数码管构造的译码电路含有真值表模块,试用 Stateflow 重新构造该仿真框图。

第9章 半实物仿真与实时控制

在前面几章中,介绍了如何用 Simulink 进行复杂系统仿真的方法,从单变量系统到多变量系统,从连续系统到离散系统,从线性系统到非线性系统,从时不变系统到时变系统,从工程系统到非工程系统都可以用 Simulink 进行描述与仿真。引入的 S-函数可以描述更复杂的过程,而 Stateflow 技术允许利用有限状态机理论对时间驱动的离散事件系统和混杂系统进行建模与仿真研究。

然而直到现在我们所讨论的都是纯数字的仿真方法,并未考虑和外部真实世界之间的关系。在很多实际过程中不可能准确地获得系统的数学模型,所以也就无从建立起 Simulink 所描述的框图,有时还因为实际模型的复杂性,建立起来的模型也不准确,所以需要将实际系统放置在仿真系统中进行仿真研究。这样的仿真经常称为"硬件在回路"(hardware-in-the-loop,HIL)的仿真,又称为半实物仿真。因为这样的半实物仿真是针对实际过程的仿真,又是实时进行的,所以有时还称为实时(real time,RT)仿真。

Simulink 中的实时工具(Real-Time Workshop)可以将 Simulink 模型翻译成 C 代码并可以生成能够独立执行的可执行文件,由此实现实时控制的目的。此外,第三方提供了和 Simulink 接口的软硬件程序,如 dSPACE 及和其配套的 Control Desk、Quanser 及和其配套的 WinCon 软件等也能实现半实物仿真与实时控制实验。另外,MATLAB/Simulink 还支持很多著名的控制器厂家的产品,如 Motorola、Taxes Instrument 等,构造的仿真框图可以直接为这些控制器生成代码,更增强了其在应用方面的优势。本章将简单介绍这些工具的基本使用方法,并介绍其在半实物仿真中的应用。

9.1 Simulink 仿真的实时工具 RTW

9.1.1 半实物仿真简介

顾名思义,半实物仿真指的是仿真系统中的某个部分由实物组成,其他部分为数值仿真代码组成的仿真模式。

在实际控制系统中,半实物仿真通常有两种具体的表现形式:一是控制器用实物,而受控对象使用数字模型。这种情况多用于航空航天领域,例如,导弹发射过程中,因为各种因素的考虑不可能每次发射实弹,而需要用其数字模型来模拟导弹本身的过程,这时为了测试发射台的可靠性,通常需要使用真正的发射台,从而构成半实物仿真回路。另一种情况更常见于一般工业控制,可以用计算机实现其控制器,而将受控对象作为实物直接放置在仿真回路中,构造起半实物仿真的系统。在本书中所涉及的半实物仿真局限于后一种情况。

半实物仿真的最大优势是仿真结果的验证过程是直观的,所以在一些工业过程中,采用半实物仿真的策略可以大大地缩短产品开发周期。目前应用半实物仿真最广泛的领域包括汽车制造业、硬盘驱动器开发与 CD/DVD 驱动器等产品的开发,从这方面发表的文献看,使用半实物仿真和快速原型设计技术(rapid prototyping),尤其是用基于 MATLAB/Simulink 的半实物仿真方法,大大地缩短了相关产品的开发周期,提高了产品的可靠性,有着巨大的前景。

这里所谓的快速原型设计是指可以用 Simulink/Stateflow 等设计出来的控制器直接去控制受控对象实物,通过半实物仿真过程观察控制效果。如果控制效果不理想,则可以在 Simulink/Stateflow 级上调整控制器的结构或调试控制器参数,直至获得满意的控制效果。这样调试好的控制器可以认为是实际控制器的原型(prototype),通过控制器设计的方法会将这样的原型直接生成控制器,这样的控制器在开发和设计上往往能大大缩短控制器设计的过程。如果设计出来的控制器效果是理想的,还可以将其生成的 C 语言程序直接下装到控制用计算机上,还可以生成嵌入式控制器所用的控制程序,可以脱离 MATLAB/Simulink 环境直接用于实时控制,最终实现定型产品化。

MathWorks 公司开发的支持 Simulink 控制器的工具主要有以下几个。

- **实时工具**(Real-Time Workshop®, RTW):可以由 Simulink 的框图生成优化的语言(如 C 和 Ada)代码,产生的代码既可以提高仿真的速度,又可以生成半实物仿真和实时控制与快速原型设计所需的代码。RTW 建立起偏重软件的系统设计结果和偏重硬件的产品开发之间的联系。图 9-1 中描述了 RTW 在系统设计中的地位和作用[88]。

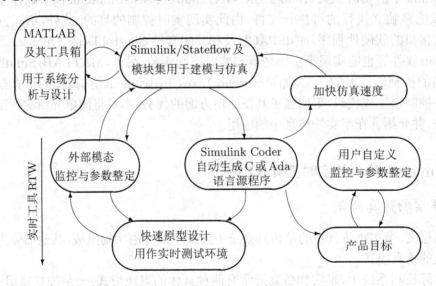

图 9-1　RTW 的地位与作用

- **实时工具嵌入式代码生成器**(Real-Time Workshop Embedded Coder®):可以用来开发嵌入式操作系统的 C 语言程序。
- Real-Time Windows Target® 和 xPC Windows Targets®:可将 Simulink 描述的控制器直接通过输入、输出卡(包括卡上的 A/D 和 D/A 转换器)对硬件系统进行实时控制。

9.1.2 独立程序的自动生成

前面介绍过,由 Simulink 直接绘制出来的框图有时仿真速度较慢,所以可能要求加速仿真过程;另外,有时还需要使该程序能脱离 MATLAB 环境独立执行,所以在某些场合需要将其转换成可执行文件,以加快其运行速度,也可以在没有安装 MATLAB 的机器上对相应的系统进行仿真研究。

和 Simulink 下纯数字仿真不同,实时仿真需要选择定步长的仿真算法,所以在使用实时工具前应该进行相应的设置,具体方法见第 4 章中图 4-30(b)。下面将通过例子演示实时工具的应用。

例 9-1 考虑例 8-57 中给出的 Simulink 模型 c8fstr1.mdl,并选择定步长的 ode5(Dormand-Prince) 算法,并选择步长为 0.001 s, 即 1 ms, 另外, 将赋值语句:

```
M=0.01; K=1; Fsliding=1; Fstatic=1;
```

写入模型的 PreLoadFcn 属性,将其存成新文件 c9fstr1.mdl。运行该模型则可以得出如下的结果:

```
>> tic, [t,x,y]=sim('c9fstr1'); toc
```

可以看出,执行该系统的仿真需要 11.32 s 的时间。选择该模型窗口的 Tools|Real-Time Workshop|Build Model 命令,则在 MATLAB 的命令窗口中将给出一系列编译的中间信息,最终提示已经生成可执行文件 c9fstr1.exe,该文件可以脱离 MATLAB 环境直接执行,也可以在 MATLAB 命令窗口内用感叹号(!)引导运行。下面运行该可执行文件,可以发现,耗费的时间为 0.37 s,远远快于 Simulink 下的仿真时间。

```
>> tic, !c9fstr1
   toc % 这个语句不能加在 !c9fstr1 后,否则会被误认为是附加参数
```

可以发现该程序执行速度明显加快了。该可执行文件将结果存到 c9fstr1.mat 数据文件。用 load 命令将该文件中数据调入 MATLAB 工作空间,这时将在命令空间出现 rt_tout 和 rt_yout 两个变量,分别存放时间向量和输出信号构成的矩阵。例如,用下面的命令可以绘制出仿真的结果,如图 9-2 所示。

```
>> load c9fstr1; plot(rt_tout,rt_yout)
```

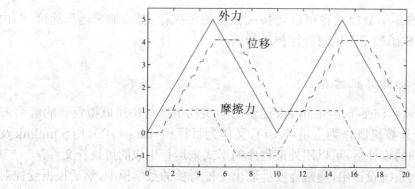

图 9-2 可执行文件得出的仿真结果

　　值得注意的是，这样的仿真结果是在定步长仿真算法上得出的，结果和变步长结果完全一致。选择 Simulink 模型窗口的 Simulation | Configuration Parameters 命令，选择 Real-Time Workshop 选项，将打开如图 9-3 所示的对话框，如果只想生成 C 语言代码，可以选择该对话框中的 Generate code only 复选框，再由 Tools | Real-time workshop | Build Model 命令就可以生成源代码。该动作将自动生成 c9fstr1_grt_rtw 子目录，生成的所有 .c、.h、.mk 等都放在该目录中，用户可以手工修改这些文件，生成可执行文件。该对话框还允许用户选择编译参数等。如果想直接获得可执行文件，则应该取消选中 Generate code only 复选框。其实在默认的选项下也会生成源代码，同时生成可执行文件。

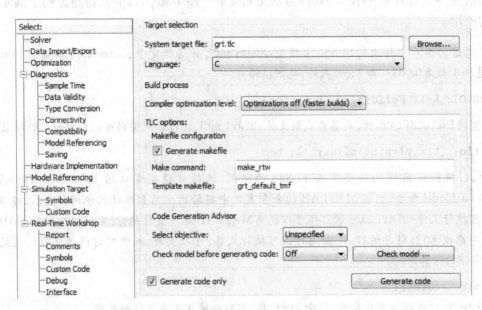

图9-3　Simulink 参数设置对话框

　　事实上，如果不单纯追求可以独立执行的仿真程序，只想加快仿真的过程，则不一定非要取定步长仿真的算法，只需选择 Simulation | Accelerator 命令，则可以自动构造动态链接库文件，从而直接进行仿真，加速仿真过程。例如，若将原模型另存为 c9fstr2.mdl 文件，经过编译过程，再进行仿真则可以测出实际耗时为 0.35 s，可见仿真过程可以大大加快。

```
>> tic, [t,x,y]=sim('c9fstr2'); toc
```

　　带有 C 语言编写的 S-函数模块也可以转换成独立的可执行文件，加快运算速度，但由 MATLAB 语言编写的 S-函数则不能进行这样的转换。

9.1.3　实时仿真与目标计算机仿真

　　Real-Time Windows Target 是 Simulink 提供的半实物仿真与快速原型设计的解决方案，它允许使用同一台计算机既作为主机（host），又作为目标机（target）[89]。用 Simulink 及其模块集完成控制框图的设计后，可以用外部程序的形式来运行生成的可执行文件。

　　在一般的离线控制系统设计中，通常需要提取出受控对象的数学模型，然后根据受控对象的数学模型来设计控制器。在仿真框图中往往使用的是受控对象的数学模型，所以仿真结果是针对数学模型得出的纯数字结果,如果将这样设计出的控制器进行硬件实现,直接用于实际受控对象的控制,就不一定能得出满意的控制效果了,因为在基于模型的纯数字仿真中忽略了很多因素,如模型的准确性、外部扰动、模型本身的参数变化和结构变化、检测信号的量测噪声等,所以即使纯数字仿真能得出理想的结果,将其用于实际系统也可能走样。

这样,半实物仿真技术就显得十分重要了,因为设计出来的控制器可以直接对实际受控对象进行控制,所以可以立即得出对其控制效果的评价。xPC是一种较理想的廉价半实物仿真系统,因为它支持很多常用的输入输出接口卡,所以可以将实际受控对象通过接口卡和计算机连接起来,进行仿真分析,观察控制效果。

这里将着重介绍基于Real-Time Windows Target的实时仿真技术,首先应该对其环境进行设置,`rtwintgt -install` 命令将通过问答的形式完成相关配置:

```
You are going to install the Real-Time Windows Target kernel.
Do you want to proceed? [y] :
```

如果得到配置错误信息,则表明对该操作系统不支持。目前已知Real-Time Windows Target只支持32位的Windows XP、Vista等系统,不支持Windows 7及64位操作系统。

安装后即可使用Real-Time Windows Target。另外,若想成功地运行Real-Time Windows Target,则需要在机器上安装Microsoft Visual C++ 5.0以上版本或Watcom C 10.6以上版本的编译器。

在介绍本节之前有必要介绍"主机"与"目标计算机"的概念,这里所指的主机就是运行MATLAB/Simulink的计算机,目标计算机则是实际运行Simulink所生成的可执行文件的计算机,它可以通过RS232接口或TCP/IP协议与主机相连,共同完成实时仿真任务。目标程序不一定非要在目标计算机上运行,在一般的应用中有时还可以用同一台计算机完成主机和目标计算机的任务,但有些应用中,如构造DOS目标时,使用同一台计算机则不是很方便,因为参数调试不便。

例9-2 考虑例4-2中给出的Van der Pol方程的Simulink框图,这里只考虑带有x-y示波器输出的框图,如图4-39所示。为方便起见,将其保存为c9fvdp1.mdl文件,如图9-4所示。

在Simulink的模型窗口中,Simulation菜单中给出了如下几种仿真状态。

- **正常仿真模式**(Normal):一般可作系统的离线数字仿真研究,该模式是默认的,前面介绍的仿真均采用Normal仿真模式,该仿真方式是离线仿真的最常用方法。

- **加速仿真模式**(Accelerator):如果选择了该仿真模式,则Simulink会自动将Simulink模型自动翻译成C语言程序,并将其编译连接,生成.mexw32文件,Simulink模型可以自动调用该文件完成仿真过程。该仿真模式和前面介绍的独立仿真程序的生成是不同的,因为它生成的程序是不能脱离MATLAB环境执行的。另外,利用这样的仿真模式,可以采用变步长的仿真算法,所以它兼有速度快、算法优的特点。

- **外部仿真模式**(External):允许在没有安装MATLAB的机器上直接运行装在MATLAB的主机上的Simulink程序,为获得外部函数,还应该选择Simulation|Configuration parameters命令或Tools|Real-Time Workshop|Option命令,在弹出的对话框中的

System Target File 列表框中选择 Real-Time Windows Target 选项,如图9-5所示。选择 Tools|Real-Time Workshop|Build model 命令,则可以自动生成 Windows Target 下能自动执行的代码。

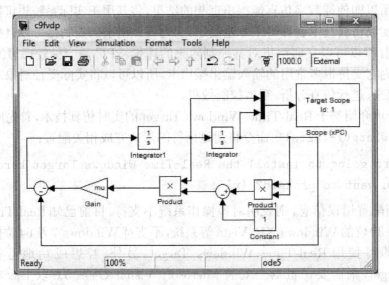

图9-4　改写的 Van der Pol 方程框图(文件名:c9fvdp1.mdl)

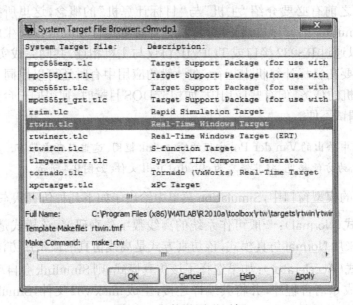

图9-5　参数设置对话框

- 仿真模式还支持硬件在回路的仿真模式(HIL)和处理器在回路的仿真模式(PIL)。

从图9-5给出的列表框还可以看出,除了支持一般的 Real-Time Windows Target 外,还支持大量其他格式的目标形式。

- DOS(4GW) Real-Time Target:生成在纯DOS下的目标程序,该程序在Windows环境下的DOS窗口中无法运行,必须以DOS的形式启动计算机才能运行。

- RTW Embedded Coder：生成嵌入式操作系统的程序。
- Rapid Simulation Target：快速仿真目标程序，主要用于需要频繁进行仿真的过程，如 Monte Carlo 仿真。
- Real-Time Windows Target：实时的、在 Windows 下可以运行的目标程序。
- Tornado (VxWorks) Real-Time Target：能在 Tornado 系统下运行的实时目标程序。

设置好编译环境后，就可以通过执行 Tools|Real-Time Workshop|Build model 命令进行模型编译和连接，最终生成可执行文件 c9fvdp1.exe。

选择 Tools|External mode control panel 命令，可以打开如图 9-6 所示的对话框，单击 Connect 按钮，可以在该对话框下实时运行输出可执行文件。

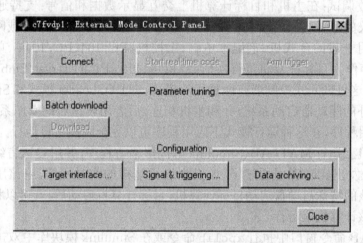

图9-6　外部运行模式的控制面板

用类似的方法还可以生成 DOS 的目标程序，但要求使用 DOS 版本的 WATCOM C 对程序进行编译、连接，生成的程序可以在 DOS 环境下直接执行。

Real-Time Windows Target 还提供了自己的模块组，由 Simulink 模块库或 `rtwinlib` 命令可以直接打开，如图 9-7 所示，可见该库包含模拟输入、输出模块和其他用于实时仿真的模块。

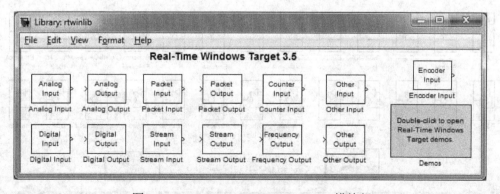

图9-7　Real-Time Windows Target 模块组

9.1.4　基于 xPC Target 的半实物仿真方法

xPC Target 是 MathWorks 提供的另一种快速原型设计的方法,用于控制器的实时测试和开发,它允许使用多种通用的 PC 输入、输出卡,如一般台式计算机、工控机、笔记本、PC/104、PC/104+ 等中的输入、输出卡;另外,它在代码翻译和编译过程中需要 C 语言编译器,如 Microsoft Visual C++ 或 MATCOM C/C++ 的支持,只有在这些编译器下才能生成独立的可执行文件,用于实时控制。

xPC Target 的主要特色为:可以在没有安装 Microsoft Windows 的目标计算机上运行 Simulink 及其实时工具生成的代码;最高的采样速率可以达到 100kHz,当然这取决于处理器本身的性能;支持各种各样的常用标准输入、输出设备;允许在主机或目标计算机上进行交互式的参数调试;在主机和目标计算机上交互显示数据和信号;支持通过 RS232 接口或 TCP/IP 协议的主机与目标计算机通信方式(可以直接连接、通过局域网或互联网进行控制);可以利用一般的台式机、笔记本电脑、工控机、PC/104、PC/104+、单板机、单片机、CompactPCI 等作为目标计算机进行实时控制;可以用 xPC 的 **Target Embedded** 选项开发嵌入式控制器,这里嵌入式控制器有两种运行模式,即 **DOSLoader** 模式和 **StandAlone** 模式,前者用软盘以外的驱动器启动系统,并和主机相连,后者用软盘启动操作系统,并在软盘上运行内核与应用程序,在这种运行模式下应用程序可以完全脱离主机运行。

可以在主机上运行 MATLAB、Simulink 等高级语言程序,并用 C 语言编译器作为开发工具,就可以开发出实时应用程序了。如果想运行这样的实时程序,应该用一个含有 xPC Target 实时内核的特殊启动盘启动目标计算机,目标计算机启动后,就可以将生成的实时应用程序下装到该计算机上运行。

在 MATLAB 命令窗口中执行 `xpclib` 命令或在 Simulink 模块库中双击 xPC Target 模块组图标,打开如图 9-8 所示的 xPC 模块组,可见在该模块组中有各种常用的硬件设备图标,如模数转换器(A/D)、数模转换器(D/A)、计数器(Counter)等,故用户可以根据自己系统的设置选择合适的设备。

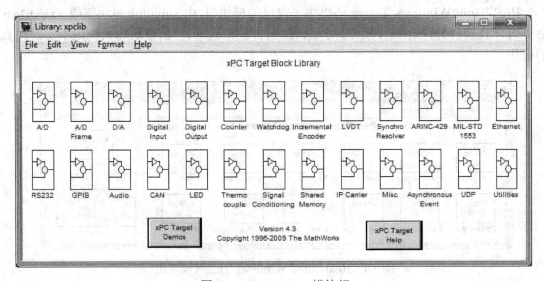

图9-8　xPC Target 模块组

例如,用户可以双击其中的A/D图标,打开如图9-9所示的模数转换器组,其中给出了几乎所有著名的A/D转换器研制者的名称,双击其中的Advantech(研华)图标,将打开如图9-10所示的研华A/D设备,用户可以从中选择适当的模数转换器名称,连到Simulink构造的控制器的输入端即可。

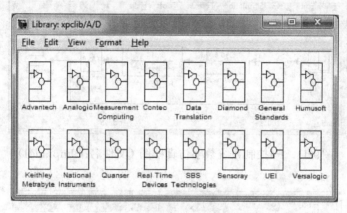

图9-9　xPC支持的模数转换器

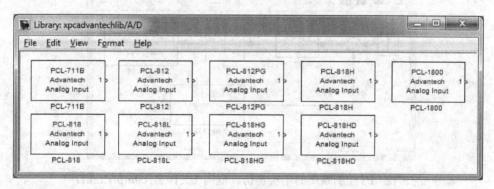

图9-10　研华模数转换器

还可以通过相似的方法选择合适的数模转换器D/A,将其连接到Simulink搭建的控制器的输出端。这样,将受控对象实物的输入信号和输出信号分别接到插入计算机的输入、输出板的输入端和输出端,就可以构造出半实物仿真的结构图,即可进行控制器的调试。

这里主要以研华输入、输出卡PCL 1800为例来介绍xPC的应用。PCL 1800是带有ISA插槽的输入、输出卡,可以直接插到计算机主板上,完成其输入与输出功能。该卡带有16路12位的模拟通道,最大允许的采样速率为330kHz,有两路12位模拟D/A输出通道,16路数字输入和16路数字输出。

例 9-3　考虑例5-25中给出的PI控制系统框图,在该系统中,可以根据受控对象的数学模型进行PI控制器设计,并得出如图9-11所示的Simulink框图。

前面指出,这样的仿真框图是对受控对象的数学模型在控制器作用下的数字仿真,其仿真结果不一定和实际受控对象在该PI控制器作用下的效果一致,甚至它们之间将有很大的偏差。如果想测试实际受控对象在该控制器下的控制效果,则需要首先从Simulink框图中删除原始的数学模型,将控制器的输出连接到xPC提供的D/A转换器端口（如这里采用的研华PCL 1800），并将系统输出的反馈信号和xPC提供的A/D转换器相连，得出如图9-12所示的结果。

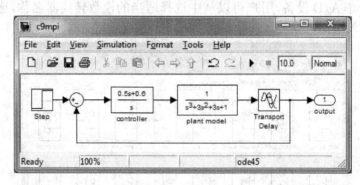

图9-11　PI控制系统数字仿真框图（文件名：c9mpi.mdl）

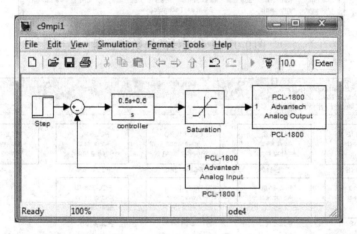

图9-12　PI控制系统的半实物仿真框图（文件名：c9mpi1.mdl）

　　得出了框图之后，就可以将受控对象实物通过研华PCL 1800和计算机连接起来，即将受控对象的输入端连接到输入、输出卡的D/A口上，接受计算机发出的控制信号，且将受控对象的输出端连接到输入、输出卡的A/D口上。双击框图中的A/D模块和D/A模块，分别得出如图9-13(a)、图9-13(b)所示的对话框，在其中需要设置如下信息。

- **信号通道**（Channel vector）：如果将其连接到某个通道上，则输入其序号即可，例如，这里输入1。如果进入D/A转换器的信号是多路的，则可以填写序号的向量。
- **信号范围代码**（Range vector）：在其中输入每个输入、输出信号的幅值范围，具体填写格式为 $[v_1, v_2, \cdots]$，如果第 i 路信号范围为 $(-5, +5)$，则应该取 $v_i = -5$，如果该信号范围为 $(0, +5)$，则应该取 $v_i = 5$。
- **采样周期**（Sample time）：其设置应该在D/A、A/D转换器的允许范围，另外应该和仿真参数中的定步长保持一致。
- **基地址**（Base address）：该设置应该与硬件输入、输出卡上的设置完全一致。

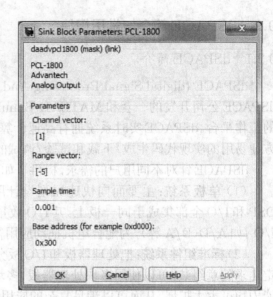

（a）A/D模块对话框　　　　　　　　　　　（b）D/A模块对话框

图9-13　PCL 1800转换器参数设置对话框

例 9-4 从图9-12中给出的系统看,该系统并不像经典的闭环系统结构,而更像一个开环系统结构,事实上,上述的连接方法可以用计算机生成的控制器直接去控制受控对象,且让系统的输出信号反馈回计算机,这事实上构成一个闭环控制系统。正是在整个的仿真回路中将实际的受控对象包含在内,所以这样的仿真结构才称为"硬件在回路"的仿真结构。

如果用户想检测出系统的输入、输出信号或中间信号,则可以将该系统改写成如图9-14所示的形式。这样仿真得出的信号将被存储到数据文件中,用户可以将其调入MATLAB工作空间,用其他方法绘制出来。如果在框图中使用x-y示波器元件,也可以进行实时显示。

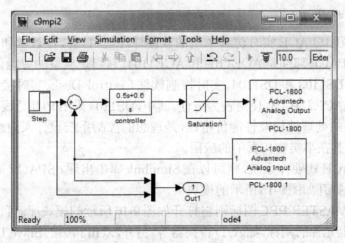

图9-14　带有信号检测的半实物仿真框图（文件名:c9mpi2.mdl）

9.2　dSPACE 简介与常用模块

9.2.1　dSPACE 简介

dSPACE (digital Signal Processing And Control Engineering)实时仿真系统是由德国 dSPACE 公司开发的一套和 MATLAB/Simulink 可以"无缝连接"的控制系统开发及测试的工作平台。dSPACE 实时系统拥有高速计算能力的硬件系统,包括处理器、I/O 等,还拥有方便易用的实现代码生成/下载和试验/调试的软件环境[90]。

dSPACE 针对不同用户的需求,提供了如下多种可供选择的方案。

(1) **单板系统**:主要面向快速原型设计用户;其本身就是一个完整的实时仿真系统,DSP 和 I/O 全部集成于同一板上。其 I/O 数量有限,但包括了快速控制原型设计的大多数 I/O (如 A/D、D/A 等),为配合电机拖动应用需求,配有 PWM 信号发生器等。

(2) **标准组件系统**:把处理器板和 I/O 板分开,并提供多个系列和品种,允许用户根据特定需求随意组装,可以使用多块处理器板、多块(多种)I/O 板,使系统运算速度、内存和 I/O 能力均可大大扩展,从而可以满足复杂的应用。

(3) **特定应用装置**:如汽车、火车、飞机等系统的特殊开发环境。

dSPACE 实时系统具有很多其他仿真系统所不能比拟的特点,例如,其组合性与灵活性强、快速性与实时性好、可靠性高,可与 MATLAB/Simulink 无缝连接,可以更方便地从非实时分析设计过渡到实时分析设计。

由于 dSPACE 巨大的优越性,现已广泛应用于航空航天、汽车、发动机、电力机车、机器人、驱动及工业控制等领域。越来越多的工厂、学校及研究部门开始用 dSPACE 解决实际问题。dSPACE 实时仿真系统是半实物仿真研究良好的应用平台,它提供了真正的实时控制方式,允许用户真正实时地调整控制器参数和运行环境,并提供了各种各样的参数显示方式,适合于不同的需要。

9.2.2　dSPACE 模块组

下面分别介绍 dSPACE 实时仿真系统的软硬件环境。目前,在教学和一般科学实验方面比较流行的 dSPACE 部件是 ACE1103 和 ACE1104,它们是典型的智能化单板系统,包括 DSP 硬件控制板 DS1103 和 DS1104、实时控制软件 Control Desk、实时接口 RTI 和实时数据采集接口 MTRACE/MLIB,使用较为方便。其中,DS1104 采用 PCI 总线接口和 PowerPC 处理器,具有很高的处理性能及性能价格比,是理想的控制系统设计入门级产品。这里将以 DS1104 为例介绍其在半实物仿真中的应用。

安装了 dSPACE 软硬件系统,则可以在 Simulink 库中出现 dSPACE 模块组,双击该模块组图标,则可以打开如图 9-15 所示的模块组。

双击其中的 MASTER PPC 图标则将打开如图 9-16 所示的模块库。可以看出,在该模块库中包含大量卡上元件的图标,如 A/D 转换器等。另外,双击其中的 Slave DSP F240 图标则将打开如图 9-17 所示的模块库。该模块库中包含了许多伺服控制中的应用模块,如 PWM 信号发生器、测频模块等。上述这些图标均可以拖到 Simulink 框图中,将计算机中产生的信号直接和卡上的实际信号打交道,完成实时仿真的全过程。

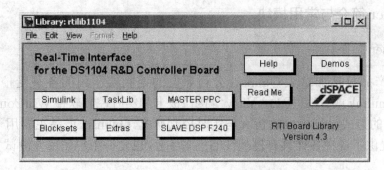

图 9-15　dSPACE 1104模块组

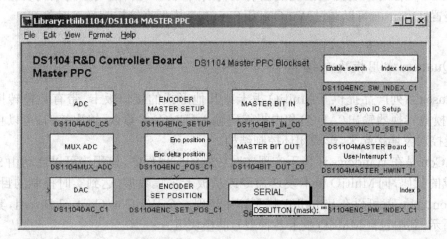

图 9-16　MASTER PPC子模块组

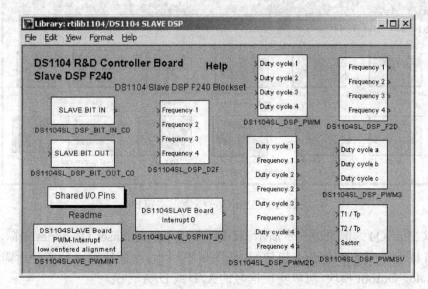

图 9-17　Slave DSP F240子模块组

9.3　Quanser 简介与常用模块

9.3.1　Quanser 简介

Quanser 产品包括加拿大 Quanser 公司研发的控制实验用的各种受控对象装置、与 MATLAB/Simulink 或 NI 公司 LabView 等接口板卡和实时控制软件 WinCon 等,可以用类似于 dSPACE 的方式进行半实物仿真与实时控制研究。Quanser 产品主要用于高校教学及实验室研究,提供了各种各样具有挑战性的控制实验,也允许用户使用并测试各种各样的控制方法。

Quanser 受控对象装置包括直线运动控制系列实验、旋转运动控制系列实验及各种专门实验装置。Quanser 可以通过 WinCon 用 Simulink 模型直接控制受控对象。

9.3.2　Quanser 常用模块介绍

Quanser 系列产品提供了 MultiQ 板卡或其他形式的接口板卡,带有数模转换器输入(DAC)、模数转换器输出(ADC)和电机编码输入(ENC)等输入、输出接口,可以直接将计算机与受控对象连接起来,形成闭环控制结构。

WinCon 是在 Windows 环境下实现实时控制的应用程序,该程序可以启动由 Simulink 模型生成的代码,向 MultiQ 板卡发送命令或从板卡采集数据,达到实时控制的目的。安装了 WinCon 之后,就可以在 Simulink 模型库中出现一个 WinCon Control Box 组,其内容如图9-18所示,其中包括 MultiQ 板卡各种型号的模块组。

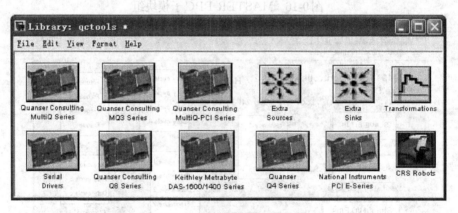

图9-18　WinCon 模块组主窗口

这里以 MultiQ4 为例来进一步演示。双击图9-18中的 Quanser Q4 Series 图标,则可以打开 MultiQ4 板卡对应的 Simulink 模块组,如图9-19所示,该模块组包括实验所需的 Analog Input 和 Analog Output 模块,可以实现信号的 A/D 或 D/A 转换。

双击 Analog Input 和 Analog Output 模块,则将分别打开如图9-20(a)、图9-20(b)所示的对话框,在其中最关键的参数是通路(Channel)栏目的设置,设置的通路号一定要和硬件连接完全一致,否则无法正常工作。

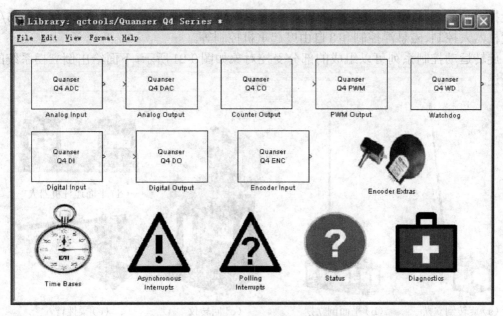

图 9-19　MultiQ4 模块组的全部模块

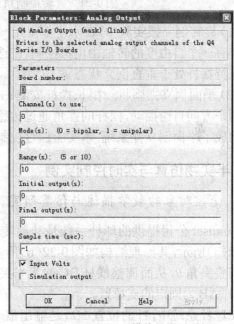

（a）Analog Input 模块设置对话框　　　　　（b）Analog Output 模块设置对话框

图 9-20　WinCon 模块参数对话框

9.3.3　Quanser 旋转运动控制系列实验受控对象简介

Quanser 的直线运动控制系列可以组装出位置伺服系统、直线倒立摆控制系统、柔性关节控制系统和直线高精度小车系统等 14 个实验；旋转运动控制系列包括位置伺服控制、转速伺服控制、球杆系统控制、旋转倒立摆控制、平面倒立摆控制和二自由度机器人控制等 13

种受控对象装置；Quanser专门实验装置包括3自由度直升机位姿控制、震动台控制、5/6自由度机器人控制、磁悬浮控制和3自由度起重机控制等。

旋转运动控制系列可以组成的部分受控对象如图9-21所示，下面给出倒立摆系统的简要描述。

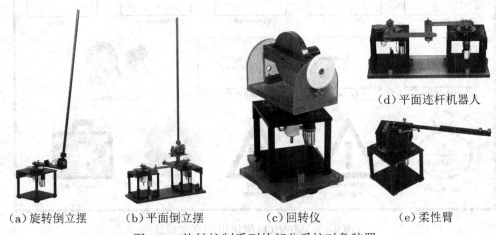

(a) 旋转倒立摆　　　(b) 平面倒立摆　　　(c) 回转仪　　　(e) 柔性臂

图9-21　旋转控制系列的部分受控对象装置

（1）旋转倒立摆实验中，在水平面上用一个直流电机来驱动一个刚性臂的一端，臂的另一端装有一个自由度的转轴由电机控制。在这个转轴上安装一个摆杆。通过控制旋转臂的运动来保持摆杆处于垂直倒立状态。

（2）平面倒立摆则将一根长摆杆安装在一个含有两个自由度的接头上，这样摆杆就可以沿两个方向自由摆动，摆杆的摆角通过传感器测量。将这个机构装于二自由度机器人的末端就构成了平面倒立摆系统。本实验通过控制两个伺服电机来使摆杆保持垂直倒立。

9.4　半实物仿真与实时控制实例

9.4.1　受控对象的数学描述与仿真研究

Quanser公司提供的球杆系统是其旋转实验系列中的一个实验系统，该系统的实物如图9-22(a)所示，其原理结构如图9-22(b)所示。球杆系统的控制原理是，通过电机带动连杆CD，调整夹角θ，从而调整横杆BC的水平夹角α，使得小球能快速稳定地静止在指定的位置。连杆AB为固定的支撑臂。

在球杆系统中，杆的位置$x(t)$是输出信号，电机的电压$V_m(t)$为控制信号，需要设计一个控制器，由预期位置$c(t)$和检测到的实际位置$x(t)$之间的误差信号$e(t) = c(t) - x(t)$来计算控制信号$u(t)$。钢球在连杆BC上起滑动变阻器的作用，其位置$x(t)$可以通过电阻的值直接检测出来。

（1）电机拖动系统的数学模型

电机原理图如图9-23(a)所示，按照原理图可以构造出如图9-23(b)所示的仿真框图。在Quanser实验系统中，电机效率$\eta_m = 0.69$，电机系统中的电阻$R_m = 2.6\,\Omega$，粘滞阻尼系数为$B_{eq} = 4 \times 10^{-3}\,\mathrm{N \cdot m \cdot s/rad}$，传动比$K_g = 70$，反电势常数$K_m = 0.00767\,\mathrm{V \cdot s/rad}$，转

矩常数 $K_t = 0.00767\,\mathrm{N \cdot m}$,电机等效负载转动惯量 $J_{eq} = 2 \times 10^{-3}\,\mathrm{kg \cdot m^2}$,电机转动惯量 $J_m = 3.87 \times 10^{-7}\,\mathrm{kg \cdot m^2}$,齿轮箱效率 $\eta_g = 0.9$。

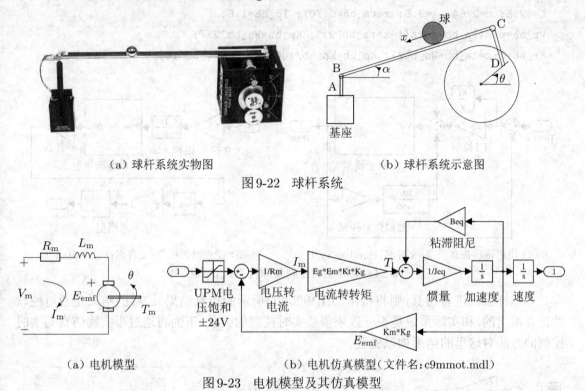

（a）球杆系统实物图　　　　　　（b）球杆系统示意图

图 9-22　球杆系统

（a）电机模型　　　　　（b）电机仿真模型（文件名：c9mmot.mdl）

图 9-23　电机模型及其仿真模型

可以推导出电机电压信号 $V_m(t)$ 与夹角 θ 之间的传递函数描述[91]：

$$G_1(s) = \frac{\theta(s)}{V_m(s)} = \frac{\eta_g \eta_m K_t K_g}{J_{eq} R_m s^2 + (B_{eq} R_m + \eta_g \eta_m K_m K_t K_g^2)s} = \frac{61.54}{s^2 + 35.1s} \tag{9-4-1}$$

对电机进行 PID 控制,并设 D 在反馈回路,则可以构造出如图 9-24（a）所示的仿真框图,这样就可以用简单的整定方法设计 PID 控制器参数,控制电机的角位移 θ 了。

（2）球杆系统的数学模型

已知杆长 $l = 42.5\mathrm{cm}$,球的半径为 R,沿 x 方向的重力分量为 $F_x = mg\sin\alpha$,$m = 0.064\,\mathrm{g}$,小球转动惯量 $J = 2mR^2/5$,可以推导出球的动态模型为 $\ddot{x} = 5g\sin\alpha/7$。

由于一般角度 α 较小,可以认为 $\sin\alpha \approx \alpha$,故非线性模型可以近似为线性模型。另外,已知圆盘偏心 $r = 2.54\,\mathrm{cm}$,由杆 BC 移动弧度相同的关系还可以得出 $l\alpha = r\theta$,即 $\theta = l\alpha/r$。根据这些式子可以建立起如图 9-24（b）所示的仿真模型[92]。

这样可以对整个球杆系统构建出控制与仿真模型,如图 9-25（a）所示。其中整个系统采用 PD 控制,参数输入与控制器设计可以由下面的语句完成：

```
clear all;  % 文件名：c9dat_set.m
Beq=4e-3; Km=0.00767; Kt=0.00767; Jm=3.87e-7; Jeq=2e-3; Kg=70;
Eg=0.9; Em=0.69; Rm=2.6; zeta=0.707; Tp=0.200; num=Eg*Em*Kt*Kg;
```

```
den=[Jeq*Rm, Beq*Rm+Eg*Em*Km*Kt*Kg^2 0]; Wn=pi/(Tp*sqrt(1-zeta^2));
Kp=Wn^2*den(1)/num(1); Kv=(2*zeta*Wn*den(1)-den(2))/num(1); Ki=2;
L=42.5; r=2.54; g=9.8; zeta_bb=0.707; Tp_bb=1.5;
Wn_bb=pi/(Tp_bb*sqrt(1-zeta_bb^2)); Kp_bb=Wn_bb^2/7;
Kv_bb=2*zeta_bb*Wn_bb/7; Kp_bb=Kp_bb/100; Kv_bb=Kv_bb/100;
```

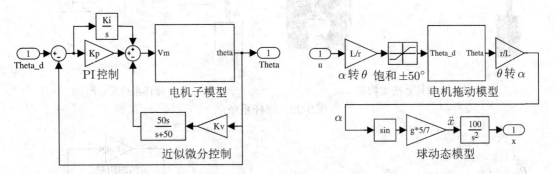

　　（a）电机拖动仿真模型（文件名：c9mdcm.mdl）　　（b）受控对象模型（文件名：c9mball.mdl）

图 9-24　电机拖动控制与球杆系统仿真模型

　　对球杆系统进行仿真，则将得出如图 9-25（b）所示的仿真结果。这样的结果是通过纯软件仿真得出的，和实际系统是否一致还需要实时控制的验证。下面将通过半实物仿真与实时控制的方法对这里的结果加以验证。

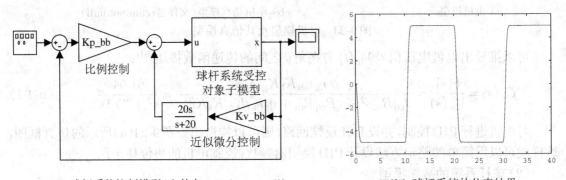

　　（a）球杆系统控制模型（文件名：c9mbeam.mdl）　　　　　（b）球杆系统的仿真结果

图 9-25　球杆系统的控制与仿真

9.4.2　Quanser 实时控制实验

　　分析原系统及控制模型，可见该模型产生的内环 PID 控制器需要给实验系统的电机施加实际控制信号 V_m，另外，该系统需要实时检测小球的位置 x 和电机 θ。控制信号可以通过 Analog Output 模块来实现，检测小球位置可以由 Analog Input 模块来实现，而电机转角 θ 的检测可以通过编码输入模块 Encoder Input 来实现。为控制效果，应该对检测模型增加滤波模块，这样可以构造出如图 9-26 所示的实时控制系统模型。注意，为使得模型能实时运行，必须将仿真算法设置成定步长算法，且将步长设置为确定的值，如 0.001 s。可以通过选择 Simulation|Parameters 中的 Solver 选项卡实现。同时，仿真算法可以设置成 ode4。

选择 Tools|Real-Time Workshop|Build Model 命令,将自动编译建立的仿真模型,形成 dll 文件,这样将自动打开如图 9-27 所示的 WinCon 控制界面,可以在这个界面中直接控制受控对象模型。单击其中的 START 按钮就可以启动实时控制的功能,由 Analog Output 模块给拖动子模型施加控制信号去驱动电机,而电机的转角及小球的位置检测信号实时检测,传回到计算机中,从而实现整个系统的闭环控制。

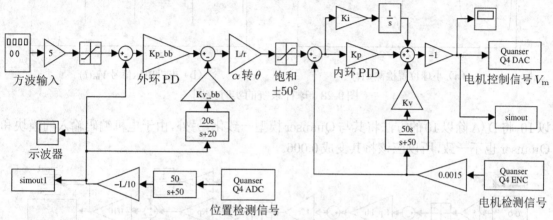

图 9-26 实时控制 Simulink 框图(文件名:c9mbbr.mdl)

图 9-27 WinCon 控制界面

用户还可以单击示波器按钮来用示波器显示小球位置与控制信号的波形,如图 9-28 所示。值得指出的是,实际受控对象的实时控制效果和基于软件的纯仿真方法还是有一些差异的,产生误差的主要原因应该是仿真模型的建模误差。另外,实时控制中小球位置检测、控制信号添加等的延迟在仿真模型中均被忽略。启动 WinCon 实时控制界面后,Simulink 模型处于 External 的运行状态,在这种状态下,若在 MATLAB 工作空间中修改变量也会对实时控制产生影响,修改实时控制的效果。

在实时控制系统中,示波器显示的数据可以通过选择 File|Save|Workspace 命令存储到 MATLAB 的工作空间,其存储的数据量主要由其存储缓冲区大小设置确定,更改缓冲区的大小可以由 Buffer 菜单确定,本例中将缓冲区设置为 50 s。

9.4.3 dSPACE 实时控制实验

将图 9-26 中由 Quanser MultiQ4 搭建的仿真模型中相应的模块用 dSPACE 模块替换,并适当根据 dSPACE 的要求修改参数,则可以得出如图 9-29 所示的仿真模型。在 dSPACE 模块集中,由于 A/D 转换器和 D/A 转换器的设定方法和 Quanser 不同,所以采用将 A/D 乘

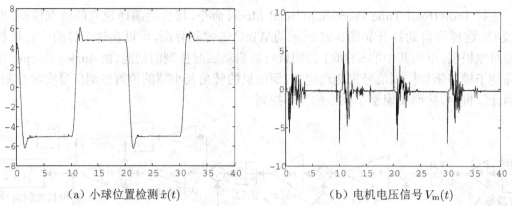

（a）小球位置检测 $\hat{x}(t)$ 　　　　　　（b）电机电压信号 $V_m(t)$

图 9-28　球杆系统的实时控制

以 10，将 D/A 除以 10 的方法将其与 Quanser 模型一致化。另外，由于电机编码输入的模块和 Quanser 也不一致，所以应该将其变成 0.006。

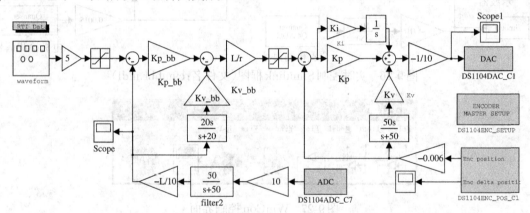

图 9-29　dSPACE 使用的 Simulink 框图（文件名：c9mdsp.mdl）

有了该模型，可以在 Simulink 模型窗口中选择 Tools | Real-Time Workshop | Build Model 命令对其进行编译，生成的 Power PC 上可以使用的系统描述文件为 c9mdsp.ppc。这时，打开 Control Desk[93] 软件环境窗口，由 File | Layout 命令打开一个虚拟仪器新编辑界面，用 Virtual Instruments 工具栏中提供的控件搭建控制界面，如可以用滚动杆描述 PD 控制器的参数，用示波器显示转速和位置曲线等。这样可以建立起如图 9-30 所示的控制界面。

选择 Platform 选项卡，则可以由显示的文件对话框打开前面保存的 c9mdsp.ppc 文件，这样可以和 Simulink 生成的控制代码建立起关联关系。还应该将控件和 Simulink 模型中的变量建立起关联关系。例如，将 Control Desk 中显示的 Simulink 变量名拖动到相应的控件上，就可以建立起控件和 Simulink 变量关联关系。

建立起控制界面后，可以直接进行实时控制。对球杆系统施加控制可以得出如图 9-30 所示的实际响应曲线和控制信号曲线。注意，这里产生的控制信号是 dSPACE 写入 DAC 模块的信号，它与实际的物理信号相差 10 倍。所以这时的控制信号实际上在 $(-10, 10)$ 区间内变化，与前面 Quanser 下得出的一致。

可见,用这样的方法可以用Simulink建立的控制器直接实时控制实际受控对象,另外,该控制器的参数可以在线调节,如拖动滚动杆就可以改变PD控制器的参数,控制效果立刻就能获得。

采用dSPACE这样的软硬件环境后还可以将控制器及其参数直接下装到实际控制器上,脱离dSPACE环境也能控制受控对象,这样可以认为dSPACE是一套原型控制器的开发环境,应用该环境可以大大加速控制器设计与开发的效率,故可以采用dSPACE这一能搭建起数字仿真与实时控制桥梁的软硬件环境来更好地应用控制理论中的知识,在工业控制中发挥其效能,更好地解决控制问题。

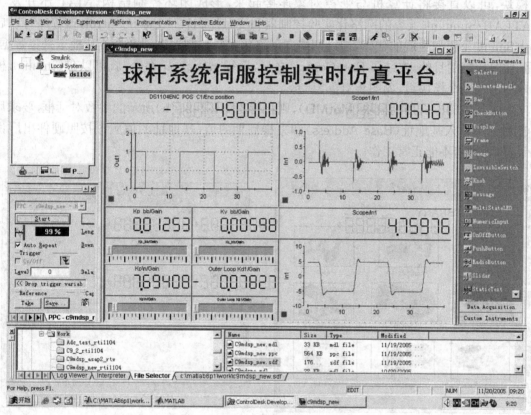

图 9-30　由 Control Desk 构造的控制界面

9.5　基于NIAT的低成本半实物仿真简介

东大智能(NIAT)研制的半实物仿真、实时控制研究平台、控制软件和受控对象系列等为高校相关专业的教学实验提供了低成本的解决方案,其中的Pendubot(二级欠驱动倒立摆机器人)控制系统[94]和水箱控制系统是基于MATLAB/Simulink教学半实物仿真的较理想的实时实验研究平台。本节先简单介绍NIAT仿真模块集,然后介绍Pendubot的建模与数值仿真,最后介绍NIAT的Pendubot半实物仿真实验。

9.5.1　NIAT 模块集常用模块简介

　　NIAT 开发的实验受控对象包括运动控制系列和过程控制系列受控对象。运动控制系列包括直线倒立摆系统、旋转倒立摆系统、Pendubot 系统、直升机系统和机械手系统,过程控制系列包括温度流量控制系统、液位流量控制系统、双容水箱控制系统和多功能过程控制实验平台等。

　　NIAT 针对各系列实验装置研发了通用的网络化实验控制器,带有数模转换器输入(MptSensor)、数模转化器输出(MptMD)、电机编码器输入(NpdbENC)等输入、输出接口模块,可以直接将计算机与受控对象连接起来,形成闭环控制结构。NIAT 还开发了MATLAB/Simulink 兼容的网络化实验控制器和实时控制软件 EasyControl,该程序可以启动由 Simulink 模型生成的代码,通过网络向网络化实验控制器发送命令或从板卡采集数据,达到实时控制的目的。安装了 EasyControl 之后,运行 `niatlib` 命令,就可以在 Simulink 模型库中出现一个模块组,如图 9-31(a)所示。

　　单击其中的电机控制模块(MptMD),则将得出如图 9-31(b)所示的参数对话框,要求用户在对话中输入基地址(Base Address)和采样周期的值,基地址的值应该按照硬件出厂说明设置,否则将不能正常工作。

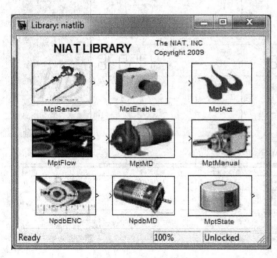

（a）EasyControl 模块组　　　　　　　　　　　（b）MptMD 模块对话框

图 9-31　EasyControl 模块及对话框

9.5.2　Pendubot 系统的数学模型、控制与仿真

　　NIAT 开发的 Pendubot 实验装置实物照片在图 9-32(a)中给出,这里给出的 Pendubot 处于静止的下垂状态,控制的目标是将 Pendubot 的两级摆臂摆起,最终保持垂直的状态。

　　NIAT 配备的 Pendubot 系统为二自由度欠驱动机械系统,运行空间为 x-y 坐标系,包括由直流力矩电机驱动的主动臂和无驱动的欠驱动臂,配有两个 VLT12 型高精度光电编码器,编码器精度为 1250 脉冲/圈,分别安装在主动关节和欠驱动关节,用于提供摆臂的位置反馈信号,Pendubot 系统的示意图由图 9-32(b)给出,其中,l_1 为主动臂长度,l_{c1} 为主动臂的质心长度，l_{c2} 为欠驱动臂的质心长度，m_1 为主动臂质量，m_2 为欠驱动臂质量，I_1 为主动臂质心转动惯量，I_2 为欠驱动臂质心转动惯量。Pendubot 系统的动力学方程为：

$$D(q)\ddot{q} + C(q,\dot{q})\dot{q} + G(q) = \tau \tag{9-5-1}$$

其中，$q = [\theta_1, \theta_2]^{\mathrm{T}}$，$\tau = [\tau, 0]^{\mathrm{T}}$，$\tau$ 为主动臂控制转矩，系数矩阵的定义为：

$$D(q) = \begin{bmatrix} a_1 + a_2 + 2a_3\cos\theta_2 & a_2 + a_3\cos\theta_2 \\ a_2 + a_3\cos\theta_2 & a_2 \end{bmatrix}, \ G(q) = \begin{bmatrix} a_4\cos\theta_1 + a_5\cos(\theta_1+\theta_2) \\ a_5\cos(\theta_1+\theta_2) \end{bmatrix} g \tag{9-5-2}$$

$$C(q,\dot{q}) = \begin{bmatrix} -a_3\dot{\theta}_2 & -a_3(\dot{\theta}_2+\dot{\theta}_1) \\ a_3\dot{\theta}_1 & 0 \end{bmatrix} \sin\theta_2 \tag{9-5-3}$$

且 $a_1 = m_1 l_{c1}^2 + m_2 l_1^2 + I_1$，$a_2 = m_2 l_{c2}^2 + I_2$，$a_3 = m_2 l_1 l_{c2}$，$a_4 = m_1 l_{c1} + m_2 l_1$，$a_5 = m_2 l_{c2}$，可以辨识出在某种配重块位置下这些参数的值为 $a_1 = 0.0106\,\mathrm{kg\cdot m^2}$，$a_2 = 0.00597\,\mathrm{kg\cdot m^2}$，$a_3 = 0.00509\,\mathrm{kg\cdot m^2}$，$a_4 = 0.0751\,\mathrm{kg\cdot m}$，$a_5 = 0.0367\,\mathrm{kg\cdot m}$。平衡控制目标为：当 θ_1 趋近于给定值 $\theta_{1\mathrm{d}}$ 时，欠驱动臂保持竖直并最终使 θ_2 稳定于给定平衡点 $\theta_{2\mathrm{d}}$，即使得 $\theta_1 + \theta_2 = 90°$。

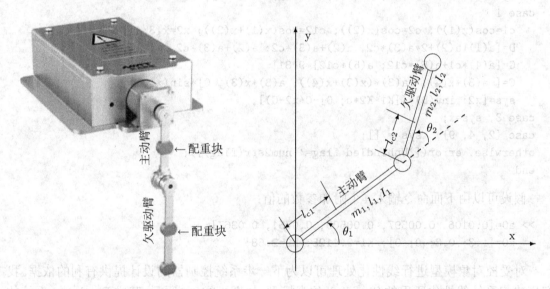

(a) Pendubot 系统实物照片　　　　　　　(b) Pendubot 示意图

图 9-32　Pendubot 系统

　　由于 Pendubot 系统由直流电机驱动，因此还需要建立驱动器和直流电机的数学模型，主动臂控制转矩 $\tau(t)$ 可以表示为：

$$\tau(t) = K_1 K_2 u(t) \tag{9-5-4}$$

其中，K_1 为电机的转矩常数，K_2 为驱动器的增益系数，本控制系统中这两个参数的值分别为 $0.4125\,\mathrm{N\cdot m/A}$ 和 $2.68\,\mathrm{A/V}$，$u(t)$ 为驱动器的输入电压，由控制器直接产生。

　　由式（9-5-1）可见，选择状态变量 $x_1 = q$，$x_2 = \dot{q}$，则原系统可以写成：

$$\begin{bmatrix} \dot{x}_1 \\ \dot{x}_2 \end{bmatrix} = \begin{bmatrix} x_2 \\ D^{-1}(x_1)\left[\tau - C(x_1, x_2)x_2 - G(x_1)\right] \end{bmatrix} \tag{9-5-5}$$

更具体地,状态变量可以选择为 $x_1 = \theta_1, x_2 = \theta_2, x_3 = \dot{\theta}_1, x_4 = \dot{\theta}_2$,这样,原系统的状态方程模型可以写成:

$$\begin{cases} \dot{\boldsymbol{x}}(t) = \boldsymbol{F}(t, \boldsymbol{x}(t), \boldsymbol{u}(t)) \\ \boldsymbol{y}(t) = \boldsymbol{x}(t) \end{cases} \tag{9-5-6}$$

可见,该状态方程更适合于用S-函数描述。该模块有4个连续状态,没有离散状态,1路输入 $u(t)$,4路输出(即4个状态),并带有4个附加变量:系数向量 $\boldsymbol{a} = [a_1, \cdots, a_5]$、初始状态向量 $\boldsymbol{x}_0$ 与 K_1、K_2,由系统模型可以编写出如下S-函数:

```
function [sys,x0,str,ts]=pendubot(t,x,u,flag,a,x0s,K1,K2)
switch flag,
case 0
    sizes = simsizes; sizes.NumContStates=4; sizes.NumDiscStates=0;
    sizes.NumOutputs=4; sizes.NumInputs=1;
    sizes.DirFeedthrough=0; sizes.NumSampleTimes=1;
    sys=simsizes(sizes); x0=x0s; str=[]; ts=[0 0];
case 1
    c1=cos(x(1)); c2=cos(x(2)); c12=cos(x(1)+x(2)); x2=x(3:4);
    D=[a(1)+a(2)+2*a(3)*c2, a(2)+a(3)*c2; a(2)+a(3)*c2, a(2)];
    G=[a(4)*c1+a(5)*c12; a(5)*c12]*9.81;
    C=[-a(3)*x(4), -a(3)*(x(3)+x(4)); a(3)*x(3), 0]*sin(x(2));
    sys=[x2; inv(D)*([K1*K2*u; 0]-C*x2-G)];
case 3, sys=x;
case {2, 4, 9},  sys = [];
otherwise, error(['Unhandled flag=',num2str(flag)]);
end
```

假设可以由下面命令输入4个附加参数的值:

```
>> a0=[0.0106, 0.00597, 0.00509, 0.0751, 0.0367];
   x0=[1.3; 0.3; 0; 0]; K1=0.4125; K2=2.68;
```

对受控对象模型进行线性化处理可以为下一步系统控制器的设计提供有利的依据。我们搭建起系统线性化所用的 Simulink 仿真模型,如图9-33(a)所示,其中 Pendubot 系统的对话框如图9-33(b)所示。在系统平衡点 $(90°, 0°)$ 处对其进行线性化,并假定平衡点处的输入信号为 $u_0 = 0$,则可以由下面的MATLAB命令:

```
>> [a b c d]=linmod2('c9mniat3',[pi/2; 0; 0; 0],0)
```

得出线性状态方程模型:

$$\boldsymbol{A} = \begin{bmatrix} 0 & 0 & 1 & 0 \\ 0 & 0 & 0 & 1 \\ 68.651 & -49.033 & 0 & 0 \\ -66.876 & 151.14 & 0 & 0 \end{bmatrix}, \boldsymbol{B} = \begin{bmatrix} 0 \\ 0 \\ 176.59 \\ -327.15 \end{bmatrix}, \boldsymbol{C} = \boldsymbol{I}_{4\times4}, \boldsymbol{D} = \boldsymbol{0}_{4\times1}$$

假设 Pendubot 系统在初始时刻已经处于平衡点 $(90°, 0°)$ 附近,则可以根据线性化状态方程模型设计出线性二次型最优控制器 $\boldsymbol{K} = [-22.3589, -19.8736, -4.0484, -2.4394]^{\mathrm{T}}$,将

得出的状态反馈向量作为控制器参数则可以用纯数值仿真的方法研究控制系统的行为,根据需要可以搭建起如图 9-34(a) 所示的基于 Simulink 的系统数值仿真模型,输入信号的设定值向量为 $\boldsymbol{x}_{\mathrm{d}} = [\pi/2, 0, 0, 0]^{\mathrm{T}}$。

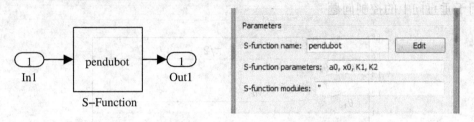

(a) Pendubot 线性化仿真模型　　　　　(b) S-函数模块对话框

图 9-33　Pendubot 仿真模型（文件名：c9mniat3.mdl）

假设控制目标是使得两个臂都垂直向上,即 $\theta_{1\mathrm{d}} = 90°$，$\theta_{2\mathrm{d}} = 0°$，运行下面的仿真命令,则可以得出如图 9-34(b) 所示的仿真曲线,可见该系统如果初始时刻接近于向上的垂直状态,即 $\theta_{10} = 1.3\,\mathrm{rad} = 74.5°$，$\theta_{20} = 0.3\,\mathrm{rad} = 17.2°$，则可以在短时间内迅速进入平衡状态,使得 $\theta_2 = 0.5\pi\,\mathrm{rad} = 90°$，$\theta_2 = 0°$。

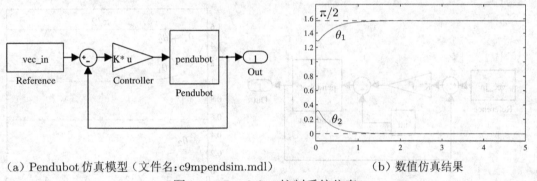

(a) Pendubot 仿真模型（文件名：c9mpendsim.mdl）　　　（b) 数值仿真结果

图 9-34　Pendubot 控制系统仿真

```
>> vec_in=[pi/2 0 0 0]; K=[-22.3589,-19.8736,-4.0484,-2.4394];
   [t,x,y]=sim('c9mpendsim',[0,5]); plot(t,y(:,1:2))
```

如果想控制的目标是 $\theta_{1\mathrm{d}} = 1\,\mathrm{rad}$，$\theta_{2\mathrm{d}} = (\pi/2 - \theta_{1\mathrm{d}})\,\mathrm{rad}$，则由下面命令则可以得出两个角度的时间曲线,如图 9-35 所示。

```
>> vec_in=[1 pi/2-1 0 0]; [t,x,y]=sim('c9mpendsim',[0,5]);
   plot(t,y(:,1:2),t,y(:,1)+y(:,2))
```

单纯靠线性二次型最优调节器不能精确得出和期望一致的设定角度 $\boldsymbol{x}_{\mathrm{d}}$，但可以保持较好的平衡状态,如果想精确获得预设角度,则应引入重力补偿控制 $u(t) = \boldsymbol{K}(\boldsymbol{x}_{\mathrm{d}} - \boldsymbol{x}(t)) + u_0$，其中重力补偿量为:

$$u_0 = \frac{\mathrm{g}}{K_1 K_2}\left[a_4 \cos\theta_{1\mathrm{d}} + a_5 \cos(\theta_{1\mathrm{d}} + \theta_{2\mathrm{d}})\right] \tag{9-5-7}$$

由上述分析可以建立起如图 9-36(a) 所示的仿真模型,并将重力补偿常数 u_0 计算公式

嵌入模型的 **PreLoadFcn** 属性(对本系统来说,$u_0 = 0.3601\,\text{V}$)。在该模型下进行仿真可以得出如图 9-36(b)所示的仿真结果,可见,用这样的方法可以任意设定 θ_{1d} 角度。观察式(9-5-7)给出的补偿参数可见,如果 $\theta_{1d} = 90°$,$\theta_{2d} = 0°$,则补偿常数为 0,所以这里的补偿控制器同样适用于垂直向上的控制问题。

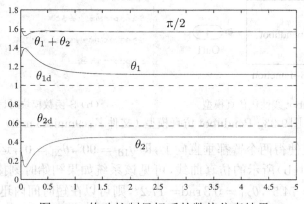

图 9-35　修改控制目标后的数值仿真结果

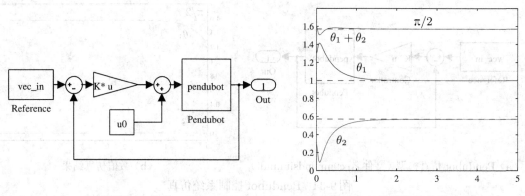

(a) Pendubot 仿真模型(文件名:c9mpendsim_c.mdl)　　　(b) 补偿后的仿真结果

图 9-36　带有重力补偿的 Pendubot 控制系统仿真

9.5.3　Pendubot 控制系统的半实物仿真实验

采用半实物仿真机制,用实物 Pendubot 系统取代其数学模型,则可以搭建起如图 9-37 所示的半实物仿真模型,其中两个夹角 θ_1 和 θ_2 均由编码输入模块 **NpdbENC** 直接测出并传入 Simulink 系统,再由增益 $2\pi/(4 \times 1250)$ 将编码器计数脉冲转换成 rad 单位。而夹角的变化率由近似微分模块 $80s/(s+80)$ 计算出来。由状态反馈计算出的控制量 u 通过 **MptMD** 对应的数模转换器直接传送给驱动电机,构成闭环控制回路。基于该模型则可以直接控制 Pendubot 系统,得出如图 9-38 所示的控制效果。可见,在这里给出的线性二次型最优调节器作用下系统能迅速从初始状态进入垂直向上的稳定状态,并较好地保持垂直向上的姿态。如果轻轻拨动欠驱动臂,则 Pendubot 系统能迅速恢复垂直向上的姿态,说明这样设计的系统具有较好的鲁棒性。

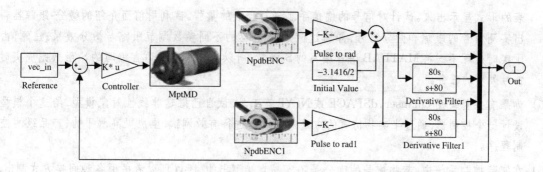

图 9-37　Pendubot 系统的半实物仿真模型（文件名：balancing_LQG_top.mdl）

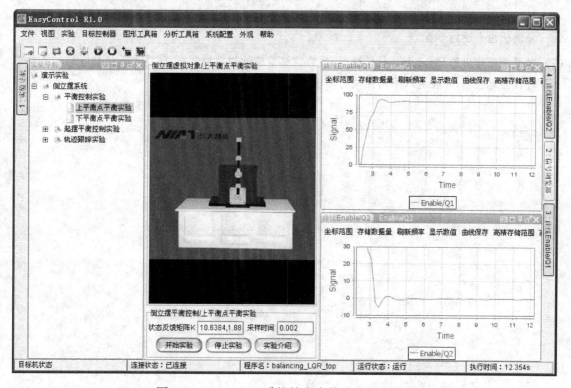

图 9-38　Pendubot 系统的半实物仿真控制结果

9.6　习 题

(1) 通过实例理解 Simulink 支持的几种仿真模式的概念和应用，如其 Normal 模式、Accelerator 模式和 External 模式，并理解各种模式的适应范围。

(2) 试将第 7 章中给出的四连杆机构仿真模型 c7mmech4.mdl 转换成独立的可执行文件，并在 DOS 提示符下执行该文件，得出仿真结果。

(3) 选择以前绘制出的 Simulink 框图，试用两种方式进行实时仿真研究，如完全独立的仿真和主机、目标机仿真，另外，还可以尝试利用互联网技术控制目标计算机，完成仿真过程。

(4) 试设计一个虚拟仪表界面，在外部输入端口 A/D 采集信号，并将采集到的信号用表盘和数字仪表的形式显示出来。试针对信号的幅值手工选择仪表的量程。试利用前面介绍的微分-跟踪器得出实测信号的跟踪和微分信号,并通过微分-跟踪器的不同参数调节跟踪与微分效果。注意,由于实时处理不支持MATLAB语言编写的S-函数,所以应该采用C语言编写的S-函数完成实时信号处理的任务。

(5) 如果有条件使用Quanser、dSPACE或NIAT等工具,试自己搭建非线性对象模型,给这个模型设计一个控制器,通过半实物仿真的方法对控制器进行有效调试,生成更高水平的、产品级的控制程序。

(6) 在实际控制系统中,某些信号的微分是不容易直接测出的,所以可以考虑用各种间接方式测出,如前面采用的 $50s/(s+50)$、$80s/(s+80)$ 这样带有滞后的近似方法获得微分信号。当然还可以采用第6.3.2节介绍的微分-跟踪器获得近似微分信号,试构造出带有微分-跟踪器的仿真模型,并调试出合适的参数。

(7) 考虑前面给出的Pendubot数学模型,试为该模型设计切换控制器,使得该系统能在初始条件下进行摆起控制,并在进入平衡区域内实现线性二次型最优调节控制。

参 考 文 献

[1] 任兴权. 控制系统计算机仿真与辅助设计. 沈阳：东北大学出版社，1986

[2] Smith BT, Boyle JM, Dongarra JJ. Matrix eigensystem routines — EISPACK guide, Lecture notes in computer sciences, volume 6. New York: Springer-Verlag, 2nd edition, 1976

[3] Garbow BS, Boyle JM, Dongarra JJ, et al. Matrix eigensystem routines — EISPACK guide extension, Lecture notes in computer sciences, volume 51. New York: Springer-Verlag, 1977

[4] Dongarra JJ, Bunch JR, Moler CB, et al. LINPACK user's guide. Philadelphia: Society of Industrial and Applied Mathematics (SIAM), 1979

[5] Numerical Algorithm Group. NAG FORTRAN library manual, 1982

[6] Press WH, Flannery BP, Teukolsky SA, et al. Numerical recipes, the art of scientific computing. Cambridge: Cambridge University Press, 1986

[7] Melsa JL, Jones SK. Computer programs for computational assistance in the study of linear control theory. New York: McGraw-Hill, 1973

[8] CAD Center. GINO-F Users' manual, 1976

[9] Anderson E, Bai Z, Bischof C, et al. LAPACK users' guide, Third Edition. SIAM Press, 1999

[10] Mitchell & Gauthier Associate. Advanced continuous simulation language (ACSL) — user's manual. Mitchell & Gauthier Associate, 1987

[11] Åström KJ. Computer aided tools for control system design, In: Jamshidi M, Herget CJ. (eds.) Computer-aided control systems engineering. Amsterdam: Elsevier Science Publishers B V, 1985

[12] Crosbie RE, Javey S, Hay JL, et al. ESL — a new continuous system simulation language. Simulation, 1985, 44(5):242~246

[13] Octave 语言主页. http://www.octave.org/

[14] SciLAB 语言主页. http://scilabsoft.inria.fr/

[15] 胡包钢，赵星，康孟珍. 科学计算自由软件 Scilab 教程. 北京：清华大学出版社，2003

[16] Garvan F. The Maple book. Boca Raton: Chapman & Hall/CRC, 2002

[17] Wolfram S. The Mathematica book. Cambridge: Cambridge University Press, 1988

[18] Forsythe GE, Malcolm MA, Moler CB. Computer methods for mathematical computations. Englewood Cliffs: Prentice-Hall, 1977

[19] Forsythe GE, Moler CB. Computer solution of linear algebraic systems. Englewood Cliffs: Prentice-Hall, 1967

[20] Kahaner D, Moler CB, Nash S. Numerical methods and software. Englewood Cliffs: Prentice Hall, 1989

[21] Frigo M, Johnson SG. The design and implementation of FFTW3. Proceedings of IEEE, 2005, 93(2):215~231

[22] The MathWorks Inc. Creating graphical user interfaces

[23] Lamport L. LaTeX: a document preparation system — user's guide and reference manual. Reading MA: Addision-Wesley Publishing Company, 2nd edition, 1994

[24] 薛定宇. 控制系统计算机辅助设计——MATLAB 语言与应用（第 2 版）. 北京：清华大学出版社，2006

[25] 薛定宇、陈阳泉. 高等应用数学问题的 MATLAB 求解（第 2 版）. 北京：清华大学出版社，2008

[26] Moler CB, Van Loan CF. Nineteen dubious ways to compute the exponential of a matrix. SIAM Review, 1979, 20:801~836

[27] 武汉大学，山东大学. 计算方法. 北京：人民教育出版社，1979

[28] Åström KJ. Introduction to stochastic control theory. London: Academic Press, 1970

[29] Xue D. Analysis and computer-aided design of nonlinear systems with Gaussian inputs. Ph.D. Thesis, the University of Sussex, 1992

[30] Nelder JA, Mead R. A simplex method for function minimization. Computer Journal, 1965, 7:308~313

[31] The MathWorks Inc. Global Optimization Toolbox User's Guide, 2010

[32] Bellman R. Dynamic programming. Princeton, NJ: Princeton University Press, 1957

[33] The MathWorks Inc. Bioinformatics users manual

[34] 林诒勋. 动态规划与序贯最优化. 开封：河南大学出版社，1997

[35] Oppenheim AV, Schafer RW. Digital signal processing. Englewood Cliffs: Prentice-Hall, 1975

[36] 刘德贵，费景高. 动力学系统数字仿真算法. 北京：科学出版社，2001

[37] Enns RH, McGuire GC. Nonlinear physics with MAPLE for scientists and engineers. Boston: Birkhäuser, second edition edition, 2000

[38] 张化光，王智良，黄伟. 混沌系统的控制理论. 沈阳：东北大学出版社，2003

[39] Henrion D. A review of the global optimization toolbox for Maple, 2006

[40] Chipperfield A, Fleming P. Genetic algorithm toolbox user's guide. Department of Automatic Control and Systems Engineering, University of Sheffield, 1994

[41] Ackley DH. A connectionist machine for genetic hillclimbing. Boston, USA: Kluwer Academic Publishers, 1987

[42] Frederick DK, Rimer M. Benchmark problem for CACSD packages. Abstracts of the second IEEE symposium on computer-aided control system design, 1985. Santa Barbara, USA

[43] Rosenbrock HH. Computer-aided control system design. New York: Academic Press, 1974

[44] Xue D, Atherton DP. Simulation analysis of continuous systems driven by Gaussian white noise. Jamshidi M, Herget CJ, eds., Recent advances in computer-aided control systems engineering. Elsevier Science Publisers B V, 1992 431~452

[45] 王万良. 自动控制原理. 北京：科学出版社，2001

[46] Atherton DP. Nonlinear control engineering — describing function analysis and design. London: Van Nostrand Reinhold, 1975

[47] Munro N. Multivariable control 1: the inverse Nyquist array design method, In: Lecture notes of SERC vacation school on control system design. UMIST, Manchester, 1989

[48] Liberzon D, Morse AS. Basic problems in stability and design of switched systems. IEEE Control Systems Magazine, 1999, 19(5):59~70

[49] Oustaloup A, Levron F, Nanot F, et al. Frequency band complex non integer differentiator: characterization and synthesis. IEEE Transactions on Circuits and Systems I: Fundamental Theory and Applications, 2000, 47(1):25~40

[50] 汪成为,高文,王行仁. 灵境(虚拟现实)技术的理论、实现与应用. 北京:清华大学出版社,1996

[51] 严子翔. VRML 虚拟现实网页语言. 北京:清华大学出版社,2001

[52] 李少远,蔡文剑. 工业过程辨识与控制. 北京:化学工业出版社,2005

[53] Moler CB. Numerical computing with MATLAB. MathWorks Inc, 2004

[54] Podlubny I. Fractional differential equations. San Diago: Academic Press, 1999

[55] 韩京清,袁露林. 跟踪微分器的离散形式. 系统科学与数学,1999,19(3):268~273

[56] 蔡尚峰. 自动控制理论. 北京:机械工业出版社,1980

[57] 谢绪凯. 现代控制理论基础. 沈阳:辽宁人民出版社,1980

[58] The MathWorks Inc. Simulink Design Optimization User's Guide, 2010

[59] 薛定宇. 控制系统计算机仿真与辅助设计(第 2 版). 北京:机械工业出版社,2009

[60] Goldberg DE. Genetic algorithms in search, optimzation and machine learning. Reading, MA: Addison-Wesley, 1989

[61] Birge B. PSOt, a particle swarm optimization toolbox for MATLAB. Proceedings of the 2003 IEEE Swarm Intelligence Symposium. Indianapolis, 2003 182~186

[62] Houck CR, Joines JA, Kay MG. A genetic algorithm for function optimization: a MATLAB implementation. GAOT 工具箱手册电子版,1995

[63] 彭容修. 数字电子技术基础. 武汉:武汉理工大学出版社,2001

[64] Brosilow C, Joseph B. Techniques of model-based control. Englewood Cliffs: Prentice Hall PTR, 2002

[65] Dorf RC, Bishop RH. Modern control systems, 11th Edition. Upper Saddle River: Pearson, Prentice-Hall, 2008

[66] 高文焕,汪蕙. 模拟电路的计算机分析与设计——PSpice 程序应用. 北京:清华大学出版社,1999

[67] 贺益康. 交流电机的计算机仿真. 北京:科学出版社,1990

[68] 蔡自兴. 机器人学. 北京:清华大学出版社,2000

[69] 王铎. 理论力学习题选集. 北京:人民教育出版社,1963

[70] The MathWorks Inc. SimMechanics user's guide, 2010

[71] 李增刚. ADAMS 入门详解与实例. 北京:国防工业出版社,2006

[72] Järviluoma M, Kortelainen J. ADAMS/Simulink simulation of active damping of a heavy roller. Technical Report BTUO57-031129, VTT Technical Research Centre of Finland, 2003

[73] Waters DJ, Mapleson WW. Exponentials and the anaesthetist. Anaesthesia, 1964, 19:274~293

[74] Davis NR, Mapleson WW. A physiological model for the distribution of injected agents, with special reference to pethidine. British Journal of Anaesthsia, 1993, 70:248~258

[75] Wada DR, Stanski DR, Ebling WF. A PC-based graphical simulator for physiological pharmacokinetic models. Computer Methods and Programs in Biomedicine, 1995, 46:245~255

[76] Wada DR, Ward DS. Open-loop control of multiple drug effects in anaesthesia. IEEE Transaction on Biomedical Engineering, 1995, 42(7):666~677

[77] Higgins MJ. Clinical and theoretical studies with opioid analgestic fentanyl. Master's Thesis, University of Glasgow, 1990

[78] Xue D. Experimentation of linear dynamic fitting analysis for the Higgins model with fentanyl drug administrations. Technical report, Department of Automatic Control and Systems Engineering, Sheffield University, Sheffield, UK, 1999

[79] Mahfouf M, Linkens DA, Xue D. A new generic approach to model reduction for complex physiologicall-based drug models. Control Engineering Practice, 2002, 10(1):67~82

[80] Xue D, Atherton DP. A suboptimal reduction algorithm for linear systems with a time delay. International Journal of Control, 1994, 60(2):181~196

[81] Gongzalez RC, Woods RE. Digital image processing with MATLAB. Englewood Cliffs: Prentice-Hall, 2nd edition, 2002（电子工业出版社有影印版）

[82] Gongzalez RC, Woods RE. Digital image processing. Englewood Cliffs: Prentice-Hall, 2nd edition, 2002（电子工业出版社有影印版）

[83] MathWorks. Simulink/Stateflow technical examples — Using Simulink and Stateflow in automotive applications, 1998. 电子版报告

[84] 马晓晖. 基于数字图像处理的乒乓球裁判辅助系统研究. 沈阳：东北大学硕士论文，2010

[85] 郑大钟，赵千川. 离散事件动态系统. 北京：清华大学出版社，2001

[86] 顾启泰. 离散事件系统建模与仿真. 北京：清华大学出版社，1999

[87] The MathWorks Inc. SimEvent user's manual, 2009

[88] The MathWorks Inc. Real-Time Workshop User's Guide, 2009

[89] The MathWorks Inc. Real-time windows target user's guide, 2010

[90] dSPACE Inc. DS1104 R&D controller board installation and configuration guide, 2001

[91] Quanser Inc. SRV02−Series rotary experiment # 1: Position control, 2002

[92] Quanser Inc. SRV02−Series rotary experiment # 3: Ball & beam, 2002

[93] dSPACE Inc. Control Desk — experiment guide, Release 3.4, 2002

[94] Mechatronic Systems Inc. Pendubot model P-2 user's manual, 1998

附录A MATLAB函数索引

本索引给出了本书所用的函数名和模型名的索引,其中用黑体给出的页码为带函数调用格式的页码,带星号(*)的函数、模型名是为作者本书编写的。如果存在同名的函数和加 * 的函数,如 lu 和 lu*,则表明 lu* 是作者针对符号变量编写的重载函数。

附录 B 关键词索引